우리는 무엇을 타고나는가

유전과 환경, 그리고 경험이 우리에게 미치는 영향

케빈 J. 미첼

Copyright © 2018 by Princeton University Press.
All Rights Reserved.
No part of this book may be reproduced or transmitted in any form or by any means, electronic or mechanical, including photocopying, recording or by any information storage and retrieval system, without permission in writing from the Publisher.

Korean translation copyright © 2025 by HAUM Korean translation rights arranged with Princeton University Press through EYA Co.,Ltd.

이 책의 한국어판 저작권은 EYA Co.,Ltd를 통해
Princeton University Press 과 독점 계약한 (주)하움출판사에 있습니다.
저작권법에 따라 한국 내에서 보호를 받는 저작물이므로 무단전재 및 복제를 금합니다.

우리는 무엇을 타고나는가
유전과 환경, 그리고 경험이 우리에게 미치는 영향

오픈도어북스는 (주)하움출판사의 임프린트 브랜드입니다.

초판 1쇄 발행 25년 9월 24일
　3쇄 발행 25년 11월 20일

지은이 | 케빈 J. 미첼
옮긴이 | 이현숙

발행인 | 문현광
책임 편집 | 이건민
교정·교열 | 신선미 주현강 황윤
디자인 | 양보람
마케팅 | 남상묵 김다현 박채원
업무지원 | 이창민

펴낸곳 | (주)하움출판사
본사 | 전북 군산시 수송로 315, 3층 하움출판사
지사 | 광주광역시 북구 첨단연신로 261 (신용동) 광해빌딩 6층 601호, 602호
ISBN | 979-11-7374-152-4(03400)
정가 | 19,800원

이 책의 전부 또는 일부 내용을 재사용하려면 사전에 저작권사
(주)하움출판사의 동의를 받아야 합니다.

오픈도어북스는 참신한 아이디어와 시혜를 세상에 전달하려고 합니다.
아이디어와 원고가 있으신 분은 연락처와 함께 open150@naver.com으로 보내 주세요.

우리는 무엇을 타고나는가

케빈 J. 미첼 지음 | 이현숙 옮김

**유전과 환경, 그리고 경험이
우리에게 미치는 영향**

INNATE

올바른 성정으로 양육해 주신 부모님께

끝없는 감사의 마음을 전하며

추천사

　우리가 오케스트라 공연을 보러 가는 가장 큰 이유는 한 번뿐인 순간이 주는 특별함이 있기 때문이다. 같은 곡이라도 매번 조금씩 다르게 연주되며, 무대 연출이나 관객의 반응에 따라 분위기도 완전히 달라진다. 오랫동안 인류 운명의 변치 않는 설계도라고 믿어지던 유전자도 마찬가지다. 한동안 복잡한 지도에 새겨진 길을 따라 걷기만 하는 묵묵한 순례자처럼 유전자가 모든 선택을 결정한다고 믿어 왔지만, 이제 드디어 운명론의 속박으로부터 해방될 시간이 왔다. 이 책은 유전자가 삶의 방향을 결정하는 주인이 아니라 우리 안에 잠든 무한한 가능성을 증명하는 미공개 악보라는 것을 여실히 보여 준다. 연주자들이 갖추어진 환경에서 피어나는 감정을 어떻게 연주하느냐에 따라 전혀 다른 선율이 탄생하듯이, 우리의 인생 또한 유전자와 환경, 그리고 자유의지라는 세 연주자가 들려주는 생에 단 한 번뿐인 협주곡이라는 말이다. 신경과학자인 저자는 유전자 결정론이라는 소음을 걷어내고 그 너머에 있는 인간의 복잡한 존엄성을 선명히 들려준다. 결국 이 책이 도달하는 유일한 목적지는 어쩌면 나라는 존재의 경이로움일지도 모른다. 과학의 언어로 쓰인 가장 우아한 음악을 글로 듣다 보면, 어느새 스스로 자신의 삶을 연주해 나갈 용기를 얻게 될 것이다.

궤도 과학 커뮤니케이터
DGIST 특임교수
《과학이 필요한 시간》의 저자

이 책이 강조하는 내용은 우리가 태어날 때부터 다르고, 시간이 지나면서 더 달라진다는 것이다. 태아의 뇌는 발생 단계부터 자기 조직화 과정을 거치며 무작위로 조금씩 달라진다. 또한 자라면서 경험에 대한 반응 방식에 따라 각자의 개성을 더 강화한다. 유전자형에서 표현형이 발현하는 부분은 확률이 저마다 달라서 예측이 어렵다. 주변 환경이 자신의 삶에 큰 영향을 준다. 그런데 환경도 자신의 개성이 선택하는 것이고, 개성은 어느 정도 유전에서 비롯한다.

이 책은 인간 성격이 왜 이렇게 다양해야 하는지를 알려 준다. 인간 성격의 다양성은 진화하며 적응한 형질이자 진화의 선물이다. 이러한 관점은 나와 다른 사람을 있는 그대로 받아들일 수 있게 한다. 이 책의 독자라면 자신과 매우 다른 성격의 사람을 좀 더 긍정적으로 바라볼 수 있을 것이다.

뇌과학 전문가 박문호 박사

《뇌 생각의 출현》 저자

반드시 읽어야 할 뇌과학 도서

《포브스》

생물학적 관점에서 본성과 양육의 논의를 한 차원 높여 명확하고 깊게, 새롭게 조명한다.

스티븐 핑커(Steven Pinker)
하버드 대학교 심리학과 교수
《언어본능》,《빈 서판》저자

가장 민감한 질문에 과감히 뛰어들어 우리의 앎과 모름에 명료하고 균형 잡힌 설명을 제공한다.

게리 마커스(Gary Marcus)
뉴욕 대학교 심리학과 명예교수
《클루지》저자

신경의 발달 조건부터 건강에서 본성과 양육의 문제에 이르는 우리 모두의 이야기를 매력적인 과학의 시선으로 안내한다.

사라-제인 블레이크모어(Sarah-Jayne Blakemore)
케임브리지 대학교 심리학과 교수
《나를 발견하는 뇌과학》저자

개인차와 유전자의 역할을 바라보는 많은 이들의 시선을 바꾸어 놓을, 단언컨대 시의적절한 최고의 책이다.

패트리샤 처칠랜드(Patricia Churchland)
캘리포니아 대학교 샌디에이고 캠퍼스 철학과 명예교수
《신경 건드려보기》,《양심: 도덕적 직관의 기원》 저자

본성과 양육이라는 혼란스러운 고르디우스의 매듭을 단칼에 끊으며 심리학과 신경과학, 그리고 대중의 참여에 중요한 변화의 시기를 알린다.

우타 프리스(Uta Frith)
런던 대학교 인지신경과학 연구소 명예교수
《두뇌, 협력의 뇌과학》 저자

우리의 존재를 형성하는 방식에 관심이 있는 이들의 필독서이자, 특히 유전적 지식에 관한 윤리적, 사회적, 정치적 논의 사이의 조율을 위해 학생에게 강력히 권장할 만하다.

리처드 하이어(Richard Haier)
캘리포니아 대학교 어바인 캠퍼스 의과대학 명예교수
《지능의 신경과학》 저자

차례

추천사   6
감사의 말   16
안내의 말   18

제1장   본성이란 무엇인가?

인간의 조건   25
존재를 여는 암호   28
종과 개체   29
다름의 기원   31

제2장   유전의 세계

본성과 양육의 탐구   38
마음의 척도   39
닮음과 다름의 문제   42
  - 집단 내적 변이   45
  - 뇌 구조적 변이   48
  - 뇌 기능상 변이   53
유전력 바로 읽기   55
유전과 환경 너머   58

제3장　　　　　　　　　　　　　각자의 가능성

생명을 조율하는 코드　　　　　　　　　68
유전자 스위치　　　　　　　　　　　　71
돌연변이　　　　　　　　　　　　　　75
　- 운명적 선택　　　　　　　　　　　79
　- 유전적 유산의 계보　　　　　　　　84
'○○ 유전자'는 없다　　　　　　　　　86
　- 유전적 영향의 복잡성　　　　　　　88
　- 형질의 유전학　　　　　　　　　　90

제4장　　　　　　　　　　　　똑같은 것은 없다

제3의 요인 논쟁　　　　　　　　　　　95
수정란에서 인간까지　　　　　　　　100
　- 뇌 형성의 원리　　　　　　　　　102
　- 자발적 회로 형성　　　　　　　　109
　- 하나뿐인 뇌(들)　　　　　　　　　112
잡음의 개입　　　　　　　　　　　　115
　- 신경 발달의 무작위성　　　　　　118
　- 가능성 사이의 결과　　　　　　　120
　- 후성유전적 지형　　　　　　　　125
잡음 억제기　　　　　　　　　　　　128
　- 변이의 개인차　　　　　　　　　130
　- 시작의 끝　　　　　　　　　　　133

제5장　　선택과 집중

뇌의 유연성　　138
평생을 결정하는 시절　　139
양육의 영향력　　142
선천적 성향의 정교화　　144
- 편향의 강화　　149
- 주관적 경험　　151
- 행동의 증폭　　156

문화의 영향력　　160
줄어드는 자유도　　161

제6장　　마음의 전경

성격 차이의 근원　　171
- 유전자와 회로를 찾아서　　172
- 로봇과 인간　　177

신경조절 기전의 다양성　　183
- 충동성과 세로토닌　　186
- 행동 조절과 유전자　　192

유전자-환경 상호 작용의 환상　　196
발달의 중심　　197

제7장 감각에 살고, 주관에 살고

세상을 바라보는 필터	204
- 움벨트	213
- 감각의 개인차	216
실인증	224
공감각	231
- 새로운 표현형의 출현	237
- 뇌에서 일어나는 일	241
나와 당신의 느낌	246

제8장 사고의 진화

유추의 산물	250
- IQ 검사 도구의 발달	254
- IQ의 통계적 분포	259
지능의 유전력	262
- 플린 효과	264
- 양적 유전학	268
지능 유전자를 찾아라	273
- 뇌를 구축하는 유전자	276
- 지능의 뇌내 지표	277
- 변이와 강건성	279
천재성의 내력	283

제9장　　　그와 그녀

성 선택 … 292
- 성별의 분화 … 295
- 남성과 여성의 뇌 … 303

성적 선호와 성적 지향 … 310

남녀 경향의 선천적 차이 … 316
- 공격성과 폭력성 … 316
- 성격과 관심사 … 318
- 인지 특성 … 323
- 정신 질환 … 327

두 갈래의 궤적 … 328
- 문화의 역할 … 328
- 사회적 영향 … 329

제10장　　　기준 밖의 존재들

오해의 역사 … 335

신경 정신 질환의 유전성 … 339
- 유형과 구조 … 342
- 돌연변이의 원인 … 344
- 점 돌연변이 … 347
- 유전적 스펙트럼의 맥락 … 351
- 종합적으로 이해하기 … 354

잠재 위험 인자	359
- 성별	359
- 신경 발달 유전자	360
진단 범주의 타당성	363
얼리어답터와 베타 테스터	365
창발성의 배신	367
진단의 실마리	372

제11장 유전자 너머의 세상

무엇을 위한 유전자인가	380
유전자 쇼핑	384
인종과 집단에의 적용	392
유전적 결정론	400
지금 이대로의 우리	404

참고문헌 410

감사의 말

수년간 이 책에 담긴 여러 생각을 다듬어 가는 데 깊이 있게 대화를 나눠 준 코리 바그만, 알랭 셰도탈, 에이든 코빈, 케빈 디바인, 존 폭스, 마이클 길, 코리 굿맨, 조쉬 고든, 조쉬 황, 앤드루 잭슨, 아네트 카르밀로프-스미스, 메리-클레어 킹, 데이비드 레드베터, 게리 마커스, 오스카 마린, 이퍼 맥라이짓, 파르타 미트라, 비터 모가담, 스콧 마이어스, 피오나 뉴웰, 셰인 오마라, 마니 라마스와미, 이언 로버트슨, 존 루벤스타인, 칼라 샤츠, 빌 스카네스, 마크 테시에-라비뉴 등 수많은 친구와 동료에게 감사의 말을 한다. 특히 내 연구실의 과거와 현재 연구원 여러분 모두에게도 감사드린다.

블로그 'Wiring the Brain'이나 트위터에서 나와 과학적, 철학적 토론을 기꺼이 함께해 준 수많은 분도 잊지 않겠다. 이분들과 나눈 대화 덕분에 내 사고를 더욱 풍부하고 정교하게 다듬을 수 있었다.

아베바 버하네, 사라-제인 블레이크모어, 댄 브래들리, 데이비드 델라니, 아담 케펙스, 팀 루언스, 데이비드 맥코넬, 린 미첼, 타라 미첼, 토머스 미첼, 스베틀라나 몰차노바, 스튜어트 리치, 리처드 로슈, 시번 로슈, 아담 러더퍼드에게는 이 책의 각 장에 매우 유익한 피드백을 준 점에 감사의 인사를 전한다.

이 외에도 이 책을 지지해 주고 귀중한 제안을 해준 익명의 검토자 세 분에게도 깊은 감사를 드린다. 그리고 이 책을 집필하는 전 과정에서 따뜻하게 격려해 주고, 통찰력 있는 전문적인 조언으로 내게 큰 힘이 되어준 편집자 앨리슨 칼렛을 비롯해 프린스턴대학교 출판부의 모든 분께도 진심으로 감사의 마음을 전한다.

안내의 말

 이 책은 전반부와 후반부로 나뉜다. 전반부에서는 인간 능력의 선천적 차이가 어디에서 비롯되는지를 개념적으로 정리한다. 먼저 쌍둥이 연구와 입양아 연구를 토대로 유전적 요인이 인간의 심리적 특성, 뇌의 해부학적 차원과 기능에 미치는 영향을 보여 주는 증거를 검토한다. 이에 관한 연구는 본성과 양육이 집단 내 변이에 미치는 영향을 분리하여 분석하는 출발점이 될 것이다. 이들 연구에는 개인의 현재 모습을 형성하는 요인을 밝히기보다는 각자의 차이를 만드는 요인을 설명하는 데 목적을 둔다. 그러나 전자와 후자를 곡해하는 일이 흔하므로, 연구 결과가 실제로 의미하는 바와 그렇지 않은 것을 신중하게 분석하고자 한다.
 다음으로 유전적 변이의 근원과 영향력에 집중하여 변이 자체를 더 깊이 탐구하겠다. 발달 과정을 중심으로 DNA 염기 서열의 차이가 미치는 궁극적인 영향을 살필 것이다. 또한 뇌내 신경 회로가 자체적으로 형성되는 기제를 심층적으로 고찰하고, 이 과정에서 유전 명령의 변이가 작용하는 방식도 검토한다. 이를 통해 발달 과정의 무작위성과 선천적 변이의 가변성을 고민해 보고자 한다. 이를 통해 유전과 발달 과정의 변이 모두 각자가 타고난 성향의 차이를 형성하는 데 이바지한다는 점을 당신이 이해하기를 바란다.

전반부의 마지막 장에서는 양육이 인간 심리에 미치는 영향을 탐구하고자 한다. 인간의 뇌는 수십 년에 걸쳐 성숙하고 발달하며, 그동안의 경험에 따라 형성된다. 일반적으로 양육은 본성과 대비되는 개념으로 간주한다. 특히 환경이나 경험은 개인 간 선천적 차이를 완화하거나 개인의 선천적 특징을 균등화하는 평등주의자라는 견해가 널리 퍼져 있다.

하지만 이 책에서는 그와 다른 대안 모델을 제시할 것이다. 각자의 환경 및 경험, 그리고 뇌가 그에 반응하는 방식은 대체로 선천적 특성이 좌우한다. 뇌의 발달 과정에는 '자기 조직화 self-organization'라는 특성을 지닌다. 따라서 경험은 선천적 차이를 상쇄하기보다 오히려 증폭하는 방향으로 작용하는 경우가 많다. 이상에서 설명한 바를 토대로 후반부의 내용을 논의할 이론틀을 마련하고자 한다.

그다음으로 후반부에서는 인간 심리의 여러 영역을 구체적으로 살펴보도록 하겠다. 인간의 심리 영역에는 성격과 지각 perception, 지능, 성적 취향 등이 포함된다. 이처럼 다양한 특성은 우리 삶에 여러 방식으로 영향을 미치며, 이에 작용하는 유전적 변이는 자연 선택의 강한 영향을 받는다.

결과적으로 위 특성의 유전 구조 및 관련 돌연변이의 유형과 개수, 빈도는 상당히 다를 수 있다. 이들 특성의 변이는 주로 발달 과정에서 비롯된다. 각 기능을 담당하는 회로가 다르게 작용하는 이유는 회로의 형성 방식이 일부나마 다르기 때문이다. 이는 유전적 변이뿐 아니라 발달 과정에서 발생하는 무작위 변이도 능력의 선천적 차이에 중요하며, 때로는 결정적인 역할을 맡기도 한다는 뜻이다.

그뿐 아니라 이 책에서는 자폐증과 뇌전증, 조현병과 같은 일반적인 신경 발달 장애의 유전적 요인도 살펴볼 것이다. 최근 몇 년간 이들 질환의 유전적 요인을 분석하는 연구가 크게 진전된 결과, 우리가 해당 질환을 이해하는 방식이 근본적으로 달라지고 있다. 유전 연구는 개별적인 신경 발달 장애가 실제로 별개의 질환이 아니라, 다양한 유전 장애의 집합체임을 여실히 보여 준다. 신경 발달 장애에서 비롯된 질환은 모두 공통된 유전자에서 돌연변이가 발생한 결과이며, 이러한 변이가 광범위한 신경 발달 과정에 영향을 미친다는 것이다.

마지막 장에서는 지금까지 제시한 이론 틀의 사회적, 윤리적, 철학적 의미를 다룰 것이다. 개인마다 두뇌와 정신이 작동하는 방식에서 커다란 선천적 차이가 존재한다면, 교육 및 고용 정책에 어떠한 영향을 미칠까? 그리고 자유 의지와 법적 책임에 시사할 수 있는 바는 무엇일까? 이러한 차이의 존재는 결국 우리의 특성이 고정되어 변할 수 없음을 의미하는가?

한편으로 심리적 특성을 유전적으로 예측할 가능성은 어느 정도일까? 그리고 발달상의 차이는 이에 어떤 제한을 가할까? 궁극적으로 우리의 정신과 주관적 경험이 본질적으로 다양하다는 관점은 '인간의 조건'의 이해를 어떠한 방식으로 새롭게 조명할까?

제 1 장

본성이란
무엇인가?

I
N
N
A
T
E

I N N A T E

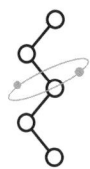

당신은 어떠한 사람인가? 성격의 특성을 나열하거나, 데이팅 앱 또는 입사 지원서에 당신을 소개한다면 어떠한 표현을 사용할 것인가?

- 내향적인가, 외향적인가?
- 신중한 편인가, 무모한 편인가?
- 근심 걱정이 많은가, 아니면 태평한가?
- 창의적인가?
- 예술 감각은 어떠한가?
- 모험심은 강한가?
- 고집스럽고 충동적인가?
- 예민한 편인가?
- 대담하면서 장난기가 많은가?
- 친절한가?
- 상상력이 풍부한가?
- 이기적이고 무책임한가?
- 성실한 구석이 있는가?

사람들은 위와 같은 특성 외에도 지능이나 성적 취향과 같은 심리적 측면에서도 확연한 차이를 보인다. 그 모든 요소가 한데 어우러져 '우리가 어떠한 사람인가'를 결정한다.

문제는 우리가 그것을 어떻게 아느냐이다. 이는 그야말로 수천 년 동안 끊임없이 논쟁의 대상이 되었다. 아리스토텔레스와 플라톤부터 스티븐 핑커 Steven Pinker 와 노암 촘스키 Noam Chomsky 에 이르기까지 저명한 사상가는 그 주제에 주장을 한마디씩 제기해 왔다. 사람마다 선천적 차이가 있다거나, 모든 사람이 백지 상태에서 시작해 오로지 경험으로 심리 상태를 색칠해 간다고 말이다.

그런가 하면 지난 100년간 프로이트 심리학은 우리의 심리적 성향이 어릴 적 성격을 형성하는 경험에서 비롯된다는 생각을 널리 퍼트렸다. 이러한 믿음은 현대 사회학 및 심리학의 여러 분야에 여전히 만연해 있다. 더 나아가 문화와 환경적 요인까지 우리 성격을 결정짓는 중요한 요소로 포함하며 범위를 넓혀 갔다.

하지만 최근 몇 년 동안 이상의 분야는 유전학과 신경 과학의 강력한 공세에 맞서며 승산 없는 싸움을 이어 가고 있다. 이들 분야에서는 그러한 성향이 최소 우리가 타고난 생물학적 요인에 일정량 기반을 두고 있다는 결정적인 증거를 제시했다. 논란의 여지가 될 수 있는 데다, 누군가에게는 도덕적으로 불쾌함을 주는 말로 들릴 것이다. 그러나 우리가 현실에서 경험한 사실은 이상의 내용과 부합한다.

결국 사람의 모습은 어느 수준까지는 그대로이다. 다시 말하면 '그냥 그렇게' 태어났다는 것이다. 특히 자녀를 둘 이상 키워 본 부모라면, 아이들이 부모의 양육 방식과 별개로 날 때부터 서로 다른 성향을 지닌다는 사실을 잘 알 것이다.

선천적 특성은 보통 유전자의 영향으로 간주하여, 우리는 '선천적 innate' 과 '유전적 genetic'을 구분 없이 사용하기도 한다. 이러한 개념은 '부전자전'이나 '피는 못 속인다.'와 같은 상투적 표현에도 담겨 있다. 이들 표현은 우리의 심리적 특성 중 다수가 단순히 우리의 성장 환경으로만 결정되지 않음을 보여 준다. 그리고 이는 'DNA 안에' 각인되어 있다는, 세상에 널리 퍼진 믿음을 반영한다.

따라서 이 책에서는 그러한 일이 이루어지는 과정을 다루고자 한다. 개인의 성향이 유전체 genome 에서 어떻게 암호화될 수 있는가? 그 정보의 본질은 무엇이고, 어떻게 발현되는가? 바꾸어 묻는다면, 인간 본성이 유전체 속에서 어떻게 암호화되는가?

보편적인 인간 본성을 만드는 프로그램이 유전체에 존재한다면, 개별적 특성은 그 변주에 불과할 것이다. 마찬가지로 인간 유전체에 키를 일정 수준으로 자라게 하는 프로그램이 있더라도, '개체'마다 키가 제각각인 이유는 각자의 유전체에 암호화된 프로그램에 변주가 일어나기 때문이다. 우리는 앞으로 이러한 변주의 존재가 타당하기만 한 정도를 넘어 필연적이라는 사실을 살펴볼 것이다.

인간의 조건

일반적으로 인간 본성을 생각해 보려면, 그것이 과연 존재하는지부터 따져 보아야 한다. 우리에게는 다른 동물과 구별되는 타고난 보편적 특성이 정말 존재하는가? 이 질문에 철학자들이 답을 내리기 위해 수천 년 동안 고뇌해 왔고, 이는 지금도 계속되는 중이다. 이는 그 질문을 다양한 방식으로 정의할 수 있음에서 비롯된다. 만약 다음과 같이 기준을 엄격하게 적용한다면, 이를 충족하는 정의는 많지 않을 것이다.

- 다른 동물에게 전혀 나타나지 않는 인간만의 행동인가?
- 전 인류를 아우르는 보편적 행동인가?

• 선천적이고 본능적이면서 성장이나 경험과 전혀 관련이 없는 행동인가?

하지만 인간 본성을 인류에게서 일반적으로 나타나는 일련의 행동 능력이나 경향으로 정의해 보자. 그렇다면 그중 일부는 다른 동물에게도 나타날 것이며, 선천적으로 발현되는 요소나 발달하기까지 성장이나 경험의 과정이 필요하다고 볼 수 있다. 이러한 정의라면 설명할 거리는 많아지겠지만, 논란의 여지는 훨씬 줄어든다.

인간은 직립 보행하고, 낮에 활동한다. 사회적으로 무리를 지어 살며, 상대적으로 안정감을 느끼는 배우자를 찾는다. 그리고 여러 감각 가운데 시각에 가장 크게 의존하고, 다양한 종류의 음식을 섭취하는 경향이 있다. 인간을 연구하는 동물학자라면 다음과 같이 정리할 것이다. 다음 특성은 다른 몇몇 종에서도 나타나기는 하지만, 해당 요소를 종합하면 인간의 특징이 된다.

- 이족 보행
- 주행성
- 군거성
- 일부일처제
- 시각 중심적
- 잡식성

이 외에도 인간은 매우 정교한 동작, 도구 사용, 언어, 유머, 문제 해결, 추상적 사고 등의 능력을 지닌다. 이들 능력 가운데 다른 동물 종에서 가능한 것도 꽤 있지만, 압도적으로 발달한 종은 단연코 인간이다. 그 능력이 실제 행동으로 나타나려면 숙달 과정이 필요하기 때문이다. 물론 대부분은 일정 수준의 학습과 경험에 의존하지만, 능력 자체만큼은 타고난다.

경험에서 배우는 능력도 선천적 특징이다. 우리는 지적 능력으로 언어와 문화를 발전시키고, 전체적인 행동을 형성해 왔다. 이렇게 인간은 다른 동물과 차별화되었지만, 다른 종과 마찬가지로 우리의 본성은 결국 진화의 산물이다.

간단히 말하면 인간이 인류의 보편적 경향과 능력을 지닌 이유는 인간의 DNA 덕분이다. 우리에게 침팬지나 호랑이, 땅돼지의 DNA가 있었다면 각각에 해당하는 동물처럼 행동했을 것이다. 이처럼 다양한 종의 본질적 속성은 그들의 유전체에 암호화되어 있다.

어떠한 이유에서인지 수정란의 DNA 분자에는 종마다 고유한 본성을 지닌 유기체를 생산하는 발달 코드나 프로그램이 포함되어 있다. 가장 중요한 것은 프로그램 안에 행동 경향과 능력에 집중하는 방향으로 뇌가 발달하는 과정이 자세하게 수반된다는 점이다. 이에 따라 인간 본성은 우리 유전체에 암호화되어 있으며, 이와 같은 방식으로 우리 뇌에도 연결되어 있다고 정의할 수 있다.

이것은 비유가 아니다. 같은 종에서 나타나는 서로 다른 본성은 각자의 뇌에 존재하는 물리적 특성의 차이에서 비롯된다. 전체적인 크기, 구조적 체계화, 뇌 영역 간 연결성, 미세 신경 회로의 배치, 세포 유형의 조합, 신경 화학적 특성과 유전자 발현 등 다양한 요인에서 분화하는 차이점이 각 생물종을 대표하는 행동 경향과 능력을 다양화한다. 이 모든 것이 내부에서 특정한 방식으로 연결된 셈이다.

따라서 인간 본성은 철학에서 추상적으로 바라볼 거리가 아닌, 과학적 연구가 가능한 대상이다. 우리는 실험을 통해 인류 고유의 특성이 신경 회로에서 받는 영향을 자세히 확인할 수 있다. 그리고 신경 회로와 관련한 매개 변수를 결정하는 유전 프로그램의 본질을 밝혀낼 수 있다.

존재를 여는 암호

유전 프로그램을 이해하려면 유전체 내 정보가 암호화되고 발현되는 원리를 파악해야 한다. 그러나 유전체는 청사진과 달리 한 영역에 생물체의 특정 부분에 대응하는 세부 정보가 담겨 있지는 않다. 쉽게 말하자면 DNA 안에는 생물체의 최종적인 모습이 존재하지 않는다는 것이다. 이는 수정란 속에 이미 형태가 완성된 작은 인간이 웅크리고 있는 것도, 염색체마다 사본을 줄줄이 매달고 있는 것도 아니기 때문이다.

결국 실제로 암호화되는 것은 프로그램이다. 이 프로그램은 발달과 관련된 알고리즘, 즉 연산 과정에 해당한다. 이것이 무의식적으로 작동하는 생화학 기관의 영향 아래 충실히 이행될 때, 한 인간의 탄생이라는 결말에 닿는다.

이는 환원주의적 관점에서 하는 말은 아니다. DNA만으로는 아무것도 이루어지지 않는다. 유전체에 포함된 정보는 수정란을 비롯한 세포에서의 해독이 반드시 이루어져야 한다. 그리고 세포에는 그 모든 과정을 시작하는 데 필수적인 요소가 담겨 있다. 또한 생물체에게는 발달할 환경도 필요하며, 환경적 요인의 변화도 결과에 영향을 미치기도 한다. 실제로 유전 프로그램에서 부여하는 중요한 역량에는 최종적으로 형성된 유기체가 환경에 반응하는 능력도 포함된다.

한 생물체의 형성 및 구성에 필요한 정보는 유전체에 기록되어 있다. 하지만 유전체에서 비롯된 인과적 연결은 DNA라는 물리적 구조를 아득히 초월하며 확장된다. 유전체는 한 생물종의 조상이 거쳐 온 생활사와 그들이 살았던 환경을 반영한다.

유전체에는 서열이 존재한다. 이는 특정한 유전적 변이가 일어난 개체는 생존하여 유전자가 후대까지 이어졌고, 이 외에는 그렇지 못했기 때문이다. 그러므로 한 생물체의 현재 모습과 행동 방식의 원인을 완전히 이해하려면, 개체의 수준을 넘어 환경과 오랜 시간에 걸친 진화 과정까지 범위를 넓혀 분석해야 한다.

다만 이 책에서는 유전적으로 암호화된 모든 구성 요소 간 상호 작용으로 인간 본성을 지닌 개체가 탄생하는 과정의 전모를 낱낱이 밝힐 의도는 없다. 이 책을 통해 다루고자 하는 바는 미묘하면서 결정적으로 다른 문제, 즉 유전 프로그램의 변이이며, 구체적으로 '형질'이라는 결과물에서 변이를 일으키는 방식이다. 우리가 서로 다른 종을 비교할 때 논의하는 내용도 바로 이것이다. 인간과 침팬지, 호랑이나 땅돼지의 유전체 간 차이가 결국 저마다 고유한 본성을 만드는 근원이다.

종과 개체

같은 종 내에서 나타나는 차이라도 원리는 동일하게 적용된다. 어느 종이라도 개체 간 유전적 변이는 광범위하다. 이는 생식 세포를 만들기 위해 DNA가 복제될 때마다 오류가 일부 숨어들기 때문이다. 이에 따라 생겨난 새로운 돌연변이가 개체를 즉시 죽게 하거나 번식을 방해하지 않는 것이라면, 다음 세대에 걸쳐 개체군 내에 확산된다.

이 과정은 유전적 변이의 축적으로 다양한 형질의 변이를 일으키는 토대가 된다. 그중에서도 키나 얼굴형과 같은 신체적 특성의 차이가 가장 명확하게 나타난다. 여기에서 특정 유전적 변이를 공유하는 패턴은 가족 간 유사성이 나타나는 근거가 된다. 그리고 이러한 유전적 변이의 일부는 뇌 발달이나 뇌 기능 프로그램에 영향을 미쳐 행동 경향이나 능력에 차이를 만들기도 한다.

　동물에서는 특정한 행동 특성을 선택적으로 번식시킬 수 있다. 이러한 점에서 개체 간 변이는 실재한다는 사실을 확인할 수 있다. 늑대 또는 다른 동물을 길들여 가축화하는 과정에서 초기 인류는 경계심과 공격성이 덜하면서 더 온순하고 순종적인 개체를 선택했을 것이다. 이러한 개체는 아마도 불 가까이 다가오거나, 인간이 접근해도 도망치지 않았을 것이다.

　만약 그러한 개체가 유전적 차이에 따라 인간을 더욱 따른다고 생각해 보자. 그렇다면 시간의 흐름 속에 인간 주변에 머물던 개체끼리 번식을 계속하면서 인간에게 길드는 특성을 유발하는 유전적 변이가 점차 축적되었을 것이다. 그렇지 않다면, 인간을 따르는 개체끼리 번식하더라도 다음 세대에서 온순함이라는 행동 특성이 유전되지 않았을 것이다.

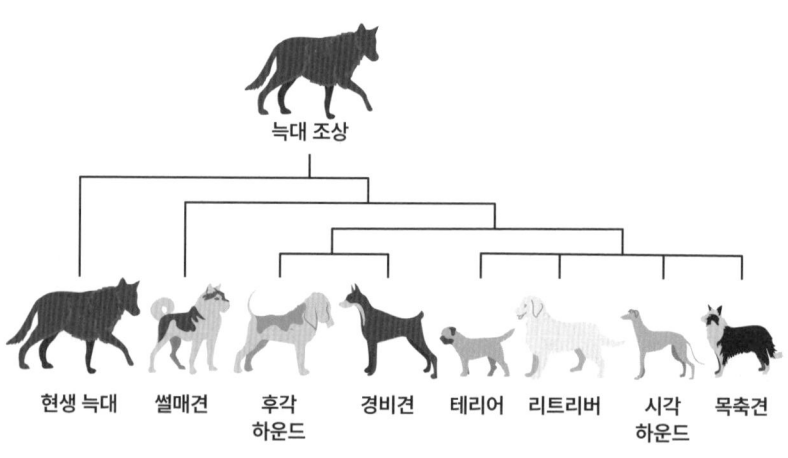

[그림 1] **다양한 행동 특성에 따라 선택된 견종**

우리는 그 결과를 알고 있다. 현존하는 견종은 개체마다 늑대 조상과 본질적으로 매우 다른 성향을 지니고 있다. 그리고 이러한 과정은 [그림 1]과 같이 여러 견종으로 분화하는 과정에서도 반복되었다. 개의 품종은 대개 인간이 원하는 기능을 수행하도록 특정한 행동 특성을 기준으로 선발되었다.

[그림 1]에 제시된 내용을 포함하여 포인터, 사냥개, 반려견 등은 각각 애정 표현, 경계심, 공격성, 장난기, 활동성, 복종성, 지배력, 충성심 등과 같은 특성에서 뚜렷한 차이를 보인다. 따라서 이들 특성이 유전적 변이에 영향을 받는다는 사실이 실험적으로 입증된다. 다만 유전적 차이가 행동 특성에 영향을 미치는 기제는 아직 상세히 밝혀지지 않았지만, 유전적 차이가 영향을 미친다는 사실 자체만큼은 논란의 여지가 없다.

이상과 같은 원리는 인간에게도 적용된다. 이는 다음 장에서 다루겠지만, 인간의 행동 차이에도 유전적 변이가 영향을 미친다는 경험적 증거는 개 못지않게 강력하다. 이러한 결과는 이론상으로도 충분히 예측할 수 있다.

유전학자의 관점에서 해석한 머피의 법칙에 따르면, 변이할 수 있는 것은 반드시 변이를 일으킨다. 하나의 종으로서 인간 본성이 인간의 유전체에 암호화되어 있다는 사실은 개체마다 본성이 유전 프로그램의 차이에 따라 서로 다를 수밖에 없음을 의미한다. 이는 결국 '사실일 수도, 아닐 수도 있는 문제'가 아닌, '반드시 사실이어야 하는 문제'이다. 그리고 자연 선택이 그 사실을 막을 방법은 어디에도 없다.

다름의 기원

어느 특성이 유전적이라는 사실이 밝혀진다고 해서 그 특성을 '담당하는 유전자'가 반드시 존재한다는 뜻은 아니다. 행동은 전반적으로 뇌 기능에서 비롯되며, 일부 예외를 배제하더라도 특정 유전자의 분자적 기능과 직접 연결되지는 않는다. 행동에 영향을 미치는 유전적 변이 가운데 상당수는 뇌의 발달 방식에 매우 간접적으로 작용한다.

이를 극적으로 보여 준 사례가 러시아에서 오랫동안 진행된 여우 길들이기 실험이다. 과학자들은 여우를 동일한 기준에 따라 30세대 이상에 걸쳐 선택적으로 번식시켰다. 인간에게 가장 가까이 접근할 수 있는 개체만 교배시킴으로써 온순한 여우끼리의 번식 과정이 세대를 거듭하며 반복되었다. 결과는 실로 놀라웠다. 여우가 이전 세대보다 훨씬 온순해졌다. 그런데 이러한 결과를 일으킨 과정은 더욱 흥미롭다.

실험 당시 여우는 행동만을 기준으로 선택되었지만, 그 과정에서 외형도 함께 변해 갔다. 개의 모습을 점차 닮기 시작한 것이다. 귀가 늘어지고 주둥이는 짧아졌으며, 털의 색까지 달라졌다. 이러한 형태 변화는 사실상 선택된 특성이 유년기의 특징을 유지하는 능력이었다는 가설과 일치한다.

어린 여우는 나이 든 개체보다 온순하다. 따라서 성숙 과정에 영향을 주는 유전적 차이를 선택함으로써 간접적으로는 온순함이 증가한 것이다. 이와 동시에 외형의 변화를 겪으며 새끼와 같은 모습을 보이는 것이다.

이 실험은 매우 중요한 교훈을 시사한다. 온순함과 같은 특성이 선택되었다고 해서 그 바탕이 되는 유전적 변이가 '온순함 유전자'에 영향을 미친다는 의미는 아니다. 다른 특성에도 영향을 끼쳤다는 점에서 온순함에 미치는 영향은 직접적이지도, 특이하지도 않다. 아직 정확히 밝혀지지는 않았지만, 영향을 받은 유전자들은 아마도 발달과 성숙 과정에 관련된 유전자일 것이다.

이러한 연관성은 인간도 마찬가지이다. 이후에 살펴보겠지만, 대다수 심리적 특성에 영향을 미치는 유전적 변이가 작용하는 방식은 간접적이면서 비특이적으로 작용한다. 따라서 우리는 이와 같은 변이를 '지능 유전자'나 '

외향성 유전자', '자폐증 유전자' 같은 고정된 개념으로 이해해서는 안 된다. 심리적 특성에서는 주로 유전적 변이가 뇌 발달에 영향을 미친 결과로 선천적인 차이가 발생한다. 즉 우리가 서로 다른 이유는 태어나기 전부터 뇌가 배선되는 방식이 각자 다르기 때문이다.

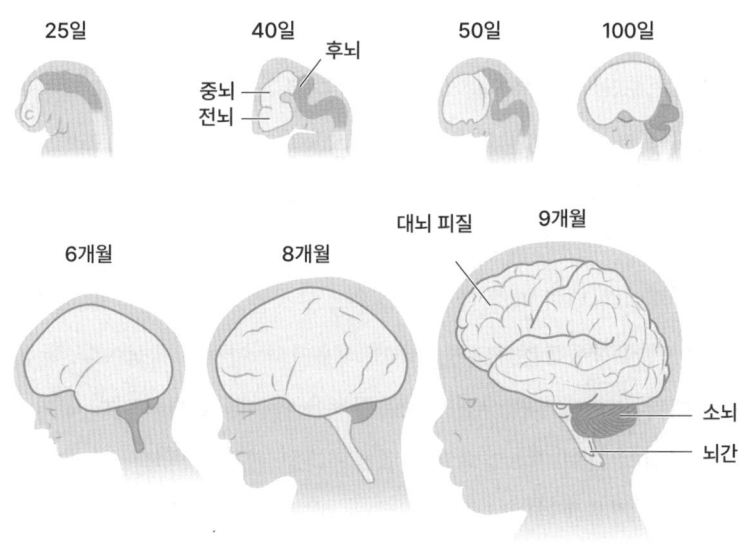

[그림 2] 인간 배아 및 태아의 뇌 발달[1]

이것만이 전부는 아니다. 유전적 변이는 뇌의 배선이 형성되는 방식에 작용하는 요인의 일부에 지나지 않는다. 발달 과정 자체도 변이가 발생하는 중

---

1 Kolb, B. and Fantie, B. D. (2008). Development of the Child's Brain and Behavior, in *Handbook of Clinical Child Neuropsychology(Critical Issues in Neuropsychology)*, 3rd ed., Reynolds C. R. and Fletcher-Janzen E. (eds.). New York: Springer, 19-46.에서 수정.

요한 요인임에도, 이 사실을 간과한다.

유전체는 사람을 암호화하지 않는다. '사람을 만드는 프로그램'을 암호화할 뿐이다. 그리고 이 프로그램이 실현되려면 반드시 [그림 2]와 같은 발달 과정을 거쳐야 한다. 그 발달 과정은 공학의 관점에서 보자면 상당히 변덕스럽다. 분자 수준에서 상당한 무작위성이 존재하기 때문이다. 이와 같은 강력한 제약으로 결과를 정확히 예측하기란 불가능하다.

따라서 두 사람의 유전 프로그램이 같더라도 결과는 다를 수밖에 없다. 일란성 쌍둥이도 얼굴의 생김새가 미묘하게 다르듯, 뇌 구조도 세포 수준에서 특히 차이를 보인다. 발달 과정이 점진적으로 진행된다는 점을 고려한다면, 내재적 변이는 결과에 크게 영향을 끼칠 수 있다. 그리고 이는 유전적 차이와 함께 심리적 특성의 차이를 만드는 주된 원인에 속한다.

요컨대 개인의 두뇌 배선 방식은 유전적 구성뿐 아니라 발달 프로그램이 실제로 어떻게 작동했는가도 중요하게 작용한다. 이것이 핵심이다. 특정 형질의 변이가 오직 일부만 유전적으로 영향을 받는다고 해서 나머지 변이가 반드시 환경적 요인이나 양육으로 결정된다고 볼 수는 없다. 오히려 상당 부분은 발달 과정과 관련이 있을 것이다. 이러한 관점에 따르면 개인 간 행동 경향 및 능력 차이는 단순히 유전의 영향이 단독으로 작용함을 넘어 훨씬 선천적일 가능성이 있다.

제 2 장

유전의 세계

I N N A T E

INNATE

한 생물종의 고유한 본성이 그 종의 유전체에 기록되어 있더라도, 프로그램에서의 유전적 변이에 따라 개체 간 본성에 차이가 나타날 수 있다. 제1장에서 다른 동물의 사례를 통해 그 증거를 일부 살펴본바, 인간은 과연 어떠할까? 개인의 유전적 차이가 전반적인 심리적 특성의 차이로 이어지는가를 확인하고자 한다면, 활용할 수 있는 증거는 무엇인가?

한 가지 효과적인 방법은 위 질문을 거꾸로 생각하여 유전적으로 더욱 유사한 사람이 심리적 특성도 그러한가를 조사하는 것이다. 간단하게 말해 심리적 특성이 조금이라도 유전적이라면, 사람들은 신체뿐 아니라 심리에 관한 특성도 친족끼리 닮아야 한다. 이러한 가설은 그럴듯해 보이지만, 문제가 하나 있다.

예컨대 형제자매처럼 관계가 매우 밀접한 사람은 보통 같은 가정에서 유사한 성장 환경을 공유한다. 그러나 인구 집단에서 무작위로 선택한 사람보다 형제자매가 심리적으로 더 닮았다는 사실만으로는 그 유사성의 원인이 타고난 본성인가, 양육 환경인가를 구별할 수 없다. 따라서 본성과 양육의 영향을 분리할 방법이 필요하다. 공유하는 유전자와 가정 환경의 영향을 독립적으로 검증하고, 그 반대도 같은 과정을 수행할 방법 말이다.

본성과 양육의 탐구

쌍둥이 연구와 입양아 연구는 바로 공유하는 유전자와 가정 환경의 영향을 독립적으로 검증하기 위해 고안되었다. 이 가운데 입양아 연구는 개념적으로 이해하기 쉽다. 해당 연구에서는 사람들을 서로 비슷하게 만드는 요인이 공유하는 유전자라면, 입양된 아이는 생물학적 친족을 더 닮을 것이다. 그리고 환경을 공유한다면 입양 가족, 특히 입양된 형제자매, 즉 생물학적 연관성은 없지만 같은 가정에서 자란 아이와 더 닮을 것임을 기본 원리로 삼는다.

반면 쌍둥이 연구는 입양아 연구와 정반대로 접근한다. 쌍둥이 연구는 유전적 유사성에 차이를 보이는 사람을 비교함으로써 공유하는 환경이 비슷할 때, 유전적 차이가 어떠한 영향을 미치는가를 분석한다. 여기에서 쌍둥이는 일란성 monozygotic, MZ 일 수도, 이란성 dizygotic, DZ 일 수도 있다.

일란성 쌍둥이는 하나의 수정란이 분열하면서 같은 유전체를 지닌 두 배아로 나뉘어 성장한다. 이란성 쌍둥이는 서로 다른 두 난자가 두 정자와 수정되어 동시에 착상한바, 보통 형제자매 정도의 유전적 유사성을 보인다. 쌍둥이의 성장 환경은 비슷하므로, 이처럼 다른 유형의 쌍둥이를 비교하는 방식은 공유하는 유전자의 중요성을 검증하는 데 매우 효과적이다.

한 특성의 차이가 오직 성장 환경에서만 비롯된다면, 일란성 쌍둥이 간 유사성은 이란성 쌍둥이와 대체로 비슷해야 한다. 특히 이란성 쌍둥이는 가정과 성장 시기가 동일할 뿐 아니라 쌍둥이로서 접할 수 있는 모든 환경적 영향을 공유하기에 비교 대상으로 적절하다. 일반적인 형제자매라면 그러한 요인이 있더라도 분명하게 드러나지는 않을 것이다.

이와는 다르게 유전적 요인에 의해 특성의 차이가 발생한다면, 일란성 쌍둥이는 이란성 쌍둥이보다 훨씬 높은 유사도를 보여야 한다. 이러한 차이는 당연히 신체적 특성에서 두드러진다. 이러한 특징으로 영어권에서는 일란성 쌍둥이를 '동일함'에 역점을 두어 'identical twins'라고 칭한다. 그렇다면 심리적 특성에서도 같은 원리가 통용될까?

심리적 특성은 키를 포함하는 신체적 특성과 달라서 위 질문에 쉽게 답할 수는 없다. 측정이 단순하지 않아 추가적인 문제가 발생하기 때문이다. 하나의 특성에 관하여 서로가 얼마나 비슷한가를 측정하려면 수치에 기반한 값이 있어야 한다. 즉 특성의 변이를 효과적으로 포착하고 반영할 수 있는 객관적인 척도가 필요하다.

마음의 척도

심리적 특성을 측정하는 방법에는 여러 가지가 있는데, 그중에서 조금 더 직접적인 방식이 있다. 사람들에게 각자의 행동 패턴이나 성향에 관한 응답을 바탕으로 임의의 순위나 점수를 도출하는 것이 그 예이다. 이는 성격 검사에 흔히 사용되는 방식이다.

구체적으로 해당 연구에서는 대상자에게 '나는 모임에 나가 사람들과 어울리며 에너지를 얻는다.' 같은 문장에 얼마나 동의하는가를 묻는다. 이에 5점 척도로 점수를 표기하는 방식으로 여러 질문에 대한 응답을 종합적으로 분석한다. 이를 통해 '외향성'이라는 성격 특성을 수치화할 수 있다.

위와 같은 유형의 설문지는 빅토리아 시대의 대학자인 프랜시스 골턴 Francis Galton 이 처음으로 개발했다. 골턴은 측정할 수 있는 것이라면 무엇이든 시도하겠다는 강한 집착을 보였고, 이를 인간 능력의 차이를 연구하는 데 적용했다. 지문을 체계적으로 분류하는 방법을 고안했고, 최초의 일기도도 만들었으며, 심지어 차를 가장 맛있게 우리는 방법까지 과학적으로 연구하기도 했다. '본성 대 양육 nature versus nurture'이라는 표현을 만든 사람도 골턴이었다.

그는 인간의 특성이 유전과 환경적 요인 가운데 어느 쪽의 영향을 더 많이 받는가를 확인하는 데 쌍둥이 연구와 입양아 연구를 활용할 수 있으리라 예견했다. 이후 골턴은 우생학 eugenics 을 창시한 이래 우생학 운동의 주창자가 되었다. 이때부터 인간 유전학사의 암흑기가 시작되었다. 우생학은 나치 독일에서 저지른 악명 높은 만행 외에도 지적 장애인을 대상으로 한 영국과 미국의 강제 불임 시술 정책으로 이어지기도 했다. 다행스럽게도 우생학에 기반한 정부 차원의 강제 정책은 이미 폐지되었다.

하지만 현대에는 유전학 기술의 발전과 혁신으로 개인이 유전자 정보를 바탕으로 배아를 선별하는 시대가 열렸다. 이는 새로운 윤리적, 도덕적 문제를 불러일으키는데, 자세한 내용은 제11장에서 논의하고자 한다. 이 장과 제3장에서는 골턴이 연구한 내용과 그 영향을 더 깊이 살펴볼 것이다.

설문 외에도 질문에 대한 응답 성공률에 따라 구체적인 수치를 산출하는 검증 방법도 있다. 이를테면 지능이나 기억력, 공감 능력을 평가하는 검사에서 수행 능력을 측정하는 방식이다. 이 방법은 실험실에서 반응 시간, 지각 능력, 과제 수행 능력의 양적 차이 등을 객관적으로 측정하는 다양한 연구 과제로 확장, 활용할 수 있다. 최근에는 이러한 측정 기법의 발전으로 다양한 조건에서 뇌 구조나 활동의 차이를 직접 측정하고, 이를 심리적 특성과 연관 짓는 연구도 이루어지는 추세이다.

그리고 특정 행동의 실제 빈도와 함께 그에 따른 현실에서의 결과를 측정함으로써 내재한 특성을 간접적으로 평가하는 방법도 있다. 이 연구 방법의 대상은 학력 수준, 체포 횟수, 기상 시간, 동성 애인의 수, 항정신성 약물

antipsychotic medication 처방 이력, 음주량 외에도 글씨를 쓰는 손, 즉 손잡이 성향에 이르기까지 다양하다.

이상에서 소개한 연구 방법의 핵심은 개인에게 수치화된 측정값을 부여함으로써 개인 간 유사성과 차이를 분석하는 것이다. 다만 이들 측정법의 활용은 '복잡한 행동을 단순한 숫자로 환원하는 것'과는 다름을 유념해야 한다. 이는 흥미로운 질문을 제기할 수 있도록 하는 연구 수단일 뿐이다.

위와 같은 방법론적 환원주의는 본래 연구 질문을 정밀하게 설정하고 검증할 수 있도록 측정 가능한 변수를 정의함으로써 복잡한 문제를 다루는 데 목적이 있다. 그저 복잡한 행동을 수치로 단순화하여 간단하게 설명할 수 있다는 이론적 환원주의의 철학을 따르겠다는 뜻이 아니다. 실제로 그러한 방식으로 설명할 수 없더라도, 답을 찾으려는 시도를 멈추어서는 안 된다.

말이야 쉽지만, 심리적 특성의 측정값은 키나 체중 같은 신체적 특성보다 훨씬 모호하고 정확성도 떨어진다. 이를 두고 일각에서는 그 측정값이 유의미한 정보가 포함되지 않은 단순한 잡음일 뿐이라 우려하기도 한다. 그러나 이는 사실이 아니다. 우리는 사람을 여러 차례 실험하고, 측정값의 일관성을 확인함으로써 신뢰도를 평가할 수 있다.

성격 검사를 처음 받을 때, 매우 외향적이라는 결과를 받았다고 생각해 보자. 하지만 일주일 후 같은 검사에서 수줍음이 많고 내향적이라는 결과가 나온다면, 그 검사는 신뢰할 수 없다고 판단할 것이다. 이와 마찬가지로 IQ 검사를 받을 때마다 점수가 크게 요동친다면, 이 검사를 유용한 측정 수단으로 받아들이지 않을 것이다.

실제로 연구자들은 검사-재검사 신뢰도가 높은 설문지와 검사지, 실험 과제를 개발하기 위해 심혈을 기울여 왔다. 그 결과로 같은 사람이 여러 번 검사를 받아도 일관된 측정 결과를 제시하는 심리 검사 도구가 마련되었다. 여기에서 이러한 측정값이 의미하는 바에 관한 논의는 별개의 문제라는 사실이 중요하다. 이 문제는 다음 장에서 다룰 것이다.

지금으로서는 연구자들이 개인차를 반영하는 실체적 특성을 측정하고 있다는 점만 이해하면 충분하다. 유전학자는 이를 표현형 phenotype 이라고 부른다. 표현형은 내부에 존재하는 근본적 차이가 겉으로 드러남을 뜻한다.

닮음과 다름의 문제

우리가 연구하고자 하는 특성인 표현형의 측정법을 확보했으니, 개인 간 비교로 유사성을 확인하는 개념으로 돌아가 보자. 우리의 목표는 단순히 두 개인의 비교가 아니라, 다양한 유형의 수많은 개체 쌍을 분석하여 유사성을 추정하는 것이다. 이는 입양으로 맺어진 형제나 친형제, 일란성 또는 이란성 쌍둥이 쌍 다수를 연구하는 방식이다.

위와 같은 관계를 시각적으로 표현하는 방법은 그래프를 이용하는 것이다. 한 쌍에서 한 사람의 측정값을 축에, 다른 사람의 측정값을 축에 표시한다. 예컨대 쌍둥이의 키를 비교할 때 두 사람이 각각 173cm, 175cm라면, [그림 3]과 같이 그래프의 축과 축에 두 값이 만나는 좌표에 점을 찍는다. 그리고 다음 쌍의 쌍둥이가 188cm와 190cm일 때는 그에 해당하는 위치에 또 다른 점을 찍는다.

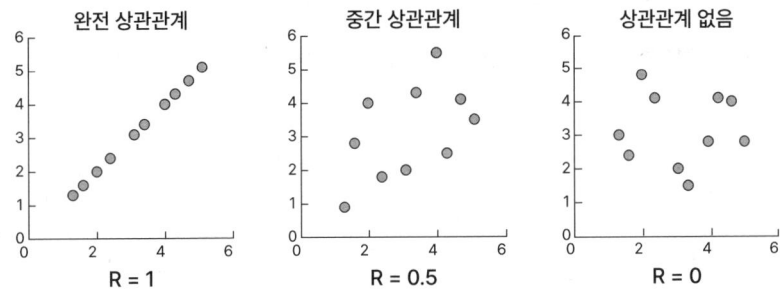

[그림 3] **상관관계**[2]

　위와 같이 점을 계속 찍어 나가면 쌍둥이 간 유사성을 시각적으로 보여 주는 그래프가 완성된다. 각 쌍에 속하는 두 사람이 측정하려는 특성에서 일치한다면, 그래프에 찍힌 점들은 대각선 모양을 이룰 것이다. 이와 다르게 집단에서 무작위 표본을 선별하여 짝을 지은 것처럼 쌍마다 유사성이 전혀 없다면, 점들은 그래프 전체에 아무렇게나 분산될 것이다. 한편 각 쌍의 개체가 완전히 일치하지는 않더라도 무작위로 선택된 쌍보다 비슷하다면, 점들은 대체로 대각선 모양을 이룰 것이다. 그러나 어느 정도까지는 선 주위로 분산될 것이다.

　위와 같이 그래프로 쌍 내 유사성을 직관적으로 확인할 수 있지만, 이를 정확한 수치로 나타내는 것도 가능하다. 이때 사용하는 수학적 방법이 바로 상관계수 correlation coefficient 또는 회귀계수 regression coefficient 이며, 이 개념 역시 프랜시스 골턴이 처음 개발하였다. 상관계수의 범위는 0~1이다. 0은 쌍 내 상관관계가 전혀 없음을, 1은 쌍끼리 값이 항상 같음을 의미한다.

2　여러 쌍의 쌍둥이 가운데 쌍둥이 1의 특성값과 쌍둥이 2의 특성값을 나타낸 그래프로, 두 값이 같으면 상관계수(R)는 1이다. 반면 아무런 관계가 없다면 R은 0이다. 그리고 중간값은 부분적 상관관계를 나타낸다.

입양아가 포함된 형제자매 쌍을 대상으로 작성한 그래프를 분석한다면, 다수의 심리적 특성에서 상관관계가 그다지 높지 않다는 사실이 드러난다. 어느 특성에서는 무작위로 선택된 사람보다는 약간 더 유사한 경향이 있기는 하다. 하지만 그 차이는 대체로 매우 미미하며, 그마저도 대부분 일시적인 듯하다. 다시 말하면 한 가정에서 함께 성장하는 동안에는 약간의 유사성이 드러나기는 하지만, 성인이 되면 사라지는 경향이 있다는 것이다.

반면 입양아와 생물학적 형제자매 간 유사성을 비교하면, 심리적 특성 전반에서 훨씬 높은 상관관계를 보인다. 이러한 연구 결과는 심리적 특성의 유사도가 단순히 공유하는 환경이 아닌, 유전자에 따른 것임을 강력하게 뒷받침한다. 실제로 같은 가정 환경에서 성장하더라도 심리적 특성을 형성하는 데 큰 영향을 미치지 않는다.

위와 같이 일란성과 이란성 쌍둥이 간 유사성도 비교해 본다면, 대체로 일란성 쌍둥이가 이란성 쌍둥이보다 훨씬 유사하다는 사실을 확인할 수 있다. 이는 두 유형의 쌍둥이 모두 가정 환경은 같으므로, 100% 같은 유전자를 공유하기 때문이라고 볼 수 있다. 그러나 이란성 쌍둥이는 평균적으로 유전자의 절반만을 공유하기에 유사성이 낮아진다.

서로 다른 가정에서 성장한 일란성 쌍둥이조차도 함께 자란 일란성 쌍둥이만큼이나 여러 특성에서 유사하다는 연구 결과가 있다. 결론적으로 공유하는 유전자가 양육 환경보다 심리적 특성에 미치는 영향이 훨씬 크다는 것이다. 이러한 연구 결과는 두 사람이 유전적 유사성을 크게 보인다면, 심리적 특성도 마찬가지임을 시사한다. 그리고 이러한 연관성은 같은 가정에서 자랐기 때문은 아니다.

이상의 내용을 통해 우리는 공통점이 아닌 차이점에 주목하는 방식으로 접근하는 방향을 전환할 수 있을 것이다. 개인 간 유전적 차이가 집단 내 심리적 특성 차이에 큰 영향을 끼친다는 점을 추론하는 것 말이다. 이와 반대로 가정 환경의 차이가 심리적 특성에 미치는 영향은 때로 무시해도 괜찮을 만큼 미미한 수준임을 이해하였다.

우리는 개인에게 어떠한 특성이 생기거나, 두 사람이 서로 닮은 이유를 더는 궁금해하지 않을 것이다. 그 대신 집단 내에서 특성의 차이를 만들어 내는 요인이 과연 무엇인가를 생각하게 될 것이다. 이러한 관점의 변화가 의미하는 바를 한 번쯤 곰곰이 생각해 볼 필요는 있다.

◈ 집단 내적 변이

집단 내에서 많은 사람의 특성을 측정하다 보면, 그 특성에서 일정한 변이가 존재한다는 사실을 확인할 수 있다. 이는 수량화가 가능하다. 키나 IQ처럼 연속적인 값으로 나타나는 특성이라면 집단 내에서 그러한 값의 분포를 나타내는 방법의 하나로 히스토그램 histogram 을 활용한다.

히스토그램은 가로축에 특성의 값을, 세로축에는 해당 값을 나타내는 사람의 수를 표시한다. 일반적으로 사람들은 평균값 근처에 밀집해 있으며, 평균값에서 멀어질수록 개체 수는 급격하게 감소한다. 이러한 분포 형태를 '종형 곡선 bell-shaped curve' 또는 정규 분포 normal distribution 라고 한다.

정규 분포는 기본적으로 종 모양을 띠지만, 높이와 폭에 따라 차이가 있다. 이 가운데 곡선이 낮고 넓은 모양이라면, 집단 내 특성의 변이가 크다는 의미이다. 일반적인 남성 집단의 키를 그래프로 나타낸다면, 150cm 미만에서 210cm 이상까지 다양한 분포를 보일 것이다. 그렇다면 양극단보다 중간 위치에 다수가 밀집한 형태를 띤다.

하지만 프로 농구 선수의 키를 그래프로 나타낼 때, 평균 키는 더 큰 쪽으로 치우쳐 있고, 변이는 일반 남성 집단보다 훨씬 적어 종형 곡선이 더 좁아질 것이다. 다만 경마 기수의 경우라면 프로 농구 선수와 유사하지만, 평균 키가 작은 쪽으로 치우친 분포를 보일 것이다.

이상과 같은 집단 내 변이를 정량적으로 측정하는 방법이 바로 분산 variance 이다. 분산은 정확한 수치로 나타낼 수 있다는 점이 특징이다. 분산은 각 데이터가 분포의 중간, 즉 평균에서 얼마나 떨어져 있는가를 측정한다. 이후 음수값을 제거하기 위해 편차를 제곱한 뒤, 그 값을 모두 합하여 계산한다.

데이터가 모두 평균 근처에 가까이 모여 있다면 분산은 작아진다. 이와 다르게 데이터의 분포가 넓다면, 분산은 커진다. 이것이 우리가 살펴보려는 내용이다. 그렇다면 변이는 무엇으로 발생하는가? 그리고 특성에서 변이를 만들어 내는 원인은 과연 무엇일까?

쌍둥이 연구와 입양아 연구는 유전이나 가정 환경에 따른 특성의 변이에서 두 요인을 고려하더라도 설명할 수 없는 변이까지 추정할 수 있다. 그 예로 일란성 쌍둥이가 이란성 쌍둥이보다 더 유사하다면, 유전적 차이가 집단 내 특성의 변이에 큰 영향을 미친다고 판단할 수 있다. 두 쌍둥이가 그저 약간 더 비슷한 수준이라면, 유전적 요인의 영향은 크지 않다고 볼 수 있다.

그리고 어느 특성에서 입양된 형제자매가 생물학적 형제자매만큼 서로 비슷하다고 생각해 보자. 이때는 두 사람이 공유하는 가정 환경이 주된 요인임을 시사한다. 이는 가정 환경의 차이가 특성 차이를 설명하는 데 결정적이라는 의미이다.

그러나 이상의 일반적 주장을 벗어나는 예도 있다. 우리는 일란성 쌍둥이와 이란성 쌍둥이, 입양된 형제자매와 생물학적 형제자매 외에도 다양한 조합의 쌍에서 나타나는 상관계수를 비교함으로써 요인별 분산을 백분율로 나타낼 수 있다. 이처럼 수백 건의 연구에서 도출한 결과의 패턴은 놀랍게도 일관적이었다.

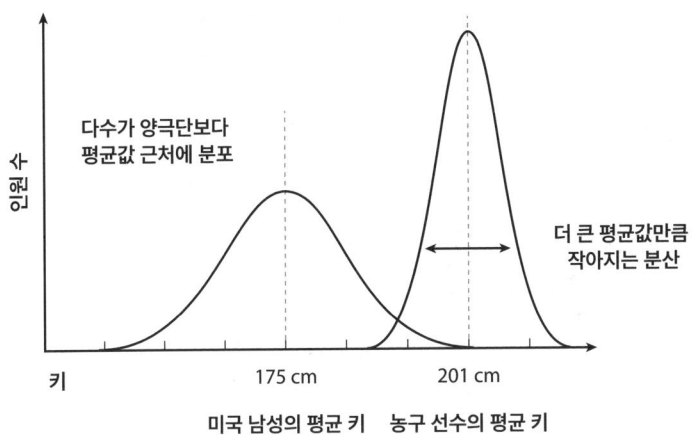

[그림 4] 분산[3]

일반적으로 심리적, 행동적 특성에서 유전적 차이에 해당하는 분산의 백분율은 비교적 낮은 수준(30~40%)에서 매우 높은 수준(70~80%)까지 다양했다. 여기에서 특정 형질의 변이 가운데 유전적 변이가 차지하는 분산의 양을 유전력 heritability 이라고 한다. 유전력은 유전학에서 핵심적이지만, 자주 오해받는 개념이다. 이에 관한 내용은 뒤에서 자세하게 다루고자 한다.

유전력에서 중요한 점은 쌍둥이 연구뿐 아니라 일반 인구 집단에서 수천 명의 표현형 비교를 통한 추정이 가능하다는 것이다. 이를 넓은 관점에서 보면, 우리가 모두 먼 친척뻘에 해당한다는 사실을 바탕으로 한다. 심지어 유전적 관련성이 평균보다 아주 조금 늘어나더라도, 표현형의 유사성은 미미하지만 측정 가능한 만큼 증가한다.

---

3   일반인의 키 분포는 평범한 종형 곡선을 이루며, 곡선의 폭은 특성의 분산을 나타낸다. 프로 농구 선수 팀 같은 특정 집단의 경우 평균값은 더 크지만, 분산은 그만큼 작아진다.

이러한 효과는 수천 명의 인구 표본을 대상으로 수백만 쌍을 비교하여 분석할 수 있다. 또한 해당 연구 결과는 심리적 특성의 유전력을 입증한다. 그리고 그것이 단순히 쌍둥이 연구라는 특수한 조건에서만 관찰되는 것이 아님을 보여 준다. 유전력 연구는 다음과 같이 여러 특성에 적용된다.

- 성실성, 외향성, 충동성, 공격성, 위험 감수성, 친화력 등 성격 특성
- 지능, 기억력, 언어 능력, 운동 능력, 균형 감각, 심리적 관심사, 성적 지향, 수면 패턴, 음악적 감각, 식욕, 사회적 태도, 종교적 신념 등 모든 유형의 특성
- 흡연, 문제성 음주, 반사회적 행동, 학업 성취도, 성실한 결혼 생활, 이혼 가능성 등 행동 특성
- 불안 장애, 약물 남용, 자살 행동 등 모든 유형의 정신 질환

위에서 제시한 특성 행동과 관련하여, 유전적 차이는 인구 집단 전반에 걸친 변이의 실질적 원인임이 증명되었다. 한 가정 내에서 일란성 쌍둥이는 이란성 쌍둥이보다 훨씬 유사하다. 그리고 생물학적 형제자매가 입양된 형제자매보다 더 비슷하다는 점은 그 사실을 뒷받침한다.

해당 연구 결과는 뇌 형성 방식의 유사성으로 쌍둥이나 형제자매가 서로 비슷하게 행동함을 시사한다. 이러한 주장은 새로운 신경 영상 기술 덕에 문자 그대로 사실임을 확인할 수 있다.

✹ 뇌 구조적 변이

신경 영상 기술을 활용하면 뇌의 구조를 정밀하게 들여다볼 뿐 아니라 다양한 조건에서 뇌가 작동하는 방식도 시각화할 수 있다. 이러한 기술 가운데 자기공명영상 Magnetic Resonance Imaging, 이하 MRI 이 가장 대표적이다.

MRI는 강한 자기장을 이용해 조직 내 원자, 특히 수소 원자의 상태를 변화시키는 원리로 작동한다. 각 수소 원자의 핵에 있는 단일 양성자는 작은 나침반 바늘처럼 자기장의 방향을 따라 정렬한다. 여기에 라디오파를 가하여 양성자의 정렬을 무너뜨린다. 이후 양성자가 다시 원래의 정렬 상태로 돌아가는 과정에서 라디오파 신호를 방출하는데, 이는 신체 외부에서 감지할 수 있다.

자기장의 단계와 펄스를 조절하여 라디오파 신호의 위치를 매우 정밀하게 특정하면, 고해상도의 3D 조직 스캔을 생성할 수 있다. 이때 조직마다 수소 원자가 재정렬되는 속도가 달라 신호 차이가 발생한다. 이는 조직 내 다른 영역 간 대비를 만들어 낸다. 이를 통해 어깨나 무릎에서 근육, 뼈, 힘줄 또는 뇌의 회백질과 백질을 구별할 수 있다.

회백질 gray matter 은 신경세포체가 밀집한 영역이다. 회백질에는 신경 세포를 연결하는 '가지 돌기 dendrite'와 '축삭 axon'이라는 가느다란 섬유가 국소적으로 퍼져 세포 사이에 뒤섞여 있다.

한편 백질 white matter 은 신경세포체와 별도로 뇌의 먼 영역을 연결하는 축삭 다발로 구성된다. 백질이 하얗게 보이는 이유는 축삭이 미엘린 myelin 이라는 지방성 물질로 절연되어 있기 때문이다. 백질은 뇌에서 주요 신경로를 형성하며, 좌우 대뇌 반구, 뇌의 앞쪽과 뒤쪽, 외측 피질과 하부 영역, 뇌와 척수를 연결한다.

MRI 스캔을 통해 개인의 뇌를 고해상도 3차원 이미지로 변환할 수 있고, 이를 바탕으로 다양한 뇌 구조 측정값을 추출할 수 있다. 가장 기본적인 것이 뇌 영역과 백질 다발의 부피, 피질의 두께 등이다. 이처럼 스캔과 측정값을 활용하면 유전적으로 유사한 사람들의 뇌 구조도 비슷한가를 분석할 수 있다.

일란성 쌍둥이는 서로 똑같아 보이는 외형답게 뇌의 물리적 구조에서도 마찬가지로 높은 유사성을 보인다는 사실을 분명하게 확인할 수 있다. [그림 5]에 제시된 일란성 쌍둥이의 뇌 스캔 이미지는 얼핏 같은 사람의 뇌를 촬영한 듯해 보일 정도로 비슷하다.

자세히 들여다본다면 미묘한 차이를 발견할 수 있겠지만, 일란성 쌍둥이의 뇌 구조는 이란성 쌍둥이나 일반 형제자매보다 훨씬 유사하다. 무엇보다도 MRI를 통해 얻은 측정값을 활용하면 대규모 쌍둥이 집단에서 유사성을 정량화할 수 있다. 이를 통해 심리적 특성과 마찬가지로 뇌 구조의 유전력도 분석할 수 있다.

쌍둥이 연구의 결과는 놀라우면서도 [그림 5]에서 보여 준 인상을 그대로 뒷받침한다.[4] 뇌 구조의 여러 측면 또한 상당히 높은 유전성이 확인되었는데, 이는 개체 간 변이의 상당 부분이 유전적 차이로 발생함을 의미한다. 다양한 측정값에 따른 유전력 추정치는 전체 뇌 부피 82%, 회백질 부피 72%, 백질 부피 85%이다. 특정 피질 영역이나 기타 뇌 구조의 부피 유전력의 범위는 60~80%이며, 여러 부위의 피질 두께를 측정해서 얻은 유전력은 약 50~70%로 나타났다. 특히 생후 한 달밖에 되지 않은 영아에서도 유사한 결과가 관찰되었다.

---

[4] MRI 스캔 결과 일란성 쌍둥이의 뇌 구조가 이란성 쌍둥이나 일반 형제자매보다 훨씬 더 유사하며, 거의 같은 것으로 나타났다. 흰색 원은 일란성 쌍둥이의 뇌 주름 패턴에서 보이는 미묘한 차이를 강조한 부분이다.

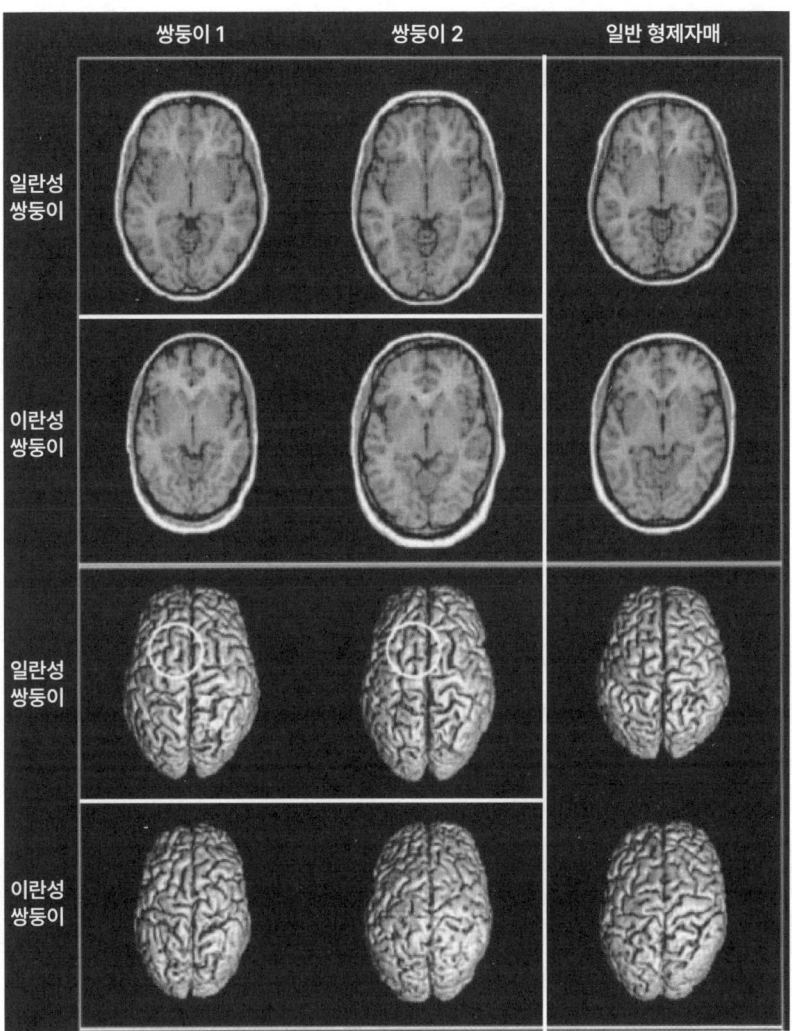

[그림 5] 쌍둥이의 뇌[5]

---

5 Jansen, A. G., Mous, S. E., White, T., Posthuma, D. and Polderman, T. J. (2015). What Twin Studies Tell Us about the Heritability of Brain Development, Morphology, and Function: A Review, *Neuropsychology Review*, 25, 27.에서 재인용.

MRI 데이터는 뇌의 조직화, 즉, 각 부위가 서로 어떻게 연결되어 있는지 연구하는 데에도 활용할 수 있다. 확산 강조 영상 diffusion-weighted imaging 기법은 뇌 내부에서 물 분자가 확산하는 방향을 추적하여 신경 섬유 다발의 방향성을 감지하도록 한다. 이 신호로 뇌의 여러 영역 간 신경 섬유의 연결 수준 측정뿐 아니라 뇌 네트워크에 관한 정보 추출도 가능하다. 이러한 측정값을 활용한 쌍둥이 연구에서는 개별 신경로의 크기 및 미세구조적 조직화가 중간에서 매우 높은 수준의 유전력을 보인다는 사실을 밝혀냈다.

그리고 신경로의 측정값을 활용하여 뇌 영역의 전체 연결망을 시각적으로 구성하는 것도 가능하다. 이러한 과정으로 구성된 뇌 네트워크를 추가로 분석하면, 서로 연결된 하위 네트워크를 찾아냄과 동시에 수학적 특성화로 다양한 네트워크 측정값을 도출할 수 있다. 측정값에는 연결의 밀집도나 네트워크를 통한 효율적인 정보 전달력 등이 포함된다. 이러한 네트워크 매개변수 역시 유전력 범위가 60~70%로 나타났다.

전반적으로 개인의 뇌 구조에서 나타나는 물리적 변이의 상당 부분이 유전적 차이에 기인한다는 사실이 밝혀졌다. 유전자는 뇌의 배선 방식을 결정하는 데 큰 영향을 미치는, 가장 지배적인 요인이라고 할 수 있다. 이러한 연구 결과는 유전자 역할에 대한 일반적인 오해를 바로잡는 데 중요한 의의가 있다.

유전자의 역할은 출생과 동시에 끝나지 않는다. 일반적으로 유전자는 초기 뇌 배선 패턴만 결정할 뿐, 이후의 변화는 모두 경험과 학습이 좌우한다고 여긴다. 그러나 이는 사실이 아니다. 뇌의 발달을 조절하는 유전 프로그램은 출생 후에도 활성화되어 성장과 성숙 과정 전반에 영향을 미친다. 이는 신체의 다른 기관도 마찬가지이다.

▣ 뇌 기능상 변이

신경 영상 기법을 이용하면 사람들의 뇌의 배선 방식과 더불어 최소한 거시적인 수준에서의 뇌 작동 방식도 관찰할 수 있다. 그 효과적인 방법 가운데 기능성 자기공명영상 functional Magnetic Resonance Imaging, 이하 fMRI 이 있다. 이 기법을 이용하면 활성화 중인 뇌 영역을 시각적으로 확인할 수 있다.

fMRI는 뇌 영역을 활성화할 때는 산소가 풍부한 혈액을 끌어들이는 원리에 기반한다. 산소 함량이 높은 혈액은 그렇지 않은 혈액과 다른 자기공명 특성을 나타낸다. 이 신호는 실제 신경 활동보다 훨씬 느리지만, 몇 초에 걸친 시간 범위에서 신경 활동을 반영하는 데 신뢰할 만한 대리 지표로 활용할 수 있다.

해당 기법은 다양한 기능에 관여하는 뇌 영역을 추적하는 데 널리 사용된다. 방울뱀을 보거나, 음악을 듣거나, 테니스 서브를 생각할 때 특정 뇌 영역이 '활성화'된다는 연구 내용을 본 적이 있을 것이다. 이것이 바로 fMRI 신호를 기반으로 분석한 결과라는 뜻이다.

그러나 실제 연구에서 fMRI 신호를 얻으려면 대량의 통계 분석이 이루어져야 한다. 신호를 추출하는 과정에서 잡음과 배경 활동을 제거해야 하기 때문이다. 이는 한 영역이 다양한 자극에 활성화되더라도, 평소에 아무 역할도 하지 않다가 갑자기 작동하기 시작하지는 않는다는 중요한 사실을 시사한다. 뇌는 사람이 쉬고 있을 때, 심지어 잠을 자고 있을 때도 끊임없이 활동한다. 이는 마치 시동이 걸린 채 공회전하는 자동차와 같다.

이처럼 공회전 상태에서의 뇌 활동 역시 fMRI로 감지할 수 있다. 그리고 연구자는 뇌의 여러 영역이 각기 다른 주파수로 활동한다는 사실을 발견했다. fMRI 신호는 각 영역에서 대략 10~20초 주기로 미세하게 강해졌다가 약해지는 느린 변동, 즉 진동을 보인다. 실험 참가자를 MRI 스캐너 안에 5분 정도 가만히 두면, 모든 영역에 걸친 변동이 어떻게 나타나는가를 추적

할 수 있다. 그리고 이를 토대로 어느 영역이 서로 동기화하여 함께 진동하는가를 확인하는 흥미로운 사실이 확인된다.

한편 특정 과제를 수행할 때는 서로 다른 영역이 동시에 활성화되기도 한다. 이는 특정 기능과 관련하여 확장된 신경 회로 또는 신경계를 구성하는 영역을 반영한다. 이러한 기능적 관계는 뇌가 휴식 상태일 때도 발생하는 자발적 신호 변동의 시간적 상관관계에서도 분명히 드러난다. 이러한 패턴은 과거에 함께 활성화한 전적을 반영한다.

만약 두 영역의 동기화로 함께 진동한다면, 이들 영역은 확장된 기능적 네트워크의 일부일 가능성이 크다. 이러한 분석에서 나타나는 하위 네트워크에는 일반적 패턴이 존재하는 동시에 개인차도 크다는 점이 중요하다. 같은 사람을 여러 번 촬영할 때, 그 차이가 매우 신뢰할 만함을 확인할 수 있다. 이는 기능적 뇌 구조의 안정적인 차이를 반영하며, 개인마다 다양한 과제를 수행할 때 나타나는 뇌 활성 패턴을 예측하는 데도 유용하다.

실제로 뇌의 기능적 네트워크는 매우 독특하다. 따라서 뇌 스캔 데이터만으로도 개인을 식별할 수 있어 '신경 지문 neural fingerprint'으로 활용할 수 있다. 이는 영상을 촬영하는 동안 뇌가 어떠한 활동을 하고 있는지와 무관하게 적용된다.

또한 시간적 상관관계는 두 영역 간 기능적 연결성의 강도를 정량적으로 측정하는 지표이므로, 뇌 전체의 기능적 연결성 네트워크를 도출할 수 있다. 이는 구조적 매개변수를 이용하는 방식과 마찬가지이다. 일반적으로 뇌의 구조적, 기능적 연결성 네트워크는 매우 유사한 양상을 보인다. 뇌 영역 다수는 구조적으로 직접 연결되지 않더라도, 기능적으로는 가능하다. 이는 서로 소통이 가능함을 뜻한다.

그리고 쌍둥이를 포함한 다양한 사람 사이에서 뇌 네트워크의 여러 매개변수를 측정하고 비교할 수도 있다. 이제는 익숙하겠지만, 일란성 쌍둥이의 뇌 네트워크는 이란성 쌍둥이보다 훨씬 유사하다. 다시 말하면 기능적 연결성에서 국소적 지표와 전역적 지표 모두 중간에서 높은 수준의 유전력을 보였다.

이처럼 유전적으로 가까운 사람끼리는 뇌의 배선과 작동 방식이 유사하다. 이는 그러한 사람이 심리적 특성까지도 비슷함을 보이는 근원이라 할 수 있다. 관점을 바꾸어 생각하자면 뇌의 구조적, 기능적 특성과 심리적 특성에서 나타나는 집단 내 개체 간 변이의 상당한 비율, 주로 대다수가 유전적 차이로 결정된다고 볼 수 있다. 이에 유전력의 개념을 조금 더 깊이 탐구하도록 하겠다.

유전력 바로 읽기

유전력 추정치는 형질의 평균값이나 절댓값이 아닌, 분산을 설명하는 개념이라는 점이 중요하다. 따라서 유전력은 집단 내 개인차가 발생하는 이유를 이해하는 데 활용할 뿐, 형질의 평균값이 왜 그러한가는 설명하지는 않는다. 이러한 문제는 종 전체에 일반적으로 나타나는 형질을 논할 때와 같은 맥락에서 이해해야 한다. 여기에서는 종 내에서 평균값을 중심으로 나타나는 변이를 이해하고자 한다.

물론 평균값을 결정하는 요인도 유전체가 좌우한다는 점에서 유전적 요인의 영향을 받지만, 이는 우리의 관심사가 아니다. 우리는 모두 인간 유전체를 공유하고 있어, 키가 대체로 비슷하다. 그중에서도 유전력은 개인의 키차이를 설명하는 데 초점을 맞추고 있다.

특정 형질의 유전력이 60%라는 의미는 개인의 형질 절댓값 중 60%가 유전자에서 비롯되었다는 뜻이 아니다. 예를 들자면 키의 60%가 유전적 요인이라고 말하는 것은 잘못된 해석이다. 그 의미는 집단 전체에서 해당 형질의 분산, 즉 평균값에서의 편차 가운데 60%가 유전적 차이에서 기인한다는 것이다. 따라서 집단 구성원 전체가 유전적으로 동일하다면, 유전적 차이에 따른 분산 가운데 60%가 사라지고, 나머지 40%만 남는다.

이는 유전력에 관한 또 다른 중요한 사실을 드러낸다. 바로 유전력이 비례 지표라는 점이다. 이에 형질이 유전적, 환경적 요인에 모두 영향을 받을 수 있다고 가정해 보겠다. 키를 예로 들면 키의 최대치에는 강력한 유전적 영향이 작용한다. 그러나 최대치까지의 성장 여부는 영양 상태에 따라 달라질 수 있다.

모든 사람이 충분한 영양을 섭취할 수 있는 환경에서 키의 유전력을 측정한다면, 그 값은 매우 클 가능성이 있다. 이는 해당 형질의 변이가 대부분 유전적 차이에서 비롯되며, 키에 영향을 미치는 다른 요인 간 차이가 거의 없기 때문이다. 그러나 음식에 대한 접근성이 차이가 큰 집단이라면, 유전력은 더 낮아질 것이다. 이는 유전적 영향의 절대적 감소를 뜻하지 않는다. 바로 환경적 요인에서의 차이가 벌어지면서 유전적 요인의 상대적 중요도가 낮아진 것이다.

결과적으로 유전력 추정치는 특정 집단과 시점에 국한된 값이자 역사적이고 지역적인 변수이다. 유전력은 물리학에서 발견되는 생물학적 상수 같은 존재가 아니다. 그리고 유전력 수치는 형질에 영향을 '미칠 수 있는' 요인이 아니라, 특정 시기의 인구 집단에서 실제로 형질에 영향을 '미치는' 요인을 측정하는 것이다. 물론 환경적 요인이 형질의 평균값에 영향을 줄 수 있기는 하다. 그러나 환경이 크게 변하지 않는다면, 형질의 차이를 설명하는 데 별다른 역할을 하지 못할 것이다.

유전력은 집단 내 변이의 근원을 설명할 뿐, 해당 형질의 평균값이 왜 그러한지는 알려 주지 않는다. 따라서 유전력만으로는 집단 간 평균값 차이의 원인을 알 수 없다. 두 인구 집단에서 높은 유전력을 보이는 특성이 존재하더라도, 집단 간 평균값 차이는 비유전적 요인으로 발생하기도 한다. 키와 체중의 비율을 나타내는 지표인 체질량지수 Body Mass Index, 이하 BMI 가 좋은 예이다.

BMI는 개별 집단 내에서 측정했을 때는 유전력이 높지만, 국가 비교에서 평균값과 과체중 및 비만 인구 비율의 차이가 크다는 점을 확인할 수 있다. 이는 유전적 요인이 아닌, 환경적 또는 문화적 요인에서 비롯된다. 이러한 문제는 특히 지능의 유전력, 인구 집단이나 시간에 따라 평균 IQ 차이가 발생하는 원인을 해석할 때 중요한 의미를 지닌다. 이에 체질량지수와 지능의 유전력이 유사한 방식으로 작용한다는 점은 제8장에서 확인할 것이다.

또한 유전력은 '유전 heredity'이나 '유전적 계승 inheritance'과 같은 개념은 아니지만, 꼭 그렇지만도 않다. 예컨대 동물 육종가에게는 유전, 즉 부모와 자식 간 유사성이 중요하다. 하지만 유전력은 형질에 실제로 영향을 미치는 모든 유전적 요인을 측정하는 개념이지만, 반드시 계승되는 것은 아니다.

첫째, 형질은 대부분 여러 유전적 요인이 함께 작용하여 결정된다. 이때 특정 유전자 조합이 개인의 표현형을 결정하는 데 중요한 역할을 한다. 그러나 개인의 유전체는 유전적 변이의 새로운 조합을 포함하기에 부모의 유전체와는 다를 것이다.

둘째, 부모의 정자와 난자가 형성되는 과정에서 새로운 돌연변이가 발생할 수 있다. 또한 우리는 해당 돌연변이를 개별적으로 지닌 채 태어난다. 그 역시 개인의 형질에는 영향을 미칠 수 있지만, 부모와 자식 간 유사성에는 적용되지 않는다.

다운증후군은 그러한 개념을 잘 보여 주는 대표 사례이다. 이 질환은 부모의 정자나 난자가 제대로 분리되지 않아 21번 염색체가 하나 더 많아지면서 발생한다. 따라서 부모에게서 직접 유전되는 경우는 드물지만, 개체 수준에서는 전적으로 유전적 기전에 따라 일어난다.

이상에서 설명한 새로운 돌연변이의 영향과 유전자 변이의 독특한 조합이라는 두 요인은 일란성 쌍둥이 연구의 핵심이다. 일란성 쌍둥이는 부모에게 물려받은 유전자가 완전히 같을 뿐만 아니라, 새로운 돌연변이도 모두 공유하기 때문이다.

유전과 환경 너머

지금까지 인간의 심리와 뇌에 관하여 형질이 높은 유전력을 지닌다는 점을 강조해 왔다. 그러나 쌍둥이 연구와 입양아 연구를 통하여 개인 간 변이에서 비유전적 요인이 차지하는 비율도 확인할 수 있다. 비유전적 요인은 흔히 '환경적 요인'으로 간주하지만, 이 글에서 꼭 그렇지만은 않음을 살펴볼 것이다. 이는 유전력을 측정하는 일란성, 이란성 쌍둥이 또는 생물학적, 입양 형제자매 비교 연구에서 다양한 가정 환경이 형질 변이에 미치는 영향을 추정하는 데도 활용할 수 있다.

역시나 놀랍게도 보통 10~15%를 넘지 않을 정도로 매우 적은 기여도를 보이며, 때로는 0%로 측정되기도 한다. 입양 형제자매의 심리적 형질은 거리에 스치는 낯선 사람과 다를 바가 없다. 같은 지역 사회, 학교, 가정에서 성장하였음에도 말이다. 그러나 서로 다른 환경에서 성장한 일란성 쌍둥이는 같은 환경에서 성장한 쌍둥이와 거의 비슷한 수준으로 닮아 있었다. 이는 곧 가정 환경을 공유한다고 해서 심리적 형질의 유사성을 결정하는 주된 원인이 아님을 시사한다.

위와 같은 연구 결과는 처음에 주디스 리치 해리스 Judith Rich Harris 와 스티븐 핑커 등에게 주목받은 이후, 오랫동안 숱한 논란에 휩싸이면서 학계를 향한 불신을 초래하기에 이른다. 그러나 이 책에서 다루는 형질의 특성을 고려하면 그리 놀라운 결과는 아니다. 우리가 논의하는 형질은 성장 과정에서 비교적 안정적으로 유지되는 특성으로, 시간의 경과에 따라 행동 패턴에 영향을 미치는 개인의 기질이나 성향을 나타낸다.

자녀를 둘 이상 둔 부모라면, 같은 양육 방식을 적용하더라도 자녀 간에 뚜렷한 차이가 나타난다는 사실을 경험했을 것이다. 아이의 기질과 재능, 관심사는 각기 다르다. 이는 부모의 의도와 상관없이 자연스럽게 나타난다. 따라서 부모가 아무리 노력해도 자녀의 성향을 근본적으로 바꾸기는 어렵다. 하지만 부모끼리 자녀의 성향 차이에 관해 이야기를 나누더라도, 대화는 쉽사리 끝나지 않을 것이다.

"얘는 공부도 열심히 하고 집중력도 높은데, 쟤는 툭하면 엉뚱한 생각에 빠지는 이유는 무엇일까?"

"조심성 많은 얘와 다르게 쟤는 왜 응급실 의료진들이 모두 기억할 정도로 자주 다칠까?"

"얘는 수줍음이 너무 많고 말수도 없어 친구나 제대로 사귈 수 있을까 걱정될 지경인데, 쟤는 어떻게 혼자서 기둥이라도 붙잡고 떠들어 대는 걸까?"

과학자는 직관에 어긋나는 연구 결과를 발견할 때 열광한다. 이처럼 일상에서의 경험과 충돌하는 연구 결과는 우리가 인간의 마음이 작동하는 방식을 얼마나 잘못 이해하고 있었는가를 보여 주기 때문이다. 하지만 이번만큼은 다르다. 쌍둥이 연구의 결과는 우리의 직관이나 일상 경험과 전혀 충돌하지 않는다. 이들 연구는 부모로서 양육하며 경험하는, 그리고 아이에게는 대체로 선천적이거나 내재적인 유형의 형질과 연관되기 때문이다. 따라서 이러한 연구 결과가 우리의 경험과 들어맞는다고 해서 놀랄 필요는 없다.

그렇다면 부모의 양육은 중요하지 않을까? 물론 아니다. 양육이 자녀의 행동에 당연히 영향을 준다. 부모의 사랑과 격려, 지지, 훈육, 기대 등은 모두 아이의 삶에 지대한 영향력을 행사한다. 이들 요소는 삶 속에서 마주하는 상황을 받아들이며, 자신에게 기대하고, 선택을 내리는 방식을 형성하는 데 중요한 역할을 한다. 다만 부모의 양육이 자녀의 근본적 성향이나 행동 형질까지 크게 변화시키지 않을 뿐이다. 그리고 행동 형질은 사람들의 실제 행동을 결정하는 요소 가운데 일부에 불과하다.

일반적으로 부모의 행동과 자녀의 특정 형질 사이에 나타나는 상관관계에는 직접적인 인과 관계가 존재한다고 해석할 수 있다. 그러나 실제로는 공유하는 유전적 요인의 영향을 반영하는 경우가 많다.

그 예로 자녀를 과보호하는 성향의 부모가 자녀를 불안하게 한다는 연구 결과를 본다면, 양육 방식이 문제라고 해석할 수 있다. 그러나 지금까지 살펴본 연구 결과는 앞의 해석과 일치하지 않는다. 만약 아이를 과보호하는 양육 방식이 불안의 원인이라면, 그 영향은 일란성, 이란성 쌍둥이와 입양 자녀뿐 아니라 생물학적 자녀 모두에게 나타나야 한다. 하지만 연구에 따르면 부모의 과보호와 자녀의 불안은 공유하는 유전적 요인이 쌍방에 영향을 미친 결과일 가능성이 크다.

비슷한 예로 책이 많은 집에서 자란 아이의 IQ가 더 높다는 연구 결과가 있다. 그렇다면 독서량에 따라 IQ도 높아진다는 결론을 내릴 수 있을까? 물론 개인적으로는 독서를 전적으로 지지하는 편이다. 이와 별개로 그러한 상관관계는 단순히 IQ가 높은 부모의 집에는 많은 책이 있을 테고, 그들이 높은 IQ를 자녀에게 물려줄 가능성이 크다는 사실을 반영할 것이다. 일반적으로 이러한 유형의 사회학적 상관관계는 유전적일 수 있는, 사실상 유전적일 확률이 높은 요인과 얽혀 있어서 해석이 매우 복잡하다.

쌍둥이 연구와 입양아 연구에서 주의할 점은 바로 비교적 제한된 범위의 가정 환경을 표본으로 삼는다는 것이다. 이에 여러 연구를 통해 극심한 방임이나 학대가 장기적으로 심리에 영향을 미칠 수 있음이 밝혀졌다. 이러한 극단적 환경은 다행히 전체 인구에서 드물며, 심리적 형질의 변이에 미치는 영향도 제한적이다. 결국 앞에서 제시한 상황은 쌍둥이 연구에서 공유하는 가정 환경이 형질 변이에 미치는 영향을 측정할 때 감지되지 않을 가능성이 크다.

다시 말해 이상의 연구는 특정 집단에서 실제로 변이에 작용하는 요소만을 측정할 뿐이며, 잠재적으로 영향을 줄 가능성이 있는 요소를 모두 포함하지는 않는다. 유전적 요인이 표현형 변이의 40~60%를, 가정 환경이 0~10%만을 차지한다면 변이의 상당 부분은 여전히 설명되지 않은 채로 남는다. 이는 사람들이 서로 다르게 태어나는 또 다른 요인이 존재함을 의미하며, 같은 가정에서 자란 일란성 쌍둥이도 예외는 아니다.

위에서 설명한 요인은 '비공유 환경 nonshared environment'이라 부른다. 앞으로 자세히 다루겠지만, 그 상당 부분은 외부 환경의 영향이 아니라 발달 과정에서 발생하는 내재적 변이일 가능성이 크다.

따라서 다음 장에서는 유전적 요인에 집중하고자 한다. 유전자는 무엇이고, 유전적 변이는 어디에서 비롯되며, 우리가 논의하는 형질에 어떠한 영향을 미치는가를 살펴보도록 하겠다.

제 3 장

각자의 가능성

INNATE

INNATE

　우리는 흔히 유전자가 행동을 좌우한다고 표현하지만, 실제로는 유전적 차이가 행동 형질의 차이에 영향을 끼치는 것을 의미한다. 이는 시간이 지나면서 행동 양상에도 영향을 준다. 그렇다면 이러한 '유전적 차이'는 무엇일까? 이 질문에 답하려면 우리는 '유전자란 과연 무엇인가?'라는 더 근본적인 질문에서 시작해야 한다.

　이 질문에 간단한 답이 있으리라고 생각할 수 있겠지만, 실상은 그렇지 않다. 유전자가 무엇인지 정의하는 일은 과학계에도, 일반 대중에게도 크나큰 혼란을 불러왔다. 그 이유는 유전자라는 용어가 실제로는 매우 다른 두 가지 개념을 가리키기 때문이다.

　유전자 개념의 기원은 1850년대 그레고어 멘델 Gregor Mendel 이 완두콩의 다양한 형질을 연구하면서부터였다. 그는 어느 물리적 요소가 부모에서 자식에게 전달되면서 특정 형질을 결정한다는 개념을 제시했다. 멘델은 다음과 같이 유전 패턴에 따라 완두콩의 형질을 구별하는 유전자가 존재한다고 추론했다.

- 종자의 형태(매끄러움/주름짐)
- 종자의 색(녹색/노란색)
- 꽃의 색(흰색/노란색)
- 식물의 높이

그리고 멘델은 개체마다 위의 각 유전자를 두 가지씩 물려받는다는 사실도 밝혀냈다. 이는 부모 개체에서 하나씩 물려받은 유전자였다. 여기서 멘델이 각 형질이 개별 유전 단위, 즉 형질마다 다른 유전자에 따라 조절된다는 사실을 깨달았다는 점이 중요하다. 이후에 '유전자'라는 용어는 유전 단위를 가리키는 말로 쓰이기 시작했다.

멘델은 유전 단위에 물리적 기질이 있다는 사실, 즉 유전자가 물리적 존재라는 사실은 알고 있었다. 하지만 그조차 유전자가 무엇으로 구성되었는지는 알지 못했다. 1940년대가 되어서야 과학자들은 그 유전 물질이 '데옥시리보 핵산 deoxyribonucleic acid'의 약어인 DNA라는 사실을 알아냈다. DNA는 문자 문자 그대로 '염색된 소체'를 뜻하는 염색체의 주된 화학적 구성 성분으로, 현미경을 통해 세포핵에서 관찰할 수 있었다.

이제는 너무 잘 알려진 사실이어서 그 점을 몰랐던 시기를 상상하기도 힘들지만, 사실 DNA는 유전 정보를 운반하는 물질이라는 개념에 부합하는 유력 후보조차 되지 못했다. 그동안 DNA는 유전 정보를 담기에는 너무 단순하다고 여겼기 때문이었다. 염색체는 단 네 종류의 화학적 하위 단위인 염기로만 구성되어 있고, 각 염색체를 따라 길게 배열된 구조로 이루어져 있다.

당시 과학자들이 선호하던 유전 물질 후보는 단백질이었다. 단백질은 염색체뿐 아니라 세포 전반에 걸쳐 분포해 있으며, 아미노산 20개가 긴 사슬로 연결된 뒤 다시 접히면서 복잡한 3차원 구조를 형성하므로 DNA보다 훨씬 복잡하다. DNA가 그 자리에 그저 존재하는 듯하다고 한다면 단백질은 꽤 인상적이다. 단백질은 세포 안에서 분자 수준의 작은 기계나 로봇처럼 작동하며 수만 가지 기능을 수행하는 등 온갖 일을 도맡는다.

위와 같은 이유에서 단백질은 DNA보다 훨씬 유력한 유전 물질 후보처럼 보였다. 하지만 한 연구에서 유전 정보를 운반하는 것이 단백질이 아닌 DNA라는 결정적인 사실을 명확히 보여 주었다. 그 연구에서는 특정 박테리아가 비병원성에서 질병을 유발하는 병원성 형태로 변화하는 과정을 다루었다. 실제로 염색체와 관련된 단백질은 세포 안에서 DNA를 포장하거나, 발현할 유전자를 조절하는 역할을 한다. 그러나 유전 정보를 자체적으로 운반하지는 않는다.

디지털 시대에 사는 우리에게는 이상의 사실이 놀랍지 않다. 너무 단순한 구조 탓에 정보 운반 능력이 없다고 여겼던 DNA가 오히려 그에 이상적인 조건을 갖추고 있었던 셈이다. DNA를 구성하는 염기 서열 속에 정보를 전달하는 것이 마치 컴퓨터에서 0과 1의 서열로 정보가 저장되는 양상과 유사하다. 게다가 DNA가 화학적으로 매우 안정적이어서 반응성이 낮다는 사실은 한 생물의 일생을 넘어 수백만 년 동안 유전 정보를 안전하고 안정적으로 저장하는 데 적합하다.

사실 이러한 특성은 1943년, 물리학자 에르빈 슈뢰딩거 Erwin Schrödinger 가 더블린 트리니티 칼리지에서 진행한 유명한 강연 시리즈 '생명이란 무엇인가 What Is Life?'[6]에서 이미 이론적으로 예측된 바 있다. 슈뢰딩거는 생물과 무생물을 구별하는 핵심 요소는 조직화에 있다고 보았다.

생물과 무생물은 모두 같은 종류의 물질인 원자로 구성되어 있다. 다만 생물에는 원자가 분자와 그 복합체, 세포와 기관으로 체계를 이루며 정교하게 배열되어 있다. 그런데 무언가를 조직화한 상태로 유지하는 일은 쉽지 않다. 우주는 일반적으로 외부 간섭 없이 방치할 때 점점 더 무질서해지는 경향이 있기 때문이다.

따라서 조직화 상태를 유지하려면 에너지가 필요하며, 모든 생명체는 어떠한 형태로든 에너지를 섭취해야 한다. 하지만 여기에는 분명 정보도 필요하다. 유기체는 자신을 구성하는 모든 분자와 세포를 배열하는 방식에 관한

---

6 동명의 책《생명이란 무엇인가?》는 세미나 내용을 기반으로 한 결과물이다.

정보를 몸에 지니며, 그 정보를 복제하여 자손에게 전달할 수 있어야 한다.

이때 슈뢰딩거는 '비주기적 결정 aperiodic crystal'이라고 명명한 물질이 그러한 정보를 저장하는 완벽한 매체가 되리라는 사실을 깨달았다. 유전 정보 저장 물질은 결정처럼 안정적이어야 하고, 이와 동시에 구조 내부에 여러 하위 단위가 특정한 순서를 따르면서도 반복되지 않게 작성된 코드를 담아야 한다는 것이다.

생명을 조율하는 코드

DNA는 슈뢰딩거가 명명한 조건을 완벽하게 충족한다. 그런데 아이러니하게도 DNA에 부호화된 가장 명확하고 직접적인 정보가 바로 단백질이다. 우리 몸속 세포에서 쉼 없이 움직이며 다양한 기능을 수행하는 놀라운 초소형 장치의 설계도가 모두 DNA에 담겨 있는 것이다.

이 지점에서 유전학이 아닌 분자생물학에서 유래한 유전자의 또 다른 정의에 이른다. 여기서 유전자는 특정 단백질을 부호화하는 DNA의 일정한 구간을 의미한다. 세포 내 염색체는 하나로 계속해서 이어지는 DNA 분자로 이루어져 있어 마치 길게 연결된 끈과 같다.

DNA는 네 가지 화학적 하위 단위가 연쇄적으로 결합하여 구성된다. 이들 하위 단위는 아데닌 adenine, 티민 thymine, 사이토신 cytosine, 구아닌 guanine이라고 불리지만, 보통 DNA 코드의 문자로 간략히 표기되어 각각 A, T, C, G로 나타낸다. 네 분자는 특정한 극성을 띠고 있어 양극단에서 다른 염기와 화학적으로 결합할 수 있다. 이는 마치 우리가 문자를 연결해 단어를 만드는 방식과 유사하다.

염색체는 DNA 두 가닥이 서로 꼬여 있는 상징적인 이중 나선 구조로 되어 있다. 각 가닥에 담긴 정보는 상호 보완하는데, 이는 화학적 염기들이 특정한 방식으로 결합하기 때문이다. 즉 한 가닥에 있는 A는 다른 가닥에 있는 T와 결합하고, 또 한쪽에 있는 C는 다른 쪽의 G와 결합한다.

이러한 보완적 결합 방식으로 DNA를 복제하는 기본 메커니즘이 만들어진다. 이중 나선이 풀리며 두 가닥이 분리되면, 각 가닥이 상대 가닥을 새로 만들어 내는 주형 역할을 하게 한다. 그리고 이 과정에서 두 개의 DNA 이중 나선이 형성된다.

염색체의 한쪽 끝에서 DNA를 따라가다 보면 특별한 구간이 나타나는데, 이 구간은 단백질을 부호화하는 염기 서열을 담고 있다. 즉 DNA 서열의 문자는 세포가 특정 단백질 A나 단백질 B를 합성하기 위한 아미노산의 종류와 연결 방식을 지시하는 코드 역할을 한다. 이러한 사실을 알아내기까지 오랜 시간이 걸렸지만, 우리는 이제 DNA의 연속적인 세 글자 염기 서열이 각각 하나의 아미노산에 대응한다는 것을 알고 있다.

그리고 특정 단백질의 부호화가 시작되는 지점과 끝나는 지점을 세포에 알려주는 세 글자 코드도 존재한다. DNA를 계속 따라가다 보면, 해당 단백질의 부호화가 끝나는 지점에 도달한다. [그림 6]에서는 유전자의 구조를 보여 준다.

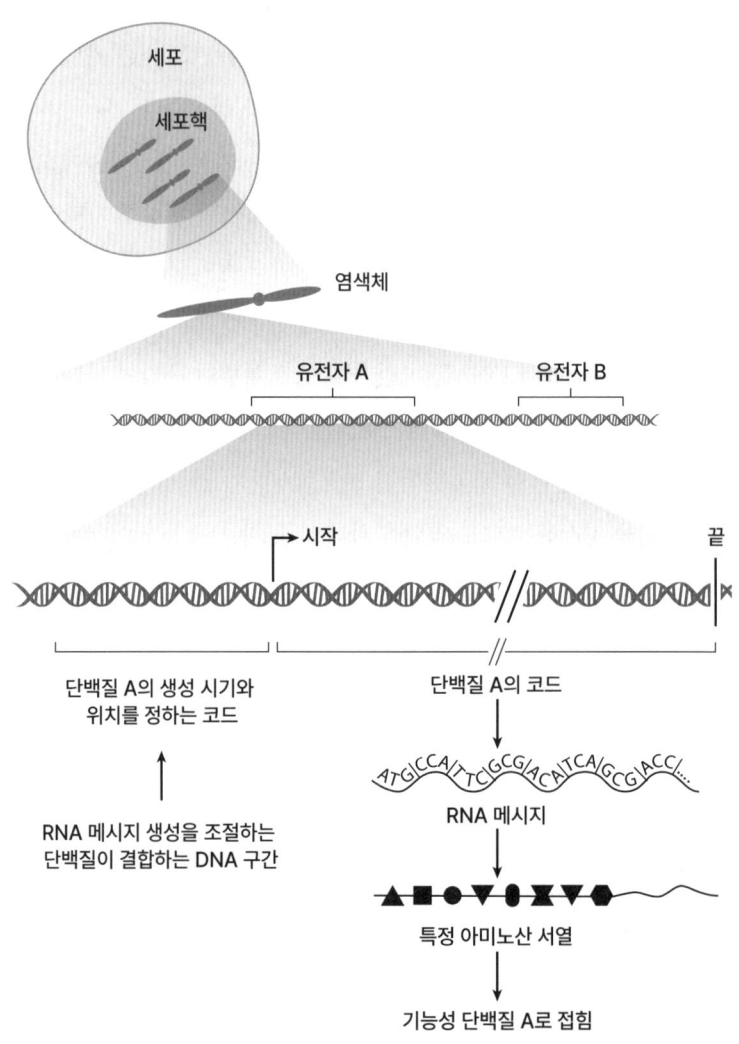

[그림 6] **유전자의 물리적 구조**

각 염색체에는 단백질을 부호화하는 DNA 구간인 유전자들이 펼쳐져 있다. 그리고 DNA 염기인 A, C, G, T의 서열은 해당 단백질의 아미노산 서열을 부호화한다. 한편 조절 영역의 DNA 서열은 단백질이 언제, 어디서, 얼마나 발현될지 조절한다.

형질이 유전되는 방식이 아닌 세포가 작동하는 방식을 이해하는 데 초점을 맞춘 분자생물학의 관점에 따르면, 이러한 DNA의 일정 구간이 바로 '유전자'이다. 인간 유전체를 구성하는 23쌍의 염색체에는 서로 다른 유전자 약 2만 개가 흩어져 있다. 이들 유전자는 콜라겐, 헤모글로빈, 인슐린, 대사 효소, 항체, 이온 통로, 신경전달물질 수용체 등 세포가 다양한 임무를 수행하는 데 필요한 단백질을 부호화한다.

유전자 스위치

지금부터 이야기가 조금 더 복잡해질 것이다. 나는 앞서 유전자가 단백질을 부호화한다고 표현한 바 있다. 맞는 말이기는 하지만, 정확하게는 유전자가 직접 단백질을 만드는 것은 아니다.

DNA는 화학적으로 매우 안정적인 분자이며, 주로 정보를 저장한다. 그리고 정보를 실제로 활용하거나 발현하려면 세포가 이를 읽고 해독해야 한다. 이 작업을 수행하는 장치는 세포 내 다른 단백질로 이루어져 있다. 이쯤에서 닭이 먼저냐 달걀이 먼저냐 하는 문제가 떠올랐다면, 제대로 본 것이다.

여러 단백질 중에서도 단백질을 부호화하는 DNA 구간을 직접 복사하는 효소가 가장 중요하다. 이 과정을 전사 transcription 라고 부른다. 코드 자체는 전사 과정에서 그대로 유지되지만, 정보를 담은 물질은 DNA가 아니라 사촌 격 분자인 리보 핵산인 RNA ribonucleic acid 로 바뀐다.

DNA의 특정 구간을 복사한 RNA 사본은 '메시지'라고 불리며, 정보 저장 공간인 세포핵에서 세포질로 운반된다. 단백질은 이곳에서 만들어진다. 여기서 RNA 메시지는 리보솜 ribosome [7]이라는 복잡한 분자 장치를 통과한다. 리보솜은 마치 테이프처럼 RNA 메시지를 한 줄씩 읽어 나가면서 연속적인 세 문자로 구성된 코드를 해석하여 적절한 아미노산을 하나씩 연결해 나간다.

이렇게 사슬이 점점 길어지면서 새로운 단백질을 형성하는데, 이 과정을 번역 translation 이라고 한다. 이는 핵산의 언어로 작성된 정보를 아미노산의 언어로 번역하기 때문이다. RNA 메시지의 끝에 도달하면, 단백질이 분비되어 미리 정해진 형태로 접힌다. 그다음 할당된 기능을 수행하기 위해 세포 안에서 필요한 곳으로 이동한다.

그런데 유념해야 할 점은 세포마다 생성하는 단백질이 다르다는 것이다. 예컨대 적혈구는 헤모글로빈을 만들지만, 다른 세포들은 그렇지 않다. 면역 세포에서는 항체를, 췌장 세포에서는 인슐린을 생성한다. 이처럼 우리 몸에는 수천 가지의 다양한 세포가 존재하는데, 이들 세포는 각각 유전체에 부호화된 2만 개의 단백질 중 일부만을 발현한다. 이와 같은 유전자의 실제 발현 양상에 따라 근육 세포, 신경 세포, 피부 세포, 혈액 세포가 서로 구별된다.

따라서 DNA에는 단백질이나 기능성 RNA를 만드는 설계도뿐 아니라 그것들을 언제, 어디서, 얼마나 만들어야 하는지를 알려주는 정보도 담겨 있어야 한다. 이러한 정보는 단백질 자체를 부호화하는 DNA 구간의 앞뒤에 있는 특정 구간에 저장되어 있다. 이를 세포 내 다른 단백질이 해석한다. 그 단백질은 짧은 DNA 구간을 인식하여 결합하고, 해당 유전자에서 RNA 메시지 생성 과정을 촉진하거나 억제한다.

——— [7] 단백질과 그 외 유형의 RNA로 구성된 세포 소기관을 말한다.

각 세포 유형은 서로 다른 조절 단백질 집합을 만들어 내며, 이를 통해 세포 내 다른 유전자의 발현을 조절, 조율한다. 이에 덧붙이고자 하는 내용은 단백질을 부호화하는 유전자 외에도 RNA 분자를 부호화하는 수천 개의 유전자가 존재한다는 사실이다. 이들 유전자는 단순한 메신저 역할에서 벗어나 세포 내에서 직접 활발하게 기능을 수행한다.

이제 우리는 발생생물학의 핵심 문제를 마주할 것이다. 세포는 모두 무슨 유전자를 켜고 꺼야 하는지를 어떻게 알고 있을까? 예를 들어 수정란처럼 하나의 세포가 계속 분열하여 배아를 형성할 때, 어떠한 과정으로 외부 세포가 피부로, 내부 세포가 근육이나 장기로 분화할까? 그리고 배아의 한쪽 끝에는 뇌가, 반대쪽 끝에 꼬리가 한때 생기는 원리는 무엇일까?

결국 DNA에는 차원이 다른 정보가 부호화되어 있어야 한다. 특정 세포에서 단일 유전자를 켜고 끄는 것, 다시 말해서 단백질을 만들거나 그렇지 않은 것을 조절하는 일 이상의 과정이 필요하다. 이 과정은 각 세포 안의 모든 유전자뿐 아니라 개체 내 모든 세포의 층위에서 조정되어야 한다. 이때 조정은 개체가 성장하면서 스스로 조직을 형성하고, 다양한 조직이 분화하는 방식으로 이루어져야 한다.

그러므로 우리는 분자생물학의 관점에서 유전자의 정의를 조금 더 확장해야 한다. 유전자는 단백질의 아미노산 서열을 부호화하는 DNA의 물리적 구간일 뿐 아니라 그 단백질이 언제, 어디서 생성되어야 한다는 조절 정보까지를 포함해야 한다. 이는 기능성 RNA 분자를 부호화하는 유전자에도 마찬가지로 적용된다.

이쯤이면 지금까지 설명한 분자생물학의 관점이 유전자를 유전의 단위로 정의한 기존의 개념과 무슨 관련이 있을지 궁금해질 것이다. 사실 그 정도의 내용만으로는 아무런 관련이 없다. 분자생물학과 유전학을 연결하는 가장 중요한 요소인 변이가 아직 설명되지 않았기 때문이다. 변이를 이해하기 위해 다시 멘델의 완두콩 실험으로 돌아가 보자.

멘델이 연구한 수많은 형질에는 꽃의 색깔도 있었다. 그가 연구한 완두콩 품종에는 꽃의 색이 보라색인 것과 흰색인 것이 있었다. 그는 교배 실험을 통해 그 차이가 유전적 차이 하나로 결정된다는 사실을 증명했다. 하지만 유전적 차이의 본질과 꽃의 색에 숨겨진 생물학적 기제가 밝혀진 것은 100여 년이나 흐른 뒤였다.

한 품종이 보라색 꽃을 피우는 이유는 세포에서 안토시아닌이라는 색소를 생성하기 때문이다. 안토시아닌을 만들어 낼 때 여러 단백질 효소가 작용하는데, 효소마다 서로 다른 유전자가 부호화한다. 이들 유전자는 주로 꽃의 세포에서 특정한 조절 단백질의 작용으로 활성화한다. 그런데 조절 단백질을 부호화하는 유전자에 돌연변이가 발생하면, DNA 염기 서열에서 G가 A로 치환되는 단 하나의 변화로 단백질 생성이 중단된다. 그 결과 안토시아닌 형성을 담당하는 효소들이 발현되지 못하고, 결국 꽃의 색깔은 흰색으로 남는다.

따라서 멘델이 연구한 것은 실제로 G형 대신 A형인 유전적 차이라고도 하는 유전적 변이였다. 유전적 변이야말로 유전자를 유전 단위로 보는 개념과 단백질을 부호화하는 DNA의 특정 구간으로 보는 분자생물학적 개념을 연결하는 핵심 고리이다. 이러한 유형의 유전적 변이가 바로 우리 형질에 영향을 미치는 요소이다. 우리는 모두 인간 유전체를 지니고 있으며, 이는 약 2만 개의 단백질을 부호화한다. 그렇다고 해서 우리의 설계도가 모두 동일하지는 않다.

돌연변이

우리는 모두 헤모글로빈을 부호화하는 유전자를 지니고 있다. 그런데 사람에 따라 DNA 서열에서 특정 위치의 글자 하나 차이로 단백질에 삽입되는 아미노산도 달라진다. 그 결과 단백질의 기능이 손상되어 겸상 적혈구 빈혈 sickle-cell anemia 이라는 질환이 발생한다. 따라서 어느 관점에서 본다면, 헤모글로빈(을 부호화하는) 유전자는 겸상 적혈구 빈혈(을 유발하는) 유전자이기도 하다. 우리가 유전되는 특정 형질이나 질병 유전자를 말할 때, 이는 실제로 DNA 서열에서 특정 차이를 포함한 형태의 유전자가 유전된다는 의미다.

그렇다면 이러한 차이는 어디에서 올까? 단도직입적으로 말하자면 돌연변이 때문이다. 유전학자들이 '돌연변이'라는 단어를 사용할 때는, DNA 서열에서 변화가 일어나는 과정과 그에 따른 결과로서의 변화인 차이 자체를 모두 가리킨다.

돌연변이의 원인은 다양하다. 사람들은 만화나 영화 덕분에 돌연변이가 흔히 감마선이나 유독성 화학 물질 같은 특정 외부 요인으로 발생한다고 알고 있다. 이는 분명한 사실이며, 그 외에 자외선과 같은 다른 요인도 실제로 돌연변이를 유발한다. 이상의 요인은 암 발생 위험을 높이는 원인이기도 하다.

그런데 돌연변이는 자연적으로도 발생한다. 세포가 분열하면서 DNA가 복제될 때마다 오류가 일부 발생하는 것 말이다. 이 과정은 100% 완벽하지 않다. 우리 유전체에는 DNA 염기가 30억 개나 있다. 이를 복제하는 효소의 정확도는 매우 높은데도 매번 새로운 복사본을 만들 때 오류가 이따금 발생한다.

그 수치를 좀 더 직관적으로 이해해 보자. 톨스토이의 유명한 장편 소설 《

전쟁과 평화 War and Peace 》는 대략 58만 7,000어절로 이루어져 있다. 한 단어당 평균 알파벳 수가 5~6자이므로, 약 300만 자라고 할 수 있다. 이제 해당 소설을 한 글자씩, 심지어 1,000번을 반복하여 필사한다고 생각해 보자. 이 정도가 바로 분열하는 세포가 유전체를 복제할 때 수행해야 할 작업의 규모이다. 이러한 상황이라면, 몇 번의 실수쯤은 너그럽게 눈감아 줄 만하다.

DNA 복제 과정에서 발생하는 오류는 대부분 DNA 코드에서 한 글자가 바뀌는 정도로 단순한 것이다. 새롭게 복제된 DNA에서 C가 있어야 할 자리에 A가 들어간 경우가 그 예이다. 때로는 한 글자가 빠지거나 추가되기도 한다. 이러한 '점 돌연변이 point mutation'는 비교적 단순한 철자 오류이며, 세포에는 교정 및 DNA 복구 효소가 있어서 오류 중 많은 부분을 감지하고 수정할 수 있다.

하지만 그 과정으로 모든 오류가 수정되는 것은 아니다. 몇몇 오류는 교정 과정에서 여과되지 않은 채 그대로 남아 있는 것처럼, 이 책에도 몇 개의 오타가 있을지 모를 일이다. 이에 [그림 7]에서는 발생 가능성이 있는 돌연변이 유형을 몇 가지 제시하고 있다.

A를 통하여 우리는 염색체가 생식 세포인 정자나 난자로 잘못 분리되면, 염색체 하나가 추가되거나 결실된 배아가 생길 수 있음을 알 수 있다. B에서는 반복 서열을 나타내는 검은 점이 잘못 정렬될 때, 그 사이 구간이 중복되거나 결실되기도 한다는 사실을 보여 준다. 한편 C의 경우, DNA 복제 과정에서 생긴 오류는 단백질 생성 과정이나 기능에 영향을 줄 수 있음을 제시한다.

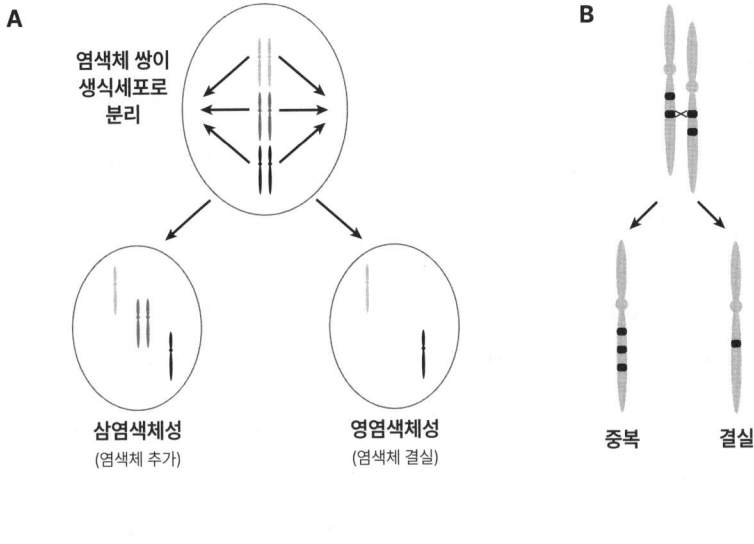

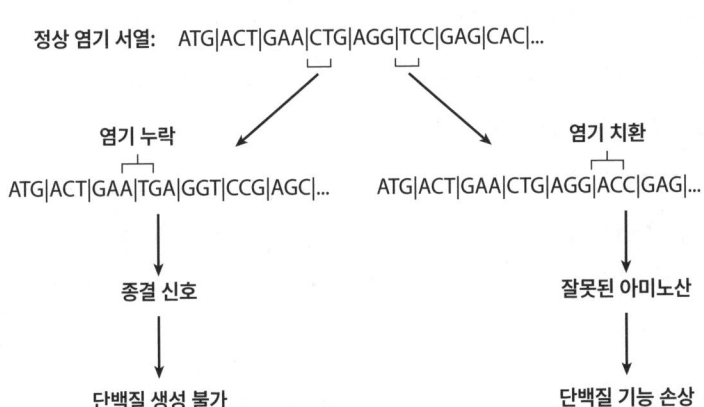

[그림 7] 돌연변이 유형

제3장 I 각자의 가능성   77

돌연변이 중에는 DNA의 더 큰 구간을 삭제하거나 복제하는 극단적인 변이도 있다. 이러한 돌연변이는 염기 하나를 뜻하는 글자 하나를 넘어 염색체 전체에 영향을 미친다. 마치 책에서 페이지가 통째로 사라지거나 복제된 상황과 비슷하다. 해당 변이는 점 돌연변이보다 발생 빈도는 훨씬 낮다. 그러나 세포가 그것을 수정하기는 훨씬 어려우며, 굉장히 심각한 상황을 초래할 수 있다.

마지막으로 유전 정보가 가장 큰 규모로 파괴되는 상황은 세포가 염색체 하나를 통째로 더 물려받거나 잃어버릴 때이다. 체내의 각 세포 가운데 하나는 어머니에게서, 나머지 하나는 아버지에게서 물려받으므로, 우리는 두 개의 염색체 사본을 지니고 있다. 유기체가 성장하면서 세포가 분열할 때, 딸세포 daughter cell 도 마찬가지로 각각의 염색체 사본 두 개를 받는다.

하지만 정자나 난자를 만들 때는 다르다. 이 과정에서는 각 염색체가 오직 하나씩 들어가도록 조정된다. 그래야 정자와 난자가 만나 수정했을 때, 배아가 다시 두 개의 염색체 사본을 갖는다. 그런데도 생식 세포 생성 시 염색체를 분리하는 과정에서 오류가 발생하기도 한다. 이때 염색체가 하나 빠지거나, 하나 더 추가되는 상황이 일어난다. 이러한 생식 세포로 수정된 배아는 정상적인 염색체 두 개가 아닌, 하나 또는 셋을 지니게 된다.

이러한 염색체 이상은 세포의 생화학적 균형의 심각한 교란으로, 생명 유지는 대부분 불가능하다. 한 세포에 염색체 사본이 하나만 있다면, 해당 염색체에서 부호화된 단백질의 생산량이 정상 수준의 50%로 감소할 것이다.

반대로 사본이 세 개라면, 해당 염색체의 단백질을 정상 수준의 150%로 생산할 것이다. 위아래로 크게 요동치는 듯한 단백질 수준의 변화는 세포 내 다양한 생화학적 과정에서의 균형을 심각하게 무너뜨린다. 그러면 배아는 정상적인 발달은 고사하고 살아남는 것조차 불가능해진다.

다만 몇 가지 예외는 있다. 배아는 일부 작은 염색체에서 사본 수에 변화가 생겨도 생존할 수 있다. 하지만 이 경우에도 해로운 영향을 미칠 수는 있다. 그 예에 속하는 다운 증후군은 작은 21번 염색체에 사본이 하나 더 추가되면서 시작된다.[8]

이상과 같이 오류를 범할 수 있는 상황이 많은데도 세포가 저마다 DNA를 어떻게든 복제해 나간다는 사실이 의아해 보일 것이다. 다행히 세포는 수백만 년에 걸친 진화 과정에서 새로운 돌연변이가 발생하는 빈도를 최소화하는 강력한 체계를 발전시켜 왔다. 이러한 노력에도 돌연변이는 여전히 발생한다.

그렇다면 다음과 같은 궁금증이 생겨날 것이다. 새로운 돌연변이는 과연 어떻게 되는 것일까? 구체적으로 한 개체, 다시 말하면 그 개체를 만든 정자나 난자의 생성 과정에서 새로운 돌연변이가 발생하면, 개체에는 무슨 일이 벌어질까?

▣ 운명적 선택

보통 돌연변이라고 하면, 해당 변이가 발생한 개체에 무슨 일이 일어나는지를 떠올리곤 한다. 그런데 집단 전체에서 유전적 변이의 생성과 유지 방식을 이해하려면, 돌연변이의 관점에서 생각하는 것도 그만큼 중요하다. 사실 개체와 돌연변이에 일어나는 일은 서로 밀접하게 연결되어 있다.

돌연변이는 일반적으로 생물의 생존 및 번식 능력에 긍정적 또는 부정적 영향을 주거나, 심지어 아무 영향을 끼치지 않기도 한다. 새로운 돌연변이

---

8 염색체는 길이에 따라 번호가 매겨진다. 성염색체 1쌍을 제외한 상염색체는 총 22쌍인데, 현미경 관찰이 중심이었던 1960년대까지는 염색체의 겉보기 길이로 염색체의 번호를 매겼다. 당시에는 이러한 기준에 따라 1번 염색체가 가장 길고, 22번 염색체는 가장 짧다고 할 수 있다. 그러나 2000년 이후 유전체 염기 서열이 완전히 해독되면서 개별 염기 서열 길이가 정확하게 측정되었다. 이에 따라 21번 염색체가 22번 염색체보다 더 짧다는 사실이 밝혀졌다.

는 통계적으로 대부분 중립일 가능성이 크다. 유전체의 약 3%만이 실제 기능성 유전자로 구성되기 때문이다. 이는 정말 중요한 정보로, 나머지 유전체 대부분에서 DNA의 특정 서열은 그다지 중요하지 않다.

하지만 돌연변이가 중립적이지 않다면 해로워질 가능성이 훨씬 커진다. 그 이유는 두 가지이다.

첫째, 복잡한 시스템은 무작위로 조작해서 엉망으로 만드는 편이 개선하는 것보다 훨씬 쉽기 때문이다.

둘째, 자연 선택이 이미 수백만 년에 걸쳐 유기체의 유전적 체계를 개선하는 작업을 해왔기 때문이다.

자연 선택으로 이전에 경험한 적 없는 새로운 돌연변이의 출현은 매우 드문 일이다. 만약 한 돌연변이가 종의 적응도를 높이는 데 도움이 되었다면, 해당 변이의 빠른 확산으로 집단 내 빈도가 급격히 증가했을 것이다. 너무나 빠른 확산 속도는 대개 기존의 유전자 형태를 밀어내면서 집단 내에 정착했을 것이다.

바로 양성 선택 positive selection 이라고 하는 위의 과정은 종의 분화를 이끄는 핵심 원리이다. 우리 조상에게 발생한 돌연변이 가운데 자연 선택으로 선별된 변이 덕분에 인간 유전체는 지금의 형태에 이르렀다. 물론 이러한 과정에 동반된 돌연변이는 주로 중립이 많다.

분자 수준에서 돌연변이는 유전자에 다양한 방식으로 영향을 미친다. 그중에서 가장 흔한 유형인 점 돌연변이부터 살펴보자. 점 돌연변이가 유전자의 한가운데에서 발생한다면, 부호화된 단백질의 염기 서열을 바꾸는 것이 가능해진다. 앞에서 소개한 헤모글로빈의 사례와 같이 점 돌연변이는 겸상 적혈구 빈혈을 일으킨다. 그 결과로 단백질의 기능이 손상되거나, 심지어 기능성 단백질을 완전히 생성하지 못하기도 한다.

유전자 조절 영역에서 발생한 돌연변이도 겸상 적혈구 빈혈 못지않게 심각한 영향을 미친다. 이때는 단백질의 생성 시기와 장소에 관한 지시 정보를 부호화하는 DNA 염기 서열을 바꾸어 놓는다. 반면 유전자 내에서 발생하는 점 돌연변이 가운데 단백질의 구조나 발현 수준에 아무런 영향을 주지 않아 완전히 무해한 것으로 간주되는 변이도 있다.

염색체 일부가 더 크게 삭제되거나 중복되는 경우도 돌연변이의 주요 유형에 속한다. 점 돌연변이와 마찬가지로, 이들 변이는 염색체의 어느 부분이 바뀌느냐에 따라 유전자에 영향을 주거나 그렇지 않을 수도 있다. 게다가 단백질을 부호화하는 서열이나 유전자 발현을 조절하는 서열에 영향을 미친다. 일반적으로는 양쪽 모두 영향을 받기는 한다.

해당 유형의 돌연변이는 크기가 커서 무작위 점 돌연변이보다 특정 유전자에 영향을 줄 확률이 훨씬 높다. 그리고 실제로 염색체상 서로 인접한 여러 유전자에 동시에 작용하는 경우가 많다. 이에 따라 염색체의 결실이나 중복은 대개 심각한 영향을 미친다. 그리고 어떠한 돌연변이가 살아남을지는 돌연변이가 개체 수준에 미치는 영향에 따라 달렸다. 돌연변이가 아래와 같이 해롭다면, 그 개체는 집단에서 빠르게 사라질 것이다.

- 정상적인 발달을 방해함
- 어린 나이에 중대한 질병을 일으킴
- 개체의 자손 수 감소

위와 같이 돌연변이 개체의 생존과 번식이 어려워진다면 돌연변이는 누구에게도 전달되지 않는다. 집단의 관점에 따르면 돌연변이는 짧은 시간 동안 나타났다가 순식간에 사라져 버리는 섬광 같은 존재다. [그림 8] 가운데 A는 자연 선택이 새로운 돌연변이에 미치는 영향을 보여 준다.

반면 돌연변이가 개체의 발달과 생리, 행동, 생식력 또는 전반적인 진화적 적응도에 아무런 영향을 미치지 않을 때, 다음 세대로의 전달 여부는 순전히 우연에 따라 결정된다. 돌연변이 개체에게 자녀가 생긴다면, 그중 일부는 부모의 돌연변이를 물려받을 것이다. 그리고 그 자녀에게 다시 자녀가 생기면 더 많은 사람에게 그 돌연변이가 유전될 것이다.

이처럼 오랜 시간이 흐르면서 해당 돌연변이는 특정 집단 내에서 우연으로 자손을 더 많이 남긴 혈통을 시작으로 점점 더 많은 사람에게 확산된다. 이러한 과정의 결과로 그 돌연변이는 집단 내에서 하나의 유전적 변이로 자리 잡을 것이다. 만약 특정 혈통이 완전히 사라지면, 그들이 물려받은 변이도 함께 사라질 것이다. 진화적으로 성공한 혈통이라면, 그 계통에서 발생한 돌연변이가 인구 집단 내에 널리 퍼질 수도 있다.

따라서 어떠한 돌연변이든 시간이 지나면서 빈도가 증가할 확률은 그 돌연변이가 개체에 어떤 영향을 미치는가와 직접적인 관련이 있다. 매우 해로운 돌연변이는 극히 드물게 남거나 몇 세대 안에 사라지는 경우가 대부분이다. 그러나 덜 해로운 돌연변이는 더 오래 머물며 집단 내에서 떠돌기도 하지만, 그 수가 늘어나기는 어렵다. 진화적 적응도에 영향을 거의 주지 않는 돌연변이는 오로지 우연에 따라 빈도가 증감하며, 어느 정도는 집단 내에서 널리 퍼지기도 한다.

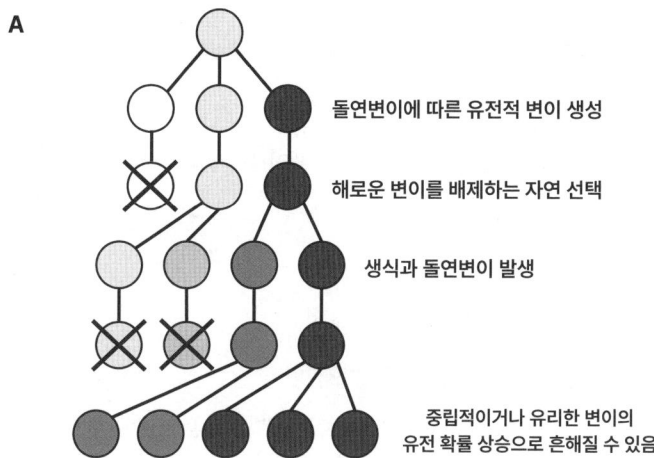

[그림 8] **돌연변이와 자연 선택의 역학 관계**[9]

---

9 A는 Wikimedia Commons contributors, File:Mutation and selection diagram NL.svg, *Wikimedia Commons, the free media repository*, 2017. 1. 30., https://commons.wikimedia.org/w/index.php?title=File:Mutation_and_selection_diagram_NL.svg&oldid=231578997.을, B는 Lupski, J. R., Belmont, J. W., Boerwinkle, E. and Gibbs, R. A. (2011). Clan Genomics and the Complex Architecture of Human Disease, *Cell* 147, 32-43.을 수정한 것이다.

A에 따르면 새로운 유전적 변이는 세대마다 돌연변이를 통해 인구 집단에 유입된다. 이때 해로운 변이는 빠르게 제거되지만, 유리하거나 중립적 또는 유해성이 약한 변이는 살아남아 널리 퍼질 수 있음을 보여 준다. 한편 B에 나타난 원형의 임의 개체는 일반적으로 여러 변이를 함께 지니고 있음을 알 수 있다.

- 큰 영향력을 발휘하는 몇 가지 새로운 유전적 변이
- 보다 오래되기는 했지만, 영향력은 크지 않은 변이
- 개별적으로는 거의 영향을 미치지 않으면서 오래된, 다수의 흔한 변이

✣ 유전적 유산의 계보

이제 관점을 바꾸어 개별 돌연변이가 앞으로 무슨 일을 겪을지 생각하는 대신, 시간을 거슬러 올라가 우리 각자에게 의미하는 바를 살펴보도록 하자. 이 과정이 우리 조상 모두의 유전체에서 수백만 개의 돌연변이를 거치며 반복되었다면, 현재 인간 집단에 존재하는 유전적 변이는 어떻게 형성되었을까? 세대마다 새로운 돌연변이가 발생한다고 가정하면, 현재 인간 집단에는 상당히 많은 유전적 변이가 존재하리라고 상상할 수 있다.[10]

물론 변이가 무작정 축적되는 것은 아니다. 자연 선택은 해로운 영향을 미치는 변이를 제거하려는 경향이 있기 때문이다. 따라서 인간 유전체는 돌연변이와 자연 선택 간 균형을 맞추며 전반적으로 온전히 유지되지만, 이 과정에서 많은 개체가 진화적으로 희생되기도 한다.

---

[10] 여기서부터 돌연변이를 '변이(variant)'라고 바꾸어 부르기로 한다. 돌연변이의 일부가 집단 내에 널리 퍼지면서, 이제는 특정 유전체 부위에서 옛 형태와 새로운 형태가 공존하기 때문이다.

따라서 나와 당신의 유전체에도 매우 다양한 유전적 변이를 포함하고 있으며, 그 수는 실제로 수백만 개에 달한다. 그중 상당수는 먼 조상에게서 처음 생겨난 이래로 오랜 세월 동안 집단 내에 남아 우리에게까지 유전된 것이다. 변이가 그토록 오래 살아남았다면, 집단 내에서 더 높은 빈도로 퍼졌을 가능성이 크다.

예를 들어 특정 염색체의 DNA 서열에서 특정 위치에 A가 존재할 확률이 70%이고, C가 존재할 확률이 30%일 수 있다. 이처럼 한 자리에서 서로 다른 염기가 나타나는 위치를 단일염기 다형성Single-Nucleotide Polymorphism, 이하 SNP이라고 한다. 이는 유전체 전반에 걸쳐 산재해 있다. 평균적으로 약 1,000개 염기마다 하나꼴로 다형성이 흔하게 나타나는데, 이를 전체 유전체로 환산하면 SNP가 약 2,500만 개나 존재하는 셈이다.

SNP 외에도 내 유전적 변이 가운데 여러분과 꽤 다른 것도 있으리라고 본다. 이들 변이는 내 조상 집단이나 씨족에서 비교적 최근에 생겨난 것일 수 있다. 예를 들어 어느 변이는 유럽, 더 구체적으로는 아일랜드에서 비교적 흔한 유형이겠지만, 다른 지역에서는 거의 발견되지 않기도 할 것이다.

마찬가지로 여러분 역시 조상과 민족적 배경에 따라 체내에 고유한 유전적 변이 집합이 있을 것이다. 그리고 마지막으로, 우리는 각자 매우 희귀하거나 극히 드문 변이도 지니고 있다. [그림 8]과 같이 변이 중 일부는 우리 혈통에서 최근에 발생한 것들일 테고, 심지어 우리를 만들어 낸 정자나 난자 세포에서 처음 발생했을 가능성도 있다.

따라서 무작위로 선택한 두 사람은 물론, 당장 나와 여러분을 비교하더라도 수백만 개의 유전적 차이가 존재한다. 그중 일부는 집단에서 흔히 발견되는 변이지만, 희귀한 변이도 한 부분을 차지한다.

오래되고 흔한 변이는 자연 선택의 영향을 오랜 시간 받아 왔으므로, 최소한 개별적으로는 생존 적합도에 영향을 주는 형질에 큰 영향을 미치지 않으리라고 추론할 수 있다. 반면 희귀한 변이는 그러한 제약을 훨씬 덜 받는다. 특히 정자나 난자에서 새롭게 발생한 변이는 자연 선택의 영향을 전혀 받지 않아서 형질에 훨씬 큰 영향을 준다.

그렇다면 그 변이가 집단에 미치는 영향은 어떠할까? 전체 인구 집단에서 특정 형질의 분산을 설명하는 문제로 돌아가 보자. 해당 형질에 관여하는 유전적 변이의 빈도는 어떠한 양상을 보인다고 예상할 수 있을까?

희귀한 변이는 큰 영향을 미치기는 하지만 그 대상은 극소수의 사람뿐이다. 반면 흔한 변이는 개별적인 영향력은 비교적 작지만, 훨씬 많은 사람에게 존재한다. 따라서 우리가 수백만 가지의 변이를 지니고 있음을 고려한다면, 개별 효과의 결합으로 특정 형질에 더 큰 영향을 미칠 수 있다.

'OO 유전자'는 없다

지금까지 우리는 사람의 심리적 특성 차이가 대체로 유전적 차이에서 생겨난다는 점을 확인해 왔다. 쌍둥이 연구, 가족 연구, 입양 연구는 이 일반적인 사실을 명확하게 증명한다. 그리고 우리는 유전적 차이가 실제로 무엇이며, 어디에서 비롯되는가를 탐구하기 시작했다.

하지만 질문은 여전히 머릿속을 떠나지 않는다. 유전적 차이가 우리의 특성 차이에 어떻게 영향을 미치는가? 그리고 다양한 유전적 변이는 어떠한 메커니즘으로 우리의 뇌와 정신에 차이를 만들어 낼까? 이에 앞으로 특정한 특성에 관한 메커니즘을 자세히 살펴볼 텐데, 그 전에 일반적인 원칙을 짚고 넘어가는 것이 필요해 보인다.

우리는 현재 논의하는 내용이 인간의 뇌 형성 또는 작용 방식을 일반적인 관점에서 설명하는 것이 아님을 명심해야 한다. 우리는 그저 이 책을 통해 개인에 따른 뇌의 다양성 다를 수 있는지 살펴보려 한다. 따라서 외향성에 영향을 미치는 유전적 변이를 발견하더라도, 그것이 인간의 사회적 상호 작용을 단일 유전자의 기능으로 환원할 수 있다는 뜻이 아니다.

하나의 시스템이 수천 개의 상호 작용 요소로 구성되어 있고, 개별 요소의 기능은 환경과 역동적인 상호 작용으로 창발적 속성이 나타날 정도로 복잡하다고 치자. 그렇더라도 그 시스템은 여전히 단일 구성 요소의 변이에 영향을 받을 수 있다. 결과적으로 이상의 두 가지 개념은 모순되는 것이 아니라 서로를 보완하는 관점이다.

자동차를 예로 들어 보겠다. 현대에 생산된 자동차는 기본적인 기계 부품에서 방대한 전자 제어 시스템까지 매우 복잡한 구조를 지니고 있다. 자동차가 수행할 수 있는 기능은 모두 시스템의 일부로, 특정한 부품의 조합이 협력하여 작동한다. 단 하나의 부품이라도 빠지거나 파손된다면, 전체가 고장나거나 기능이 저하된다.

내가 당신의 자동차에서 점화 플러그를 빼 버린다면, 차는 움직이지 못할 것이다. 이러한 점에서 점화 플러그가 '이동 기능을 담당하는 부품'이라고 단언할 수 있을까? 분명히 그렇지 않다. 당신이 주차장에 서서 손에 점화 플러그를 들고 있다고 해서 차를 움직일 수 있는 것도 아니다. 누구도 자동차의 이동 능력이 오직 점화 플러그 하나로 발휘된다고 주장하지 않는다.

마찬가지로 특정 유전적 변이가 지능을 낮추더라도, 인간의 지능이 단 하나의 유전자 기능만으로 설명할 수는 없다. 지금까지 이와 같은 주장을 하는 사람은 없었다. 물론 앞으로도 그러할 것이다.

심지어 여러 유전자에서 그러한 변이를 발견한다고 해서 인간의 지능이 여러 유전자의 기능으로만 결정됨을 뜻하지도 않는다. 이는 그저 다양한 유전자의 변이가 집단 내에서 관찰되는 인간 지능의 변이에 영향을 끼친다는 점을 가리킬 뿐이다. 이는 훨씬 절제되었지만, 사실상 정확한 주장이다. 그리고 때때로 제기되는 비판과 다르게 환원주의적 주장도 아니다.

⚛ 유전적 영향의 복잡성

우리는 유전적 변이가 형질 차이에 작용하는 메커니즘을 이해하려 할 때마다 시스템의 복잡성과 부딪힌다. 특정 유전적 변이와 특정 형질의 관계는 멘델이 연구한 형질처럼 명확하게 구분되는 경우가 드물다. 사실 단일 유전자의 두 가지 형태로 결정되는 형질, 즉 진정한 의미의 '멘델식 형질'을 찾는 것은 오히려 예외 사례에 속한다. 혈액형이야 멘델의 유전 법칙을 따르는 대표적인 사례이기는 하지만, 이는 드문 편이다. 심지어 한때 멘델식 유전이라고 생각했던 눈이나 머리카락 색조차 훨씬 복잡한 방식으로 결정된다는 사실이 밝혀졌다. 이러한 복잡성은 주로 두 가지 방식으로 나타난다.

첫째, 하나의 형질이 집단 전체에 걸쳐 다양한 유전적 변이에 영향을 받을 수 있다. 예컨대 빨간 머리색은 누군가에게 하나의 유전적 변이로 발현되지만, 다른 이에게는 전혀 다른 변이로 나타나기도 한다. 대상이 개별 가계라면 해당 형질이 여전히 멘델식으로 유전될 수 있겠지만, 전체 인구 집단으로 확장된다면 훨씬 복잡한 양상을 띤다.

둘째, 하나의 형질이 개인의 여러 유전적 변이에 영향을 받을 수 있다. 이것이 훨씬 일반적인 상황으로, 키가 대표적인 예이다. 이와 관련하여 멘델은 완두콩에서 매우 특이한 상황을 발견했다. 키가 연속적인 분포를 나타내지 않고, 키가 큰 개체와 작은 개체로 명확히 구분된 것이다.

멘델이 키가 큰 완두와 작은 완두를 교배한 뒤, 후대에서 다시 교배했을 때도 여전히 두 종류의 완두만 나타났다. 결국 우리가 예상하던 중간 크기의 완두는 나타나지 않았다. 이는 멘델이 실험한 완두콩 집단에서 키에 큰 영향을 미치는 단일 유전적 변이가 존재했기에, 식물을 두 부류로 확실히 나눌 수 있었던 것이다.

그러나 인간 집단에서는 상황이 완두콩만큼 일반적이지 않다. 인간의 키는 개별적인 두 범주로 구분되지 않고, 전체 집단에서 연속적인 분포를 보인다. 키가 큰 사람과 작은 사람이 아이를 낳으면, 자녀의 키는 일반적으로 부모의 중간값 정도로 자랄 것이다. 키가 큰 사람끼리 아이를 낳더라도 자녀의 키는 대체로 평균보다 크기는 하겠지만, 여전히 다양한 변이를 보인다.

위와 같은 '혼합형 유전 방식'이 동물과 식물 대부분의 형질에서 매우 보편적으로 나타난다. 따라서 20세기 초 생물학자들은 멘델의 발견을 형질 결정이라는 더 포괄적인 이론 틀에 통합하는 데 어려움을 겪었다. 특히 진화적 변화는 대부분 갑작스러운 질적 변화가 아니라, 세대를 거치며 점진적으로 나타나는 표현형의 미세한 변화라 여겨 왔다. 그러므로 멘델식 유전이 진화 이론과 어떠한 관련이 있는지조차 분명하지 않았다.

이 문제의 해답은 꽤 단순하지만, 여느 아이디어와 같이 뒤늦게서야 그 사실이 드러난다. 바로 인간의 키와 같은 형질은 여러 유전적 변이가 동시에 작용한 결과라는 것이다. 멘델의 정의에 따르면 각 변이는 여전히 독립적인 유전 단위이지만, 그 영향은 결코 독립적이지 않다.

여러 유형의 유전자마다 두 가지 형태가 존재하는 상황을 생각해 보자. 하나는 평균보다 키를 크게 키우는 '플러스' 유전자, 다른 하나는 키를 낮추는 '마이너스' 유전자이다. 이들 유전자는 각각 독립적으로 유전될 수 있다. 집단 내에서 이러한 변이가 소수나마 남아 있다면, 사람마다 '플러스'와 '마이너스' 변이의 양에 따라 나타나는 표현형은 비교적 매끄러운 분포를 보인다. 그렇다면 사람들은 대부분 평균에 가까울 테고, 양극단에 있는 사람들은 소수일 것이다. 게다가 특정 형질의 분산에 유전적 차이 외에도 다른 요인이 영향을 준다면, 그 결과로 나타나는 연속적 분포는 더욱 완만하고 부드러운 곡선 형태를 띤다.

그러나 형질에 관하여 두 범주로 명확하게 구분되는 것처럼 질적 차이가 있는가와, 개인 간 양적 차이만 있을 뿐 연속적인 분포가 나타나는가를 구분하는 일은 다소 인위적이면서도 불가능에 가까워 보인다. 다시 말해 인간의 키와 같이 전체 인구 집단에서 나타나는 변이는 대부분 연속적이다. 하지만 특정한 단일 돌연변이가 개인의 키에 큰 영향을 미치기도 한다. 해당 돌연변이는 왜소증이나 거인증 같은 뚜렷한 질환을 유발하며, 멘델식 유전을 따른다. 이는 집단 내에서도 두 가지 유전 방식이 동시에 작용할 수 있음을 보여 준다.

◪ 형질의 유전학

현대 유전학의 궁극적인 목표는 유전적 변이가 형질 차이를 만들어 내는 원리를 설명하는 데 있다. 어느 상황에서는 유전적 변이와 형질의 상관관계가 비교적 명확하다. 헤모글로빈의 돌연변이가 겸상 적혈구 빈혈을 유발하는 것처럼 말이다.

원리는 간단하다. 헤모글로빈 돌연변이는 부호화된 헤모글로빈 단백질의 형태를 바꾼 결과, 그 단백질끼리 서로 달라붙어 가닥을 형성한다. 이는 다시 적혈구의 형태를 변화시켜 산소를 운반하는 기능을 저하함으로써 빈혈 증상을 일으킨다.

빨간 머리색도 비교적 명확하게 설명할 수 있다. 빨간 머리색은 대개 멜라노코르틴 1 수용체 Melanocortin 1 receptor, MC1R 라는 단백질 부호화 유전자의 돌연변이로 발생한다. 이 단백질은 두피를 포함한 피부 세포에 작용하여 어두운 색소인 멜라닌의 생성을 촉진한다. 그런데 해당 유전자에 돌연변이가 일어나면, 세포는 더 밝고 붉은 색소를 생성한다.

다만 왜소증은 사정이 조금 더 복잡하다. 약 200개의 서로 다른 유전자 가운데 하나에만 돌연변이가 일어나도 왜소증이 발생할 수 있기 때문이다. 그러나 이상에서 소개한 유전자는 대부분 이미 알려진 성장 인자나 그 수용체를 부호화하여 성장 감소의 직접적인 원인을 설명할 수 있다.

지금까지 소개한 사례는 비교적 단순한 편에 속한다. 해당 표현형이 세포 수준에서 변이된 단백질의 기능을 직접 반영하기 때문이다. 산소를 몸 전체에 운반하거나, 색소 생성을 조절하거나, 골격 성장을 촉진하는 등 신체의 모든 기능은 세포 수준에서 단백질이 수행하는 기능이 표현형에 직접 나타난다.

행동 형질 중에서도 그와 유사한 방식이 적용되는 사례가 몇 가지 있다. 특정 유전자가 부호화하는 단백질이 매우 구체적인 세포 기능을 지니며, 그것이 특정 행동을 직접 조절하는 경우 말이다. 예를 들어 단백질 부호화 유전자인 렙틴 leptin 의 돌연변이는 병적 수준의 비만과 연관된다. 렙틴이 체내 지방 수준을 감지하고 식욕을 조절하는 호르몬이기 때문이다.

마찬가지로 PER2 유전자에 변이는 일주기 리듬과 수면 패턴에 영향을 미친다. 이는 PER2 단백질 자체가 세포 내 생체 시계 시스템의 구성 요소이기 때문이다. 그런가 하면 서로 다른 유형의 감각 정보를 직접 수신하는 수용체 단백질에 영향을 미치는 다양한 유전적 변이도 있다. 이러한 돌연변이는 특정 물질에 대한 후각이나 미각, 차가움이나 통증 감지 능력 또는 특정 파장의 빛을 구별하는 능력 등의 감각 차이를 초래할 수 있다.

하지만 행동 형질은 대부분 위와 같이 유전자와 세포 기능의 직접적 연결이 뚜렷하지 않다. 외향성, 지능 또는 손잡이 성향 같은 형질은 세포 수준에서 명확하게 대응되는 기능이 존재하지 않는다. 정신 질환에 동반되는 망상, 환각, 사고 장애도 세포 수준에서 직접 설명할 수 있는 현상은 아니다.

논리적 사고나 존재하지 않는 것을 보지 않게 하거나, 기이한 믿음을 갖지 않도록 하는 유전자 같은 것은 없다. 마찬가지로 언어 능력, 강박적 사고, 충동적 욕설과 같은 행동을 조절하는 유전자도 존재하지 않는다. 체내의 어떠한 단백질도 개인의 관심사나 음악적 재능 또는 성실성을 직접 통제하지 않는다.

이러한 고차원적 기능과 형질은 뇌내에 복잡한 신경 회로가 형성되면서 나타나는 창발적 emergent 특성에 해당한다. 신경 회로는 수천 개의 유전자가 내리는 명령에 따라 형성되며, 기능에는 또 다른 수천 개의 유전자 산물이 관여한다. 따라서 그 유전자 가운데 일부에 변이가 생기면, 신경 회로의 작동 방식에 변이를 일으킬 수 있다. 그리고 이는 결과적으로 고차원의 심리적 특성 차이로 이어진다. 다만 그 영향은 매우 간접적으로 나타난다.

이 책 후반부에서는 다양한 심리적 특성을 유전학적으로 살펴보고, 유전적 변이가 형질에 영향을 미치는 근본 메커니즘을 탐구할 것이다. 이러한 유전적 영향은 대개 발달 과정에서 드러난다. 발달 과정은 수천 개의 유전자 간 복잡한 상호 작용으로 이루어진다. 그러므로 모든 유전적 변이가 그 과정에 영향을 미칠 수 있으며, 신경 발달의 결과 또한 개인에 따라 달라진다.

얼굴과 마찬가지로 뇌 구조 역시 사람마다 다르다. 다만 뇌 발달의 결과는 얼굴처럼 전적으로 유전체가 결정하지는 않으며, 가능한 범위에서의 결과라는 테두리에 한정될 뿐이다. 게다가 신경 발달 과정에서 내재적으로 발생하는 무작위성도 중요한 변이의 원인이 된다. 다음 장에서는 이상의 발달 변이가 뇌의 배선에 미치는 영향과 선천적인 심리적 특성의 차이를 형성할 때의 역할을 살펴보고자 한다.

제 4 장

똑같은 것은 없다

INNATE

INNATE

 쌍둥이 연구와 입양 연구에서 얻은 증거에 따르면, 대다수 심리적 특성뿐 아니라 뇌의 해부학적 구조나 기능 측정에서 발견되는 유전적 차이는 개인차에 큰 영향을 미친다. 가정 환경의 차이도 없지는 않지만, 그 영향력은 미미한 수준이다.
 그런데 이야기는 여기서 끝나지 않는다. 그 두 가지 변이 요인만으로는 집단 전체에서 나타나는 변이를 모두 설명할 수 없다. 두 요인을 모두 합쳐도 불가능하다. 이는 영향을 미치는 또 다른 요소가 존재한다는 뜻이다.
 일란성 쌍둥이는 유전체와 가정 환경이 같지만, 심리적 특성에서는 동일한 측정값을 보이지 않는다. 심지어 일부 형질에서는 상관관계가 그리 높지도 않다. 물론 이란성 쌍둥이나 일반적인 형제자매보다는 훨씬 높겠지만, 대체로 0.4~0.5 수준에 머무른다.
 여기에서 우리는 중요한 것을 놓치고 있다. 일란성 쌍둥이를 서로 다른 사람으로 자라나게 하는 또 다른 요인이 분명히 존재할 것이다. 이는 전체 인구 집단에서 나타나는 변이의 중요한 원인이기도 하다.

제3의 요인 논쟁

 행동 유전학 문헌에서는 유감스럽게도 이 요인을 '비공유 환경 nonshared environment'이라고 부른다. 굳이 유감스럽다고까지 한 이유는 그 용어의 영향이 외부 환경에서 비롯된다는 듯해 보이기 때문이다. 이는 어떠한 요인이라도 '본성 대 양육' 가운데 본성보다 '양육'에 방점을 두고 있다는 인상을 심어 준다.

실제로 행동 유전학 연구 결과는 환경적 영향이 심리적 특성에 영향을 미친다는 가장 강력한 증거로 받아들여지기도 했다. 그 형질이 완전히 유전되는 것이 아니라서 남은 분산은 환경적 요인 때문이라고 결론 내리는 일이 잦았다. 하지만 이러한 가정은 정당하지 않다. 설명되지 않는 분산에 작용하는 요인은 매우 다양하며, 그것이 정말로 환경적 요인에 국한된다고 볼 근거는 거의 없다.

그 첫 번째 설명은 우리가 심리학 영역에서 사용하는 검사 및 측정 도구가 그다지 정확하지 않을 수 있다는 점이다. 이는 한 사람이 같은 검사를 여러 번 수행했을 때, 결과의 일관성을 확인하여 신뢰도를 측정한다. 이와 같은 심리 검사 도구의 부정확성이 실제로 일정 부분 영향을 미치기는 하지만, 개인별 검사 결과의 변동성만으로 관찰되는 추가 분산 전체를 설명하기는 부족하다.

예를 들어 IQ 검사의 검사-재검사 신뢰도 test-retest reliability [11]는 약 0.9이고, 성격 특성 측정에서는 대체로 0.7 수준이다.[12] 이 수치는 일란성 쌍둥이 사이에서 기대할 수 있는 최대 유사도의 상한선을 설정한다. 같은 사람이 두 번 검사한 결과의 상관계수가 0.8이라면, 일란성 쌍둥이의 상관계수가 그보다 높을 수 없다. 이러한 결과는 보편적으로 심리적 특성에서 관찰되는 분산 중 10~20% 정도가 측정 오류로 발생할 수 있음을 시사한다.

두 번째 설명은 비공유 환경의 효과가 실제로는 환경이나 경험 요인에서

---

[11] 한 사람이 같은 검사를 두 번 받았을 때 결과 간 일관성을 나타내는 정도.
[12] 상관계수가 1.0이면 두 검사 결과가 완벽히 일치한다는 의미다.

비롯된다는 사실과 관련된다. 이는 같은 가정 환경이라서 공유하는 것이 아니라 개인에게 고유한 요인들을 반영한다는 것이다. 얼핏 본다면 그럴듯하다. 하지만 조금 더 깊이 파고들면 다소 억지스러운 면이 보인다.

위 설명에 따르면 내 심리적 특성은 내 경험에 영향을 받을 수 있지만, 그 경험을 쌍둥이 형제가 함께 겪지 않았을 때만 성립한다. 쌍둥이가 동일한 경험으로 모두 비슷한 영향을 받았다면, 서로 더 닮아 가면서 다른 사람과 더욱 달라질 것이기 때문이다. 다시 말하면 공유된 가정 환경 항목에 나타났어야 한다.

그리고 특정 환경적 요인이 한 가정에서 개별 구성원의 노출 정도에 따라 두 사람 사이에 차이가 생길 수 있다. 그러나 해당 설명은 여러 가족일 때 그렇지 않다는 의미가 되기도 한다. 후자의 효과 역시 공유된 가족 환경 항목에 포함되기 때문이다.

이는 또래 친구, 교사, 또는 집 밖에서 겪는 다른 유형의 경험이 가정 내 상호 작용보다 훨씬 큰 영향을 미칠 수 있다는 생각에서 비롯된다. 하지만 서로 다른 가정에서 자라는 것이 심리적 특성에 거의 영향을 주지 않는다면, 또래 친구와의 상호 작용이 큰 영향을 미친다고 생각하는 이유는 무엇일까? 이 해석을 지지하는 사람들은 우리의 경험이 너무나 고유하므로 우리를 타인과 구별되도록 성장할 수는 있지만, 비슷해질 수는 없다고 주장한다.

하지만 그 둘은 동전의 양면과 같다. 양육이나 문화가 어떠한 식으로든 체계적으로 영향을 끼친다면, 같은 환경에서 자란 사람들이 서로 닮아 가는 양상을 보여야 한다. 물론 모두의 경험이 동일하지는 않겠지만, 비슷한 유형의 경험은 충분히 가능하지 않은가. 결국 같은 가정에서 자란 형제자매는 단순히 가정 환경뿐 아니라, 또래 집단과 학교에서 지역 사회와 문화까지 공유할 가능성이 더 크다.

또 다른 설명으로는 가정 내부의 체계적인 차이로 형제자매 간 유사성을 떨어트릴 수 있다는 것이다. 하지만 차별적인 양육 방식이 그러한 영향을 미치리라고 생각한다면, 서로 다른 가정에서 자란 아이라도 다른 아이와 유사성이 떨어지지 않는 이유는 무엇일까? 부모가 다르다면 양육 방식도 천차만별일 테고, 그 차이는 더 크게 벌어질 수밖에 없다.

그러한 점에서 부모가 나를 어떻게 대했느냐가 아니라, 부모가 나와 형제자매를 어떻게 '다르게' 대했느냐가 영향을 준다는 가설을 세울 수 있다. 그것만이 해당 설명을 유지할 유일한 방법이다. 그런데 가설에 따르면, 형제자매가 없을 때 그러한 차이가 나타날 여지조차 없어야 한다. 결과적으로 이 역시 설득력 있는 설명으로 보기는 어렵다.

이상의 문제는 이론적 논의에만 기댈 필요는 없다. 실증적 자료가 충분하기 때문이다. 수많은 연구에서 형제자매 간 차이를 보이는 특정한 환경적 요인이나 경험과 특정한 행동 결과의 체계적인 연관성을 조사해 왔다. 부모의 차별적 양육, 또래 관계, 형제간 상호 작용, 교사와의 관계, '가족 구도 family constellation'[13] 같은 요인 말이다.

그리고 연구에서 나타난 결과는 분명했다. 적응력, 성격 특성, 인지 능력 등 다양한 결과를 신뢰할 만하면서 일관성을 갖춘 의미 있는 효과는 전혀 확인되지 않았다. 그러므로 비공유 경험이 전반적으로 심리적 특성에 큰 영향을 미친다고 볼 근거는 거의 없다. 그리고 함께 자란 일란성 쌍둥이 사이에 남아 있는 차이를 설명할 수 있다는 주장과, 이를 뒷받침할 만한 직접적인 증거도 존재하지 않는다.

설명되지 않는 분산에 작용하는 마지막 요인은 성격이 완전히 다르다. 그 요인은 '환경'에서 비롯된 것이 아니라 개인 내적으로 발생하며, 뇌 발달 과정에 내재한 무작위성에서 생겨난다. 당신의 유전자형은 당신과 같은 인간

---

13 출생 순서, 형제 간 터울이나 성별 등.

을 만드는 프로그램을 부호화하지만, '당신'을 구체적으로 만드는 지시까지 포함되어 있지는 않다.

따라서 처음으로 돌아가 수정란부터 다시 시작하더라도, 그때의 당신은 지금의 모습과 동일하게 발달하지 않을 것이다. 심지어 '아기 시절의 당신'도 마찬가지다. 그 과정에서 만들어지는 존재는 당신의 '복제인간'이겠지만, 그는 당신과 여러모로 다를 것이다.

뇌의 복잡한 기계적 구조는 유전체에 부호화된 지시에서 시작된다. 하지만 그 설계도는 청사진처럼 정밀한 수준은 아니다. 유전체 안에는 뇌의 특정 영역이나 신경 세포 유형에 대응하는 부분이 따로 존재하지 않기 때문이다.

유전체는 오히려 조리법이나 실험 프로토콜에 가깝다. 절차를 충실히 따라가면 인간의 뇌를 지닌 인간이 만들어진다. 그러나 조리법이 상세하더라도 시행할 때마다 결과물에 조금씩 차이가 생길 수밖에 없다. 완전히 똑같은 케이크를 두 번은 구울 수 없듯이 말이다.

인구 집단 전체를 기준으로 보면, 이러한 발달 변이는 표현형 형질에서 '비공유 환경' 항목으로 분류된 분산의 상당 부분을 설명할 수 있다. 이는 공유 유전자나 공유 환경, 개인 고유의 외부 경험 탓은 아니다. 이러한 이유로 해당 변이는 개체 외부가 아니라 내부에서 발생하는 것이며, '양육'이 아니라 '본성'으로 분류되어야 한다. 이는 결국 사람 사이의 선천적 차이에 작용하는 요인이라는 것이다.

그 변이가 비롯되는 곳은 어디이며, 큰 효과를 낼 수 있는 이유를 이해하려면, 뇌 발달의 과정과 작동 원리를 살펴보아야 한다. 인간의 뇌처럼 믿기 힘들 만큼 복잡한 세포 구조는 어떠한 물리적 기제를 통해 형성될까?

수정란에서 인간까지

가장 처음부터 시작해 보자. 우리의 시작은 수정체라는 단 하나의 세포에서 출발한다. 수정란은 인간 유전체를 담고 있으며, 인간을 만들어 내기 위한 지시 사항을 모두 포함하고 있다. 지시 사항은 단백질이나 RNA 분자를 부호화하는 모든 유전자로 구성되며, 그 작은 분자 장치들은 발달 중인 배아 안에서 온갖 작업을 수행한다.

하지만 지시 사항에는 중요한 요소가 하나 더 있다. 바로 각 단백질을 언제, 어디에서 만들어야 할지 지시하는 DNA 조절 서열이 포함된다는 점이다. 인간의 뇌를 만들지, 침팬지의 뇌를 만들지를 결정하는 핵심적인 차이는 대부분 조절 서열에서 비롯된다.

한편 단백질 자체는 크게 변하지 않는 경향이 있다. 이를 진화학적 관점에서는 고도로 보존되어 있다고 말한다. 오죽하면 실험적으로 한 종에서 다른 종으로 치환해도 정상적으로 작동할 정도다. 심지어 쥐와 초파리처럼 관련성이 아주 먼 종에서도 그러하다. 크게 차이를 보이는 것은 단백질이 어떻게 정확히 발현되는가를 조절하는 방식이다.

한 가지 유념해야 할 사실이 있다면, 갓 형성된 수정란은 단순히 일반적인 인간 유전체를 지닌 것이 아니라는 점이다. 수정란은 전무후무하고도 고유한 유전자 변이 조합으로 형성된, 완전히 새로운 유전체를 지니고 있다. 변이는 단백질의 서열을 바꾸어 작동 방식을 바꾸거나, 조절 요소에 영향을 주어 유전자 발현 방식을 정밀하게 변경할 수 있다. 이러한 차이는 모두 발달의 최종 결과에 영향을 미치며, 지금까지 살펴본 뇌 구조에서 나타나는 유전적 차이의 출발점이 된다.

하나였던 세포는 빠르게 둘로 나뉘고, 다시 넷에서 여덟으로 분열을 거듭하다 보면, 1,000개쯤 되는 세포로 이루어진 작고 둥근 덩어리를 형성한다. 겉보기에는 모든 세포가 같아 보이지만, 배아 내부에서는 유기체의 최종 형태를 구성하기 위해 다양한 과정이 이미 진행되고 있다. 이때 유기체는 인간 아기이다.

세포들은 배아 내부의 위치에 따라 서로 다르게 분화하기 시작한다. 배아의 바깥쪽 세포는 피부와 신경계를 만들고, 안쪽으로 이동한 세포는 근육과 뼈, 혈액을 생성하며, 다른 층에 있는 세포는 내장 기관을 형성한다. 머리에서 꼬리 방향으로 이어지는 축과 등에서 배 방향의 축도 이때 지정된다. 이러한 패턴 형성은 배아 초기 단계에서 세포 간의 미세한 차이에서 비롯된다. 포유류의 경우 조그마한 정자가 상대적으로 거대한 난자 안에 들어갔을 때, 그 위치가 정확히 어디인가에 관한 분자 기억에 따라 일부 좌우되기도 한다.

수정란의 첫 분열로 생겨난 두 개의 세포는 동일하지 않다. 이들은 이미 서로 다른 유전자 발현 양상을 보이며, 유전체에 부호화된 2만여 개의 개별 단백질을 만드는 양에도 차이가 있다. 단백질의 상당수는 다른 단백질의 발현을 조절하는 역할을 한다. 그 결과 단 두 개의 유전자에서 시작된 작은 차이도 복잡한 피드백 상호 작용 네트워크를 통해 급격히 증폭되어, 두 세포 간 전반적인 유전자 발현 양상의 차이는 커진다.

그것이 바로 세포 분화가 일어나는 방식이다. 근육 세포는 피부 세포나 간 세포와는 전혀 다른 유전자 발현 양상을 보인다. 발달의 핵심은 이들 세포가 공간적으로 잘 조직되어 적절한 위치에 자리 잡는 것이다. 그러려면 세포들이 서로 소통할 수 있어야 한다. 그리고 세포의 배아 내 위치가 어디인가, 어떠한 유형의 세포로 분화해야 하는가에 관한 정보를 알고 있어야 한다.

세포 간 소통은 배아의 한 지점에 위치한 세포가 단백질을 생성하고, 세포 밖으로 분비된 단백질이 배아 내에서 확산하면서 이루어진다. 이때 단백질은 생성된 부위 근처에서는 농도가 매우 높지만, 멀어질수록 점차 낮아지는 농도 기울기 concentration gradient 를 형성한다. 세포에서는 표면에 있는 수용체 receptor 로 단백질의 농도를 감지하고, 그 신호가 세포 내부로 전달되어 활성화 및 비활성화해야 할 유전자를 결정한다. 이에 따라 뇌, 심장, 팔다리, 눈 등 다양한 기관이 모두 제 위치에서 형성된다.

그 과정에서 놀라운 점은 어떠한 세포도 전체적인 계획을 모른다는 것이다. 이 모든 일은 외부에서 수신한 신호에 각 세포가 반응하는 것에서 시작된다. 그리고 일부 유전자를 활성화 또는 비활성화하면서 세포 분열로 배아가 성장함에 따라 그 정보를 딸세포에 전달하는 무심한 생화학적 상호 작용의 연속으로 이루어진다. 이처럼 각 세포는 유기체 전체를 만드는 데 필요한 정보를 모두 지니고 있지만, 정작 그 전모는 알지 못한다.

마치 자기 대사와 등장 타이밍은 알고 있지만, 전체 대본은 모르는 대규모 앙상블 연극 배우처럼 말이다. 최종적으로 연극을 처음부터 끝까지 감상할 수 있는 단 하나의 관객은 '자연 선택 natural selection '이라는 비평가뿐이다. 좋은 대본은 살아남지만, 나쁜 대본은 상연 기간이 짧아지는 것처럼 생태계에서 도태된다.

❈ 뇌 형성의 원리

배아 초기의 체계 형성과 세포 분화 과정은 기관이 형성되기 시작하고, 그 내부 구조가 조직되어 갈 때에도 계속 되풀이된다. 이러한 특징은 특히 뇌에서 두드러지게 나타난다. 뇌는 다른 기관보다 다양한 하위 영역을 지니고 있다. 이 과정은 연속적인 세분화를 통해 이루어진다.

먼저 전뇌는 중뇌, 후뇌, 척수와 구분된다. 그다음 이들 영역의 경계에서 새로운 체계 형성의 중추가 등장하여 새로운 신호 분자를 생성한다. 신호 분자는 각 영역의 세분화를 유도하며, 그 과정이 반복되어 뇌를 구성하는 다양한 구조가 적절한 방식으로 조직된다. 각 하위 영역은 고유한 세포 유형을 지니고 있으며, 종류도 매우 다양하다. 망막만 하더라도 중추신경계의 극히 일부에 불과하지만, 우리가 알고 있는 세포 유형만 최소 200가지가 넘는다.

우리는 보통 뇌에 관해 오해하기도 하는데, 이는 주로 예술 작품이나 애니메이션에 표현된 방식으로 확인할 수 있다. '뉴런'이라는 신경 세포가 모두 같으며 무작위로 배치되어 있고. 인접한 뉴런끼리는 서로 연결되어 있어 마치 해면과 같은 구조를 취하고 있다는 것이다. 하지만 이는 사실과 전혀 다르다.

실제로는 수백 가지 유형의 뉴런이 존재하고, 그 하위 유형까지 포함하면 수천 가지에 이른다. 각 뉴런은 형태를 비롯해 생화학적 특성, 전기적 특성, 그리고 다른 세포 유형과 연결되는 방식에서 고유한 특징을 지닌다. 뉴런은 정보를 처리하는 극성을 띤 장치로, '입력' 말단과 '출력' 말단이 분명히 구분된다.

뉴런의 중앙에는 세포체 cell body 가 있다. 세포체에는 DNA가 포함된 세포핵 nucleus 외에도, 세포마다 존재하며 일반 대사 기능을 수행하는 여러 장치로 구성된다. 뉴런이 특별한 이유는 세포체에서 뻗어 나오는 긴 섬유성 구조 때문이다. 한쪽 끝에서는 수상 돌기 dendrite 라 불리는 나뭇가지 모양의 구조가 퍼지며 정보를 수집하는데, 이 부분이 입력 부위다.

반대쪽 끝에서는 축삭 axon 이라 불리는 긴 섬유가 뻗어 나가며 정보를 출력한다. 축삭은 인접한 뉴런에만 국한되지 않고, 아주 멀리까지 뻗어 나가서 다른 여러 뉴런 또는 때에 따라 근육과도 연결될 수 있다. 뉴런의 모양은 매우 다양해서, 세포체의 크기, 수상 돌기가 뻗는 정도와 형태[14], 축삭의 길이와 두께 등에서 많은 차이를 보인다.

---

14 덤불이나 고사리, 나무 등을 닮은 모양으로 뻗어 나가기도 한다.

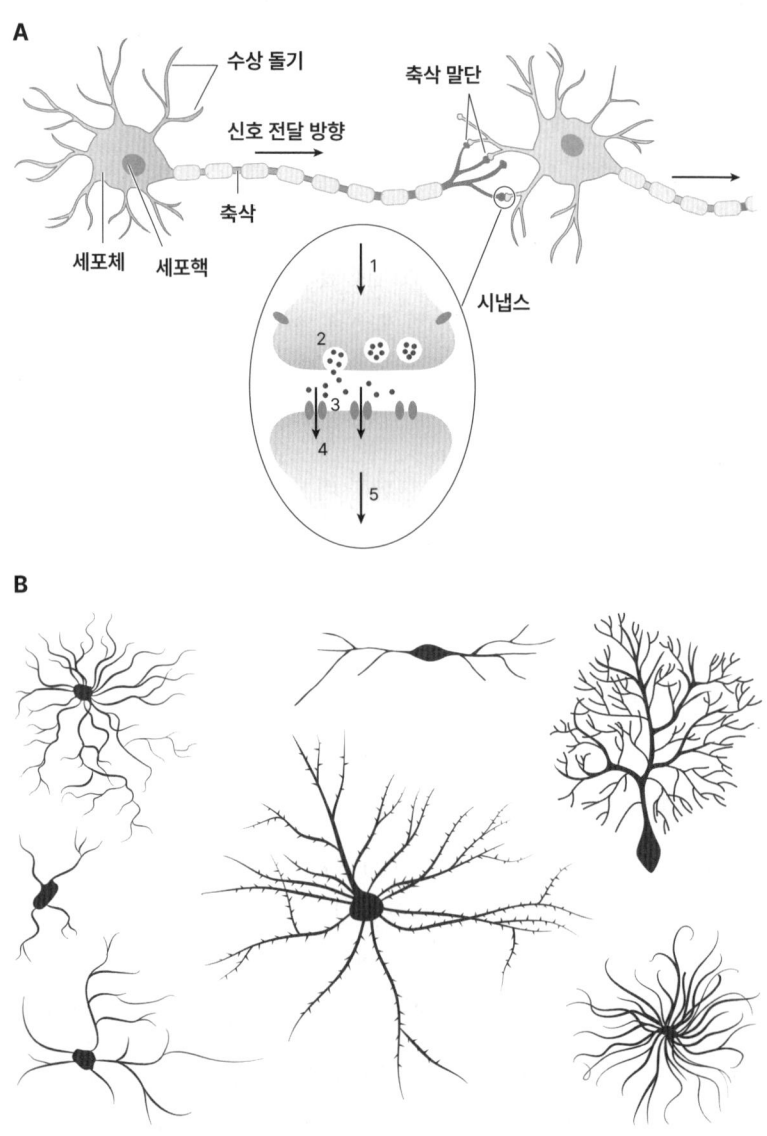

[그림 9] **뉴런**

[그림 9] 가운데 A에서는 뉴런이 수상 돌기로 수집한 정보는 축삭을 따라 시냅스를 거쳐 다른 세포로 전달되는 모습을 보여 주며, B는 다양한 뉴런 형태의 사례를 제시한다. 이제 중앙의 시냅스를 확대한 그림을 살펴보자. 1은 전기 신호로, 2와 같이 신경전달물질 분자의 방출을 유도한다. 그리고 3은 시냅스후 수용체 단백질로, 신경전달물질 분자를 감지한다. 그 결과로 4에서 보는 바와 같이 전하를 띤 이온이 유입되며, 이는 5처럼 다시 새로운 전기 신호를 유발할 수 있다.

뉴런은 정보를 처리하는 방식과 관련된 생화학적 수준에서도 매우 다양한 차이를 보인다. 뉴런은 전류를 통해 신호를 전달한다. 이때 전류는 주로 나트륨, 칼륨, 칼슘, 염화 이온처럼 전하를 띤 입자들이 세포 안팎을 드나드는 흐름에 따라 생성된다.

이온 흐름은 '이온 통로 ion channel'라는 이름으로 정밀하게 제어되는 작은 구멍을 통해 조절된다. 그러나 전기 신호는 뉴런 간에 직접 전달되지 않는다. 각 뉴런은 고유의 세포막으로 서로 분리되어 있기 때문이다. 따라서 뉴런 간에 정보를 전달하기 위해 특수한 구조인 시냅스 synapse 가 진화해 왔다.

시냅스에서는 축삭을 따라 전송된 전기 신호가 생화학적 신호로 변환되며, 전류가 충분히 흐르면 시냅스는 신경전달물질이라 불리는 작은 분자 꾸러미를 방출한다. 신경전달물질은 시냅스 맞은편인 다음 뉴런의 수상 돌기에 있는 특수한 수용체 단백질에 의해 감지된다. 신경전달물질이 충분히 감지되면, 다음 뉴런도 자체적으로 전기 신호를 생성한다.

각 뉴런 유형은 이온 통로, 신경전달물질 수용체 단백질, 시냅스 가소성 단백질, 그리고 세포의 전기생리학적 특성을 함께 결정하는 여러 단백질로 구성된 특정 조합으로 구별된다. 강한 입력 신호가 있어야만 활성화하는 뉴런이 있는 한편, 훨씬 민감한 뉴런도 존재한다. 이 외에도 반복적인 자극을 받으면 민감도가 올라가는 뉴런이 있는가 하면, 그 반대인 뉴런도 있다. 뉴런 간에 가장 큰 차이가 있다면, 이는 각 뉴런이 방출하는 신경전달물질의 종류일 것이다.

앞서 신경전달물질이 분비되면 다음 뉴런이 항상 전기 신호를 발화한다고 말했지만, 사실 일부 신경전달물질은 정반대의 효과를 내기도 한다. 이들 물질은 분비되면 다음 뉴런의 발화를 억제하는 경향이 있다. 생각해 보면 이러한 억제 신호가 중요한 이유를 쉽게 이해할 수 있다.

뉴런이 서로 자극만 주는 구조였다면, 하나만 활성화해도 신호가 뇌 전체로 들불처럼 번질 것이다. 그러면 우리는 모든 뉴런이 한꺼번에 활성화하면서 끊임없는 발작 상태에 빠지게 되었을 것이다. 실제로 뇌에서는 어떠한 순간에도 각 뉴런이 흥분성 입력과 억제성 입력의 정도를 통합적으로 계산하고 있다. 그리고 두 입력 사이의 균형에 따라 해당 뉴런이 신호를 발화할지 말지를 결정한다.

이상과 같이 다양한 뉴런 유형은 매우 정교한 방식으로 배치 및 연결되어 있다. 뇌의 각 영역은 고유한 세포 구조를 지니며, 특정 방식으로 배열된 특수한 흥분성 뉴런과 억제성 뉴런으로 이루어져 있다. 이들은 특정 유형의 정보를 처리하고, 특정 유형의 계산을 수행하도록 설계된 국소 마이크로 회로를 구성한다. 그 예로 시각 정보를 처리하는 회로는 후각이나 청각 정보를 담당하는 회로와 전혀 다른 방식으로 배선되어 있다. 이는 입력되는 정보의 성질과 정보에서 주목할 특성 및 수행해야 하는 계산의 유형이 근본적으로 다르기 때문이다.

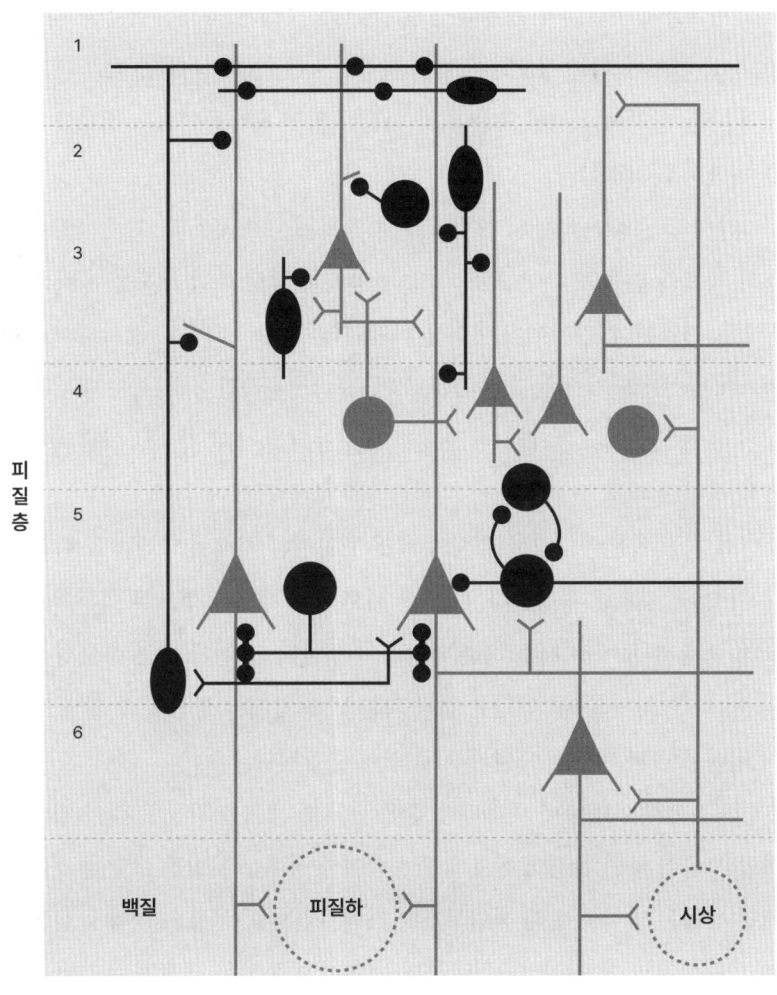

[그림 10] 대뇌 피질의 뉴런 회로[15]

15 Huang, Z. J. (2014). Toward a Genetic Dissection of Cortical Circuits in the Mouse, *Neuron*, 83(6), 1284-1302.에서 수정.

[그림 10]에서 회색 선은 흥분성 뉴런을, 검은 선은 억제성 뉴런을 나타낸다. 수십 가지에 이를 정도로 유형이 다양한 두 뉴런의 상호 연결로, 대뇌 피질의 다른 영역이나 시상 또는 기타 피질하 영역에서 들어오는 정보를 특정한 계산으로 처리한다.

따라서 발달 중인 뇌에서 해결해야 할 과제는 두 가지이다. 우선 다양한 유형의 세포를 만들고, 다음으로 뇌의 각 영역 안에서 해당 세포를 올바른 방식으로 배열한다. 가뜩이나 어려운 과제인데, 수많은 세포가 정확히 필요한 위치에서 생성되지 않는다는 사실로 난도는 더 올라간다. 세포는 대부분 생성된 위치에서 어느 정도 떨어진 곳까지 이동하고, 최종적으로 도달해야 할 목표 영역의 세포 구조 속에서 적절한 위치에 안착해야 한다.

대뇌 피질에서는 다양한 유형의 세포가 일정한 순서로 바깥쪽을 향해 이동하며 6층 구조를 형성한다. 각 층은 서로 다른 세포 유형으로 이루어져 있으며, 최종 회로에서 서로 다른 기능을 수행한다. 그런데 이는 흥분성 뉴런의 이야기이다. 억제성 뉴런은 전혀 다른 뇌 영역에서 생성되고, 훨씬 먼 거리를 이동한 뒤 피질에 도달해 회로 안에 통합된다.

현미경으로 아메바나 박테리아 같은 단세포 생물을 관찰한 적이 있다면, 이들 생물이 주변 환경의 신호에 반응하여 움직이는 모습을 보았을 것이다. 해당 생물은 먹이를 향해 헤엄치거나 기어가면서도, 해로운 화학 물질을 피해 도망치기도 할 것이다. 발달 중인 뇌에서 이동하는 세포가 움직이는 방식도 그와 정확히 같다.

다른 점이라면 주변 환경이 외부 세계가 아니라, 다른 뇌세포와 그들이 생성하는 단백질로 이루어진 내적 세계인 것뿐이다. 그 단백질의 일부는 신호 역할을 하며, 각 세포가 발현하는 수용체 단백질에 따라 이동 중인 세포들을 끌어당기거나 밀어낸다. 기관과 조직의 패턴이 형성되는 것처럼, 무의식적인 생화학적 상호 작용만으로도 놀라운 결과를 만들어 낸다. 바로 복잡하면서도 고정된 패턴을 따르는 구조가 최종적으로 형성되는 것이다.

이제 우리의 배아는 제법 그럴듯한 모습을 갖추기 시작했다. 머리는 한쪽 끝에, 꼬리는 다른 쪽 끝에, 팔다리와 기관들도 제자리를 잡았다. 뇌 역시 잘 형성되어 있다. 해마도, 소뇌도, 그리고 여러 유형의 세포도 각자 정해진 위치에 정착했다. 하지만 이는 아직 전반전일 뿐이다. 이보다 더 나아가 모든 영역과 세포가 서로 올바르게 연결되어야 하며, 그러려면 완전히 다른 일련의 지침이 필요하다.

자발적 회로 형성

한 뉴런이 태어나 작은 아메바처럼 움직여 정확한 자리로 이동한 뒤 정착하고 나면, 수상 돌기와 축삭을 형성할 세포 돌기들을 뻗기 시작한다. 이들 돌기는 무작위로 생겨나지 않으며, 처음부터 고도로 특화되어 있다. 수상돌기는 세포 유형에 따라 특정한 양식으로 형성되고, 축삭은 정형화된 경로를 따라 늘어난다.

성장 중인 각 축삭의 끝에는 성장 원추 growth cone 라는 놀라운 구조가 달려 있다. 이 세포학적 구조는 주변 환경을 탐색하는 감각 돌기를 뻗어 내고, 자체적인 동력으로 축삭을 이끌며 앞으로 나아간다. 성장 원추는 이동 중인 세포와 같이 신호로 길을 안내받는다. 그 신호는 바로 다른 세포의 표면에서 발현되거나 분비되는 단백질이다. 각 성장 원추는 자신의 표면에 고유한 수용체 단백질 조합을 발현하여 주변 환경의 신호에 개별적으로 반응한다.

상상해 보자. 수십억 개의 뉴런이 축삭을 뻗어 내면, 그 끝에 있는 성장 원추가 일제히 몸을 이리저리 꿈틀거리며 목표를 찾기 위해 주변을 탐색한다. 이러한 광경이 언뜻 혼란스러워 보이겠지만, 사실은 그렇지 않다. 이 과정은 초기 배아에 일정한 구조를 부여하던 것과 같은 종류의 확산성 단백질이 처음부터 방향성을 잡고 조직하기 때문이다.

각 성장 원추는 뇌의 앞뒤, 위아래, 중심부나 외곽에서 오는 단백질의 농도 기울기에 따라 방향을 정한다. 이러한 방식으로 일종의 고속도로 역할을 하는 신경 섬유 다발이 아주 신속하게 형성된다. 개별 축삭은 그 경로에 합류해 따라가다가, 이후 적절한 지점에서 마치 고속도로 출구처럼 빠져나간다.

성장 원추가 목적지에 도착하면, 이들을 적절한 파트너 세포에 연결하여 시냅스를 형성해야 한다. 이 과정 역시 믿을 수 없을 만큼 고도로 특화되어 있다. 뉴런은 아무 세포와 연결되지 않아서 파트너 선택에 매우 까다롭다. 특히 인간처럼 복잡한 신경계의 경우, 개별 세포까지는 아니더라도 최소한 세포 유형 수준에서 매우 선택적이다.

이쯤이면 위의 특이성이 어떻게 이루어지는지 짐작할 수 있을 것이다. 각 세포 유형은 표면에 고유한 단백질 조합을 발현하고, 성장 원추 표면의 수용체 단백질이 발현된 단백질을 감지한다. 신호 단서와 수용체가 어떤 조합을 이루느냐에 따라 두 세포 사이에 시냅스 형성 여부가 결정된다.

성장 중인 축삭은 끌어당기는 신호와 밀어내는 신호로 유도된다. 이들 신호는 특수한 수용체 단백질을 통해 감지된다. 뉴런마다 고유한 수용체 조합을 발현하므로, 축삭은 서로 다른 경로를 따라가며 각기 다른 표적 영역과 세포 유형을 선택한다.

이것이 뇌 회로를 자체적으로 구축하는 과정이다. 복잡하지만 마법 같은 일은 아니다. 모든 절차는 세포에서 직접 관찰 및 연구 가능한 개별 생화학적 기전으로 이루어진다. 뉴런을 배양 접시에서 키울 때, 서로 다른 유형의 세포나 그 축삭이 특정 단백질에 끌리거나 밀려나는 모습을 눈으로 직접 확인할 수 있다. 또한 특정 단백질에 노출되면 멈춰서 시냅스를 형성하는 모습을 보는 것도 가능하다.

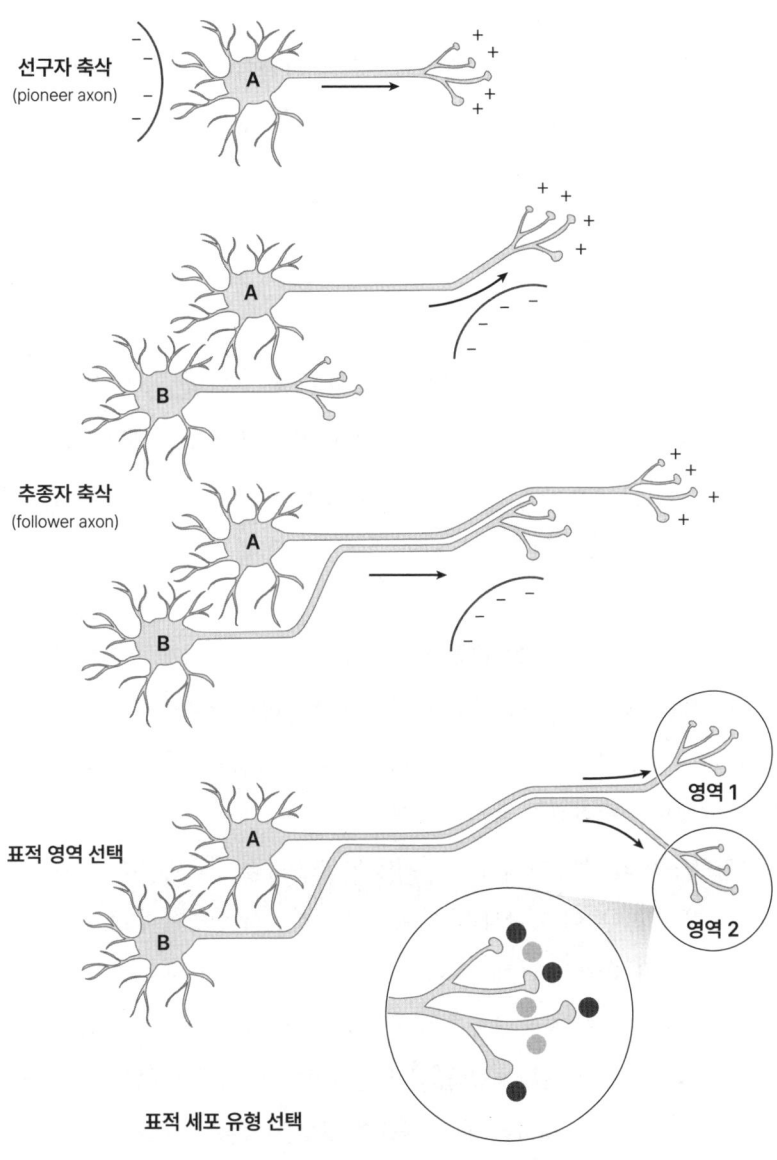

[그림 11] 성장하는 신경 섬유 유도하기

이상의 과정이 정교하게 조율되는 방식은 거의 기적처럼 보일 것이다. 하지만 이것이야말로 수십억 년에 걸친 진화의 산물이다. 유전체에 암호화된 발달 프로그램은 아이러니하게도 정신이 명해질 정도로 복잡하고 정밀한 구조를 스스로 조립하도록 설계되어 있다.

❏ 하나뿐인 뇌(들)

흥미로운 사실은 당신의 발달 프로그램이 나와 다르다는 것이다. 우리 사이에 존재하는 수백만 가지의 유전적 차이에서 일부는 발달 과정을 수행하는 유전자에 영향을 주기도 한다. 이러한 변이는 해당 유전자가 부호화한 단백질의 아미노산 서열 또는 발현 시기나 위치를 변경하여 뇌의 발달 결과에 영향을 미친다.

실제로 뇌의 발달 원리를 규명하고, 이와 관련된 여러 유전자를 밝혀낼 수 있었던 것은 초파리나 생쥐 같은 동물로 돌연변이의 효과를 연구한 덕분이었다. 인간 유전체에서 가장 많이 알려진 유전자는 대부분 극적인 영향을 주는데, 대체로 바람직하지 않은 것들이다.

주지하는 바와 같이 현재 수백 가지에 달하는 유전 질환이 뇌의 발달 과정에 영향을 미친다. 이에 따라 뇌 기형이 발생하면서 신경학적, 정신의학적, 심리적 영향을 유발한다. 해당 질환은 뇌의 구조 형성과 세포 증식 조절 및 뉴런의 이동, 축삭의 경로 유도를 비롯한 다양한 발달 과정에 관여하는 유전자의 돌연변이로 발생할 수 있다. 이때 돌연변이는 MRI 스캔에서도 관찰할 수 있는 뇌 기형을 초래하는데, 그 사례의 일부는 다음과 같다.

- 특정 뇌 영역의 발육 저하
- 비정상적인 구조 형성

- 잘못된 위치에 세포 집단 형성
- 대뇌 반구 간 연결 또는 대뇌 피질에서 척수로 이어지는 신경 섬유 다발의 형성 실패

어느 돌연변이는 수술 후 또는 사후에 뇌 절편을 현미경으로 관찰할 때에야 드러나기도 한다. 대뇌 피질층 배치가 변했거나, 그 외 구조에서 세포 배열이 미세하게 어긋나 있는 경우가 바로 그 예이다. 이와 같이 시냅스 형성을 조절하는 유전자에 생긴 돌연변이는 조직학적 검사로 드러나지 않지만, 특정 신경 회로나 두뇌 시스템의 기능에 심각한 영향을 줄 수 있다.

또한 대사 효소처럼 신경 발달 과정에 직접 관여하지 않지만, 그 과정이 제대로 이루어지기 위해 필수적인 일반 기능을 담당하는 유전자의 돌연변이도 다양한 질환을 유발한다. 이러한 중증 신경 발달 질환은 제10장에서 자세히 다루고자 한다.

다행히도 대다수 사람에게 존재하는 유전적 변이는 뇌 발달에 훨씬 미묘한 영향을 미치며, 눈에 띄는 병리적 증상보다는 정상 범위 안에서의 개인차 형성에 관여한다. 이러한 변이가 복합적으로 작용하면서 뇌 구조적으로 유전력이 높다고 확인된 다양한 특성의 차이를 만들어 낸다. 이를테면 두뇌 전체 각 영역의 상대적 크기나 영역 간 신경 연결의 양이나 조직화 정도 등이 있다.

그러나 각 유전체에 부호화된 발달 프로그램의 차이는 우리의 뇌를 세상에 하나뿐인 존재로 거듭나게 하는 이야기의 시작에 불과하다. 하나의 인간을 만들어 내는 발달 프로그램은 단 한 번만 일어나는 고유한 사건이 차례로 벌어지며 이루어지는바, 같은 실행이 반복되는 일은 절대 없다. 그에 따라 발생하는 개인차는 일란성 쌍둥이의 뇌에서 직접 확인할 수 있다. 쌍둥이는 해부학적 구조나 기능적 조직에서 놀랍도록 비슷하지만, 전적으로 동일하지 않다. 출생 직후부터 신체 또는 안면 구조와 같이 뇌 구조에도 이미

미세한 차이가 존재한다.

사실 쌍둥이가 아니라도 그 차이를 쉽게 발견할 수 있다. 이는 우리 몸의 양쪽을 비교하면 육안으로도 직접 확인이 가능하다. 우리 몸의 좌우는 주로 유전체에 부호화된 발달 프로그램의 독립적인 실행으로 발달한다. 따라서 팔다리나 손가락과 발가락 길이가 조금씩 다르거나, 양발의 크기에 소소한 차이가 생긴다. 이러한 사실은 손등에 보이는 혈관이나 털과 같은 정교한 구조에서도 나타난다.

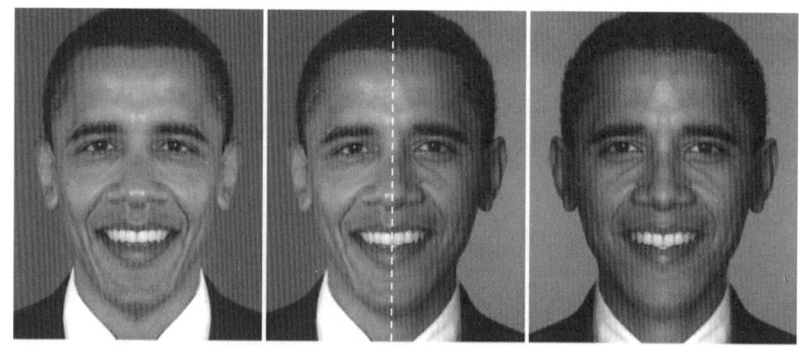

[그림 12] 얼굴의 비대칭성[16]

[그림 12]에서는 전 미국 대통령인 버락 오바마의 얼굴 사진을 좌우로 나누어, 각 부분을 대칭적으로 이어 붙인 이미지를 제시하고 있다. 가운데와 왼쪽, 오른쪽 사진을 확인하면 그 차이가 확연히 드러난다. 이처럼 우리 몸의 좌우 차이는 얼굴에서 특히 두드러지게 나타난다.

스스로 명확하게 인지하기 힘들겠지만, 사람의 얼굴은 대부분 비대칭적

---

[16] 가운데 사진의 출처는 Wikimedia Commons contributors, File:Barack Obama.jpg, *Wikimedia Commons, the free media repository*, 2016. 2. 17., https://commons.wikimedia.org/w/index.php?title=File:Barack_Obama.jpg&oldid=187747492.이다.

이다. 얼굴 전체를 볼 때는 그 사실을 알아차리기 어렵다. 이는 우리 뇌가 사람의 얼굴을 '게슈탈트 gestalt'라고도 하는 전체적인 형태로 인식하는 데 익숙하기 때문이다.

하지만 그 차이를 쉽게 확인할 수 있는 간단한 방법이 있다. 먼저 정면에서 셀카를 찍은 뒤 얼굴 한가운데를 기준으로 이미지를 정확히 반으로 나눈다. 그다음 오른쪽과 왼쪽 얼굴을 따로 복제하여 대칭으로 이어 붙이면, 두 개의 완전한 좌우 얼굴 이미지를 만들 수 있다. 마지막으로 각 이미지를 비교해 본다.

그러면 각 위치의 얼굴을 기준으로 한 대칭 이미지가 서로 다름을 확인할 수 있다. 그 결과는 대체로 꽤 충격적일 것이다. 두 이미지가 분명히 달라 보이면서도 묘하게 비슷한 사람처럼 보이기 때문이다.

이상과 같이 한 사람의 얼굴도 위치에 따라 차이점을 관찰할 수 있다는 점은 아주 중요한 사실을 시사한다. 변이가 외부 요인에서 비롯된 것이 아니라는 점 말이다. 쌍둥이 연구에서 비유전적 차이를 통칭하는 '환경'이라는 용어는 그에 해당하지 않는다. 이러한 변이는 발달 중인 유기체에 내재해 있다. 지금까지 설명한 복잡한 발달 과정을 떠올린다면, 변이의 근원이란 과연 무엇인가를 짐작할 수 있을 것이다.

잡음의 개입

발달 과정은 분자 수준에서 작용한다. 따라서 공학자가 '시스템의 잡음 noise'이라고 부르는 현상에 취약하다. 이는 신경 발달 과정을 수행하는 수백만 개의 개별 단백질 분자와 그 밖의 세포 구성 요소가 매 순간 정확한 수량이나 위치, 상태 면에서 변동성을 보인다는 뜻이다.

유전체는 각 세포에서 2만 종의 단백질을 어느 정도 만들어야 할지를 지정할 수 있다. 그리고 이러한 단백질 분자를 세포 내 필요한 곳으로 운반하는 정교한 수송 시스템도 갖추고 있다. 하지만 이후부터는 유전체가 각 단백질 분자의 정확한 위치나 생화학적 상태를 통제할 수 없다. 본질적으로 단백질 분자는 무작위로 윙윙거리고 흔들리며 이리저리 움직인다. 그리고 일정한 확률로 서로 충돌하거나, 일정한 친화력으로 서로 결합하면서 일정한 속도로 화학 반응을 촉진한다.

그 모든 움직임과 상호 작용 및 반응은 실제로 정해진 규칙에 따라 이루어진다고 볼 수 있다. 어느 순간에 모든 분자의 위치와 상태를 정확히 안다면, 그다음 상태도 완벽히 예측할 수 있을 것이다. 시스템 내부에 본질적인 무작위성이 존재한다는 말은 어쩌면 변이의 진짜 원인을 모른다는 데서 비롯된 무지의 표현일 것이다. 그러나 물리학계에서는 시스템이 정말로 무작위성을 보이는가, 나아가 우주에 진정한 무작위성이라는 것이 존재하는가에 관한 논쟁이 여전히 끊이지 않고 있다.

잡음은 아마도 가장 기본적인 양자 수준에 존재하는 근본적 불확정성에서 시작되었을지도 모른다. 이는 어떠한 순간에도 시스템의 정확한 상태를 정의할 수 없음을 나타낸다. 사실 일부 학자들은 시스템이 정확한 상태에 있다거나, 최소한 아주 미세한 수준에서라도 그렇게 생각하는 자체가 옳지 않다고 주장하기도 한다.

아니면 무작위성은 분자들이 본질적으로 무작위로 진동하는 더 높은 수준의 '열 요동 thermal fluctuation'에서 비롯된 것일 수도 있다. 이때 열 요동은 체온처럼 온도가 높을수록 증가한다. 마찬가지로 세포 내부 및 사이에서 분자가 확산하는 과정 역시 실제 무작위성이라 할 수 있는 변동성에 상당 수준 영향을 받는다.

그러나 논쟁의 결론이 어떠하든, 이는 실질적으로 그다지 중요하지 않다.

시스템이 형이상학적 의미에서 진정한 무작위성을 획득하거나, 단순하게도 너무나 복잡한 나머지 특정한 순간의 상태를 정확히 예측할 수 없더라도 결과는 같다. 핵심은 유전체가 한 세포의 정확한 상태를 예측하거나 구체적으로 밝힐 수 없다는 점이며, 모든 세포의 경우는 더더욱 그러하다. 이러한 점에서 전체 구성 요소의 농도와 반응의 흐름, 조절 시스템의 상태를 비롯한 모든 세포의 작동 변수에는 잡음이 존재한다.

잡음은 세포 전체 수준에서 별 영향이 없어 보이겠지만, 실제로는 시스템 전체로 확산하며 세포에 정말 중요한 유전자 발현과 같은 수준에서 큰 변동성을 나타낼 수 있다. DNA 코드를 단백질 분자로 전환하는 첫 단계는 코드를 복사해 mRNA messenger RNA 분자를 만드는 것이다. 이러한 전사 과정에서는 다양한 조절 단백질과 효소가 DNA에 결합해야 한다. 이때 수많은 원자 수준의 상호 작용과 생화학 과정이 수반되어 각 유전자에서 생성되는 mRNA 양이 조절된다.

그 과정 역시 전체적으로 분자 수준의 잡음에 영향을 받는다. 실제 mRNA 분자가 생성되는 방식에서 그 영향을 확인할 수 있다. 하나의 세포 안에서도 일부 유전자는 다른 유전자보다 더 높은 수준으로 발현된다.

비교적 긴 시간 단위에서는 특정 유전자에서 mRNA가 일정한 속도로 생성되는 듯해 보일 것이다. 그러나 개별 세포에서 짧은 시간 간격으로 살펴보면 전혀 다른 양상이 나타난다. 이때는 mRNA 분자가 폭발적으로 전사되는데, 그 사이에는 조용한 구간이 존재한다.

유전자가 조절 단백질의 작용으로 활성화되면, 폭발하는 시간은 늘어난다. 반면 조용한 구간은 줄어들면서 실질적인 폭발 빈도가 증가한다. 하지만 유전자의 폭발적 전사 시점이 언제일지는 확률적으로 결정된다. 사실상 대부분 무작위에 가깝다.

이는 유전자 사본이 각 염색체마다 하나씩, 총 두 개를 지닌 단일 세포에서 직접 관찰할 수 있다. 전반적으로 두 사본의 폭발 빈도는 비슷할 수 있지만, 그 양상은 서로 독립적이다. 조절 단백질이 작용하면 폭발 확률의 증감이 있더라도 무작위적 잡음은 여전히 남아 있다. 그러므로 생성된 mRNA 분자의 정확한 수는 시간에 따라 크게 변할 수 있다.

유전자 발현의 변동성은 의외로 큰 영향력을 발휘할 수 있다. 유전자 사이에 존재하는 양성 및 음성 피드백 상호 작용 네트워크가 복잡하기 때문이다. 각 유전자가 발현 수준에서 서로 독립적으로 요동한다면, 잡음은 그리 큰 문제가 되지 않을 것이다. 하지만 실제로는 그렇지 않으며, 오히려 정반대의 양상을 보인다. 유전자 발현은 극도로 상호 의존적이다.

가령 유전자 A에서 우연히 생성된 mRNA와 단백질 분자의 양이 일정 수준에 도달하면, 유전자 B와 C의 발현은 증가하는 동시에 유전자 D, E의 발현을 억제할 수 있다. 그리고 각 유전자는 또 다른 유전자에 연쇄적으로 영향을 줄 수 있다. 이러한 상호 조절 상호 작용 cross-regulatory interaction 은 특정 유전자에서 시작된 작은 초기 차이를 증폭시킴으로써 전반적으로 상당히 다른 유전자 발현 상태를 만들어 낼 수 있다. 이렇게 달라진 상태는 특정 세포가 어떻게 분화하며, 어떠한 유형의 딸세포를 만들 것인가에까지 영향을 줄 만큼 오랫동안 지속된다.

▨ 신경 발달의 무작위성

체계의 형성과 증식, 분화, 세포 이동, 축삭 유도, 시냅스 형성을 비롯한 신경 발달의 제 과정은 유전자 발현의 차이와 단백질 간 상호 작용에 의존한다. 이는 신호와 수용체뿐 아니라 그 신호에 반응하는 세포 내 모든 단백질 경로를 포함한다. 이는 곧 각 과정이 여러 수준에서 잡음의 영향을 받는다는 의미이다. 따라서 발달 중인 배아에서 발생하는 과정은 무엇 하나 미리 정해진 것이 없다고 볼 수 있다.

신경 발달 과정이 확률적이라는 점은, 그 과정을 약간 손상시키는 돌연변이가 존재할 때 뚜렷하게 드러난다. 뉴런의 이동이나 축삭 유도 같은 과정을 조절하는 유전자에 돌연변이가 생기는 상황을 생각해 보자. 이때 일반적으로 일부 세포나 축삭은 잘못된 위치에 자리 잡지만, 평소 의존하던 정보가 부분적으로 누락되어도 일부는 여전히 제자리를 찾아간다. 이처럼 개별 세포나 축삭의 결과는 확률적이다.

유전적 변이는 그 확률을 결정한다. 하지만 실제로 각 세포에서 나타날 결과는 세포 내외부 환경을 구성하는 수천 가지 생화학적 변수 속 잡음에 따라 달라진다. 이러한 확률적 사건이 개인마다 다르게 일어나므로, 단지 우연만으로 누군가는 다른 이보다 더 심각한 표현형을 보이기도 한다. 특정 뇌 영역에서 평균적으로 세포의 30%가 잘못된 위치에 있다고 할 때, 20%이거나 40%인 사람이 존재할 수 있는 것처럼 말이다.

위에서 소개한 과정의 전개 양상에 따라 결과가 상당히 심각해지기도 한다. 예컨대 대뇌 피질에서 뉴런의 이동에 영향을 주는 여러 임상적 상태에서는 대규모 피질 기형이나 정상 위치를 벗어난 작은 세포 덩어리가 나타난다. 이러한 뇌 기형의 정도와 이에 따른 지적 기능 또는 신경학적, 정신과적 증상은 환자마다 상당히 다르게 나타난다.

물론 그 차이는 유전적 원인에서 비롯된다. 구체적으로 환자마다 유전적 변이가 다르다는 배경 때문이다. 심지어 일란성 쌍둥이 사이에서도 해부학적 구조나 임상 증상에 큰 차이가 관찰되기도 한다. 이는 초기 유전자형과 최종 표현형 사이의 관계가 확률적임을 보여준다.

또한 세포 이동 과정은 뇌 전반에 걸쳐 독립적으로 진행되므로, 특정 뇌 영역이 받는 영향에는 개인차가 있다. 세포 덩어리가 잘못된 위치에 생기는 장애의 경우, 그 분포는 대체로 무작위적이다. 하지만 이 역시 중대한 영향을 미칠 수 있다. 세포 덩어리는 뇌의 전기 신호를 방해해 뇌전증 발작을 유발할 수 있기 때문이다.

실제로 뇌전증의 유전력과 관련하여 일란성 쌍둥이 중 한 명에게 이 질환이 있을 때, 다른 한 명에게도 나타날 확률은 30~40%이다. 이는 이란성 쌍둥이보다 훨씬 높은 수치로, 뇌전증에 강한 유전적 소인이 있음을 보여준다. 그러나 뇌에서 뇌전증 병소가 생기는 영역이 전두엽, 측두엽, 두정엽, 후두엽 가운데 어디인지는 유전성과 거의 관계가 없다. 이는 해당 위험이 뇌의 발달 과정 전반에 걸쳐 무작위로 발현되기 때문이다.

심각한 돌연변이가 없더라도 뇌의 발달 과정이 본질적으로 확률적이므로, 특정 뇌 영역에서 뉴런이나 축삭 또는 시냅스의 수에 정량적 변이가 발생할 수 있다. 이들 변수는 뇌 영상 기법으로 측정할 수 있는 뇌 영역의 크기나 영역 간 연결성을 나타내는 거시적 뇌 구조 차이를 만들어 내는 기반이 된다. 이는 내재적 발달 변이가 구조적 차이에서 나타나는 비유전적 변이의 가장 유력한 원인임을 뜻한다. 그리고 비유전적 변이의 규모는 상당히 커지기도 한다.

▣ 가능성 사이의 결과

위에서 설명한 신경해부학적 특성의 차이는 연속적인 양상을 띠며, 개인 간 측정값의 분포도 매끄러운 편이다. 하지만 뇌의 발달 과정은 자기 조직적이고 우연성에 크게 좌우되는 특성을 보인다. 그러므로 잡음은 뇌의 구조에서 약간의 양적 불확실성을 넘어 질적으로도 구분되는 결과를 낳기도 한다. 대뇌 반구 간 연결 형성은 그러한 점을 잘 보여 준다.

대뇌 피질의 양쪽 반구는 어원적으로 '단단한 몸통'이라는 뜻의 두꺼운 신경 섬유 다발인 뇌량 corpus callosum 으로 연결되어 있다. 인간의 뇌량에는 약

2억 5,000만 개 축삭이 포함되어 있으며, 각 축삭은 좌반구에서 우반구 또는 그 반대 방향으로 뻗어 있다.

뇌량에는 그만큼 굉장한 수의 축삭이 모여 있으니, 지금까지 설명한 발달상의 잡음이 극적인 영향을 미치기 어려우리라는 생각도 들 수 있겠다. 하지만 실제로는 그렇지 않다. 뇌량이 만들어지기까지는 여러 단계의 선행 과정이 필요한데, 이를 극소수의 세포가 담당하기 때문이다.

축삭이 정중선을 가로지르기 전, 양 반구는 먼저 정중선에 인접한 소규모 비뉴런 집단을 통해 연결된다. 이 세포 집단이 다리를 형성하면, 최초의 축삭이 다리를 지나 반대편으로 넘어간다. 이후 경로를 개척한 축삭이 일종의 발판 역할을 하며, 수백만 개에 이르는 축삭이 그 경로를 따라간다.

그런데 위의 세포 다리가 제대로 형성되지 않으면, 축삭이 정중선을 가로지르는 일은 거의 불가능하다. 이때 정중선에 도달한 축삭은 제자리에서 뱅글뱅글 돌기만 하거나, 이따금 진화적으로 더 오래된 우회 경로인 뇌 아래쪽 다른 통로로 방향을 틀기도 한다. 이처럼 선행 사건이 제대로 이루어졌는가에 따라 그다음 과정이 좌우된다. 따라서 뇌량 전체의 형성은 발달 초기에 극소수 세포에 나타나는 잡음에 민감하다.

뇌량은 정상적인 환경이라면 거의 예외 없이 형성되지만, 이 과정을 방해하는 돌연변이가 발생하기도 한다. 그러면 뇌량이 만들어지지 않는 뇌량 무형성증 Agenesis of Corpus Callosum 이 생긴다. 그런데 놀랍게도 동일한 돌연변이를 지닌 쥐 실험에서는 뇌량 무형성증이 항상 나타나지는 않았다.

실험 대상으로 사용된 쥐는 모두 수백 세대를 거쳐 완전히 동일한 유전적 배경을 지닌 개체였다. 그러나 어느 쥐는 정상적인 뇌량을 가지고 태어난 반면, 다른 쥐는 없는 상태였다. 그 원인은 자궁 내 조건 차이 같은 환경적 요인은 아니었다. 이 현상은 어미가 같은 새끼 사이에서도 관찰되었기 때문이다. 그렇다고 해당 돌연변이 외에 다른 변이가 있는 것도 아니었다. 뇌량이 있는 개체끼리 또는 없는 개체들끼리 교배하더라도 부모의 표현형과 관계 없이 자식에게는 뇌량이 있거나, 그렇지 않은 뚜렷한 두 가지 표현형이 나타났다.

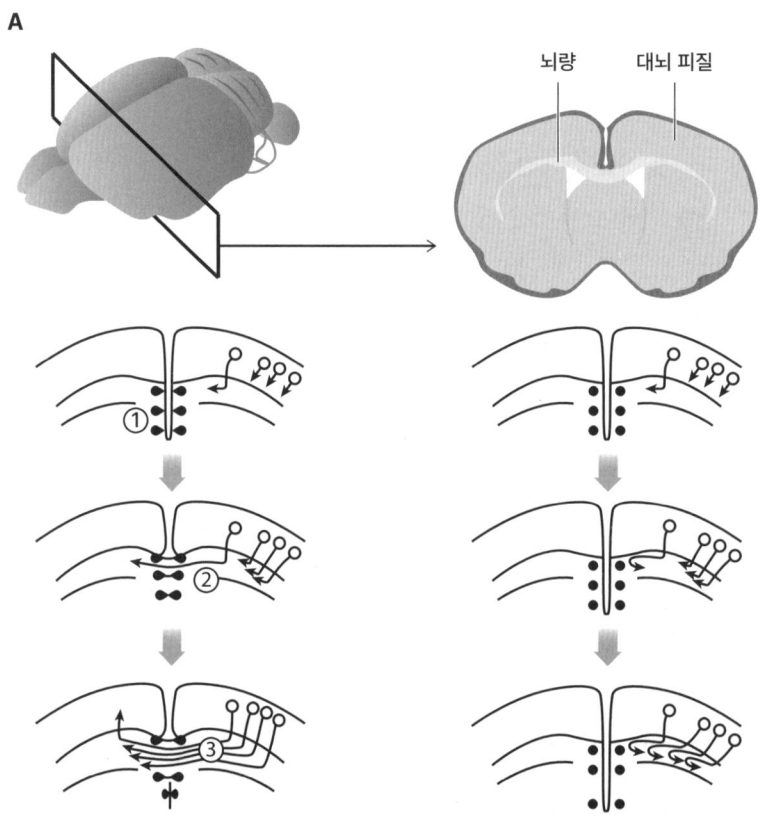

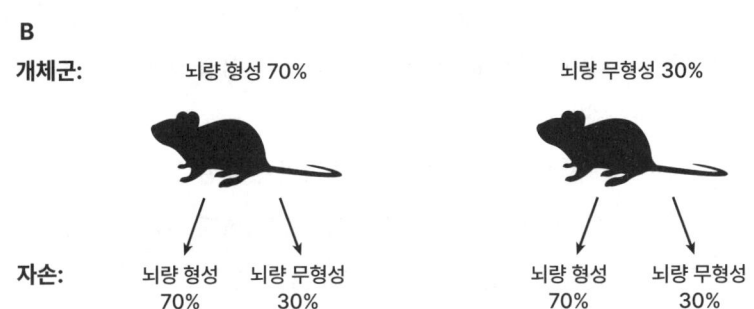

[그림 13] **뇌량의 발달**

[그림 13] 가운데 A는 성체 생쥐의 뇌 단면을 묘사한 것이다. 구체적으로는 대뇌 피질이 양쪽 반구를 덮고 있으며, 뇌량이 그 둘을 연결하고 있다.

그 아래 왼쪽 그림은 정상적인 뇌량 발달 단계를 나타낸다. ①은 정중선 세포가 융합하여 양쪽 반구 사이에 다리를 형성함을 의미한다. 이때 개척자 축삭은 ②에서 보는 바와 같이 반대편으로 건너간다. 이후 ③의 과정처럼 추종자 축삭이 뒤따른다.

한편 하단 오른쪽 그림에서는 왼쪽과 달리 뇌량이 형성되지 않음을 보여 준다. 정중선 세포가 융합에 실패하면, 개척자 축삭과 추종자 축삭은 모두 정중선을 넘지 못해 뇌량이 형성되지 않는다.

이상의 특징은 B와 같이 나타나는바, 특정 생쥐 계통이 유전적으로 동일함에도 개체는 뇌량이 전혀 발달하지 않는다. 이러한 확률적 효과는 부모의 표현형과 무관하게 유전된다. 그러므로 이는 확률적 사건의 발현이라 할 수 있다. 세포 다리의 형성과 무형성 모두 일정한 확률에 따른다.

돌연변이가 없는 야생형 wild-type 생쥐 개체에게서 세포 다리가 형성될 확률은 사실상 100%로, 발달 체계가 매우 안정적이고 일관적인 결과를 이끌어 낸다. 하지만 돌연변이 개체에게서는 그 확률이 계통에 따라 30% 또는 50% 수준으로 감소할 수 있다. 이는 동일한 유전자형에서 출발해도 내재한 발달 변이로 전혀 다른 표현형이 나타날 수 있음을 명확하게 보여 주는 대표적인 사례다.

실제로 사람도 마찬가지로 생쥐와 같은 효과가 관찰된다. 뇌량 무형성 같은 표현형은 일란성 쌍둥이 사이에서도 그다지 일치하지 않음을 보인다. 쌍둥이 중 한 명에게 뇌량이 존재하지 않아도, 다른 한 명은 거의 정상일 수 있다.

심리적 특성 중에서도 명확히 구분되는 결과를 보이는 몇 가지 특성은 뇌량의 사례와 유사하게 발달상의 무작위성에 적지 않은 영향을 받을 수 있다. 그중 하나를 꼽자면 바로 손잡이 성향이다. 인간을 포함한 포유류 다수는 손으로 복잡한 동작을 수행할 때, 한쪽 손을 선호하는 경향을 보인다. 인간에게 특이한 점은 선호하는 손의 선택이 한쪽으로 뚜렷하게 치우친 경향을 보인다는 것인데, 이에 따라 전체 인구의 약 90%가 오른손잡이다.

손잡이 성향은 보통 생후 약 2세 무렵에 나타나 굳어지기 시작하는데, 이는 경험 때문은 아닌 듯하다. 사실은 그 반대다. 예컨대 선천적으로 왼손잡이인 아이에게 억지로 오른손으로 글을 쓰라고 시켜도, 다른 동작에서는 여전히 왼손을 선호한다. 이를 통해 손잡이 성향은 확실히 드러나기 전까지 어느 정도 성숙기가 필요하기는 하지만, 본질적으로는 타고나는 특성임을 시사한다.

하지만 왼손잡이는 완전히 유전적인 특성은 아니다. 부모 중 한 명 또는 양쪽이 왼손잡이일 경우, 아이도 왼손잡이가 될 확률은 10%에서 약 15~20%로 증가한다. 그러나 그 차이는 의외로 크지 않다. 쌍둥이 연구에 따르면, 해당 특성의 유전력은 약 25% 정도에 불과하며, 실제로 일란성 쌍둥이 간 손잡이 성향도 종종 일치하지 않는다.

더군다나 쌍둥이 연구에서는 양육 방식을 비롯한 공유된 가족 환경의 영향도 나타나지 않는다. 그러므로 왼손잡이를 결정하는 나머지 차이는 비공유 환경적 요인에 기인한다고 본다. 여기에는 발달 과정에서의 변이도 포함한다.

외부 영향에 잘 흔들리지 않는 손잡이 성향의 특성을 고려하면, 쌍둥이 연구에서 제시한 결과는 손잡이 성향이 특성상 전적으로 유전적이지는 않더라도 매우 선천적임을 알 수 있다. 또한 그 상당 부분은 뇌 발달 과정의 무작위성이 그 원인일 가능성이 높다는 사실을 보여 준다. 이러한 양상은 제9장에서 살펴볼 성적 지향 sexual orientation 에서도 유사하게 나타난다.

※ 후성유전적 지형

수십 년 전, 유명한 발생생물학자 콘래드 워딩턴 Conrad Waddington 은 지금까지 소개한 내용과 같은 확률적 stochastic 발달 과정을 시각적으로 비유하여 제시했다. 이 가운데 '확률적'이란 무작위 확률 분포를 따르며, 그 결과로 매우 다양한 발달 결과가 나타날 수 있음을 의미한다.

워딩턴이 비유한 바에 따르면, 작은 돌덩이 하나가 산비탈처럼 기복이 있는 경사면을 따라 굴러 내려간다. 돌덩이는 수정이 이루어지는 꼭대기에서 시작해 발달이 만들어 낼 다양한 결과가 기다리는 산 아래까지 굴러 내려가며 발달 과정을 거치는 유기체를 상징한다. 돌덩이가 굴러갈 지형에는 여러 홈과 골짜기가 있는데, 빠지는 곳에 따라 각기 다른 결과로 이어진다.

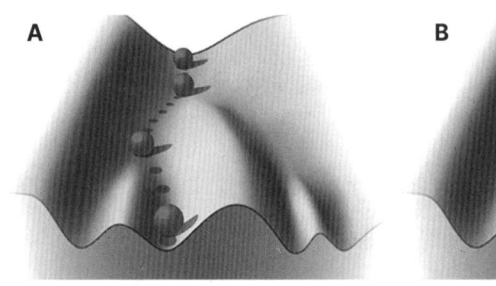 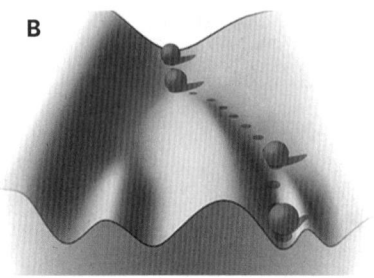

[그림 14] **발달 과정의 무작위성**[17]

[그림 14]와 같이 발달 중인 개체를 나타내는 돌덩이는 개인의 유전적 구성으로 형태가 결정되는 후성유전적 지형 epigenetic landscape 을 따라 굴러간다. 특정 시점에서는 내부 조건의 아주 작은 차이인 잡음만으로도 A 또는 B의 경로로 향할 수 있다. 그 결과 유전적으로 같은 개체 사이에서도 매우 다른 표현형으로 마무리된다.

돌덩이가 골짜기 초입에 이르러 굴러가는 방향이 왼쪽일지 오른쪽일지는 아주 사소한 무작위적 요인에 따라 달라진다. 돌덩이를 100번 굴려 본다고 상상해 보자. 그렇다면 돌덩이가 왼쪽 골짜기로 70번, 오른쪽 골짜기로 30번 굴러갈 수 있다. 그런데 그 확률은 사람마다 다르다. 경사면의 정확한 형태는 개인의 고유한 유전체를 반영하기 때문이다.

예를 들어 한 사람의 손잡이 성향을 보여 주는 두 가지 결과를 상상해 보자. 누군가에게는 오른손잡이로 이어지는 골짜기가 매우 깊고 입구도 넓어서 공이 거의 항상 그쪽으로 빠질 것이다. 이때 돌덩이를 100번 굴린다면, 왼손잡이 쪽 골짜기로 빠지는 횟수는 고작 한두 번뿐일 것이다. 반면 실제

---

17 이 그림은 Mitchell, K. J. (2007). The Genetics of Brain Wiring: From Molecule to Mind, *PLoS Biology*, 5(4), e113.에서 재인용하였으며, 본래 워딩턴의 연구에서 제시된 내용을 수정한 것이다.

로 왼손잡이인 사람이라면 지형이 다르게 형성되어 왼손잡이 방향으로 이어지는 골짜기로 향하기가 더욱 쉬워지면서 10~20번은 그쪽으로 굴러갈 것이다.

이는 손잡이 성향 외에도 뇌전증이나 자폐증, 조현병과 같은 임상 결과에도 적용해 볼 수 있다. 이들 질환의 유전 역시 확률적으로, 질병 자체가 아닌 그 유전적 소인이나 취약성이 대대로 이어진다. 하지만 실제로 해당 질환이 발현될지는 비유전적 요인, 그중에서도 발달상 변이가 핵심 역할을 할 가능성이 크다.

일란성 쌍둥이 가운데 한 명이 조현병을 앓고 있다면, 다른 한 명이 같은 질환에 걸릴 확률은 약 50%이다. 똑같은 유전적 소인을 물려받았더라도, 임상적으로는 쌍둥이 중 한 명에게 더 심각한 결과가 나타날 수 있는 것이다. 하지만 흥미로운 점은 쌍둥이의 자녀들을 살펴보았을 때, 부모에게 질환이 발현되었는가와 관계없이 자녀 세대의 발병률은 동일하다. 즉 질환의 위험은 실제 발병 여부를 무시하고 자손에게 전달된다.

이러한 개념은 뇌의 크기나 구조적 연결성과 같이 더욱 연속적인 특성에서 나타나는 정량적 변이를 설명할 때도 활용할 수 있다. 이때는 돌덩이가 마지막에 평탄한 초원 지대에 도달하는 광경을 떠올릴 수 있다. 이는 결과가 불연속적 갈래가 아닌 연속적 스펙트럼에 걸쳐 있음을 나타낸다.

워딩턴은 그것을 '후성유전적 지형'이라고 불렀다. '후성설 epigenesis'은 고대 아리스토텔레스 시기부터 사용된 개념으로, 개인의 발현이나 발달 과정을 가리킨다.[18] 후성유전적 지형은 개인 간 유전적 차이와 더불어 발달이 반복될 때마다 무작위적 변이가 개입할 가능성까지 효과적으로 포착해 낸다. 해당 개념은 이에 그치지 않고, 자체적인 조직화 과정이라는 발달의 핵

---

18 후성설은 현대 분자생물학에서 유전자 발현을 조절하는 특정 메커니즘을 가리키는 용어인 '후성유전학(epigenetics)'과 다르므로, 혼동하지 않기를 바란다.

심 속성을 시각적으로 잘 보여 준다.

이론적으로 발달은 무한한 방식으로 진행될 수 있다. 유전자 발현 상태는 물론, 유기체 내에서의 세포 배열 방식도 무한하다. 그러나 실제로 가능한 발달 경로가 무엇인지는 유전체에 부호화된 피드백 상호 작용 및 조절 시스템으로 엄격히 제한된다.

이와 같은 상호 작용 덕에 몇 가지 유전자 발현 양상만은 안정적으로 유지된다. 세포는 피부 세포나 근육 세포로 발달할 수 있지만, 그 중간에 속하는 애매한 존재는 될 수 없다. 마찬가지로 심장이나 간은 만들 수 있어도, 정체를 알 수 없는 세포 덩어리는 만들 수 없다.[19]

발달 메커니즘은 생존할 수 있는 유기체를 만들고, 그러한 자손을 낳겠다는 단 하나의 목표로 수백만 년에 걸친 진화 끝에 형성되었다. 따라서 유전체 안에 내장된 자기 조직화 규칙과 절차는 발달 중인 개체의 표현형이 예측 가능한 일련의 단계를 따라 원하는 결과로 수렴하도록 안내한다. 워딩턴은 이 과정을 '수로화 canalization'라고 불렀으며, 해당 개념을 표현하는 시각적 수단으로 후성유전적 지형의 홈과 골짜기를 제시했다.

잡음 억제기

공학적 관점에 따르면 발달 시스템은 꽤 견고하다. 하지만 진화를 토대로 자기 조직화 메커니즘을 발전해 나간다고 해도, 잘 갖춰진 최적의 조건에서만 작동하는 것만으로는 충분하지 않다. 이미 확인한 바와 같이 분자 및 세

---

[19] 참고로 암은 이러한 상호 조절과 피드백을 담당하는 시스템이 어떠한 계기로 교란 및 우회를 겪으면서 세포와 조직의 운명을 정상적으로 제어하던 장치가 고장 나 버리는 것이다.

포 수준의 시스템은 잡음을 피할 수 없다.

그러므로 매우 정밀한 분자 조건에 의존하는 시스템은 과도하게 명세된 나머지 현실적인 적용이 어렵다. 게다가 발달 중인 유기체는 주변 환경의 변동에도 대처해야 한다. 산모의 영양 상태나 스트레스 또는 감염에 따른 생리적 변화 등의 요소는 태아 체내의 생화학적 환경과 세포 생리에 영향을 줄 수 있다.

그러므로 진화에게 최선은 바로 다양한 잠재적 변수를 감당하고자 발달 프로그램 내부에 중복 기전과 피드백 시스템을 여러 겹으로 구축하는 것이다. 그러나 공학적 설계에서 비용을 요구하는 것처럼, 그 모든 안전 장치를 마련하는 데도 대사 비용이 든다. 그러니 자원이 한정되어 있다는 사실을 명심해야 한다. 진화는 낭비를 용납하지 않는다.

시스템의 진화는 완벽을 목적으로 하지 않는다. 그동안은 일반적인 상황에서 적당히 괜찮게 작동할 만큼만 이루어져 온 것이다. 시스템은 대부분의 상황에서 잡음과 환경 변화를 받아들이고 조절하면서 수용할 만한 결과물을 만들어 낸다. 물론 최종 결과에 약간의 오차는 있을 수 있지만, 정량적 변이는 그처럼 통상적인 범위 안에서 허용된다.

하지만 위와 같은 시스템 설계 방식에는 예상치 못한 결과도 존재하는 법이다. 발달 시스템이 특정 유형의 교란, 특히 발달 관련 유전자에 발생한 돌연변이에 오히려 취약하다는 점이다. 이때 잡음이나 환경적 변동성을 완충하도록 진화한 강건성 robustness 덕택에 시스템은 발달 프로그램의 구성 요소에 영향을 미치는 많은 돌연변이의 효과도 흡수할 수 있다. 그러나 모든 돌연변이의 영향을 흡수할 수 있는 것은 아니다.

일부 유전자는 발달 조절 시스템의 조절 구조에서 핵심적 위치를 차지하고 있다. 그 안에 아주 작은 돌연변이만 생겨도 놀랄 만큼 큰 결과를 초래할 수 있다. 그렇다면 발달 과정은 워딩턴의 후성유전적 지형처럼 기존 경로와 다른 새로운 방향의 발달이 진행된다. 이는 시스템의 새로운 궤도이자 안정 상태로, 평소에 작동하던 발달 프로그램의 규칙과 조절 체계가 일부 손상되었을 때만 드러난다.

지금까지 살펴본 몇몇 사례에서 알 수 있듯, 효과는 대체로 확률적이다. 돌연변이는 그저 한 표현형에서 다른 표현형으로 결과를 바꾸는 데 그치지 않고, 변이성 자체를 더 크게 키우는 경향이 있다. 이는 해당 유전자가 특정한 기능만 수행하는 것뿐 아니라, 전체 시스템의 강건성을 유지하는 데까지 기여하기 때문이다. 이러한 구성 요소 가운데 하나라도 어긋난다면, 잡음을 효과적으로 억제할 수 없고, 시스템의 상태도 제대로 제어하지 못하는 데다 결과도 예측하기 어려워진다.

위의 사실은 유전 질환과 연관된 변이성을 이해하는 것뿐 아니라 우리에게도 중요한 문제이다. 야생형 인간은 존재하지 않는다. 우리는 모두 수천 개의 사소한 유전적 변이와 약 100~200개의 주요 돌연변이를 지니고 있다.

흠잡을 데 없이 강건한 발달 프로그램을 지닌 채 태어난 사람은 아무도 없다. 우리를 100번 복제하더라도, 그 결과는 서로 다른 100명의 새로운 개체일 것이다. 이는 모두가 우리와 같지 않은 유일한 존재라는 말과 같다.

◪ 변이의 개인차

이제 이 장의 마지막에 다다랐다. 개인의 발달 강건성은 각자의 돌연변이 하중 mutational load 에 따라 달라지며, 그 양상도 하나같이 다양하다.

모두가 주요 돌연변이를 일정량 지니고 있기는 하지만, 그 수는 개인마다 다르다. 평균적으로는 약 150개쯤이지만, 그마저 돌연변이를 정의하는 방식에 따라 달라진다. 또한 그 범위에도 상당한 차이를 보인다.

그런가 하면 개인에게 존재하는 돌연변이의 구성에 따라 발달 유전자에 미치는 영향도 제각각이다. 또한 사람마다 지닌 돌연변이와 흔한 유전적 변이의 특정한 조합에 따라 발달 프로그램에 끼치는 영향에 개인차가 발생한다. 이는 곧 발달의 강건성 또는 그 반대 개념인 발달의 변이성 자체가 사람 사이에 달라지는 유전적 특성이며, 해당 특성은 유효한 돌연변이 하중과 관련이 있음을 뜻한다.

앞서 얼굴의 비대칭성으로 발달 변이성의 흔적을 살펴볼 수 있다고 언급한 바 있다. 그런데 실제로 사람마다 비대칭성의 정도가 다르다. 신체 부위와 얼굴 특징을 다양하게 측정한 후 종합하면, 개인의 비대칭 양상을 수치화할 수 있다. 쌍둥이 연구에 따르면 비대칭성은 부분적으로 유전되며, 유전력은 약 30% 수준이다. 일란성 쌍둥이를 여러 쌍 살펴보았을 때, 쌍둥이 간 유사성과 각 쌍둥이 개인의 대칭성이 서로 연관되어 있다.

따라서 인간 복제 실험을 다시 생각하면, 사람마다 결과가 다를 수 있음을 충분히 예상할 수 있다. 당신을 100번 복제한 결과가 나를 100번 복제한 결과보다 더 다양하게 나타날 수도, 그보다 덜할 수도 있다. 당신의 유전체는 가능한 발달 결과의 범위를 내 유전체보다 더 넓거나 좁게 설정해 둘 수 있다. 그 차이는 각자가 지닌 상대적 돌연변이 하중과 발달 프로그램의 강건성에 따라 달라진다.

공상 과학 영화 가운데 〈가타카 Gattaca〉라는 명화가 있다.[20] 이 영화는 잇따른 유전자 선별로 인구 집단에서 해로운 돌연변이가 대부분 제거된 디스토피아적 미래 사회를 그리고 있다.

〈가타카〉의 등장인물 대다수는 유전적으로 '우수한' 상태로, 외모가 수

---

20 〈가타카〉는 미국에서 1997년 10월 24일에 개봉한 공상 과학 영화이며, 국내 개봉일자는 1998년 5월 2일이다. 감독은 앤드루 니콜(Andrew Nicoll)이고, 제작사는 로스앤젤레스 소재의 저지 필름스(Jersey Films)이다.

려한 배우 주드 로와 우마 서먼이 출연한다. 반면 에단 호크가 연기한 주인공은 자연적인 방식으로 태어난 인물로, 더 많은 유전적 하중을 지니고 있다. 물론 그도 외모에서는 뒤지지 않지만, 제작자들은 주드 로나 우마 서먼만큼 얼굴이 대칭적이지 않은 과학적 사실에 근거하여 그를 캐스팅하는 섬세함을 보였다.

실제로 완벽하지는 않아도, 얼굴 대칭성과 신체적 매력 간에는 어느 정도 일정한 상관관계가 있다. 만약 대칭성이 유전적 건강에 관한 발달 강건성을 보여 주는 믿을 만한 지표라면, 우리는 그 신호에 민감하게 반응하도록 진화했을 가능성이 크다. 이는 매력적인 짝을 선택하는 데 유리하기 때문이다.

발달 강건성의 차이는 인간에게 중요한 형질 중 하나인 지능에도 영향을 줄 수 있다. 얼굴 대칭성과 지능 사이에는 긍정적인 상관관계가 일관적으로 존재해 왔다. 물론 이는 부분적인 상관관계일 뿐, 상관계수는 약 $0.12 \sim 0.20$으로 크지 않다. 하지만 더 높은 지능이 어느 정도는 강건한 발달 프로그램이라 할 수 있는 더 정밀하고 효율적인 신경 조직 형성을 반영한다는 가설에 힘을 실어준다. 이 내용은 제8장에서 자세히 살펴보도록 하겠다.

그리고 개인 유전체의 발달 강건성은 그 자체로 영향을 미칠 수 있지만, 다른 여러 요인의 영향도 조절할 수 있다. 예컨대 발달 중인 배아나 태아가 산모의 스트레스를 비롯한 외부 자극에 반응하고, 특정 변이의 영향에 대처하는 방식은 발달 프로그램의 강건성에 따라 달라질 수 있다. 누군가는 발달 프로그램이 그 자극을 모두 완충할 수 있을 만큼 강건하여 탄력적인 대응이 가능하다.

위와 같이 매우 일반적인 형태의 돌연변이 하중이 발달 강건성에 영향을 미친다. 이러한 영향은 일부 심각한 단일 돌연변이가 개인의 유전적 배경에 따라 임상적으로 전혀 다른 결과를 낳는 이유를 일정 부분 설명한다. 그 구체적인 내용은 제10장에 제시하고자 한다.

◩ 시작의 끝

이 장에서는 개인 내부에서 일어나는 고유한 발달의 결과가 마치 고정적이며 정적인 종착점처럼 논의한 바 있다. 물론 이는 사실이 아니다. 앞서 설명한 분자 및 세포 수준의 과정은 뇌 조직과 연결망의 초기 형태를 설정하지만, 이는 뇌 발달의 첫걸음에 지나지 않는다. 우리의 뇌는 미리 배선되어 있기는 하지만, 고정적이지는 않다.

다음 장에서는 '뇌 가소성 brain plasticity'이 경험에 따라 신경 회로를 정교화하는 과정을 다룬다. 또한 그 영향이 단순히 사람들 사이의 초기 차이를 줄이는 것이 아닌, 오히려 그 차이를 증폭하도록 작용할 수 있다는 점도 함께 고찰하고자 한다.

제 5 장

선택과 집중

INNATE

INNATE

　심리적 특성의 형성에 본성과 양육의 영향력이 각자 어떠한가를 둘러싼 논쟁은 전통적 관점에서 협력보다 대립 관계로 묘사해 왔다. 최근 들어 이 논쟁은 일종의 대리전 양상으로 변질되어 한쪽 진영에는 유전학이, 상대편 진영에는 뇌 가소성이 출전하였고, 얼마 전에 '후성유전학'이라는 다소 모호한 개념까지 가세했다.

　뇌가 구조나 기능을 자체적으로 바꾸는 가소성을 지니고 있으며, 인간이 행동을 통해 유전자의 스위치를 켜거나 끌 수 있다는 주장이 제기된다. 이는 일부 후성유전학 지지자들의 모호한 주장이기는 하지만, 그들의 말이 정말로 맞다면 인과 관계의 화살표를 거꾸로 되돌릴 수 있을지도 모른다. 결과적으로 생물학이 심리학을 결정하는 것이 아니라, 오히려 그 반대라는 이야기다.

　위의 구도에서는 부모의 양육 방식이나 삶의 경험, 명상이나 자기조절 훈련 등 자기 인식 기반의 심리적 훈련 등을 포함한 양육의 영역이 본성보다 더 큰 영향력을 갖는다. 양육이 유전적, 발달적 변이로 뇌에 나타나는 선천적 차이를 모두 덮을 수 있다고 주장하는 것이다. 하지만 실제로는 정반대의 일이 더 자주 일어난다.

　뇌 발달이 자기 조직화 과정을 진행하고, 개인은 선천적 성향에 따라 자신만의 환경과 경험을 선택하고 구성한다. 따라서 초기 차이는 시간이 지남에 따라 증폭되는 경향이 있다. 이러한 관점은 뇌 가소성을 양육의 수단으로 여기던 기존의 개념과 근본적으로 다르다. 오히려 뇌 가소성 과정은 본성과 어우러지는 방향으로 작용한다.

뇌의 유연성

우리의 뇌는 태어날 때부터 기본적으로 배선되어 있지만, 그렇다고 그 구조가 완전히 고정적이지는 않다. 우리는 출생 시점부터 유전적, 발달적 변이에 따라 뇌의 배선 방식에서 큰 개인차를 보인다. 하지만 미세한 수준에서 뇌 회로는 매우 유연하게 변화한다. 이처럼 자체적인 변화가 사실상 뇌의 주된 역할이라고 말할 수 있다.

뇌는 외부 환경에 반응하고, 경험의 기억을 저장하여 세상의 통계적 패턴을 추적한다. 이후 원인과 결과를 파악함으로써 미래를 위한 참고 자료로 삼고자 좋은 결과와 나쁜 결과를 분류한다. 우리가 얻은 정보는 모두 뇌 어딘가에 물리적인 흔적을 남긴다. 이때 특정 뉴런 간 시냅스 연결이 바뀌면서 같은 자극이나 상황을 다시 마주할 때, 전과 다른 반응을 보인다.

우리의 행동은 경험을 통한 학습에 좌우된다. 그러므로 우리는 학습한다. 하지만 그것이 행동 형질에도 영향을 미칠 수 있을까? 우리는 상황을 인식하고, 가능할 법한 여러 행동의 결과를 예측한다. 그리고 그 결과를 단기 또는 장기 목표에 따라 평가할 수 있다. 그런데 그 판단의 이면에는 개인의 선천적 성향이 작용하기에 사람마다 다양한 선택지를 각기 다르게 평가한다.

예컨대 누군가는 보상 또는 처벌 가능성을 타인보다 더 긍정적 또는 부정적으로 평가할 수 있다. 한편 다른 이는 위험 회피 성향이 강하거나, 위협적인 상황에 더 민감하기도 하다. 또한 즉각적인 충동을 억제하는 능력이 더 뛰어나거나, 장기 목표를 위해 단기 목표를 기꺼이 미루는 성향의 소유자도 있을 것이다. 이와 같이 성인의 뇌에서 관찰되는 가소성은 세상에 대한 정보를 학습하도록 도와주지만, 개인의 기저 성향 자체를 바꿀 수 있다는 증거는 거의 없다.

그렇다면 아이들은 어떨까? 인간의 뇌는 매우 오랜 시간에 걸쳐 성숙해 간다. 그동안에 아이들에게도 뇌 가소성과 유사한 과정이 작용한다면 어떨까? 경험의 유형이나 양상에 따라 적응해 가며 다양한 조절 회로의 반응성을 높이거나 낮추는 것은 어떨까? 그리고 배선을 더 구조적으로 재구성함으로써 위험 회피 성향이나 충동 억제력과 같은 성향이 발달하는 데 영향을 줄 수 있을까?

평생을 결정하는 시절

다수의 연구 결과에서는 어린 시절 방임이나 학대, 부당한 대우 등 극단적인 상황을 경험하면 심리에 장기적 영향을 미칠 수 있다는 사실을 근거로 삼는다. 그중 처음부터 보육원에서 자란 아동 가운데 특히 심각한 수준의 방임을 겪은 아이들을 대상으로 한 연구의 경우, 다양한 심리적 특성과의 상관관계를 발견한 바 있다.

그 아이들은 낮은 발달 지수를 보였는데, 이는 인지 발달의 지연을 의미한다. 게다가 애착 형성에 어려움을 겪고, 행동 문제나 주의력 결핍, 또래와의 상호 작용에서 문제를 보이기도 하였다. 이러한 심리적 특성은 가정에 입양된 뒤 어느 정도 개선되거나 회복되기도 하지만, 일부 영향은 지속되기도 한다. 대개 빨리 입양된 아이들이 시설에 오래 남은 아이들보다 결과가 좋았다.

물론 위에서 제시한 특성은 평균적인 경향일 뿐이며, 개별 아동이 보이는 반응에 상당한 차이가 있다는 증거도 있다. 일부 아동은 시설 양육의 부정적 영향에 강한 회복력을 보이기도 한다. 그리고 관련 연구의 대부분은 연구 대상이 어릴 때의 상태를 조사한 것이어서 성인이 되어도 그러한 결핍이 지속되는지는 불확실하다. 또한 해당 연구는 특수한 환경에서 살아온 아동을 양적으로 충분히 확보하기가 쉽지 않아 결론을 단정하기도 어렵다.

이러한 한계를 보완하고자 일반 인구 집단을 대상으로 부당한 대우가 미치는 영향을 평가하려는 접근법을 시도하기에 이른다. 여러 연구에서 정서적 트라우마, 방임, 신체적 또는 성적 학대 등 생애 초기 스트레스 요인 early life stressor 에 노출된 사람들은 성인기 이후에도 감정 처리 및 조절에 결함을 보인다고 말한다. 해당 연구 결과에서는 그들의 부정적 감정이 증폭되는 반면, 긍정적 감정은 감소하는 경향을 비교적 일관적으로 보고하고 있다.

또한 생애 초기 스트레스 요인을 경험한 사람은 불안정하고 산만한 애착 행동을 보이거나, 또래와의 관계에서 위축 또는 공격적인 양상이 나타나기 쉽다. 성격 특성과 관련하여서는 친화력과 성실성, 경험에 대한 개방성이 낮고, 신경증적 성향이 높은 경향도 관찰되었다. 이러한 심리적 특성의 차이는 다음에 제시된 것을 포함한 여러 정신 질환 발현율의 증가로 이어지기도 한다.

- 기분 장애
- 불안 장애
- 주의력 결핍 과잉 행동 장애(Attention Deficit Hyperactivity Disorder, 이하 ADHD) 또는 행동 장애
- 외상 후 스트레스 장애
- 약물 남용
- 자살 시도

하지만 그 역시 평균적 경향을 말하는 것이므로, 모든 아동이 이상의 경험에 같은 방식으로 반응하지는 않는다. 지금까지 소개한 연구는 겉보기에 생애 초기 경험이 이후의 행동 차이를 유발한다고 주장하는 듯하다. 그렇더라도 해당 연구가 실제로 앞선 인과 관계를 입증하는 것은 아니다. 이 유형의 연구가 주장하는 바는 단순히 어린 시절의 경험과 이후 행동 간의 상관관계뿐이다. 그 상관관계를 설명할 방법은 다양하다.

먼저 아이는 고유한 초기 행동 양식에 따라 스트레스성 생활 사건을 겪을 가능성이 클 수 있다. 의도와 달리 피해자에게 책임을 전가하는 듯해 보일 여지는 있겠지만, 선천적으로 공격적이거나 타인에게 불편함을 주는 문제 행동이 있는 아이는 부모에게서 더 부정적인 대우를 받을 것이다. 이는 당연히 이후 아동의 행동과도 상관관계를 형성하며, 실제로 이러한 영향을 뒷받침하는 자료는 여러 가지다. 물론 이것으로 부모의 부당한 대우를 정당화할 수는 없겠지만 말이다.

상관관계를 설명하는 또 다른 방식은 좀 더 미묘하다. 부모와 아이의 행동에 공통된 유전적 요인이 독자적으로 발현한 결과일 수 있다는 것이다. 부당한 대우의 결과로 나타난다고 알려진 여러 특성이 상당 부분 유전성을 띤다는 점을 고려하면, 그것이 부모가 자녀를 부당하게 대할 가능성을 높일 수 있다고 상상해 볼 수 있다. 이와 같은 유전적 관련성을 통제하지 않고서는 해당 연구에서 잠재적 교란 변수를 배제할 수 없다.

반면 쥐나 생쥐를 대상으로 한 통제 실험에서는 생애 초기 스트레스 요인이 이후 행동 차이로 이어질 수 있다는 사실이 확인되었다. 또한 어느 연구에서는 초기 스트레스 경험을 통해 스트레스 반응에 관여하는 특정 유전자의 활성이 장기적으로 변화할 수 있다는 점도 발견하였다. 이는 유전자 발현에 영향을 미치는 후성유전적 변화로 설명되는바, 동물 연구는 초기 경험이 이후의 행동에 지속해서 영향을 미칠 수 있음을 뒷받침한다. 뿐만 아니라 그 과정이 이루어지는 기전에 관한 단서를 일정 수준 제공한다.

그러니 일단 유전적 교란 변수를 둘러싼 논란은 잠시 제쳐두고, 초기 경험의 극단적 차이가 장기적인 심리적 영향을 줄 수 있다는 기존 연구 결과를 액면 그대로 받아들이자. 그렇다면 누군가는 양육의 차이가 극단적이지 않아도 미묘한 수준에서는 심리적 특성에 영향을 줄 수 있고, 정상 범위 내에서 개인차를 설명할 수 있겠다는 추론이 가능할 것이다. 하지만 지금까지 우리가 살펴본 쌍둥이, 입양, 가족 연구는 그러한 가능성과 상충하는 결과를 보여 준다. 이들 연구에서는 가족 환경의 차이가 심리적 특성 차이에 영향을 거의 미치지 않거나, 매우 미미하다는 점을 계속해서 주장한다.

양육의 영향력

양육 방식의 차이가 심리적 특성에 영향을 줄 수 있다면, 그 영향을 미처 확인하지 못하는 이유는 무엇인가? 더 구체적으로 쌍둥이 연구에서는 그러한 흔적이 왜 드러나지 않는가? 그 이유를 몇 가지 살펴보자.

첫째, 극단적인 경험만이 영향을 줄 수 있기 때문이다. 본래 강건하게 타고난 발달 경로를 벗어나려면, 심각한 방임이나 학대 같은 극단적 경험이 필요할 것이다. 이것이 전체 인구 집단에서 드물거나 입양 연구에서와 같이 연구 대상 집단에 표본이 부족하다면, 해당 특성의 전체 변이에 영향을 거의 미치지 않을 것이다.

결과적으로 쌍둥이 연구의 분산 분석에서 '공유 환경' 항목은 작게 나타날 수밖에 없다. 이때는 그러한 분석이 분산에 작용할 수 있는 모든 잠재 요소가 아닌, 특정 표본 내에서 실제로 드러나는 영향만을 보여 준다는 점이 중요하다.

둘째, 초기 경험이 심리 형성에 중요하더라도 그 효과는 가정 밖에서의 경험으로 더욱 촉진될 수 있다. 이와 같은 경험의 차이는 쌍둥이 연구와 가족 연구에서 말하는 '비공유 환경' 항목으로 나타나며, 꽤 큰 비중을 차지한다고 알려져 있다. 안타깝게도 우리는 집 밖에서도 정신적 외상을 유발하는 요인이 많음을 알고 있다. 그러한 경험이 남긴 심리적 상처는 실제로 오래 남는다.

심지어 그다지 심각하지 않으며, 더 일상적인 수준의 경험 차이마저 심리적 특성의 개인차에 작용하기도 한다. 하지만 이처럼 비가족적 상호 작용에 우선순위를 두는 설명은 다소 궁색한 변명처럼 들린다. 그 주장이 타당해지려면 또래나 교사, 코치 등 가족이 아닌 사람들과의 경험은 장기적으로 영향을 주는 반면 부모나 가족과의 경험은 그렇지 않다고 믿어야 한다. 나아가 같은 가정에서 자라더라도, 집 밖에서의 경험에는 공통점이 거의 없다고 가정해야 한다. 이러한 전제는 상식과 경험에 반하며, 뒷받침할 만한 뚜렷한 증거도 없다.

셋째, 우리의 경험이 실제로 심리적 특성에 영향을 줄 수는 있지만, 이는 사람마다 타고난 유전적 구성에 따라 다르다는 설명이다. 누군가는 정신적 외상이나 부당한 대우에 더 민감하거나 회복력이 낮아서 부정적 경험이 장기적인 영향을 남기지만, 다른 사람은 그렇지 않을 수 있다는 것이다. 꽤 그럴듯한 설명이다. 실제로 우리는 저마다 회복력이 다르다는 것을 알고 있고, 그마저 유전되는 성질임을 알고 있다.

하지만 그것만으로 쌍둥이 연구에서 공유된 가족 환경의 효과가 나타나지 않는 이유를 설명할 수 있을까? 그렇지 않다. 쌍둥이 연구는 표본 전체를 대상으로 가족 환경의 평균 효과를 분석하기 때문이다. 그 효과의 크기가 사람마다 달라도 평균이 0이 되지 않는, 즉 누군가에게는 긍정적으로, 다른 이에게는 부정적으로 나타나 서로 상쇄되지 않는 한 표본의 크기만 충분하다면 효과는 어떠한 식으로든 드러나야 한다.

결과적으로 우리가 쌍둥이 연구나 가족 연구에서 양육이나 경험의 효과를 감지하지 못하는 이유는 우리가 엉뚱한 곳을 보고 있기 때문일 것이다. 이 유형의 연구에서는 일반적으로 환경이나 경험적 요인을 개인에게 일어나는 사건으로 간주한다. 하지만 경험과 환경은 사실 개인이 스스로 선택한다.

그러한 경험 차이는 변화를 만들어 내는 기제로서 우리의 심리적 특성을 형성할 수 있다. 그러나 출발점은 결국 개인의 선천적인 차이로 귀결될 수밖에 없다. 따라서 그 영향은 본성의 영역에 나타날 것이다. 음악에 소질이 있는 사람은 자연스럽게 음악 교육을 받고, 그 과정에서 음악적 능력이 더욱 강화되는 것처럼 말이다.

뇌 가소성 과정은 이상에서 제시한 영향을 무력화하거나 평준화하지 않는다. 오히려 유전적, 발달적 차이로 발생하는 광범위한 초기 차이를 강화하고 증폭시키는 방향으로 작동할 수 있다. 이러한 현상은 사람들이 어린 시절 내내 자신의 타고난 기질에 맞춰 환경과 경험을 선택하고 구성해 나가는 과정에서 나타난다. 그러나 이는 실제 우리가 보편적으로 '경험'이라고 부를 만한 것이 존재하기 훨씬 전, 즉 어머니의 뱃속에 있던 시절부터 이미 시작되었다.

선천적 성향의 정교화

뇌 발달은 모든 세포가 제자리를 찾고, 시냅스 연결이 모두 형성되었다고 해서 끝나는 것이 아니다. 유전체에 부호화된 발달 프로그램은 뇌의 배선도를 정밀하게 그려 내지만, 아직은 조잡한 스케치 수준에 불과하다. 따라서 회로는 대대적인 정교화 과정을 거친다.

그 과정에서 시냅스의 추가나 제거가 이루어지기도 한다. 이때 결정 가운데 일부는 성숙을 위한 유전적 프로그램에 따라, 나머지는 시냅스를 통과하는 전기 활동의 패턴에 따라 이루어진다. 이러한 전기적 패턴은 출생 후부터 경험으로 형성되지만, 태아 시기에는 뉴런들끼리 연결되자마자 발생하는 자발적 활동으로 만들어진다.

뇌는 이른바 시험 조정 beta-testing 단계를 거쳐 회로를 미세하게 조정, 최적화한다. 또한 서로 연결된 구조 간 활동 수준과 패턴을 조율하고, 초기에 과잉 형성된 비효율적 연결을 정리한다. 시냅스는 아래에 제시한 간단한 두 가지 원리에 따라 힘의 강약이 결정되고, 형성 또는 가지치기를 경험한다.

- 함께 발화한 세포는 함께 배선된다.
- 사용하지 않으면 사라진다.

정교화 과정은 여러 기전을 통해 이루어진다. 그중 하나는 이전 활동에 대한 반응으로 시냅스의 생화학적 구성에 변화가 생기는 것이다. 특정 시냅스에서 신경전달물질이 방출될 때, 하류에 위치한 시냅스후 뉴런의 반응 민감도는 표면에 있는 수용체 단백질 분자의 수와 수상 돌기 내 여러 단백질의 수준 및 생화학적 상태에 따라 달라진다.

시냅스가 반복적으로 활성화되면, 신경전달물질 수용체 분자의 수준이 증가한다. 그리고 뉴런은 다음 활성화에 더 민감해진다. 이 과정에서 해당 뉴런 사이에 새로운 시냅스 연결이 형성되며, 연결 강도도 훨씬 오래 지속된다.

이러한 변화는 지금까지와 반대로 시냅스를 약화하거나 제거하는 방향으로 일어날 수 있다. 이 과정은 학습과 기억의 기초를 이룬다고 여겨진다. 이상의 메커니즘이 뉴런 네트워크 전체에 걸쳐 작동함으로써 특정 자극 및 결과의 연관성에 관한 정보가 저장되듯 뇌에 이전 경험의 흔적을 남긴다.

발달 과정에서도 그러한 기전으로 뇌 회로가 정교하게 다듬어진다. 이 원리는 주요 감각계, 그중에서도 시각계 연구를 통해 밝혀졌다. 전체적인 관점에서 살펴보면, 망막으로 들어오는 입력은 뇌에서 시각계를 정상적으로 발달시키는 데 필수적이다.

망막 신경절 세포는 망막에서 출력층을 이루고, 시신경을 따라 축삭을 뇌의 여러 영역으로 보낸다. 이 중 하나가 그리스어로 '내부 공간'을 의미하는 시상 thalamus 이다. 이곳은 중앙에 있는 작은 중추 영역으로, 말초 감각 기관에서 나오는 감각 정보를 전달한다. 시상은 다양한 정보를 처리하는 여러 개별 영역으로 나뉜다. 그중 시각을 관장하는 영역은 망막에서 신호를 받은 뒤 1차 시각 피질 primary visual cortex 로 발달할 피질 영역으로 신호를 전달한다.

선천적인 안구 결손이 있거나 망막에서 생성되는 전기 활동이 정상적이지 않다면, 시각 시상 및 피질의 회로가 그 영향을 받을 것이다. 실제로 선천성 시각장애인은 시각 피질로 발달할 뇌 영역이 연결 방식의 변화로 말미암아 청각이나 촉각 정보를 처리하는 데 활용된다. 이처럼 다른 감각에 할당된 피질 영역이 반응적으로 확장되는 현상은 시각장애인이 소리나 촉각에 더 민감해지는 사례를 뒷받침하는 중요한 단서가 된다.

서로 연결된 뉴런의 동시 활성화가 강하게 일어나면, 시냅스의 강도도 함께 증가하여 같은 신호에도 출력 반응이 더 커질 수 있다. 이는 신경전달물질 수용체 단백질이 늘어나는 단기적 변화 또는 시냅스 연결이 새로 형성되는 장기적 성장으로 이루어진다.

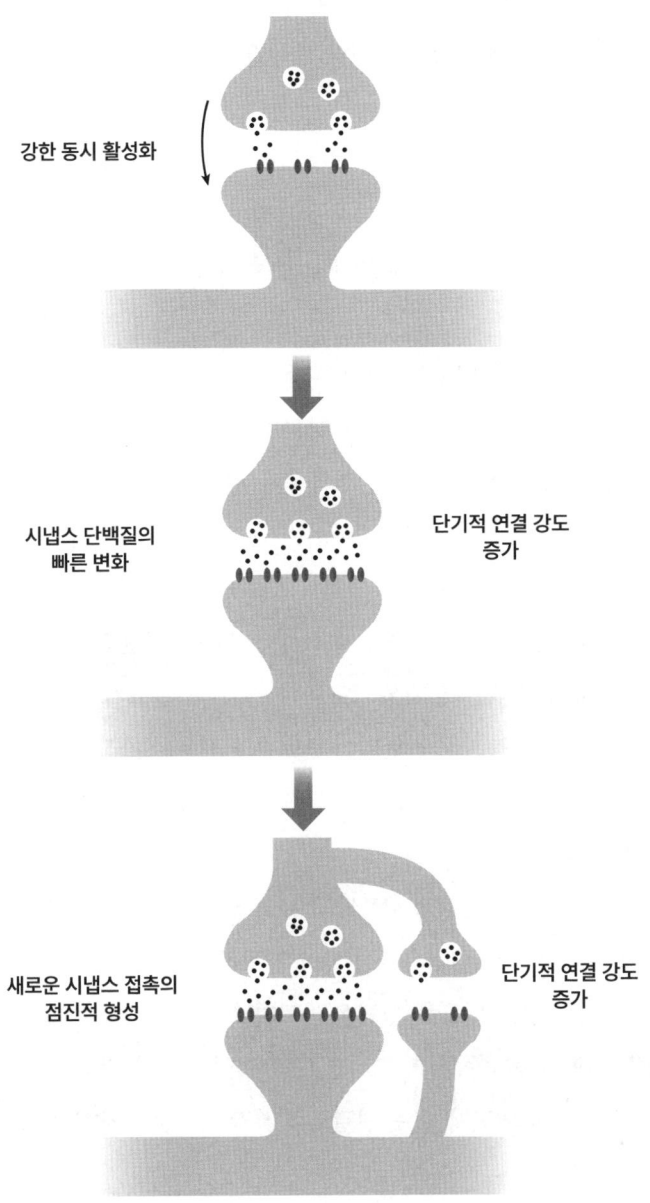

[그림 15] **시냅스 가소성**

하지만 그보다 극적이지 않은 상황에서도 유사한 효과가 관찰된다. 우리 연구팀은 시각 시상에서 시각 피질로 투사되는 축삭의 수가 감소하면,[21] 1차 시각 피질의 면적도 덩달아 줄어드는 현상을 발견했다. 이처럼 입력 수준에 대한 민감성은 매우 일반적인 현상으로 보이며, 하위 영역에서 입력을 받는 상위 영역까지 확장된다. 따라서 한 영역의 초기 발달 또는 영역 간 배선에서 나타나는 차이는 향후 뇌 전체에 걸친 네트워크 발달에 연쇄적인 영향을 미칠 수 있다.

이제부터는 조금 더 미묘한 수준으로 파고들어 보자. 이때 특정 피질 영역 내에서 형성되는 연결 양상이자 서로 다른 유형의 정보를 처리하기 위해 발달하는 특정 미세 회로도 적절한 입력과 활동 패턴에 따라 달라진다. 심지어 출생 전이나 눈을 뜨기 전에도 망막에서는 전기 활동의 파동이 퍼지면서 인접한 뉴런이 동시에 활성화된다.

이러한 활동은 망막에 투영되어 뇌의 시각 중추로 전달되는 시각 세계의 지도를 정교하게 다듬는 데 매우 중요하다. 그 지도는 초기에 망막과 그 표적 영역에 일치하는 농도로 발현되는 단백질의 작용에 따라 대략적으로 형성된다. 이들 단백질 분자는 망막 축삭이 표적 영역의 적절한 위치에 도달하도록 유도한다.

그 결과 인접한 망막 신경절 세포가 근처 표적 영역 세포에 연결되면서 망막의 전체 지형이 표적 영역의 표면에 매끄럽게 그려진다. 하지만 초기 지도는 다소 거칠게 형성되므로, 망막을 가로지르는 전기 활동의 파동으로 지도를 정밀하게 다듬어야 한다. 그러면 망막에 있는 시각 정보를 충실히 유지하는 연결은 강화되면서, 잘못 연결되어 시각 처리를 방해하는 축삭은 제거된다.

---

21 이는 시각 축삭의 길잡이 역할을 하는 유전자에 돌연변이가 발생하여 일부 축삭이 목적지에 도달하지 못한 결과이다.

감각계의 회로는 출생 이후에도 뇌 가소성에 따라 계속해서 다듬어진다. 하지만 그때부터 회로 조정은 자발적 활동이 아닌 우리가 경험하는 세상의 통계적 규칙성에 좌우된다. 따라서 감각계는 일상에서 자주 접하거나 생존에 중요한 유형의 대상에 관하여 전문성을 키울 수는 있지만, 일상적인 경험의 범위를 벗어난 자극에는 반응 유연성이 떨어진다.

'결정적 시기 critical period'라고 불리는 기간에 겪은 초기 경험은 인지적 전문성을 개발하는 데 매우 중요하다. 이 시기에 선천성 백내장이나 유아기 청력 손상 등으로 감각 경험이 부재 또는 부족할 때, 이후에 감각 기능을 회복하더라도 정상적인 시청각 능력은 완전히 발달하지 못하기도 한다. 이처럼 감각계는 초기 몇 년 동안의 임계기에 정상적인 경험을 해야 회로를 최적화할 수 있다.

따라서 가소성은 개체의 경험에 담긴 규칙성에 시스템이 스스로 적응해 나가도록 한다. 모든 정보가 유전체, 즉 초기 배선 패턴을 지시하는 발달 프로그램에 미리 부호화되어 있을 필요는 없다. 정보는 이미 세상에 존재하기 때문이다. 진화는 특정 환경에 과도하게 적응하지 않도록 유연성을 장착했다. 그리고 최종적으로 정밀한 수준의 적응은 종 전체가 아닌 개체 차원에서 이루어진다.

◩ 편향의 강화

경험을 통한 정교화 과정은 본질상 자기종결적 self-terminating 과정이다. 감각 자극으로 일관성 있게 활성화되는 연결은 강화하는 반면, 경험의 패턴과 어긋나는 연결은 약화하거나 아예 잘려 나갈 것이다. 이러한 과정은 다음 자극에 반응하는 활동 양상 자체에 변화를 불러옴으로써 특정 패턴의 반응을 더욱 유도하고, 다른 패턴은 멀어지게 한다.

그러한 편향은 다시 같은 가소성 과정을 거치며 더욱 강화된다. 시스템에서는 앞의 양성 피드백을 통해 우리가 반복적으로 접하고 중요하게 여기는 자극을 처리하는 데는 매우 능숙해진다. 그러나 다른 유형의 자극을 구분하여 학습하는 능력을 상실한다.

실제로 경험 의존적 정교화의 밑바탕인 생화학적 가소성 과정은 특정 단계가 지나면 뇌 안에서 능동적으로 꺼진다. 그 시점은 감각계마다 다르다. 이는 다시 말하면 종료 시까지 최적화된 신경 회로망을 공고히 하고, 이후의 변화 가능성을 차단하는 셈이다.

그 대표적인 사례가 언어 지각이다. 아기가 모어에 노출되면, 그 언어의 특징적인 음소, 즉 말소리를 범주적으로 인식하는 능력이 발달한다. 예를 들면 영어권 아기는 /b/와 /v/, /r/과 /l/을 잘 구별한다. 반면 스페인어권 아기는 /b/와 /v/를, 일본인 아기는 /r/과 /l/의 차이를 청각적으로 변별하지 못한다.

뇌파 Electroencephalogram, EEG 실험에 따르면, 놀랍게도 일본 아기의 생후 초기 청각 영역에서는 /r/과 /l/의 차이를 영어권 아기만큼이나 잘 가려낸다. 하지만 이러한 능력은 시간이 지나면서 사라진다. 특정 언어의 말소리에 익숙해지는 과정에서 자주 듣지 않거나, 의미 변별에 중요하지 않은 말소리를 구별하는 능력은 점차 닫혀 버리는 것이다.

위의 이유에 따라 일본인에게 /r/과 /l/은 같은 말소리처럼 들린다. 영어권 사람들이 광둥어의 미묘한 성조 차이를 전혀 감지하지 못하는 것과 같은 이치다. 이와 같은 유연성의 상실은 일정 연령이 지난 뒤 외국어를 배울 때, 모어의 간섭을 받지 않고 원어민 수준으로 말하기 어려운 이유를 설명해 준다.

감각계 발달은 활동 의존적 가소성이 신경 회로를 정교하게 다듬어 가는 과정을 잘 보여 준다. 그러나 감각계에서 나타나는 활동은 정상적인 범위에서 이루어진다. 즉 결과의 차이에 영향을 미칠 정도로 경험의 질이 달라지는 경우는 대체로 드물다.

수직 줄무늬만 그려진 시각 환경에서 고양이를 키우거나, 깜빡이는 클럽 조명 아래 금붕어를 기르는 인위적인 실험이 아니고서야 자연환경 자체는 일반적으로 변이의 근원은 아니다. 다만 그 환경의 주관적 경험에는 분명 차이가 나타날 수 있다. 선천성 백내장을 앓는 아이들처럼 말이다. 이때 변이의 원인은 외부 환경이 아니라 개인 내부에 있다. 그리고 뇌 가소성 메커니즘은 타고난 내적 차이를 강화, 심지어 확대한다. 이에 따라 환경 자체의 다양성을 반영하지 않으면서 표현형 차이의 범위를 과장하는 결과를 낳는다.

◈ 주관적 경험

감각계가 연결을 정교하게 조율하는 과정은 행동을 매개하는 영역을 포함한 뇌의 다른 영역에도 똑같이 적용된다. 유기체가 세상을 맞닥뜨릴 때는 다양한 방식으로 반응한다. 이는 다음과 같이 유기체가 상황을 어떻게 평가하느냐에 달려 있다.

- 위협이 있는가?
- 먹을 것이 있는가?
- 상대와 짝짓기 할 수 있는가?

이때는 감각 인식과 마찬가지로 주변 환경에 관한 주관적 경험이 중요하다. 특정한 상황에 실제로 위협이 존재할 수 있겠지만, 그것을 더 위협적으로 느끼는 사람도 있는 반면 이보다 덜하게 받아들이는 사람도 있는 것처럼 말이다.

어린 동물이나 갓난아이의 초기 행동 반응은 이른바 '정동적 affective' 상태라고 불리는 감정 상태가 이끈다. 그들은 세상에 대한 지식이나 경험이 없으니 본능적으로 행동한다. 본능은 다양한 상태에 특정한 가치를 부여함으로써 행동을 유도한다.

예컨대 고통은 단순히 신체 부위가 손상되었음을 알리는 신호가 아니다. 바로 '아픔'이라는 감각을 경험하는 것이다. 이때 고통은 주의를 끌고 반응을 요구한다.

한편 배고픔도 단순히 음식이 필요하다는 신호가 아닌 불쾌한 감각이다. 배고픔이 일정 수준에 이르면 무시할 수 없는 수준이 되어 음식을 찾으려는 강한 욕구를 불러일으킨다. 이때 음식은 영양 공급을 넘어 보상도 제공하는 수단이 되면서 기분이 좋아진다.

따라서 정동적 신호는 생리적 상태에 대한 정보에 가치를 부여한다. 이를 통해 유기체가 좋은 상태는 극대화하고, 나쁜 상태는 최소화할 수 있도록 행동을 유도한다.

경험이 쌓이면 유기체는 외부 세계 정보에도 가치를 부여한다. 외부 세계의 다양한 요소는 유기체에 좋거나 나쁜 것이라는 꼬리표가 붙는다. 그리고 다양한 행동도 이전 경험과 예측되는 결과를 바탕으로 가치를 매긴다. 이는 뇌가 스스로 "지난번에는 어땠지?"라고 묻는 것과 같다.

이상의 모든 과정에서 정동적 신호가 학습을 이끈다. 또한 정동적 신호는 행동의 결과를 단순하게 알려 주기도 한다. 그리고 결과의 좋음과 나쁨 같은 주관적 평가도 함께 전달한다. 이러한 신호는 개인이 어떠한 경험에서 무엇을 학습할지 결정할 때도 큰 영향을 미친다.

우리는 세상에서 마주치는 것이나 행동 전반을 반드시 학습할 필요는 없다. 그중에서 중요한 것만 배우면 된다. 세상 대부분은 우리에게 별 의미가 없으므로, 일일이 신경 쓸 필요도 없다. 또한 그것에 맞추어 뇌나 행동을 바꾼다고 적응에 도움이 되지도 않는다. 그저 좋은 결과나 나쁜 결과로 이어진 것만 학습하면 된다. 우리가 결과의 좋고 나쁨을 아는 이유는 주관에 따라 정동적 가치를 부여한 탓에 그렇게 느끼기 때문이다.

우리는 주변 환경을 탐색하면서 세상에서 일어나는 뜻밖의 일들을 기록과 함께 하나씩 쌓아 간다. 주로 벌어지는 사건의 유형과 원인과 결과, 자신의 결정이 낳을 결과 등을 파악한다. 경험의 흔적은 대뇌 피질과 시상, 기저핵 같은 구조의 회로에 각인된다.

위의 과정에는 감각계 발달에서 작동한 바와 같이 가소성 원리가 적용된다. 자주 쓰이는 연결은 강화되고, 그렇지 않은 연결은 가지치기된다. 이러한 절차가 지속되면서 반복적 활동 패턴이 강화된다.

활성화된 패턴을 구성하는 모든 뉴런이 동시에 또는 연속적으로 강하게 연결될 때, 이후부터는 그 패턴을 다시 활성화하기가 더 쉬워진다. 이는 뇌가 신경 수준에서 습관적 반응을 형성했다는 의미로, 유기체의 뇌는 특정 상태가 반복될수록 다음에는 같은 상태를 더 쉽게 되풀이한다. 반대로 동시 활성화가 더딘 연결은 제거한다. 이에 따라 뇌가 저장할 수 있는 상태의 수는 줄어들고, 점차 강화된 상태로 더욱 편향된다.

하지만 그러한 일이 항상 일어나는 것은 아니다. 가소성의 과정은 경험에 가치를 부여하는 정동적 처리 과정으로 조절된다. 그 체계는 다음과 같은 일을 한다.

- 전반적인 각성 수준을 조절한다.

  예) 중요한 일이 벌어지고 있다!

- 주변 환경에서 특정 요소에 주의하도록 지시한다.

  예) 저것이 날 해칠지도 몰라!

- 중요한 행동의 결과에 주의하도록 지시한다.

    예) 이번 일은 결과가 안 좋네. 다시는 그러지 말아야지!

위와 같은 신호는 뇌간, 시상하부, 그리고 정동적 상태를 중재하는 다른 원시적 영역의 회로에서 유래한 신경조절물질 neuromodulator 을 통해 대뇌 피질로 전달된다. 신경조절물질은 피질 네트워크 내 시냅스에 작용하여 시냅스 가소성 과정을 조절한다. 이 과정은 각성 수준이 높고, 특정한 상황 요소에 주의가 집중될 때만 활성화된다.

우리는 그렇게 경험을 통해 학습하고, 환경에 적응해 간다. 그러나 모든 사람이 같은 방식으로 세상을 경험하지는 않는다. 개인마다 정동적 상태의 주관적 강도에 타고난 차이가 있어, 고차원 행동 회로에서 활동 의존적 학습에 크게 편향성을 보인다.

애초부터 사람마다 중요하게 여기는 경험 요소는 서로 다르다. 개중에는 위협을 더 강하게 인식하고, 위험 회피 성향이 더 크며, 긍정적 결과에 더 큰 만족감을 느끼거나, 부정적 결과에 더 강한 불쾌감을 느끼는 사람이 있다. 이러한 신호의 강도는 학습을 좌우하는 기준이 되므로, 초기 차이는 이후에도 그 과정을 반복하면서 강화 및 과장된다.

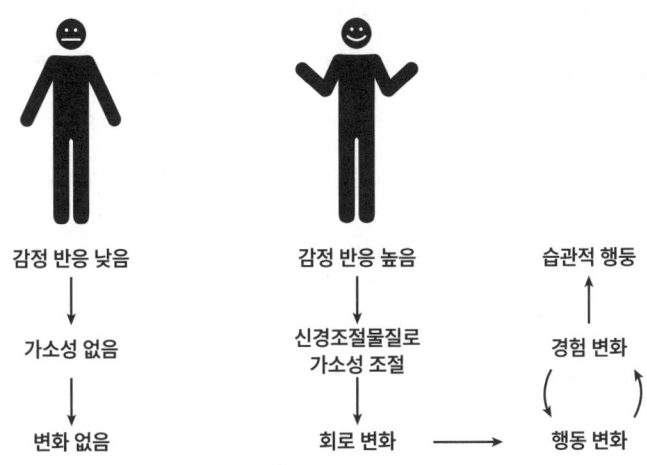

[그림 16] 가소성을 유도하는 주관적 경험

[그림 16]과 같이 개인 간의 타고난 차이는 특정 유형의 자극에 대한 감정 반응성에서 시냅스 가소성에 영향을 준다. 그 결과로 경험에 따라 타고난 차이가 증폭되면서 습관적인 행동의 차이로 이어질 수 있다.

보상이 생각보다 만족스러워 특정 경험을 더욱 긍정적으로 평가했다면, 초기 행동에 영향력을 발휘하는 데서 나아가 보상으로 이어진 뇌의 상태를 다른 사람보다 더욱 강화할 것이다. 이후에도 유사한 상황을 마주했을 때, 같은 보상을 높이 평가하지 않는 사람보다 행동 가능성에 더 큰 가중치를 둔다. 이러한 과정은 특정한 활동 패턴이 습관이 되는 양성 피드백 루프를 형성한다.

하지만 똑같은 경험이라도 사람마다 습관적 반응이 전혀 다르게 나타날 수 있다. 이는 유사한 경험이라도 초기 반응은 어떠했으며, 경험의 어느 측면을 학습하는 경향이 있는가에 따라 달라진다.

우리는 머지 않아 단순히 주어진 상황에 반응하는 데 그치지 않고, 어떠한 상황에 놓일지를 스스로 결정할 것이다. 보상이 만족스러운 상황을 선택하고, 불쾌하거나 회피하고 싶은 상황은 꺼리는 것 말이다. 선천적 성향은 그렇게 더 높은 수준으로 강화된다. 이는 단순히 기존 반응의 수동적 증폭을 나타내는 것이 아니다. 스스로 적응해 나가며 상황과 환경, 경험을 능동적으로 선택한 결과다.

❈ 행동의 증폭

인간의 경험은 타고난 유전자 구성에 따라 수동적으로 영향을 받으며, 심리적 성향에 따라 적극적으로 선택하기도 한다. 전자는 간접적인 방식으로 나타난다. 이는 일반적으로 자녀가 수많은 유전적 변이를 공유하는 생물학적 부모 밑에서 자란다는 사실에서 기인한다. 이들 변이는 상호 작용을 통해 아이의 행동과 더불어 부모의 행동에도 영향을 미칠 가능성을 보인다.

예를 들어 불안 성향을 타고난 아이는 부모도 불안하거나 지나치게 보호적일 가능성이 크다. 이러한 부모의 행동은 아이의 고유한 불안 성향을 정당화하고 강화할 수 있다. 한편 높은 공격성을 타고난 아이는 부모도 그러할 것이 유력하다. 이는 상호 간 갈등을 높임으로써 아이의 공격적 성향을 증폭할 수 있다.

따라서 부모와 자녀 간 유전자 공유를 고려하지 않은 사회학적 연구에서는 그러한 유형의 상호 작용이 또 다른 교란의 주된 요인이 되기도 한다. 양육 행동이 자녀의 행동을 유발하지 않았을 때, 부모와 자녀 사이에 나타나는 행동의 상관성은 단지 공유된 유전자에 따라 독립적으로 발생할 수 있다. 그러나 공유된 유전적 성향이 행동을 더욱 증폭시키며 더 복잡한 상호 작용을 보일 수도 있다.

심리적 성향에 따른 적극적인 선택의 경우, 변화의 기제에 실제로 차이를 만들어 내는 양육 효과가 포함된다. 하지만 행동의 차이를 만들어 내는 궁극적 원천은 여전히 유전이다.

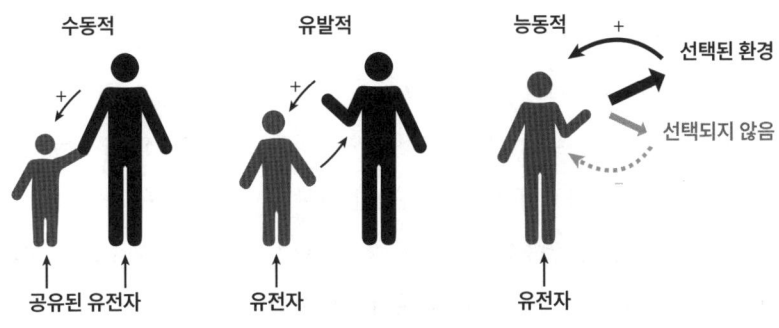

[그림 17] **경험의 유전적 영향**

[그림 17]에서 확인한 바와 같이 수동적 효과는 아동과 부모의 행동 모두에 영향을 미치는 공유 유전적 변이에 영향을 받는다. 유발적 효과는 아동의 타고난 특성으로 부모, 교사, 또래에게 특정 반응을 불러일으킬 가능성을 내포한다. 그리고 능동적 효과는 아동의 심리적 특성에 맞는 경험을 찾으며, 그 특성을 강화하려는 경향을 지닌다.

아이의 타고난 성향이 경험의 성격에 영향을 미치는 또 하나의 중요한 방식은 바로 주변 사람에게서 다양한 반응을 이끌어 내는 것이다. 예컨대 까다롭고 고집스러운 아이는 부모나 교사로부터 부정적인 훈육 반응을 불러일으킨다. 따라서 주변 사람을 기쁘게 하려고 애쓰는 얌전한 아이보다 더 큰 체벌을 받을 가능성이 있다.

반면 유순하고 성실한 아이는 더 많은 격려와 긍정적인 반응을 받는다. 그리고 자기 행동에 따른 보상으로 전형적인 양성 피드백 루프를 형성한다. 이는 단순한 추측이 아니다. 실제로 쌍둥이 연구 및 입양 연구에서는 부모가 자녀를 대하는 방식에서 관찰되는 분산의 상당 부분이 실제로 자녀의 행동과 유전자형에 기인한다는 사실을 보여 주었다.

특히 공유된 유전자에 따른 수동적 영향과 주변 사람의 반응에 기반한 유발 효과는 초기 경험을 형성하는 데 중요한 역할을 한다. 아이가 성장하면서 자율성이 커질수록 자기 경험을 더욱 적극적으로 선택하면서 자신만의 환경을 구축해 나가기 시작한다.

그 예로 선천적으로 위험을 과도하게 인식하는 조심성 많은 아이는 위험한 상황을 회피할 가능성이 있다. 이러한 성향에 따라 위험을 다루는 능력이나 그에 관한 자신감을 키울 기회를 얻지 못할 수 있다. 반대로 그 아이의 형제자매가 위험을 별로 심각하게 여기지 않으면서 새로운 자극을 가치 있게 여기는 무모한 성향이라면, 보다 다채로운 일을 경험할 가능성이 크다. 그 경험이 타고난 성향을 더욱 강화한다.

다시 말해 쌍둥이를 대상으로 한 종단 연구는 해당 유형의 효과에 직접적인 증거를 제공한다. 이때는 일란성 쌍둥이가 이란성 쌍둥이보다 삶의 경험이 훨씬 비슷하다. 다음과 같이 사는 동안 겪는 경험의 여러 측면에서 상당한 유전력이 확인된다.

- 부모의 양육 방식
- 가정 환경 유형
- 또래와의 상호 작용
- 사회적 지원
- 결혼 생활의 질
- 스트레스 유발 사건의 빈도

수동적, 유발적, 능동적 효과는 대개 함께 작용하는 편이다. 예컨대 선천적으로 지능이 높은 아이는 부모도 학구적인 성향일 가능성이 크다. 따라서 자녀의 학업을 장려하는 수동적 효과를 일으킨다. 그 뒤 학교에서 좋은 성적을 받으면 아이는 교사에게 긍정적 피드백을 받게 되어 보람을 느낄 것이다. 이러한 유발적 효과는 스스로 공부에 재미와 의미를 느끼게 하면서 더 많은 시간을 할애할 가능성이 커지는 능동적 효과를 낳는다.

결과적으로 두 아이 사이의 초기 지능 차이는 이상의 모든 요소로 증폭될 수 있으며, 이후 차등적인 교육 경험으로 더욱 강화된다. 이러한 메커니즘의 중요성은 지능에 관한 쌍둥이 연구에서의 뚜렷하고도 일관된 결과가 증명한다. 해당 특성의 유전력은 시간의 경과 따라 증가한다.

어린 아이의 지능을 평가하면 유전적 차이로 나타나는 분산은 약 50% 정도이며, 공유된 가정 환경도 약 30~40% 정도로 상당한 영향을 미친다. 그러나 성인이 되면 공유된 가족 환경의 영향은 0%인 반면 유전력은 80% 이상으로 증가한다. 이는 어린 시절의 가족 환경이 아동기 IQ 검사로 측정할 수 있는 초기 인지 발달 속도에 실질적인 영향을 끼침을 시사한다.

그러나 환경적 영향은 최종 인지 능력에 지속적으로 작용하지 않는 듯하다. 오히려 시간이 지날수록 초기 유전적 영향이 증폭된다. 그리고 일란성 쌍둥이가 아동기보다 성인기에 절대적 IQ 측정에서 더 높은 일치도를 보인다. 이러한 현상은 음악적 재능이나 선천적인 운동 능력과 같은 특성에서 더욱 두드러진다.

음악이나 스포츠에 타고난 재능이 있는 아이들은 자연스럽게 해당 능력을 계발하는 훈련을 강력히 권장받는다. 반대로 음감이 부족하거나 운동 신경이 떨어지는 아이들은 다른 활동으로 유도된다. 그리고 특정 활동에 천부적인 재능을 지닌 아이들은 그 활동 자체로 보람과 즐거움을 더 많이 느낄 가능성이 크다. 이는 다시 양성 피드백 루프를 만들며 개인 간의 초기 차이를 더욱 확대한다.

중요한 것은 지금껏 본성이라 불러 온 초기 개인차가 유전과 발달 변이 모두에서 비롯되었다는 사실이다. 발달의 출발점은 이미 유전적 요인으로 정해져 있다. 그러나 저마다의 발달 과정에서 최종적으로 도달하는 결과는 여전히 독특할 것이다.

이와 관련하여 쥐를 대상으로 한 실험 결과는 꽤 흥미롭다. 해당 실험에서는 특정 형질의 절대적 수준뿐 아니라, 때로는 상호 작용하는 개체 간의 상대적 수준도 결과에 큰 영향을 미친다는 사실을 명확하게 보여 준다. 실험에서는 태어나서 성체가 될 때까지 넓고 복잡한 공간에서 상호 작용하며 함께 살아가는 대규모 생쥐 집단을 관찰했다. 생쥐들은 모두 같은 근친계에서 태어나서 유전적으로 같았다.

일반적으로 생쥐는 사회적 동물로, 강력한 서열 관계를 형성한다. 그러므로 특정 개체 간 대결 결과를 지속해서 관찰하면, 상대적 서열을 확인할 수 있다. 놀라운 점은 생쥐들이 어릴 때 서열 차이가 거의 없다가, 시간이 흐르면 초기에 작은 이점을 지니고 시작한 개체가 가장 지배적인 위치에 오른다는 것이다. 이는 아주 작은 초기 차이가 반복된 경쟁으로 증폭된 것이다. 대결에서 승리하면 상대적 서열이 높아지고, 패배하면 낮아지기 때문이다.

문화의 영향력

초기 차이가 증폭되는 현상은 문화적 수준에서도 뚜렷하게 나타난다. 이는 특히 성별 차이와 관련해서 더욱 명확히 드러난다. 남성과 여성은 인지적, 행동적 특성에서 집단 평균 차이가 크게 나타난다.[22] 이러한 차이는 흥미

---

[22] 이는 키와 같이 한 특성값의 분포가 남성과 여성 집단 내에서 매우 넓게 퍼져 있으며, 상당 부분 겹치기도 함을 나타낸다. 하지만 동시에 남녀의 평균값에는 통계적으로 유의미한 차이가 있음을 뜻한다. 성별에 따른 초기 차이의 증폭은 제9장에서 살펴보도록 하겠다.

와 가치관에서도 나타난다. 남성은 사물이나 체계에, 여성은 사람에게 더욱 관심을 보이는 경향이 있다.

평균 차이는 문화적 수준에서도 확인할 수 있다. 일반적으로 남성과 여성은 관심 대상과 선택하는 교과목, 어울리는 직업을 둘러싼 사회의 기대에서 드러난다. 실제로 사람들은 애초에 그러한 문화적 기대가 눈에 띄는 성별 차이를 만들어 냈다고 주장한다. 또 누군가는 그 차이가 전적으로 생물학적이며, 문화는 단순히 그것을 반영할 뿐이라고 주장한다.

사실 두 주장은 모두 옳을 것이다. 문화적 기대는 남성과 여성 간 생물학적 차이에서 비롯되어 유지될 수 있다. 하지만 동시에 자기 충족적 예언 self-fulfilling prophecy 의 형태로 작용하기도 한다. 이는 남아와 여아에게 서로 다른 유형의 경험과 기회를 제공함으로써 초기 생물학적 차이를 더욱 증폭시키는 것이다.

줄어드는 자유도

인간의 뇌는 매우 오랜 기간에 걸쳐 발달한다. 이는 행동 통제를 담당하는 뇌 회로에서 특히 두드러진다. 전전두피질 prefrontal cortex 의 경우, 20대 초반에 접어들었을 때 완전히 성숙한다. 그때까지 시냅스는 엄청난 규모로 수정과 재구성을 반복한다.

이상의 사실은 회로가 경험에 따라 형성될 기회를 충분히 제공한다. 그리고 인간이 '인지적 적소 cognitive niche '라 부르는 영역을 성공적으로 점유하는 핵심 요인으로 간주하기도 한다. 인간은 선천적으로 고정된 몇 가지 본능적 행동만으로 특정 환경에 맞춰진 존재가 아니다. 오히려 인지적 유연성과 반응성을 진화시킴으로써 개별 환경에 능동적으로 적응하는 능력의 소유자이다.

반복적으로 나타나는 패턴이 강화되면서 행동은 습관으로 자리 잡기 시작한다. 우리는 그렇게 점차 자신만의 성향과 모습을 갖추어 간다.

그러나 우리는 언젠가 끊임없이 변화하는 상태에서 벗어나 제대로 인생을 살아가야 할 때가 온다. 경력을 쌓고, 짝도 찾아야 한다. 이는 우리가 지금까지 이룬 적응 상태를 고정하고, 추가적인 변화를 제한해야 한다는 뜻이다. 양성 피드백 루프를 무한정 이어가서는 안 되며, 현재의 신경 회로 구성을 유지해야 자기 정체성을 지킬 수 있다.

뇌에서 행동과 인지를 담당하는 회로는 감각 회로보다 훨씬 오랜 기간 가소성을 유지하지만, 그 역시 성인기에 이르면 끝이 난다. 가소성 작용은 발달 중인 뇌의 자유도 degrees of freedom [23]를 점차 줄여 나간다. 이에 따라 긍정적 상태는 강화하며, 선호도가 덜한 상태를 매개하는 연결은 점진적으로 제거하면서 초기 편향을 확대해 나간다. 하지만 이와 동시에 뇌의 생화학적 구성은 성숙에 따라 변화하여 가소성과 유연성을 담당하던 기제는 안정성과 유지 기제로 대체된다.

결과적으로 우리의 경험은 초기의 개인적 차이를 없애거나 덮는 것이 아니라, 오히려 더욱 확고히 한다. 이러한 과정은 발달 신경과학자 마크 루이스 Marc Lewis 가 다음과 같이 표현한 바 있다.

"시간의 흐름에 따라 각 발달 경로에 서서히 쌓이는 관성이자, 인간이 점차 자신만의 고정된 형태로 굳어져 가는 기묘한 방식이다."[24]

---

[23] 신경 회로가 형성 과정에서 취할 수 있는 선택지의 폭. 옮긴이.
[24] Lewis, M. D. (2005). Self-Organizing Individual Differences in Brain Development, *Developmental Review*, 25, 262.

제 6 장

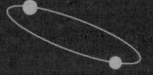

마음의 전경

INNATE

INNATE

영어에는 성격 특성을 나타내는 단어가 4,000~8,000개 정도가 있다. 성격 특성이란 사람의 행동을 간략하게 묘사하고 예측하는 데 유용하며, 비교적 안정적인 성격 특징을 말한다. 이를 가리키는 단어가 존재하는 사실은 사람들이 실제로 이러한 성격 특성을 지니고 있다는 증거로, 사람들은 저마다 조금씩 다르게 특징적인 방식으로 행동한다.

물론 실제로 성격 특성이 8,000개나 존재한다는 것은 아니다. 그중 상당수는 사실상 같은 성격을 의미한다. 가령 나를 스스로 묘사한다면, 다음과 같은 특성을 제시할 수 있다.

- 단호하다(determined)
- 결단력 있다(resolute)
- 확고하다(unwavering)
- 하나에 몰두한다(single-minded)

하지만 타인이 나를 평가할 때라면 이야기는 달라진다. 다음이 그 예이다.

- 완고하다(stubborn)
- 융통성이 없다(inflexible)
- 집요하다(obstinate)
- 고집불통이다(pig-headed)

단어 간에 미묘한 의미 차이가 있기는 하지만, 이상에서 열거한 단어는 모두 비슷한 성격 특성을 지칭한다. 이러한 다양성을 아우르는 핵심 요인을 추출하고자 많은 심리학자는 수십 년에 걸쳐 성격 관련 어휘를 분석하는 시도가 이루어져 왔다. 그들은 서로 독립적인 소수의 심리적 요인이 존재하며, 이에 따라 여러 성격 특성으로 드러난다고 보았다.

하지만 정확히 어떠한 요인이 얼마나 존재하는지는 여전히 논쟁 중이다. 1940년대 심리학자 레이몬드 카텔 Raymond Cattell 은 주요 성격 요인을 16가지로 도출했다. 그는 각 요인을 일일이 명명하지는 않았지만, 일상적인 언어로 나타내면 대략 다음과 같다.

- 온화함(warmth)
- 추론력(reasoning)
- 정서적 안정성(emotional stability)
- 지배성(dominance)
- 활기(liveliness)
- 규범 의식(rule consciousness)
- 사회적 대담성(social boldness)
- 감수성(sensitivity)
- 경계심(vigiliance)
- 추상적 사고(abstractedness)
- 사적 성향(privateness)
- 불안(aprehension)
- 변화 수용성(openness to change)
- 자립성(self-reliance)
- 완벽주의(perfectionism)

• 긴장감(tension)

수십 년 후, 한스 아이젠크 Hans Eysenck 는 두 가지 주요 성격 요인만을 제안했다. 바로 외향성 extraversion 과 신경증 neuroticism 이며, 둘은 여러 가지 하위 특성으로 구성된다. 이와 관련하여 각 성향이 높은 사람의 특징은 다음과 같이 정리할 수 있다.

외향성이 높은 사람	신경증이 높은 사람
• 사교적이고 주도적이며 활동적 • 위험을 감수하는 성향 • 감각 추구 성향 • 풍부한 표현력	• 불안하고 우울함 • 죄책감을 느끼며 자존감이 낮음

외향성과 신경증은 서로 독립적이다. 따라서 한 사람이라도 두 성향이 모두 높고 낮거나, 한 성향만 그러할 수도 있고, 균형을 이루는 경우도 충분히 나타날 법하다. 이후 아이젠크는 정신병적 성향 psychoticism 이라는 세 번째 요소를 새로 추가했다. 이 성향이 높은 사람의 특징은 다음과 같다.

• 공격적

• 강한 자기 주장

• 타인 조종

• 자기중심적

이 외에도 여러 성격 모델이 제시되었지만, 오늘날 성격 심리학 분야에서 가장 널리 쓰이는 이론은 빅5 Big5 로 알려진 5요인 모델이다. 빅5는 아이젠크가 정의한 외향성과 신경증적 성향에 성실성 conscientiousness , 친화성 agreeableness , 그리고 개방성 openness to experience 이 추가된다. 각 요인의 특징은 아래에 제시하도록 하겠다.

성실성이 높은 사람	친화성이 높은 사람	개방성이 높은 사람
• 체계적이고 효율적 • 신뢰감과 강한 책임감 • 융통성과 즉흥성 부족	• 친절하고 인정이 많음 • 협조적이며 타인을 잘 도움	• 예술적이고 창의적 • 풍부한 상상력과 호기심 • 산만하고 예측 불가능함

그저 정성적 묘사에 그친 설명이기는 하지만, 실제로는 설문을 통해 다섯 가지 특성을 수치로 측정할 수 있다. 예컨대 사람들에게 여러 문장이 인쇄된 설문지를 주고, 그 문장에 얼마나 동의하는가를 5점 만점 기준으로 묻는다. 설문지에는 대표적으로 다음과 같은 문장이 포함된다.

- 파티를 즐긴다.
- 여행을 좋아한다.
- 자주 불안해진다.
- 경쟁심이 강하다.
- 새로운 것을 배우는 일이 좋다.
- 규칙을 잘 지킨다.

위 문장 가운데 일부 항목의 점수를 살펴보면 상관관계가 보이기도 한다. 파티를 좋아하는 사람은 여행도 좋아하며, 경쟁심이 평균 이상으로 강한 경향이 있다. 이는 세 항목에 공통으로 작용하는 근본 요인의 존재를 시사한다. 또한 관련 항목 점수를 종합하면 '외향성'이라는 잠재적 요인 점수도 산출할 수 있다. 해당 수치는 각 항목의 변이를 모두 설명하지는 못하지만, 항목 간 상관관계를 설명하는 데는 유용하다.

이처럼 '자주 불안해진다.'와 관련된 신경증 외에 다른 요인도 측정할 수 있다. 이들 요인은 서로 어느 정도 독립적으로 변화한다. 점수는 전적으로 임의적인 수치에 불과하지만, 이를 통해 일종의 정량적 방식으로 개인에 따른 순위를 매길 수는 있다.

스스로 평가한 점수와 지인이 평가한 점수를 비교해 보면 일치하는 부분이 대체로 많다. 그리고 같은 사람이 시간차를 두고 검사를 받을 때 검사-재검사 신뢰도는 약 0.7 수준으로 비교적 일관성을 보인다.[25] 나쁜 결과는 아니지만, 이는 성격 측정값이 어느 정도 불확실성을 내포하고 있다는 점을 시사한다. 이처럼 개인의 성격 특성 점수는 수년에 걸쳐 지속적으로 유지되는 경향이 있다. 적어도 시간이 지남에 따라 사람들 사이의 상대적 순위에는 일관성이 적지 않게 나타난다.

다만 나이에 따라 나타나는 일반적인 변화도 있다. 10대는 외향성, 그중에서도 특히 감각 추구 성향과 신경증 요인이 더 높다. 이와 다르게 연령대가 높은 사람들은 성실성의 수준이 높아지는 경향이 있다.

빅5 성격 요인은 국가나 문화에 관계없이 일관되게 관찰된다. 흔히 독일인은 체계적이고 이탈리아인은 다혈질이라는 인식과 같이 국적에 따라 성격 특성이 다르다고 알고 있지만, 이들 특성은 기본적인 성격 성향 수준에서는 나타나지 않는다. 빅5 성격 요인의 평균값은 국가 간에 유의미한 차이를 보이지 않는다. 따라서 국가별 성격 특성이 어느 정도 타당성을 지닌다고 하더라도, 이는 근본적인 행동 성향의 차이라기보다는 그 위에 덧입힌 문화적 영향이 반영된 결과일 가능성이 크다.

---

25 완전히 일치할 때의 수치는 1이다.

유사한 성격 특성은 아주 어린 유아의 기질에서도 나타난다. 그 요인은 일반적으로 세 가지로 정리할 수 있다. 실제로 고양이와 개, 구피, 문어에 이르는 동물까지도 그와 유사한 기질 특성을 측정할 수 있다.

- **활동성**(Surgency): 성인의 외향성과 유사하며, 긍정적 활동성과 자극 추구를 나타낸다.
- **부정적 정서성**(Negative Emotionality): 성인의 신경증적 성향과 대응한다.
- **의도적 통제**(Effortful Control): 성실성과 대체로 유사하다.

이러한 관찰 결과는 지정된 성격이나 기질의 영역이 사람들의 행동 방식에 영향을 미치는 근본적인 생물학적 차이를 활용한다는 사실을 시사한다. 하지만 성격 특성이 정말로 독립적인 생물학적 지표를 반영하는지, 아니면 사람마다 다르게 나타나는 심리적 차원을 반영하는지는 여전히 핵심적인 의문으로 남아 있다.

그 측정값은 통계적 산물에 불과할 수도 있다. 이는 여러 구체적 행동 사이의 상관관계를 설명하기 위해 사용하는 하나의 숫자일 뿐, 그 자체로 유효한 실체는 아닐 수 있다는 뜻이다. 우리는 인간 본성을 절취선에 따라 정확히 나눈다고 생각하겠지만, 절취선은 애초부터 존재하지 않았는지도 모른다.

따라서 우리가 점수를 종합적으로 산출할 수 있다고 해서 그것이 반드시 실재하는 단일 특성을 측정한다는 의미는 아니다. 그 수치는 오히려 다양한 기본 매개 변수를 반영할 수도 있다. 실제로 성격 데이터를 분류하는 방식은 매우 다양해서 그 분류 체계만 해도 3, 5, 10, 12, 16개 요인 등 여러 가지가 존재한다. 이처럼 심리학적 데이터만으로는 어느 체계의 요인이 특별한 생물학적 지위를 지닌다고 볼 확실한 근거는 없다.

따라서 사람들은 그 문제를 해결하기 위해 유전학과 신경과학에 기대기 시작했다. 성격 요인이 실제로 기초적인 생물학적 기반을 반영 및 구분한다면, 특정 유전자 집합이나 신경 회로의 변이와도 상관관계를 보여야 한다.

그러나 현실은 기대와 달랐다. 성격 특성은 쌍둥이 연구나 가족 연구를 통해 상당히 높은 유전력을 입증하기는 했다. 문제는 성격 특성에 영향을 미치는 유전적 변이가 사람들의 기대만큼 특정 유전자나 신경 회로에 뚜렷하게 연결되지 않는다는 것이다.

성격 차이의 근원

다양하게 정의되는 성격 특성이 생물학적으로 구분 가능한 단위인가와 별개로, 사람들은 쌍둥이 및 입양 연구에서 각자의 성격 특성이 서로 다른 이유를 탐구할 수 있게 되었다. 이러한 차이는 유전적 차이나 뇌 발달의 변이처럼 선천적으로 발생하는가, 아니면 양육과 경험에 따른 후천적 반응으로 생겨나는가? 해당 주제의 연구에서 도출된 결과는 놀라울 정도로 일관되며, 재현성도 매우 높다.

첫째, 어떠한 분류 체계를 활용하더라도 성격 특성은 거의 모두 중간 정도의 유전성을 보인다. 그리고 변이 중 약 40~50% 정도는 개인 간 유전적 차이에서 비롯된다. 이때 자기 평가 점수뿐 아니라 가족이나 지인을 비롯한 여러 평가자의 평균값을 활용한다. 이를 토대로 성격 점수를 계산하면, 수치는 70% 수준까지 올라간다. 이 방법은 측정의 타당도와 신뢰도를 효과적으로 높인다.

둘째, 공유된 가족 환경의 효과는 일반적으로 무시해도 상관없을 만큼 미미하다. 같은 가정에서 자라도 성격 특성이 더 비슷해지지 않으며, 다른 가정이라고 해서 완전히 달라져 버리는 것도 아니다. 양육이 부모가 자녀의 행동에 아무리 큰 영향을 미칠 정도로 중요하지만, 근본적인 성향에 영향을 미칠 만큼은 아니다.

쌍둥이 연구에서는 유전적 차이 외에도 다른 요소가 개인의 성격 차이에 작용한다는 결론을 내렸다. 그 일부는 아마도 단순한 측정 오차일 것이다. 우리가 성격 특성에 부여하는 수치는 다소 불분명하고 부정확할 수 있기 때문이다. 하지만 변이의 상당 부분은 타고난 발달 요인일 가능성이 있다. 개별 뇌 발달 프로그램이 실행되는 방식에 나타나는 차이가 성격에 유의미한 영향을 줄 수 있다는 것이다.

이상으로 빅5를 비롯한 성격 특성은 유전될 수 있으며, 특정 생물학적 차이를 반영한다는 결론을 내릴 수 있다. 그러나 성격 특성이 서로 독립된 생물학적 모듈을 반영하는지는 확실히 알 수 없다. 성격 특성은 통계적 분석으로 구성된 복합적 측정치일 수 있으며, 특정 유전자나 신경 회로와 반드시 일대일로 대응한다고 보기 어렵다. 이를 알아내는 유일한 방법은 관련 유전자와 신경 회로를 식별해 내는 것이지만, 여전히 쉽지 않은 과제로 남아 있다.

◈ 유전자와 회로를 찾아서

지금까지 발표된 수많은 연구에서는 특정 유전자의 변이가 일부 성격 특성과 관련이 있다고 주장해 왔다. 이들 연구는 이른바 '후보 유전자 candidate gene'의 변이를 대상으로 시작되었다. 이는 약리학적 연구 등으로 특정 유전자가 성격 특성과 관련될 가능성이 있다는 연구자들의 판단에 근거한 것이었다.

그 예로 도파민이나 세로토닌 등의 신경화학물질이 외향성 또는 신경증과 같은 성격 특성에 영향을 미친다는 이론이 오랫동안 제기되어 왔다. 이에 그 신경화학적 경로의 구성 요소인 생합성 효소와 수용체, 수송체 등을 부호화하는 유전자가 성격 특성과의 연관성을 확인하는 후보로 자연스럽게 떠올랐다. 여느 유전자와 마찬가지로 해당 유전자에도 일반적 변이인 SNP가 나타난다. 이는 DNA 서열에서 특정 위치의 단일 염기가 사람에 따라 서로 다를 수 있음을 의미한다.

한편 연관성 연구 association study 에서는 특정 성향의 사람의 예로 외향적인 사람 사이에서 SNP가 더 자주 나타나는지를 내향적인 사람과 비교하여 확인한다. 논리는 아주 간단하다. 가령 유전체의 특정 위치에서 'A'라는 SNP 버전을 지닌 사람이 외향적인 집단에서 훨씬 흔하다면, 그 변이가 외향성을 유발하는 기능적 역할을 할 수도 있다는 것이다.

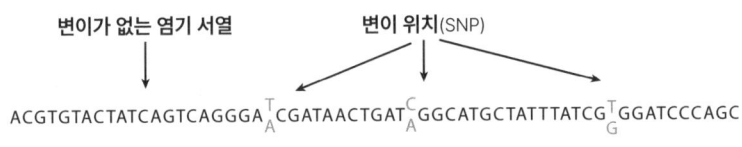

[그림 18] **SNP과 형질 간의 연관성 검사**

유전체의 일부 위치에는 흔하게 나타나는 변이인 SNP가 존재한다. 그 위치에 나타나는 두 가지 형태의 변이는 인구 집단 내에 일정한 빈도로 존재한다. 만약 둘 중 하나가 특정 형질에 영향을 준다면, 형질 값이 높은 사람과 낮은 사람 간 빈도는 달라져야 한다. 그러나 당시에 활용한 방법으로 얻은 결과는 대부분 신뢰할 수 없었다. 이유는 여러 가지가 있다.

첫째, 대체로 사용한 표본의 규모가 수백 명 정도로 매우 작았다. 지금 생각해 보면 흔한 유전적 변이들이 성격 특성에 미치는 작은 효과를 탐지하기에는 턱없이 부족한 규모였다.

둘째, 대개 여러 유전자에서 다양한 유전적 변이를 동시에 검사하였음에도 다중 비교에 따른 통계 보정이 없었다. 한 가지 유전자를 검사할 때를 생각해 보자. 이때 통계 결과에서 관찰된 빈도 차이의 유의확률 p-value 이 1/20이라면, 우리는 그 결과를 진짜라고 생각할 것이다.[26] 그러나 검사 대상 SNP가 스무 가지라면, 그중 하나만 기준값에 부합하는 유의미한 결과가 관측되더라도 설득력은 급격히 떨어진다. 실험을 스무 번 하다 보면 우연으로라도 한 번쯤은 나올 법한 수치이기 때문이다.

셋째, 해당 유형의 연구는 대체로 별도의 재현 표본을 사용하지 않았으며, 그 결과로 우연히 도출된 결과는 검증되지 않은 채 남겨졌다.

넷째, 훨씬 교묘한 문제로 출판 편향이 있다. 결과가 부정적인 연구보다는 긍정적 연관성과 같이 흥미로운 결과를 발견한 연구가 논문의 형태로 출판되는 일이 잦다는 것이다.

이상의 모든 요인이 뭉쳐 세상에 나온 문헌은 대부분, 어쩌면 전부가 거짓 양성 false-positive 으로 가득 차 있었다. 이러한 연구의 결론은 시간이 지난 뒤, 여러 후속 연구에서 재현되지 않은 데서 드러났다. 이는 '전장 유전체 연

---

[26] 연구를 통해 관측한 데이터가 우연히 발생할 확률로, 기준값은 0.05이다.

관 분석 Genome-Wide Association Study, 이하 GWAS '이라는 효과적인 실험 방법이 등장하면서 더욱 분명해졌다.

GWAS는 단일 유전자뿐 아니라 유전체 전체에 걸쳐 유전적 변이와 특정 형질 간의 연관성을 동시에 분석한다. 이 연구 방법에서는 보통 50만~100만 개에 달하는 SNP를 검사함으로써 유전체 전반에 걸친 흔한 변이를 대부분 포착한다. 그러므로 단일 변이와 형질 간 연관성을 입증하려면 훨씬 엄격한 통제적 기준을 충족해야 한다.

그리고 GWAS는 수만에서 수십만 명 규모의 표본을 요구한다. 이처럼 거대한 표본을 활용한다면 미세한 빈도 차이까지 감지할 수 있을 만큼 강력해진다. 또한 결과의 신뢰성을 확보하고자 반복 검증을 위한 재현 표본을 사용하며, 결과의 유의미함에 상관없이 모든 변이 결과를 제시한다.

최근에는 외향성과 신경증에 관한 대규모 표본에서 GWAS가 수행되었고, 이를 통해 몇 가지 공통 변이와의 연관성이 드러나기 시작했다. 주목할 점은 이전에 지목되었던 후보 유전자는 더욱 엄격해진 GWAS를 모두 통과하지 못했다는 점이다. 이는 어떠한 유전자에서도 외향성이나 신경증에 크고 작은 영향을 주는 공통 변이가 존재하지 않음을 명확히 보여준다. 이처럼 발견된 변이의 통계적 효과는 극히 작다. 심지어 가능성 있는 공통 변이를 모두 합쳐도 해당 성격 특성에 미치는 예측 효과는 매우 미미하다.

GWAS를 통해 드러난 또 다른 중요한 사실은 지금까지 밝혀진 10여 가지 관련 유전자가 특정 생화학 경로나 세포 수준 과정에 대한 직접적인 증거가 없다는 점이다. 아직 초기 단계임을 감안하더라도 지금까지의 결과를 보건대 성격 특성이 유전자 수준에서 구별할 수 있는 뚜렷한 기저 모듈과 명확히 연결된다고 보기는 어렵다.

그렇다면 신경 수준에서는 어떠할까? 빅5 성격 요인이 특정 뇌 영역 또는 회로의 구조나 기능과 연관이 있을까? 이마저도 반드시 그렇다고 할 수는 없다. 수백 건의 연구에서 자기공명영상 Magnetic Resonance Image, MRI 을 활용해 성격 특성과 특정 뇌 영역이나 회로의 크기, 활동성의 상관관계를 보고해 왔다. 하지만 이 유형의 연구도 후보 유전자 연구와 마찬가지로 작은 표본 크기, 탐색적 접근, 재현 표본의 부족, 심각한 출판 편향의 문제를 안고 있었다. 그 결과로 신뢰성을 보증하기 어려운 문헌이 넘쳐난다.

지금까지 설명한 바와 같이 유전학과 뇌 영상 연구 모두 일관적인 양성 결과가 나타나지 않았다는 점이 오히려 중요한 정보를 제공한다. 이는 빅5 성격 요인이 유전자 수준이냐 신경 수준이냐에 관계없이 기능적으로 독립적인 모듈로 분리될 수 있다는 기존의 가정이 순진한 생각이었음을 보여 준다. 성격 요인은 뚜렷하게 구별되는 몇 가지 신경화학적 경로나 특정 뇌 영역 또는 회로의 변이로 나타나지 않는다. 이는 심리학적 구성 요소가 생물학적으로 단일한 실체를 나타낸다기보다, 다양한 세포 및 신경계에서 나타나는 변이가 복합적으로 작용한 결과일 수 있음을 시사한다.

성격 특성을 요인 분석으로 정의하는 접근 방식에는 근본적인 문제가 있다. 바로 성격 특성이 행동 패턴을 묘사한 데 그친다는 점이다. 누군가 '외향적이라서' 사람들과 어울리기를 좋아한다는 말은 사실상 그 특성에 이름만 지은 것일 뿐, 그 작동 메커니즘을 전혀 설명하지 못한다.

하지만 그에 접근할 수 있는 메커니즘적 맥락은 분명히 존재한다. 우리가 성격 특성을 이야기할 때, 특정 상황에서 취할 수 있는 다양한 행동 방식을 묘사한다. 이는 주어진 선택지 가운데 어떠한 행동을 선택하느냐와 관련되는바, 결정의 문제를 나타낸다. 그리고 의사 결정은 단지 행동의 결과로 나타나는 외형적 양상을 초월한다. 유기체가 고려하는 요소와 그것을 통합하여 적절한 행동을 이끌어 내는 방법, 즉 의사 결정이 이루어지는 심오한 기제의 수준에서 분석할 수 있다.

◎ 로봇과 인간

로봇을 하나 만든다고 상상해 보자. 이 로봇은 스스로 세상을 헤쳐 나가야 한다. 그러려면 식량이라고 할 만한 연료를 찾아야 한다. 그리고 다른 로봇이나 주변의 위험 요소에게 파괴되지 않도록 자신을 지키는 수단도 필요하다.

그런가 하면 주기적으로 낡고 쇠약해진 본체에서 새로운 본체로 소스 코드 일부를 전송해야 한다. 이는 번식 행위와 같으며, 재미를 더하기 위해 다른 로봇과의 짝짓기도 생각해 보자. 그렇다면 이상의 일을 제대로 수행하게 하려면 로봇에게 어떠한 장비가 필요할까?

우선 로봇이 환경 속에서 잠재적인 식량이나 짝 또는 위협을 감지할 여러 종류의 센서가 있어야 할 것이다. 움직이고 행동할 수 있는 메커니즘도 마찬가지다. 하지만 로봇은 스스로 해야 할 행동을 어떻게 결정할 수 있을까? 로봇이 생존하고 번식에 성공하려면, 행동 방식을 어떻게 프로그래밍해야 할까?

가장 단순한 형태의 행동 프로그램은 로봇의 회로에 특정 자극을 감지하면 특정 반응을 일으키라는 내용을 저장해 놓는 것이다. 이는 반사 행동에 해당한다. 예컨대 주변 환경에 잠재적으로 해로운 것, 대표적으로 지나치게 뜨거운 물체 말이다. 이처럼 로봇이 자기 몸을 보호하는 데는 그러한 반응이 유용할 것이다. 우리는 로봇이 결정을 내릴 때, 생각을 하거나 맥락을 따지느라 시간을 허비하지 않고 자동으로 반응하기를 원할 것이다.

그러나 행동 결정에는 대부분 로봇보다 훨씬 복잡한 방식이 필요하다. 로봇이 생존하려면 프로그램 일부는 식량을 찾더라도 그것을 먹을 수 있을 때 섭취하도록 구성되어야 한다. 그러나 주변에 위협이 존재한다면 어떨까? 로봇은 그 상황에서 위협의 심각성과 식욕 사이에서 균형을 찾아야 하는데, 이는 로봇에게 연료가 얼마나 부족한지에 따라 달라질 것이다. 그리고 기회비용까지 고려해야 한다. 모든 시간을 먹는 데만 쓰면 짝을 찾을 시간이 없을 것이다. 로봇은 주어진 순간마다 외부 환경은 물론 자신의 내적 상태를 아우르는 정보를 토대로 모든 요소를 저울질하여 서로 다른 목표 사이에서 우선할 것을 판단해야 한다.

상황을 평가하고 최적의 행동을 선택하도록 프로그래밍하는 방법은 각 요소에 가중치를 부여해 계산하는 것뿐이다. 위협이나 위험에 높은 가중치를 두면, 잠재적 식량에 부여된 가치보다 커지면서 로봇은 식량에 접근하기를 피할 것이다. 그러나 연료가 바닥을 보여 기능이 정지될 정도라면, 식량 가중치가 올라가 위협에 노출될 위험을 무릅쓸 것이다.

물론 로봇은 경험을 통해 배울 수도 있어야 한다. 특정한 기억은 상황을 다르게 평가하도록 한다. 위협을 쉽게 피했다거나, 식량원에 독성이 있었다는 것 말이다.

하지만 로봇이 무언가를 학습할 만큼 오래 살아남게 하려면, 처음부터 각 요소에 기본적인 가중치를 부여해 주어야 한다. 구체적으로 일정 수준의 위협 감수성, 위험 회피 성향, 짝짓기 욕구, 새로운 것을 탐색하고자 하는 흥미 등을 미리 설정해야 한다. 이들 매개 변수는 증감이 가능하다.

그리고 개별 매개 변수의 설정값을 모두 최적화하려면 수많은 시행착오가 필요할 것이다. 게다가 그것들은 서로 영향을 주고받으므로, 로봇의 생존 가능성을 극대화할 수 있는 조합을 찾아야 한다. 물론 하나뿐만은 아닐 것이다. 전반적으로 모든 상황에 합리적으로 매끄럽게 작동하는 다양한 조합은 물론 특정 상황에 특화된 것이 존재하기도 할 것이다.

그런데 사람마다 각자의 로봇을 다르게 설정한다는 문제가 생길 수 있다. 당신이 한 조합을 선택할 때, 나는 그와 다른 조합을 고르는 것처럼 말이다. 따라서 내 로봇은 당신의 로봇보다 위협에 더 민감하거나, 식량이나 짝짓기 기회에 더 높은 비중을 두기도 할 것이다. 그리고 경쟁보다는 협력을 선호하도록 할 수 있다.

그렇다면 내 로봇과 당신의 로봇은 동일한 상황에서도 다르게 행동할 것이다. 이러한 차이는 여러 상황을 거치면서 조심성 있고, 호기심이 많으며, 사교적인 성향 등 전반적인 성향으로 드러난다. 이는 비교적 안정적으로 예측 가능하다. 요컨대 우리 로봇에게도 '성격'이 생긴 것이다.

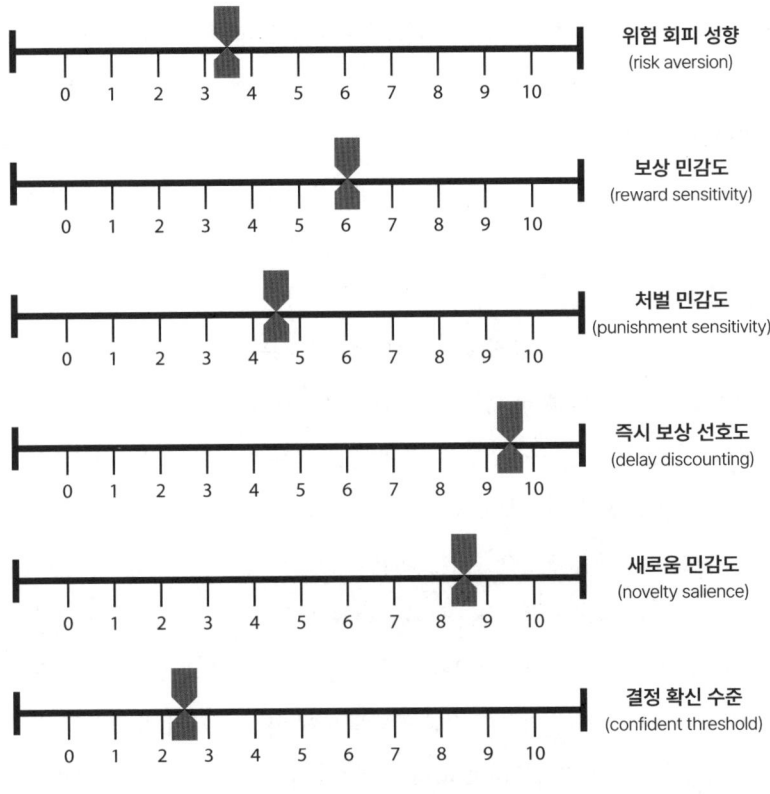

[그림 19] **의사 결정 매개 변수**

서로의 특징이 명확하며 다양한 의사 결정 매개 변수는 사람에 따라 차이를 보인다. 이때 개별 변수는 독립성을 갖추어 서로 다른 수준으로 조정된다. 이는 상위 수준의 성격 구성 요소에서 나타나는 차이를 설명한다.

인간의 성격도 그와 비슷한 방식으로 형성되는 듯하다. 다양한 상황을 평가하여 적절한 행동을 선택하는 과정은 로봇의 사례와 다를 것이 없다. 이는 위협이나 기회, 내적 상태, 단기적 또는 장기적 목표 등 다양한 매개 변수에 긍정적 또는 부정적 가중치를 부여하고, 이를 통합하여 최적의 행동을 산출하는 계산 과정에 달려 있다.

인간은 고정된 자극-반응 반사만으로는 살아갈 수 없으므로, 행동을 체계적으로 조직해야 한다. 이러한 행동 조직화의 핵심 수단이 바로 신경조절물질이다. 여기에는 도파민, 세로토닌, 노르아드레날린, 아세틸콜린 외에도 다양한 종류의 신경 펩타이드와 같은 분자가 포함된다.

우리는 앞서 신경전달물질이 외향성이나 신경증과 같은 성격 특성과 관련이 있다는 가설을 다룬 바 있다. 하지만 그 연관성은 확실하게 입증되지 않았다. 다만 보상 민감도와 위험 회피 성향을 비롯한 기초적인 의사 결정 요소와는 훨씬 밀접한 연관성이 존재할 가능성은 있다.

제4장에서는 신경 전달의 기본 원리인 뉴런 간 정보 전달 방식을 살펴보았다. 뉴런이 활성화되면 축삭을 따라 전기 신호가 전달되고, 이에 따라 시냅스에서 신경전달물질이 방출된다. 이들 분자는 시냅스의 반대편인 시냅스후 뉴런의 수상 돌기에 위치한 수용체 단백질에 의해 감지된다. 그리고 각 뉴런이 생성하는 신경전달물질에 따라 시냅스후 뉴런은 흥분하거나 억제된다.

하지만 위의 이야기는 일부에 불과하다. 얼마나 강한 신호가 전달되느냐에 관한 시냅스 전달 강도와 시냅스후 뉴런이 얼마나 민감하게 반응하는가는 역동적으로 조절된다. 이는 개별 시냅스 수준에서 시냅스 가소성 메커니즘을 통해 바뀌기도 한다. 물론 생리적 욕구나 감정 상태를 반영하는 동기

상태에 따라 더 광범위한 수준에서 조절되기도 한다.

이때 작용하는 것이 바로 신경조절물질이다. 예컨대 도파민이나 세로토닌 같은 물질은 장시간에 걸쳐 여러 뉴런의 생화학 상태를 폭넓게 조정한다. 그 작용하는 과정은 특정 신호에 대한 뉴런의 반응성을 변화시킨다. 결과적으로 신경전달물질은 공학자가 '회로의 이득 gain'[27]이라고 부르는 값을 조절함으로써 하드웨어를 바꾸지 않고도 특정 경로의 민감도를 조절한다. 그리고 정보의 흐름을 실시간으로 전환하며, 각성 상태와 기분, 주의력, 포만감 등 생리적 및 동기적 상태에 관한 정보를 전달하는 핵심 매개 물질이다.

이제 신경전달물질을 특정 행동의 선택지를 평가하는 의사 결정의 관점에서 살펴보자. 이때 신경전달물질은 경제학에서 통용되는 '상대적 효용 relative utility'의 값을 산정하는 데 활용할 다양한 매개 변수를 설정할 때도 도움이 된다. 그 값을 계산하려면 특정 행동을 선택했을 때, 다음과 같은 사항을 종합적으로 고려해야 한다.

- 보상 가능성과 보상의 주관적 가치
- 처벌 가능성과 처벌의 크기
- 보상 또는 처벌 발생까지 걸리는 시간
- 다른 행동을 선택하지 않았을 때 발생하는 기회비용

동시에 신경계에서는 위에 제시한 판단에 기반한 정보의 질과 그 불확실성의 정도 또한 평가해야 한다. 그리고 때에 따라 더 많은 정보를 얻기 위한 추가 행동을 유도할 수 있다. 이처럼 신경조절물질의 신호 수준은 계산 과정 전반의 기조를 설정한다. 이 과정을 거쳐 현재의 행동을 조직하고, 학습

---

[27] 증폭기 등의 회로에서 입력 대비 출력의 증폭 정도. 옮긴이.

과 향후 행동 전략의 형성에 영향을 미친다.

제5장에서 다룬 바와 같이 시냅스 가소성은 신경조절물질로 조절된다. 이는 개인의 주관적 경험에 따라 학습을 조절하는 메커니즘을 제공한다. 이는 객관적 의미에서의 보상이나 처벌의 크기보다 행동의 결과에 관한 주관적인 느낌에 따라 학습이 조절될 수 있음을 의미한다. 이처럼 의사 결정은 감정과 연결된다. 감정은 정보가 불완전하거나 모호한 상황에서 뇌가 최적에 가까운 결정을 신속하게 내리기 위해 활용하는 직관적 판단 방식인 휴리스틱 신호 heuristic signal 로 볼 수 있다.

시간이 지나면서 그러한 유형의 학습은 습관으로 고착된다. 아침에 일어나 샤워한 뒤 식사를 마치고 출근하는 것처럼 우리가 일상적으로 수행하는 행동은 대부분 습관적이다. 우리 뇌는 아침에 일어났을 때 앞의 행동이 최적이라는 사실을 이미 학습한 덕에 의식적으로 다음 행동을 매번 계산하지 않아도 된다.

그러므로 우리의 행동은 웬만한 상황에서 습관적으로 결정된다. 심사숙고해서 결정을 내리는 일이 드물고, 설사 그러한 상황이라도 스스로 떠올릴 수 있는 선택지의 범위는 이미 학습된 틀 내에서 제한된다. 하지만 숙고해야 할 상황이나 습관처럼 경험하는 상황 모두 행동의 조직화에는 신경전달물질의 신호가 핵심 역할을 수행한다.

이상의 내용이 개인의 모든 행동을 무조건 조절할 수 있다는 생각을 심어줄지도 모르겠다. 신경조절물질이 각 매개 변수를 유동적으로 조절할 수 있다면, 누구든지 주어진 상황에서 어떠한 행동 전략이든 선택할 수 있도록 하는 듯하다. 이는 그럴듯해 보여도 신경 조절 회로 자체는 사람마다 다르게 조율되어 있다. 그러므로 개인이 특정 행동 전략을 습관적으로 개발할지는 회로의 차이가 결정적인 영향을 미친다.

신경조절 기전의 다양성

흥미롭게도 이러한 개념 중 일부는 약 2,000년 전 고대 그리스의 의사 히포크라테스가 제안한 '4체액설 four humors'에서 어느 정도 예견된 바 있다. 그는 사람마다 혈액 blood, 황담즙 yellow bile, 흑담즙 black bile, 점액 phlegm의 양 차이에 따라 서로 다른 행동 양식이나 기분이 나타난다고 보았다.

그의 후계자 갈레노스는 4체액설에 네 가지 기본 요소를 더해 좀 더 복잡한 체계를 만들었다. 그리고 이들 요소가 서로 다른 방식으로 결합하면 아홉 가지 기질이 나타난다고 여겼다. 이 가운데 그는 요소 간 불균형이 뚜렷하게 나타나는 네 가지 기질을 다음과 같이 명명하였다.

- 다혈질(sanguine)
- 담즙질(choleric)
- 점액질(phlegmatic)
- 우울질(melancholic)

알다시피 위의 용어는 오늘날에도 일상적으로 사용된다. 보다 현대적인 관점에서, 그와 유사한 기질 차이는 신경조절물질의 작용 경로에 존재하는 개인차로 설명할 수 있다.

도파민과 세로토닌 같은 신경조절물질은 중뇌의 특수한 영역에 있는 작은 뉴런 집단에서 생성된다. 이들 뉴런은 뇌의 넓은 영역, 특히 대뇌 피질과 기저핵 등 의사 결정에 관여하는 전뇌 영역 전반에 걸쳐 긴 축삭을 뻗는다. 전뇌 영역의 뉴런에는 도파민과 세로토닌 수용체 외에도 다양한 수용체가 있으며, 유형에 따라 발현 수준도 다르다.

이처럼 신경조절 시스템의 기본적인 설계는 비슷하지만, 실제로 도파민과 세로토닌을 생성하는 뉴런의 수나 축삭이 뻗어 나가는 범위에는 개인차가 있다. 그리고 이러한 신경조절물질이 생성, 분비되는 양과 반응하는 정도 역시 사람마다 '필연적으로' 다를 수밖에 없다. 모든 사람에게 매개 변수를 똑같이 설정하는 것은 자연적으로 불가능하기 때문이다. 관련된 유전자가 워낙 많으므로, 모든 유전자에 걸쳐 변이가 일어나지 않기란 현실적으로 불가능하다. 그리고 발달 과정에 수반되는 잡음 역시 너무나 많아서 매번 똑같은 방식으로 작동할 수도 없다.

신경전달물질인 도파민과 세로토닌을 생성하는 뉴런은 중뇌와 뇌간에서 발견된다. 해당 뉴런의 축삭은 [그림 20]의 화살표와 같이 뇌 전반에 걸쳐 투사된다. 또한 선택적으로 발현되는 여러 수용체 단백질을 통해 다양한 방식으로 신경 전달을 조절한다.

최근에는 신경유전학 neurogenetics 기술의 발전으로 다양한 신경조절물질이 의사 결정 과정에 관여하는 방식과 행동 형질에 미치는 영향을 정밀하게 분석할 수 있게 되었다. 이처럼 단순한 기술 description 의 수준을 넘어 기전의 관점으로 접근하면, 저차원적인 신경생물학적 요소에서 고차원적인 성격 특성에 이르는 인과적 설명 체계를 구축할 수 있다. 그 예로 성격 특성 가운데 충동성과 해당 특성에 관여하는 계산적 매개 변수를 조절하는 세로토닌 경로의 역할을 살펴보도록 하겠다.

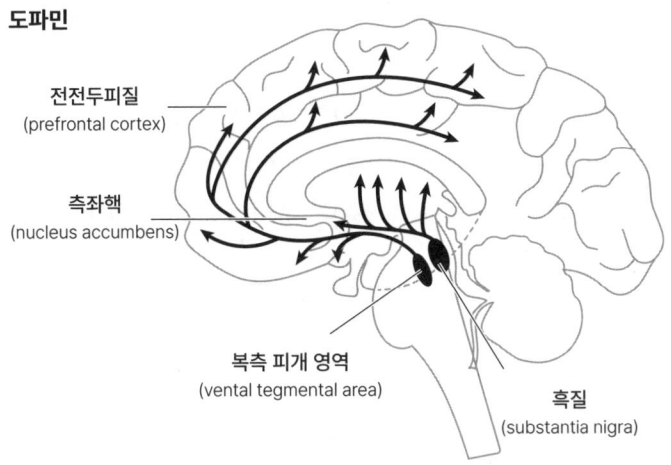

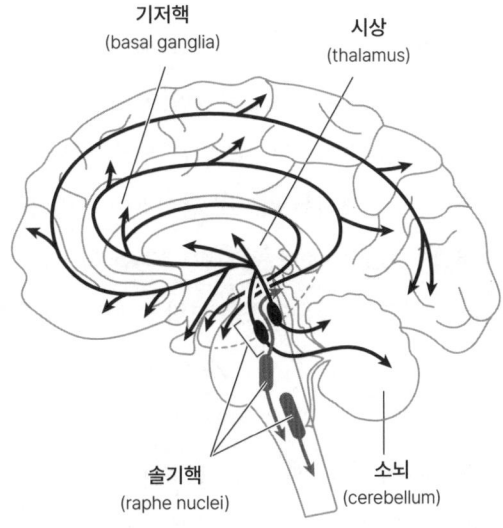

[그림 20] **신경조절 회로**

◪ 충동성과 세로토닌

충동성은 쉽게 말하면 앞을 내다보지 않고 행동하는 성향이다. 그러나 이는 여러 측면을 아우르는 개념이기도 하다. 충분한 증거 없이 결정을 내리거나, 행동을 억제하지 못하고 즉각적인 보상을 장기적인 것보다 우선시하는 모습, 자기 행동이 초래할 수 있는 미래의 부정적 결과를 과소평가하는 것 등을 모두 포함한다. 충동성의 다양한 측면은 빅5의 성격 특성 가운데 다음 요인과 관련된다.[28]

- **신경증**: 자제력이 부족할수록 충동성이 높음
- **외향성**: 강한 자극을 좋아할수록 충동성이 높음
- **성실성**: 계획을 세우고 규칙을 따르는 성향일수록 충동성이 낮음

위와 같은 심리학적 구성 요소 간 관계는 다양한 방식으로 도식화할 수 있다. 더 흥미로운 점은 어떠한 근본 요인이 사람을 더욱 충동적으로 변화시키는가 하는 것이다. 이에 충동성은 다른 심리적 특성처럼 다양한 설문지로 측정할 수 있다. 이때 결과는 비교적 전형적인 수준의 안정성, 검사-재검사 신뢰도, 유전력[29]을 보여 준다. 하지만 그러한 측정법만으로는 충동성의 본질을 이해하기 어렵다. 설문지법은 사람들에게 충동적으로 행동하는 경향이 있는지를 다양한 방식으로 묻는 것에 불과하기 때문이다.

충동성의 근본적인 측면은 의사 결정이라는 실험 과제로 보다 직접적인 측정이 가능하다. 이 과제는 인간뿐 아니라 동물에게도 적용될 수 있다는 점에서 특히 중요하다. 실험 과제에서는 원숭이, 들쥐, 생쥐, 심지어 비둘기

---

[28] 행동의 차원에서 충동성은 신체적 공격성과 같은 방식으로 드러나기도 하는데, 이 내용은 다음에 자세히 설명하고자 한다.
[29] 대략 50%의 수치를 보인다.

까지 의사 결정 행동을 수행한다. 이 과제에서 동물들은 다음과 같은 과정을 거친다.

① 여러 선택지 중 하나를 고른다.
② 근거를 평가한다.
③ 보상 지연을 감수한다.
④ 행동을 억제한다.
⑤ 미래의 보상이나 처벌의 확률을 저울질한다.
⑥ 새로운 정보를 얻으면 전략을 변경한다.

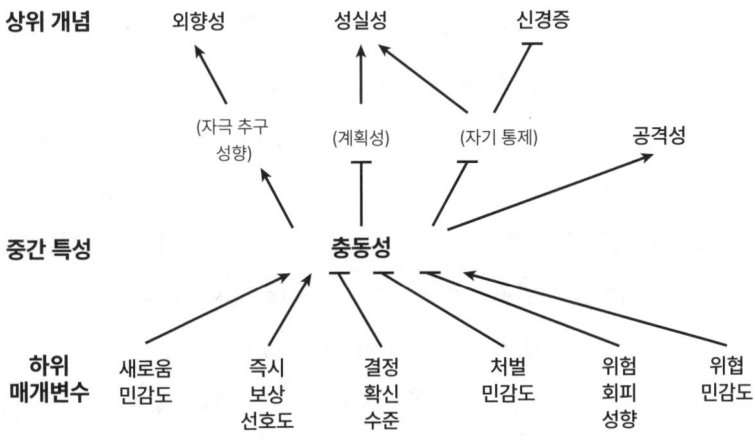

[그림 21] **충동성**

[그림 21]의 모델은 충동성을 중간 수준의 특성으로 보여 준다. 충동성은 다양한 하위 수준의 의사 결정 매개 변수에 영향을 받는다.[30] 한편 그 영향은 다시 상위 수준의 성격 특성에 영향을 미친다.

들쥐나 생쥐의 경우, 실험 장치의 특정 구멍에 코를 들이밀도록 훈련하는 방법이 있다. 이와 달리 최근에는 태블릿 PC를 활용하여 터치 스크린으로 반응케 하는 방식으로 실험하기도 한다. 선택지는 다음과 같이 두 가지가 있다.

① 작은 보상을 주는 자극에 반응하는 것
② 바로 받지 못하거나 낮은 확률로 받더라도 보상이 더 큰 자극에 반응하는 것

다른 과제에서는 보상을 얻기 위해 성급한 반응을 억누르거나, 이미 시작한 반응을 정지 신호에 따라 중단하도록 요구하기도 한다. 비유하자면 땅으로 떨어지려는 공은 스윙을 하지 않고 멈추는 것과 같다. 이처럼 인간을 포함한 동물은 약간의 훈련으로도 과제를 놀라울 정도로 잘 수행하며, 대체로 보상을 극대화하는 최적의 행동에 빠르게 도달한다. 하지만 개별 수준에서는 여러 수행 능력에서 일정한 차이가 관찰된다. 또한 그 수행 차이를 뒷받침하는 신경 기질을 실험적으로 조사할 수 있다는 점이 중요하다.

인간과 동물 모두에게서 다양한 뇌 영역의 손상이 미치는 영향을 살펴본 결과, 의사 결정에 관여하는 영역의 네트워크가 발견되었다. 여기에는 전전두피질과 안와전두피질을 비롯한 전두엽 영역이 포함되는데, 이들은 일반적으로 '집행 기능'에 관여한다고 알려져 있다.

집행 기능은 증거 평가, 계획 수립, 행동 결정 등을 포함하고 있으며, 피질

---

[30] 긍정적 방향은 화살표, 부정적 방향은 T자 막대로 표시하였다.

아래에 있는 기저핵이나 편도체 등의 영역과 협력하여 수행된다. 이는 인간 뇌 영상 연구나 동물 신경 기록 연구에서의 증거로 뒷받침된다. 앞선 증거는 의사 결정 과제를 수행하는 동안 활성화되는 영역과 더불어 각 뉴런 집단이 부호화하는 정보가 무엇인지를 보여 준다.

그 과정 가운데 뇌간에서 오는 신경조절 입력이 중요한 역할을 맡는다. 이는 현재 상태나 미래 상태의 효용을 계산하는 데 필요한 정보를 제공한다. 각기 다른 신경조절물질 수용체를 비롯한 신호 전달 요소를 특별히 표적으로 삼는 다양한 약물의 효과로 시스템에서 도파민과 노르아드레날린, 세로토닌 경로가 수행하는 역할에 관한 중요한 정보가 밝혀졌다. 그중에서도 세로토닌의 기능은 충동성과 밀접한 관련이 있어 특히 주목할 만하다.

인간과 동물 모두 전반적으로 세로토닌 신호가 낮을수록 충동성과 행동의 변동성이 더 커지는 경향이 있는데, 이는 종종 적대감이나 공격성으로 나타난다. 그동안 세로토닌은 오랫동안 처벌에 관한 신호를 전달하며 부정적 강화 학습에 관여한다고 여겨 왔다. 큰 틀에서 의외의 좋은 결과나 보상에 대한 신호를 전달하는 도파민과 상반되는 방식으로 작용하는 것이다.

최근 쥐를 대상으로 한 실험에서는 세로토닌 기능에 섬세한 측면들이 추가로 밝혀졌다. 이는 특정 뉴런 집단의 활동을 밀리초 단위로 정밀하게 제어할 수 있는 혁신적인 기술인 광유전학 optogenetics 기술을 활용해 이루어졌다.

광유전학은 자연에서 아이디어를 빌려온 기술로, 뉴런에 청색광을 비추는 것만으로도 해당 뉴런을 활성화하거나 억제할 수 있다. 이 기술의 핵심은 단세포 녹조류에서 유래한 채널로돕신 Channelrhodopsin, 이하 ChR 이라는 단백질이다. ChR 단백질은 우리 눈의 광수용기 세포에서 빛을 감지하는 옵신 단백질과 유사한 기능을 한다.

녹조류에서는 해당 단백질이 세포막에 자리 잡고 있으며, 광자를 흡수하면 전하를 띤 이온이 세포 안으로 흘러들어올 수 있도록 통로를 연다. 이는 뉴런이 시냅스에서 신경전달물질을 감지했을 때, 전기적 신호를 발생시키는 메커니즘과 본질적으로 같다. 따라서 뉴런이 ChR 단백질 발현을 유도하면 청색광을 비추기만 해도 해당 뉴런이 활성화된다. 한편 이와 반대 효과를 내는 단백질을 사용하면 뉴런을 억제할 수 있다.

위 기술은 ChR 단백질을 부호화하는 DNA를 특정 세포에서만 발현되는 유전자 조절 영역에 연결한다. 이를 통해 해당 단백질이 오직 원하는 세포에서만 발현되도록 조정할 수 있다는 특징이 장점으로 작용한다. 이렇게 설계된 인공 유전자를 지닌 형질전환 동물을 만들면, 매우 선택적인 세포 집단을 정밀하게 조작할 수 있다. 이때 실험의 조작 대상은 중뇌에 있는 다양한 하위 집단의 세로토닌 생성 뉴런이며, 이들은 각각 서로 다른 뇌 영역으로 축삭을 뻗는다. 세로토닌은 이 기술을 활용한 실험마다 다양한 과제 수행 중에 여러 가지 역할로 작용한다는 사실이 밝혀졌다.

우선 세로토닌 뉴런을 급성으로 활성화하면, 동물의 공포와 불안이 증가한다. 이는 세로토닌이 혐오 행동과 학습을 담당하는 회로에서 작용한다는 점과 일치한다. 공포와 불안은 처벌 신호에 대한 감정적 반응으로, 동물에게 그와 같은 행동의 반복을 멈추라는 신호를 보낸다.

따라서 세로토닌 신호는 행동의 부정적 결과를 평가하고, 그로 인한 손상을 피하도록 유도한다. 그리고 신호가 강할수록 해당 행동을 억제하는 데 중요한 역할을 한다. 반대로 세로토닌 신호가 약하면, 행동의 잠재적인 부정적 결과가 과소평가된다. 결과적으로 행동 억제가 줄어들면서 충동성이 증가한다.

별도의 실험에서는 세로토닌이 정보가 불완전한 상황에서 반응을 억제하는 역할도 한다는 점이 확인되었다. 세로토닌 뉴런을 활성화하면 동물이 기다림을 잘 참고 견디지만, 비활성화 시에는 성급하고 충동적인 반응이 증가한다. 이와 같은 경로는 이미 학습했던 반응이라도 새로운 환경에 맞추어 행동을 억제하고, 행동의 가중치를 재조정하도록 가소성을 유도하는 데에도 작용한다.

위의 내용은 인지적 유연성 cognitive flexibility 의 핵심 요소에 속한다. 이는 최적이 아니거나 부정적 결과를 초래할 수 있는 충동적 행동을 억제한다. 결국 동물로 하여금 이전에는 보상이 따랐지만, 더는 그렇지 않은 행동을 지속하지 않도록 한다.

이처럼 광유전학 기술은 시스템을 보다 정밀하게 분석하고, 그 기반인 계산 매개 변수를 실시간으로 조작한다. 그리고 그 결과가 동물의 행동에 어떻게 나타나는가를 관찰할 수 있게 한다. 이제 우리는 의사 결정의 계산적 알고리즘과 이를 실행하는 회로와, 회로를 조정하여 행동을 조직하는 신호 수준에까지 도달했다. 이들 구성 요소를 부호화하는 유전자 변이는 행동 양식에서 일정한 차이를 만들어 낼 수 있다는 사실은 그리 놀랍지 않다.

하지만 이러한 유전자에서 일어나는 돌연변이의 효과는 전혀 단순하지 않으며, 보통 성체에서 약물 등으로 단백질을 급성으로 조작했을 때 나타나는 효과와는 다르다. 그 이유는 세 가지다.

첫째, 관련 단백질은 서로 다른 뇌 영역에서 다양한 임무를 수행한다.

둘째, 시스템 내 다른 단백질의 수준에 보상적 변화가 생기기도 한다.

셋째, 신경조절 경로 가운데 특히 세로토닌의 경로에 변화가 생기면 신경 발달 과정 자체에도 영향을 미치며, 뇌 전체에 걸친 파급 효과를 불러온다.

❉ 행동 조절과 유전자

세로토닌 신호 전달에는 여러 종류의 특화 단백질이 관여한다. 여기에는 다음과 같은 것들이 포함된다.

- 아미노산 트립토판을 화학적으로 변형하여 세로토닌을 생성 또는 분해하는 효소
- 고유한 생화학적, 세포적 특성을 지녔으며, 서로 다른 14개의 수용체
- 시냅스에서 방출된 잉여 세로토닌을 흡수해 재활용하는 단백질인 세로토닌 수송체

이들 유전자 중 다수에서 발견된 돌연변이는 행동에 영향을 미치는 것으로 나타났으며, 인간과 생쥐 모두 충동성과 공격성이 증가하는 경향을 보였다.

[그림 22]에는 세로토닌의 합성과 재흡수, 분해에 관여하는 다양한 유형의 단백질과 수용체가 제시되어 있음을 알 수 있다. 이러한 결과는 일부 사례에서 세로토닌이 행동 억제를 조절한다는 기존의 견해와 일치한다.

생쥐의 세로토닌 생성 효소인 트립토판 하이드록실레이스 2 tryptophan hydroxylase 2, Tph2 [31]를 부호화하는 유전자에 돌연변이가 생기면, 충동성과 공격성이 증가한다. 이러한 경향은 특히 수컷 생쥐에게서 두드러진다. 수컷의 본래 성향이 암컷보다 훨씬 공격적인 성향을 지니기 때문이다.

---

[31] 각 생물 종 간 유전자를 명확하게 구분하기 위하여 인간 유전자를 표기할 때는 TPH2, 쥐의 경우 *Tph2*라 표기한다. 다만 단백질은 구분하지 않고 모두 대문자로 표기한다. 옮긴이.

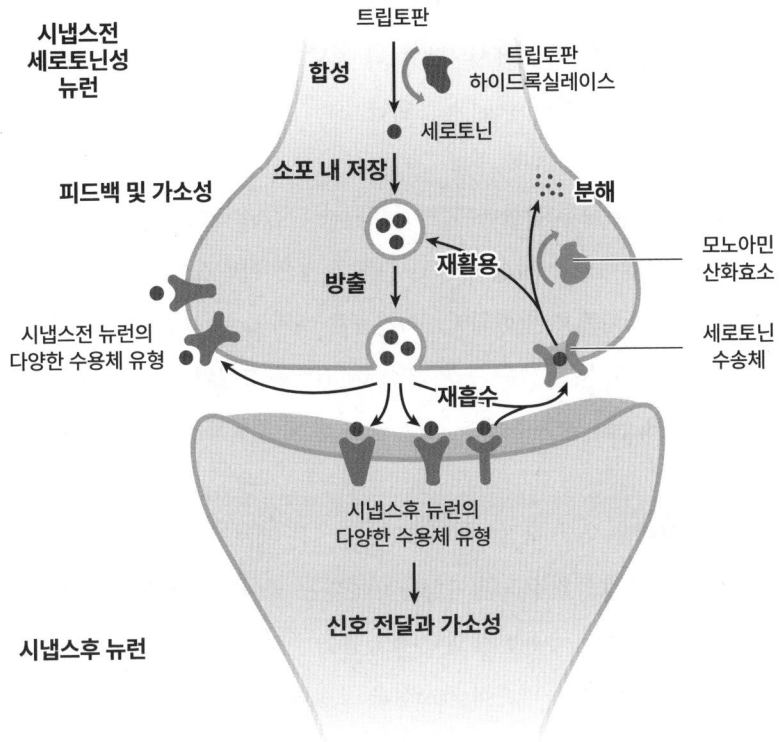

[그림 22] **세로토닌 생화학 경로**

세로토닌 수용체 중 하나인 *Htr1b* 유전자의 돌연변이도 유사한 행동 양상을 유발한다. 반대로 잉여 세로토닌을 제거하는 수송체 단백질 부호화 유전자에 돌연변이가 생기면, 세로토닌 신호가 증가하고 공격성이 줄어든다. 이러한 결과는 세로토닌 신호의 수준이 높을수록 충동적이고 공격적인 행동이 억제된다는 단순한 모델과 잘 들어맞는다.

하지만 또 다른 세로토닌 수용체 유전자인 *Htr1a*에 돌연변이가 생기면, 오히려 공격성이 줄어드는 반대 효과가 나타난다. 그리고 세로토닌을 분해하는 모노아민 산화효소 A monoamine oxidase A, 이하 MAOA 부호화 유전자에 돌연변이가 발생할 때 뇌에서 세로토닌 농도가 극적으로 증가하면서 충동성과 공격성이 증가한다. 이는 세로토닌 수치가 감소한 *Tph2* 돌연변이 생쥐가 보인 행동 양상과 같다.

이상의 결과를 모두 종합하면, 세로토닌과 관련된 생화학 및 신경 시스템이 상당히 복잡하다는 사실이 드러난다. 수많은 단백질이 여러 세포 유형에서 다양한 조합으로 발현되며, 그 기능은 예기치 못한 방식으로 상호 작용한다. 더군다나 시스템은 구성 요소 하나라도 결핍이나 기능 저하가 있다면, 다른 요소의 발현 수준을 상향 또는 하향 조절하는 방식으로 반응하기도 한다.

그런데 상황을 더욱 복잡하게 만드는 요인은 세로토닌 같은 신경조절물질이 신경 발달에도 직접적인 영향을 미친다는 점이다. 세로토닌은 발달 중인 여러 신경 회로에서 유전자 발현에 영향을 준다. 그리고 형성될 시냅스의 유형을 결정하며, 활동 의존적 가소성을 조절한다.

따라서 발달 시기에 세로토닌 신호에 변화가 생기면, 세로토닌 회로뿐 아니라 뇌의 여러 영역에 존재하는 다른 신경 회로에도 영구적인 영향을 미친다. 그 경로에 영향을 주는 돌연변이는 발달기를 포함해 생애 전반에 걸쳐 작용한다. 그러므로 성체에 약물을 투여하거나 회로를 자극하는 것처럼 급성으로 조작할 때 나타나는 효과와는 맞지 않는 결과를 이따금 보여 주기도 한다.

인간에게도 같은 유전자 중 일부에 돌연변이가 발생할 시 충동성과 공격성에 영향을 준다. 가장 잘 알려진 예는 MAOA 유전자에서 발견된 극히 드문 돌연변이이다. 이 변이는 단백질의 기능을 완전히 상실시킨다.

MAOA 돌연변이는 네덜란드의 한 대가족에게서 발견되었다. 해당 변이를 보유한 남성은 모두 경계선 지능 borderline intellectual functioning 과 더불어 심각한 행동 조절 문제를 보였다.³² 그들 다수는 성적 일탈 행위, 방화, 살인 미수 등으로 복역한 전력이 있었다. 이와 유사한 중증의 MAOA 돌연변이는 이후에도 비슷한 행동 형질을 보이는 다른 사람들에게서 발견되었다. MAOA 유전자는 뒤에서 구체적으로 다루도록 하겠다.

MAOA 외에 또 다른 세로토닌 경로 유전자에서 발견된 돌연변이도 충동적 공격성을 보이는 사람에게서 발견되었다. 이번에는 핀란드였다. HTR2B 유전자에 생긴 돌연변이는 특정 세로토닌 수용체의 생성을 차단하며, 전체 인구의 약 2%에서 나타날 정도로 흔한 편이다. 이는 핀란드 인구에 창시자 효과 founder effect 가 작용한 탓에 일부 희귀 돌연변이가 이후 세대에서 상대적으로 자주 나타나게 되었다.

HTR2B 돌연변이는 극단적인 충동성과 공격적 행동 양상을 보이는 남성에게서 나타난다. 그중에서도 특히 반사회적 인격 장애, 경계선 인격 장애, 간헐적 폭발 장애로 진단받은 폭력 범죄자 사이에서 약 2배 정도 흔하게 발견되었다. 다만 이는 MAOA 돌연변이만큼 강력한 통계적 근거가 있지 않으며, 영향력도 약한 편이다.

실제로 핀란드에는 해당 돌연변이를 지니고도 폭력 범죄를 저지르지 않은 사람들이 많다. 하지만 그들이 평균적으로 충동성이 더 높은지는 아직 명확히 밝혀지지 않았다. 다만 생쥐의 *Htr2b*에 돌연변이가 발생했을 때는 충동성의 증가를 보였으므로, 이것이 인간의 행동에도 영향을 미칠 가능성을 뒷받침한다.

이상에서 제시한 연구에서는 특정 단백질의 기능에 큰 영향을 미치는 희귀 돌연변이가 행동에 상당한 영향을 미치며, 심지어는 성격 장애까지 분명

---

32 MAOA 유전자는 X 염색체에 존재하므로, 해당 유전자의 사본이 두 개인 여성이 하나뿐인 남성보다 상대적으로 영향을 덜 받았다.

하게 유발할 수도 있음을 보여 준다. 이러한 사실을 고려하면, 단백질의 양이나 기능에 훨씬 미미한 영향을 주는 흔한 유전적 변이도 사람의 성격 특성이나 행동에 미묘한 영향을 주는가를 확인하는 것도 타당할 것이다. 이는 정상 범위 안에서 개인 간 차이를 만들어 낼 가능성이 있기 때문이다.

유전자-환경 상호 작용의 환상

흔한 유전적 변이가 성격이나 행동에 미치는 영향과 관련하여 MAOA 유전자와 세로토닌 수송체 암호화 유전자인 5HTT가 가장 집중적인 연구 대상이 되어 왔다. 이들 유전자는 모두 생성할 단백질의 양을 결정하는 유전자 조절 영역에 영향을 주는 일반적인 변이를 지닌다. 그리고 양쪽 모두 단백질을 약간 적게 또는 약간 많이 생성하는 두 가지 버전이 존재한다.

그렇게 알려진 단백질의 기능을 토대로 연구자들은 두 유전자의 두 가지 버전 가운데 어느 쪽이 반사회적 행동, 신경증 성향, 불안, 우울증, 자살 시도 등 다양한 심리적 특성 및 정신 질환과 연관이 있는지 검사했다. 초기에는 통계적으로 유의미한 결과도 일부 보고되었지만, 지금까지 어떠한 연관성도 확실히 재현되지는 못했다.

그러나 연구자들은 한걸음 더 나아가 그 유전적 변이가 모든 사람에게 영향을 미치지 않더라도, 특정한 환경 스트레스 요인에 노출된 사람에게 효과를 발휘할 것이라는 가설을 세웠다. 이에 따라 두 가지 유명한 연구 결과가 도출되었다.

첫째는 MAOA 유전자의 저발현 버전은 어린 시절 학대를 경험한 사람의 경우에만 반사회적 행동과 연관이 있었다.

둘째는 5HTT 유전자의 저발현 버전이 살면서 스트레스가 큰 사건을 겪은 사람에게서 우울증 및 자살 시도와 관련이 있었다.

이상과 같은 연구는 '유전자-환경 상호 작용'의 대표 사례로 매우 널리 인용된다.

이론 자체는 그럴듯하다. 특정한 유전적 차이가 외부 스트레스 요인에 관한 취약성과 저항력에 영향을 미치며, 그 차이는 오직 스트레스를 경험했을 때만 드러난다는 것이다. 하지만 실제 결과는 신뢰성이 떨어지는 경우가 많다.

연구자들은 그 연구의 결과를 재현하고자 시도했고, 일부는 긍정적인 결과를 보였다. 그러나 다른 연구에서는 아무런 연관성이 없거나 오히려 반대되는 결과가 나오기도 했다. 해당 유형의 연구는 일반적으로 통계적 검정력이 매우 낮았고, 거짓 양성 결과가 나올 가능성이 높았다.

게다가 이 분야 문헌에는 출판 편향이 광범위하게 존재한다는 증거도 있다. 이는 부정적 결과보다 긍정적 결과가 출판될 가능성이 훨씬 크다는 것을 의미한다. 이후에 성격 특성이나 우울증 같은 정신 질환을 대상으로 수행된 대규모 GWAS에서는 MAOA와 5HTT에서 의미 있는 결과가 전혀 나타나지 않았다. 설령 두 유전자의 효과가 일부 보유자에게만 나타난다고 하더라도, GWAS 같은 대규모 연구에서 충분히 감지되었어야 한다.

발달의 중심

전반적으로 유전학 연구에서는 신경조절 경로의 구성 요소를 부호화하는 유전자의 심각한 돌연변이가 의사 결정 과정의 매개 변수에 영향을 준다. 이는 곧 성격 특성의 기저임을 보여 줄 수 있음을 의미한다. 그러나 지금까지 확인된 돌연변이 중 심각한 영향을 미치는 것은 매우 드물다.

반면 일반적인 유전적 변이는 별다른 영향을 미치지 않는 듯해 보인다. 이는 성격 특성의 유전적 구조가 대체로 영향력이 작고, 드문 변이가 좌우할 가능성이 크다고 말할 수 있다. 그리고 이러한 유전적 영향이 단순히 더해지지 않고, 복잡하게 상호 작용하는 비가산적 방식으로 작용한다는 증거도 있다.

따라서 개인이 지닌 유전적 변이의 조합이 무엇보다 중요하다고 할 수 있다. 그러나 이상의 두 가지 요인으로 성격 특성에 영향을 주는 특정한 유전적 변이를 정확하게 식별하기가 훨씬 어려워진다. 이는 성격 특성의 유전력이 떨어진다는 의미는 아니다. 그저 유전적 구조가 복잡할 뿐이다.

표면적 심리 특성에서 시작해 의사 결정 회로 수준까지 내려왔으니, 관점을 한 번 더 바꾸어 보자. 지금까지의 논의는 행동을 조직하는 데 사용하는 시스템의 구성 요소, 정확하게는 임무를 수행한다고 볼 수 있는 단백질과 회로에 나타나는 유전적 변이에 초점을 맞추었다.

하지만 그 임무는 수천 가지 단백질 중 특별히 회로의 발달에 관여하는 기능에 간접적으로 좌우되기도 한다. 이들 유전자 가운데 하나라도 돌연변이가 생기면, 회로가 형성되는 방식에 차이가 발생한다. 그러면 의사 결정을 계산하는 방식에도 영향을 미칠 수 있다. 실제로 이상과 같은 과정에 영향을 주는 돌연변이는 대부분 의사 결정 기제에 직접 관여한다고 여기지 않는 유전자에 속할 가능성이 크다.

의사 결정 신경계에 간접적으로 영향을 미치며 충동성과 공격성 증가와 같은 표현형으로 이어지는 신경발달 관련 유전자의 돌연변이 사례는 생쥐 실험에서 수십 가지가 확인된다. 우리 연구실에서도 주로 세포 이동, 축삭 유도, 시냅스 형성에 영향을 주는 돌연변이가 회로 수준의 변화로 말미암아 어떻게 일관된 행동 효과로 나타나는가를 조사한 바 있다.

인간도 마찬가지다. 신경발달 장애를 유발하는 돌연변이는 종종 특정한 행동이나 성격 특성과 연관되어 있다. 돌연변이가 여러 시스템에 두루 영향을 미친다고 해서 성격 특성의 하위 요소에 나타나는 차이의 영향력까지 크지 않다고 단정할 수는 없다. 우리는 서로 다른 유전자가 각기 특정한 역할을 한다고 믿고 싶어 하지만, 사실 이는 일종의 자기기만일 수 있다. 자연에게는 모든 것을 우리가 이해하기 쉽도록 단순화할 의무는 없다.

요약하자면 우리가 성격 특성으로 인식하고 분류하는 요소는 여러 근본적인 의사 결정 매개 변수의 다양성에서 비롯되었을 것이다. 그리고 사람마다 그 매개 변수가 다르게 조율되는 이유는 신경조절 시스템의 차이 때문이라 할 수 있다. 그 일부는 신경조절 경로를 구성하는 생화학적 요소를 부호화하는 유전자의 변이로 발생하기도 한다. 그러나 대부분의 경우 특정 경로에 직접 작용하지 않고, 주로 신경 발달에 영향을 미치는 방식으로 해당 시스템에 간접적으로 작용할 가능성이 크다.

우리는 뇌 회로가 발달하는 방식에 나타나는 차이가 심리적 특성의 주요한 원천이라는 중심 주제로 되돌아왔다. 중요한 점은 그 차이가 유전적 차이뿐 아니라 발달 자체의 과정에서도 발생한다는 점이다. 발달 과정에서 일어나는 무작위적 변화는 유전적 변이의 효과가 개인에게 어떻게 나타나는지를 크게 좌우할 뿐 아니라, 타고난 기질 차이에도 영향을 미칠 것이다.

제5장에서 살펴본 바와 같이, 출생 이후 뇌의 자기 조직화 과정은 우리의 경험과 그에 반응하는 방식에 영향을 줌으로써 선천적 차이를 강화할 것이다. 우리는 태어날 때부터 서로 다르다. 그리고 시간이 지날수록 차이는 여러모로 크게 벌어진다.

제 7 장

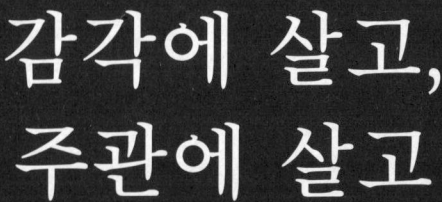

감각에 살고, 주관에 살고

INNATE

INNATE

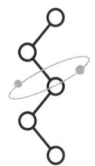

 우리는 모두 같은 방식으로 세상을 바라볼까? 이는 쉽게 답을 내릴 수 없는 문제로, 철학자들이 수천 년 동안을 고민해 온 주제이다. 두 사람이 주관적으로 같은 지각 경험을 하고 있음을 증명하기는 사실상 불가능하다. 어쩌면 원칙적으로도 그러할 것이다.
 빨간 사과를 볼 때, 내가 느끼는 경험의 질이 당신과 같을까? 그렇다면 이를 어떻게 확인할 수 있을까? 우리가 경험하는 내용이 대체로 비슷하다는 점만큼은 어느 방법으로도 입증할 수 있을 것이다. 당신과 내가 서로 빨간 사과를 보고 있다고 말하며, 비슷한 뇌 활성 패턴을 보일 수 있는 것처럼 말이다.
 그러나 지각의 본질은 주관적이고 사적인 과정을 근간으로 한다. 따라서 우리 경험의 질감은 과학의 잣대로 파악하기가 거의 불가능해 보인다. 과연 내가 느끼는 빨강이 당신과 같은 색감일까?
 두 사람이 같은 주관적 지각 경험을 하고 있는가를 증명하는 것은 어쩌면 불가능할 것이다. 다만 두 사람이 서로 다른 경험을 하고 있음을 명확히 알 수 있는 사례는 많다. 지각은 단순히 외부 자극을 감지하고 분석하는 수동적인 과정이 아니다. 실제로는 분리된 여러 처리 과정이 모여 이루어진 매우 능동적인 과정이다. 이들 과정의 통합에 따라 우리는 외부 세계에 무엇이 존재하는가를 추론하는 인식을 형성한다.
 이상의 과정은 놀라울 만큼 정교한 신경 회로에 기반을 둔다. 그리고 신경 회로는 유전체에 부호화된 지침에 따라 형성된다. 지침에 존재하는 유전적 변이는 지각 회로의 조직 방식에 중대한 영향을 미칠 것이다. 또한 이는 곧 지각 경험에 상당한 차이를 일으킬 가능성이 있다. 그 결과 우리는 세상을 '어떻게 느끼는가'라는 주관적 체험뿐 아니라, '어떻게 생각하는가'라는 근본적인 수준의 차이에도 영향을 받는다.

세상을 바라보는 필터

생태학적 관점에 따르면, 지각의 핵심은 유기체가 주변 세계에 무엇이 존재하는가를 파악할 수 있도록 돕는 것이다. 이를테면 다음과 같은 사항을 알아야 한다.

- 물체는 어디에 있는가?
- 그 물체는 무엇인가?
- 무엇이 움직이는가?
- 내가 먹을 수 있는 것은 무엇인가?
- 무엇이 나를 잡아먹으려 하는가?

우리 감각계는 특정 종류의 자극만을 감지할 수 있다. 광자와 공기의 진동, 열, 우리가 접촉하고 있는 표면의 압력과 환경에 존재하는 화학 물질 등 말이다. 이러한 정보를 통해 우리의 고차원 지각 시스템은 수신한 자극이 무엇이며, 그 원인이나 근원은 외부 세계의 어떠한 곳에서 비롯되었는가를 추론해 내야 한다. 이 작업은 매우 까다롭고 어렵다.

특정한 물체를 바라볼 때, 그것이 망막에 어떠한 자극 패턴을 만들 것인가는 예측하기 쉽다. 이와 반대로 특정 자극 패턴을 통해 바라본 물체가 무엇인지를 추론하는 일은 훨씬 어렵다. 우리가 받아들이는 정보는 모호하고, 탐지기는 완벽하지 않은 데다 신호에는 잡음이 섞여 있다. 이와 같은 역문제 inverse problem 는 보통 여러 가지 해답을 지닌다.

- 이 물체는 원래 작은가, 아니면 멀리 있어서 작게 보이는가?
- 이 물체는 수직 방향으로 놓여 있는가, 아니면 우리 쪽으로 기울어져 있는가?
- 이 물체는 어두운 환경에서 밝은가, 아니면 밝은 환경에서 어두운가?

이때 가장 먼저 해야 할 일은 들어오는 정보를 분석함으로써 되도록 많은 의미를 추출하는 것이다. 시각 체계의 경우, 망막에 있는 여러 세포층이 서로 다른 세포에서 유입된 정보를 비교하면서 정교한 연산을 수행한다. 처음에는 광수용기 세포에서 빛을 감지하는데, 이 유형의 세포는 간상세포와 원추세포라고 불린다. 이들 세포는 옵신 opsin 이라는 특수 단백질을 발현한다. 옵신은 들어오는 광자를 흡수하여 세포 내부에서 생화학적 신호를 활성화한다. 이 신호는 최종적으로 전기적 활동을 유도한다. 간상세포는 원추세포보다 민감하며, 다양한 파장의 광자에 반응한다. 한편 원추세포는 파장에 선택적으로 반응하는데, 이는 빛의 파장에 따라 세 가지 유형으로 나뉜다.

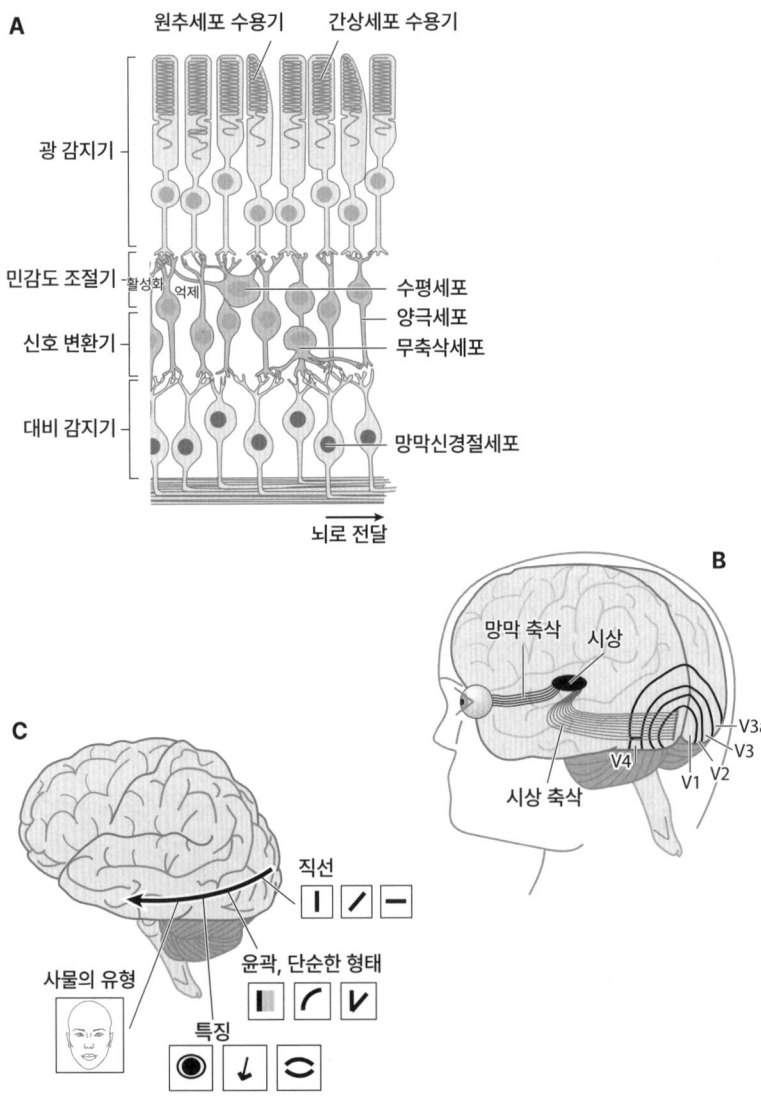

[그림 23] **시각 처리**

시각 장면의 신호는 [그림 23]처럼 망막의 여러 세포층을 거쳐 처리된다. 이를 통해 A에서 보는 바와 같이 가장 의미 있는 요소가 추출된다. 이후 B로 넘어가면, 망막 축삭은 시상으로 투사된다. 그리고 시상 축삭은 다시 1차 시각 피질 primary visual cortex, V1 과 30여 개의 시각 영역(V2, V3, V3a, V4 등)을 따라 이어진다. C에서는 시각 영역의 계층을 따라 선부터 단순한 형태, 물체의 특징, 얼굴과 같은 사물의 유형에 이르기까지 점차 고차원적인 시각 속성을 추출한다.

광수용기의 활동은 양극세포로 관찰할 수 있다. 양극세포는 광수용기 세포의 신호에 따라 활성 또는 억제된다. 개별 양극세포는 하나의 간상세포나 원추세포의 신호에 반응한다. 그러나 양극세포의 활동은 또 다른 세포인 수평세포가 조절하는 주변 광수용기 세포의 상태에도 영향을 받는다.

양극세포는 망막신경절세포 retinal ganglion cell 와 시냅스를 이룬다. 망막신경절세포는 망막의 출력 세포로, 시신경을 통해 신호를 뇌로 전달한다. 망막신경절세포는 여러 인접한 활성화 및 억제 양극세포에서 수신한 정보를 동시에 통합하여 시각 자극의 윤곽을 보다 정교하게 구성해 낸다.

특히 망막신경절세포는 대비 감지에 특화되어 있다. 따라서 인접한 양극세포 간 활동 차이가 클수록 더 활발하게 반응한다. 이는 해당 세포가 사물의 윤곽에 주로 주의를 기울이나, 균일한 표면에는 별 관심을 두지 않음을 의미한다.

원추세포에서도 이상과 유사한 방식으로 신호를 처리한다. 개별 원추세포는 하나의 옵신 유전자를 발현한다. 옵신 유전자는 우리가 적색, 녹색, 청색으로 인식하는 특정 파장의 빛에 민감하게 반응한다.[33] 적색 및 녹색 옵신을 발현하는 원추세포로 들어온 입력은 양극세포와 신경절세포로 이루어진 하

---

[33] 옵신 유전자 가운데 어떠한 유형을 활성화할지는 각 원추세포가 무작위로 선택하는데, 이는 발달 과정이 예측될 수 없음을 또 한 번 보여 준다.

나의 경로에서의 비교를 통해 적색/녹색 대비를 생성한다. 청색 옵신의 경우, 다른 경로에서 적색/녹색 대비와 통합되어 청색/황색 대비를 만들어 낸다. 우리는 앞의 비교 과정에 따라 수백만 가지나 되는 다채롭고 풍부한 색상과 색조를 눈으로 경험한다.

망막신경절세포에는 다양한 하위 유형이 존재하며, 입력의 구조와 논리에 따라 각기 다른 방식으로 계산을 수행한다. 어느 세포는 특정 방향의 움직임에 반응하고, 다른 세포는 지속적인 빛보다 깜빡이는 빛에 더 민감하다. 또한 한 세포는 해상도가 낮아도 신호를 빠르게 전달하는 반면, 속도는 다소 느리더라도 정보량이 더 많은 신호를 보내는 세포도 있다. 의식적 시각 경험 외에도 일부 세포는 동공 반사나 생체 리듬 같은 무의식적 시각 반응을 조절하는 정보를 전달하기도 한다.

이처럼 시각 처리가 시작되는 첫 번째 지점인 눈 안에서조차 회로는 매우 복잡하고 정교하게 구성되어 있음을 알 수 있다. 그리고 시각 신호에서 특정한 특징을 추출하여, 정보를 다수의 병렬 경로를 통해 뇌로 전달한다.

시각 경험을 실제로 매개하는 신호는 먼저 뇌 한가운데에 있는 시상으로 전달된다. 이후 머리 뒤쪽의 1차 시각 피질로 전해진다. 여기서 정보를 전달하는 신경 투사체는 매우 중요한 특성을 보인다. 바로 입력 뉴런 간의 공간적 이웃 관계는 신호가 투사되는 표적 세포 사이에서도 그대로 유지되도록 연결된다는 점이다.

망막에서 서로 이웃한 세포는 시상에서도 그 세포들과 연결되고, 이는 시각 피질도 마찬가지다. 시각 세계는 눈의 렌즈를 통해 망막 표면에 투사된다. 그러므로 1차 시각 피질의 표면에 투사될 때도 마치 지도를 그린 것처럼 유지된다.

하지만 시각 처리는 그것으로 끝나지 않는다. 시각에 관여하는 피질 영역은 적어도 30개 이상이 더 있으며, 이들은 대체로 위계적으로 배열되어 있다. 각 단계는 그 아래 단계에서 온 정보를 통합함으로써 점점 더 복잡한 시각적 특징을 추출한다.

예컨대 1차 시각 피질의 세포는 시상과 망막에서 들어온 정보[34]를 통합한다. 이 과정에서 1차 시각 피질에서는 다양한 방향의 선을 감지한다. 그보다 상위 단계의 영역에서는 단순한 도형이나 곡선에, 더 나아가 사물에 반응한다. 이 가운데 일부 영역은 색이나 움직임 외의 시각적 특징에 특별히 민감하다. 그 결과로 우리는 얼굴이나 글자, 도구, 집처럼 특정한 사물 유형에 특화된 영역에 이른다.

따라서 시각 영역의 모든 활동 패턴은 시각 세계에 존재하는 사물의 특성을 반영한다. 우리가 전극이나 신경 영상 기법을 이용해 그 패턴을 기록한다면, 이를 보기만 해도 사람들이 무엇을 보고 있는가를 '해독 decode' 할 가능성이 커진다.[35]

하지만 중요한 점이 있다. 우리의 뇌 안에서 시각 영역의 활동 패턴을 보는 사람은 아무도 없다. 그렇다고 해서 신경 투사 패턴을 들여다보는 작은 존재가 뇌 속 어딘가에 숨어 있는 것도 아니다. 결국 개별 뉴런 중 어느 것도 '본다고' 할 수 없다. 이는 망막도, 시상도, 수많은 시각 피질 영역도 마찬가지다. 활동 패턴을 분석하고 전달하는 것만으로는 '보는' 행위가 성립할 수 없다.

그 대신 '보는 행위', 그보다 더 일반적으로는 '지각하는 행위'는 감각 자극의 원인이 무엇인가를 추론하는 과정에서 발생한다. 우리의 뇌는 외부 세계의 현재 상태에 대한 내적 모델과 함께 입력되는 감각 정보를 비교할 때 추론이 이루어진다고 여긴다. 뇌에서는 들어오는 감각 신호를 반영하여 내

---

[34] 주로 고대비 점을 나타낸다.
[35] 실제로 이 방식을 이용해 꿈의 내용까지 해독해 내는 연구가 어느 정도 진전을 이루었다.

적 모델을 조정한다.

본질적으로 뇌는 외부 세계의 상태를 예측하고, 이를 실제 감각 정보와 비교하여 오차를 계산한다. 이후 오차를 최소화하기 위해 모델을 업데이트하려 한다. 어찌된 일인지 내적 모델을 조정하는 과정이 의식적인 주관적 지각의 근간을 이룬다고 보인다.[36]

비교가 이루어지려면 정보는 양방향으로 흘러야 한다. 즉 감각 말단에서 대뇌 피질의 고차 영역으로 올라가는 상향식 bottom-up 경로와 현재 내적 모델에 대한 정보를 전달하는 하향식 top-down 경로가 모두 있어야 한다는 얘기다. 그런데 실제는 1차 시각 피질로 들어오는 입력이 대체로 시상과 망막에서 오는 감각 정보를 전달하는 상향식 피드포워드 feed-forward 가 아니다. 상위 시각 영역에서 보내는 하향식 피드백 연결이다.

하향식 연결이 미치는 영향은 착시 optical illusion 에서 잘 드러난다. 착시는 특히 우리가 세상에 기대하거나 알고 있는 방식이 지각에 영향을 끼친다. 착시의 효과는 하위 단계에서 오는 신호를 무시하거나 덮어씌움으로써 우리가 실제로 보는 것을 바꾸어 버릴 때 나타난다.

---

36 '어찌된 일인지'는 실제로 그 과정이 어떻게 일어나는지를 둘러싸고 여전히 크나큰 미스터리가 남아 있다는 점을 단순화하여 압축한 표현이다.

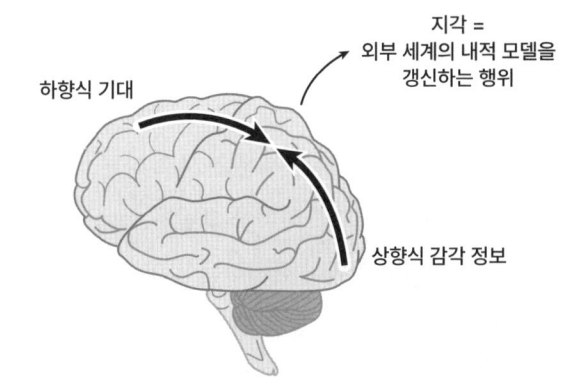

똑같은 회색 그림자를 띤
사각형 A와 B[37]

모두 같은 차의 크기[38]

[그림 24] **추론으로서의 지각**

---

37 Wikipedia contributors, Checker Shadow Illusion, *Wikipedia, The Free Encyclopedia*, 2018. 3. 9., https://en.wikipedia.org/w/index.php?title=Checker_shadow_illusion&oldid=82964676.에서 재인용.

38 Logic Optical Illusions, *Genius Puzzles*, n.d., https://gpuzzles.com/optical-illusions/logic/.에서 재인용.

지각은 감각 정보와 하향식 기대를 비교하여 세계에 대한 내부 모델을 갱신하는 과정이다. [그림 24]에 제시된 이미지는 하향식 효과의 강도를 보여 주는 사례이다.

체스판 위에 'A'와 'B'라고 표시된 부분은 서로 다른 색처럼 보이지만, 사실 같은 색상이다. 우리 뇌는 그중 하나가 그림자 속에 있는 것처럼 보여서 더 밝다고 해석한다. 이처럼 망막이 감지하는 빛의 강도가 같아도, 뇌에서는 그 부분이 더 밝아야만 같은 양의 빛을 낼 수 있다고 보았기에 밝아 보인다고 판단한 것이다. 그 결과는 보이는 바와 같다.

SUV 자동차가 나란히 찍힌 사진도 마찬가지다. 이 사진에서는 앞 차량이 뒤 차량보다 작아 보이지만, 세 차량의 크기는 모두 같다. 도로의 원근감으로 앞차가 뒤차보다 더 멀리 있는 것처럼 보이게 한다. 그런데도 망막에서 차지하는 크기가 같다면, 뇌에서는 멀리 있는 물체일수록 더 커야 한다고 추론한다.

이상의 사례는 지각의 역할이 단순히 감각 신호를 수동적으로 전달하는 것이 아님을 보여 준다. 지각은 외부 세계에 대한 표현 또는 최선의 추정 best guess 을 구축하는 작업이라는 점을 위에서 제시한 사례를 통해 알 수 있다.

지각 활동에는 모두 분명한 목적이 있다. 이는 유기체에 필요한 것이 단순히 '무엇인가'가 아닌, '어떠한 의미가 있는가'를 아는 것이다. '그것으로 무엇을 할 수 있는가?'에서 '혹시 위험하진 않은가?', '잡을 수 있는가?', '먹을 수 있는가?', '맛이 있는가?', '짝짓기할 수 있는 대상인가?', '나를 잡아먹으려 하는가?' 등처럼 말이다.

이 지점에서 아주 흥미로운 사실이 등장한다. 그 의미는 유기체마다 각기 다르다는 것이다. 세상에는 수많은 대상이 있지만, 그중에서도 각 동물에게 특별히 중요하게 작용하는 하위 집합이 존재한다. 특정 종 species 에게는 특별히 주의를 기울여야 하지만, 다른 종에게는 무시해도 되는 것들이 있다.

종마다 자신에게 중요한 대상을 감지하도록 고도로 적응되어 있다. 반면 자신의 생존, 더 정확하게는 유전자의 생존과 무관한 것에는 완전히 무감할 수도 있다. 이는 지극히 현실적인 방식으로, 서로 다른 종이 서로 다른 환경 아래 살아가고 있다는 결론으로 이어진다. 적어도 '주관적'으로는 그러하다. 우리가 경험할 수 있는 것도 결국 주관적인 환경일 뿐이다.

움벨트

독일 생물학자 야콥 폰 윅스퀼 Jakob von Uexküll 은 각 종이 살아가는 지각적 세계를 '움벨트 Umwelt'라고 명명했다.[39] 그는 각 종이 주변 세상의 극히 일부, 즉 자신에게 의미 있는 요소만을 지각하는 자신만의 세계 속에 살고 있다고 설명했다.

그 예로 벌은 자외선 파장에서 드러나는 꽃 표면의 무늬에 반응하지만, 인간은 전혀 인식하지 못한다. 그런가 하면 다수의 조류는 자외선 영역까지 볼 수 있다. 그중에서도 매는 그 특징을 활용하여 먹잇감이 남긴 자취를 추적한다.

일부 뱀은 코의 특수한 기관을 통해 적외선 파장을 탐지한다. 그 능력은 최대 1m 떨어진 곳에서도 따뜻한 물체를 감지해 낼 정도이다. 박쥐와 설치류는 인간의 가청 주파수 범위를 넘어서는 고주파음을 들을 수 있다. 한편 개는 인간보다 더욱 넓은 범위의 냄새에 민감하다.

이상의 차이는 인간이 인지하지 못하는 다른 감각으로까지 확장된다. 오리너구리와 전기뱀장어는 먹잇감이 방출하는 전기장을 느낄 수 있다. 그리고 문어는 광파의 진동면 방향인 빛의 편광도 볼 수 있어서 투명한 먹잇감

---

39 독일어로 '환경(environment)'이라는 사전적 의미를 지니지만, 여기서는 '감각적 환경'에 가까운 의미로 쓰인다.

도 찾아낸다. 심지어 거북이나 벌, 일부 조류를 비롯한 여러 종은 지구의 자기장까지 감지한다.

종마다 감지할 수 있는 감각 영역에는 큰 차이가 있다. 이는 단순히 감지 범위뿐 아니라 감각의 질, 특히 해상도에도 적용된다. 이러한 특징은 색각에서 두드러지게 나타난다. 유기체가 색을 구별하는 능력은 서로 다른 파장의 빛을 감지하는 색상 채널이 몇 개인가에 달려 있다. 그리고 채널의 수는 유기체의 옵신 유전자 수에 따라 결정된다.

포유류에 속하는 종은 대개 옵신 유전자가 2개뿐이라 구별 가능한 색 영역이 인간보다 훨씬 좁다. 반면 다른 종은 그보다 훨씬 많은 유전자를 지닌다. 어느 나비 종은 무려 15개나 되는 옵신 유전자를 지니고 있어, 다양한 파장의 빛을 훨씬 정밀하게 구별할 수 있을 것으로 보인다. 앞선 바와 같이 종에 따른 감지 해상도의 차이는 청각, 후각, 촉각을 비롯한 다른 감각에도 폭넓게 존재한다.

놀랍게도 종마다 세상을 지각하는 속도에도 차이가 있다. 우리의 시각은 마치 끊기지 않고 계속 재생되는 영상 같지만, 실제로 우리는 초당 약 60프레임 정도로 세상을 본다. 이는 빛이 깜빡이는 빈도를 인간이 어디까지 인식할 수 있는가를 살펴보는 실험에서 확인할 수 있다.

깜빡이는 빈도가 초당 60회인 60Hz 이상일 때, 우리는 이를 깜빡임으로 인식하지 못하고 계속 켜져 있는 상태로 본다. 하지만 빈도가 그보다 더 낮다면 깜빡임을 인지할 수 있다. 그런데 프레임 속도는 종마다 매우 다르다. 이 사실에 관한 사례는 동료인 앤드류 잭슨 Andrew Jackson 을 비롯한 여러 연구자의 연구를 통해 살펴보겠다.

상어는 인간의 절반 속도인 약 30Hz로 세상을 보지만, 개는 인간보다 2배 빠른 120Hz로 세상을 본다. 개가 공을 잡는 데 그토록 선수인 이유가 바로 그것이다. 하지만 승자는 곤충이다. 곤충은 인간보다 최대 7배 빠르게 세상을 본다.

곤충은 움직임이 매우 빠르기에 주변 세상이 흐릿해지지 않으려면 1초에 더 많은 정보를 처리해야 한다. 이는 마치 〈매트릭스〉[40]에서 키아누 리브스가 총알을 피하는 장면처럼, 파리는 우리의 손이 슬로 모션처럼 다가오는 듯해 보일 것이다. 우리가 맨손으로 파리를 잡기 어려운 이유도 바로 그것 때문이다.

감지 능력이나 해상도 외에도 다양한 감각 자극이 종마다 의미하는 바도 매우 다르다. 이 사실은 냄새나 맛에서 특히 두드러지는데, 끌리거나 꺼리는 화학 물질이 종에 따라 선천적인 차이가 있음을 의미한다. 단순히 감지되는 것을 넘어 좋고 나쁨의 문제로 인식되는 것이다. 포유류의 배설물은 인간에게 역겹지만, 파리에게는 향기로울 수 있는 것처럼 말이다.

지금까지 소개한 종 간 지각 차이는 선천적으로 고정되어 있다. 그 차이는 생화학적 특성과 신경 회로망의 차이를 반영하며, 발달 과정의 유전적 프로그램 차이에서 비롯된다. 특수한 감각 시스템을 정확히 구축하려면 막대한 양의 유전적 지시가 필요하다.

그리고 다른 형질과 마찬가지로 '변할 수 있는 것은 반드시 변한다.'라는 유전학계의 머피의 법칙이 적용된다. 결과적으로 같은 종 안에서도 유전적 변이가 일어나므로, 지각 능력 역시 개체마다 다를 수 있다. 이는 인간도 예외는 아니다.

---

[40] 〈매트릭스〉는 워쇼스키 형제가 감독한 작품으로, 미국에서 1999년 3월 31일에 개봉하였다. 국내 개봉일은 같은 해 5월 15일이며, 제작사는 미국 실버 픽처스(Silver Pictures), 공동 제공사는 빌리지 로드쇼 픽처스(Village Roadshow Pictures)와 그라우초 II 필름(Groucho II Film)이다.

✺ 감각의 개인차

인간 사이의 지각 차이에는 다양한 사례가 존재한다. 그중에서 가장 분명한 것은 감각 기관 자체의 단순한 차이에서 비롯된다. 감각은 특화된 세포가 발현한 특화된 수용체 단백질에서 시작된다. 모든 과정은 특화된 신경 회로 안에서 작동한다. 이때 어느 한 요소라도 돌연변이의 영향을 받으면, 감각의 변화 또는 완전 상실이 일어나기도 한다.

예를 들어 선천성 난청 또는 청각 장애를 일으키는 유전 증후군만 400가지가 넘게 알려져 있으며, 전체 인구의 약 1%에 영향을 미친다. 청각은 내이의 달팽이관에 있는 특수한 털세포 hair cells 에 좌우된다. 털세포는 공기의 진동을 감지하고, 신호를 뇌에 전달한다.

털세포의 움직임은 세포 내부의 복잡한 단백질 분자 구조와 세포 사이를 연결하는 단백질이 감지한다. 청각 장애를 일으키는 돌연변이 중에는 특별히 그러한 단백질에 영향을 미치는 유형이 존재하는 반면, 털세포의 발달이나 생존 또는 청신경 형성에 간접적인 영향을 주는 것도 있다.

후각과 미각도 마찬가지로, 다양한 화학 물질을 인식하는 수용체 단백질을 부호화하는 유전자에 돌연변이가 생기면 특정 냄새나 맛을 감지하는 능력에 결함이나 차이를 유발한다. 냄새 분자는 코안의 후각 뉴런에서 감지하는데, 약 1,000개의 다양한 후각 수용체 유전자 중 하나만을 발현한다. 각 수용체 단백질은 세포막에 위치하며, 특정 화학 물질과 선택적으로 결합하도록 진화해 왔다. 수용체가 그 물질과 결합하면, 뇌로 신호를 보내 냄새를 맡았다는 주관적 경험으로 이어지도록 한다.

이러한 유전자의 돌연변이는 인간에게 매우 흔하게 나타난다. 이에 따라 우리의 후각 능력에는 차이가 있다. 실제로 인간은 후각 수용체 유전자 1,000개 가운데 상당수가 기능을 상실한 상태다. 이는 인간이 개나 코끼리같이 기능성 후각 수용체 유전자가 매우 많은 동물에 비해 후각에 덜 의존하기 때문이다.

미각 또한 특정 수용체 단백질이 좌우한다. 우리가 혀로 감지할 수 있는 맛은 다음과 같은 것들이 있다.

- **단맛**: 당류
- **신맛**: 산성 물질에서 방출되는 수소 이온인 양성자
- **짠맛**: 나트륨
- **쓴맛**
- **감칠맛**: 글루탐산나트륨의 풍부하고 숙성된 맛
- **지방맛**: 최근에 발견된 독립된 미각

그중에서도 우리는 다양한 화학 물질을 쓴맛으로 느끼는데, 이를 감지하는 데 다양한 유전자가 관여한다. 각 유전자에서는 서로 다른 쓴맛 수용체 단백질을 부호화한다. 하지만 수용체가 활성화될 때, 뇌로 보내는 신호는 모두 '맛이 이상해!', '우리를 독살하려나 봐!', '먹으면 안 되겠어!'처럼 단순하다.

미각 수용체 유전자의 돌연변이는 사실 인간에게 꽤 흔한 편이다. 그중에서도 특히 신맛 수용체 유전자에서 2개, 쓴맛 수용체 유전자에서 약 25개가 잘 알려져 있다. 대표적인 예는 페닐티오카르바미드 phenylthiocarbamide 라는 화합물을 감지하는 능력으로, 전체 인구의 약 16%는 해당 물질의 맛을 전혀 느끼지 못한다. 이는 특정 쓴맛 수용체 유전자의 돌연변이 때문이다.

위와 같은 변이는 사람에 따라 오이나 방울양배추 같은 채소를 쓴맛으로 느끼거나, 그렇지 못하게 하기도 한다. 이는 흡연 행동에도 연관이 있다. 담배 연기 성분 가운데 쓴맛을 내는 화합물을 감지하지 못하는 사람은 흡연자가 될 확률이 더 높다.

이러한 종류의 변이는 기계적 감각에도 영향을 미친다. 우리 피부에는 다양한 종류의 뉴런이 감각 말단을 이루고 있으며, 각자 촉각, 진동, 압력, 열, 냉기, 가려움, 통증 같은 감각 자극을 감지하도록 특화되어 있다. 각각의 감각은 자극을 선택적으로 감지하는 수용체 단백질에 기반한다. 그러나 수용체를 부호화하는 유전자에 돌연변이가 생기면, 다른 감각은 그대로 유지된 채 특정 감각만 손상될 수 있다. 이 외에도 다양한 뉴런 유형의 분화와 배선, 생존을 조절하는 별도의 유전자 집합이 존재하는데, 그중 일부에 발생하는 돌연변이도 기계적 감각에 영향을 준다.

선천성 무통각증 congenital insensitivity to pain 은 여러 유전자에 생긴 돌연변이로 발생한다. 이들 유전자는 다양한 기능을 지니며, 일부는 통각에 직접 영향을 미친다. 한편 다른 유전자는 다양한 뉴런의 하위 유형의 생존에 영향을 주어 간접적으로 작용한다.

통증을 느끼지 못하면 좋을 것 같지만, 실제로 선천성 무통각증은 의학적으로 심각한 장애에 속한다. 해당 질환의 환자는 자신도 모르는 사이에 다치거나 무심코 자해를 하기도 한다. 그 사례는 눈을 너무 세게 비비거나 긁어서 다치거나, 혀를 깨무는 등 다양하다. 우리가 통증을 느끼는 데는 그만한 이유가 있다.

우리는 몸 내부의 감각도 느낄 수 있다. 특히 몸속에서 관절과 근육의 위치가 어디이며, 그곳에 긴장이 얼마나 가해지는가를 감지할 수 있다. 이를 고유수용감각 proprioception 이라고 한다.

고유수용감각은 움직임을 정확하게 조절하는 데 필수적이며, 관절과 근육에 분포된 특수한 신경 섬유로 감지된다. 이들 섬유 역시 특정한 기계적 수용체 단백질 mechanoreceptor proteins 을 발현한다. 이 수용체를 부호화하는 유전자에 돌연변이가 생기면, 균형이 심하게 흐트러진다. 나아가 비정상적인 자세나 근긴장도를 보이며, 심하면 척추측만증으로 진행되기도 한다.

시각의 경우 다양한 유전 질환이 실명을 유발할 수 있다. 이들 질환은 선천적으로 발생하기도 하지만, 광수용기 세포가 점진적으로 퇴화하면서 나타날 때가 더 많다. 그리고 근시나 난시 같은 유전 질환은 안구의 형태나 수정체의 성질에 영향을 주어 망막에 상을 정확히 맺는 능력을 떨어뜨린다. 이러한 질환은 시각의 공간 해상도에 영향을 미치지만, 보통 안경이나 콘택트렌즈로 쉽게 교정된다.

색맹은 가장 흔한 지각 관련 질환에 속하며, 남성 인구의 약 8%에 영향을 미친다. 적색과 녹색에 민감한 옵신 단백질을 부호화하는 유전자는 X 염색체에 있다. 두 유전자 중 하나라도 돌연변이가 생기면, 남성은 적색과 녹색 색상 채널을 비교할 수 없다. 즉 적색과 녹색을 구별하지 못한다.

그리고 두 색상 채널의 상대적인 신호 차이를 활용해 전체 색상 스펙트럼을 세분화하는 능력도 저하된다. 사실 이 상태는 구세계원숭이 Old World monkeys 의 조상에서 나타난 바와 같다. 해당 동물의 X 염색체에는 옵신 유전자가 하나밖에 없으므로, 삼색시 trichromatic vision 가 아닌 이색시 dichromatic vision 가 된다.

그런데 단일 옵신 유전자가 유인원과 인간의 계통에서 복제되어 2개의 사본이 생겨났다. 그리고 두 유전자는 각자 적색광 또는 녹색광을 선택적으로 흡수하는 서로 다른 옵신 단백질을 부호화하게 되었다. 여성은 X 염색체가 2개이므로, 정상적으로 작동하는 예비 유전자를 하나 더 갖춘 셈이다. 따라서 돌연변이가 발생하더라도 영향을 받지 않는 보인자 carrier 가 된다.

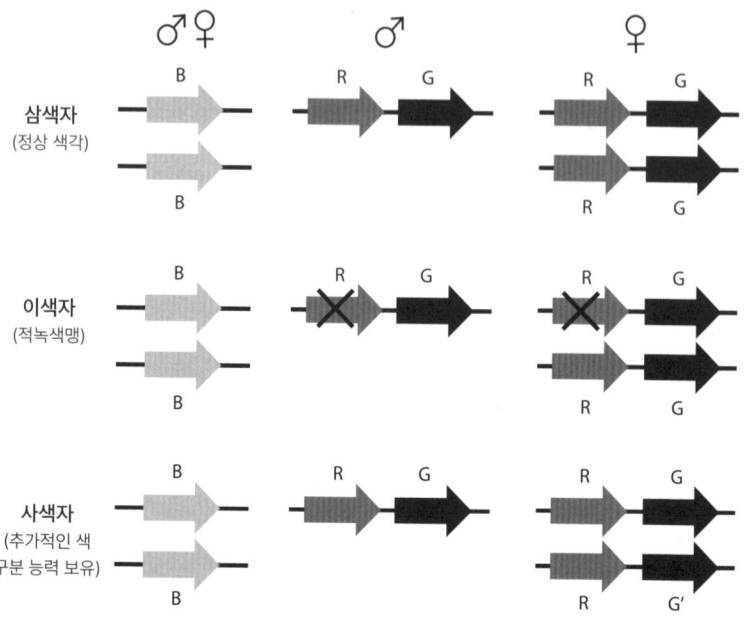

[그림 25] **색각**

　남성과 여성에게는 모두 청색(B)에 민감한 옵신을 부호화하는 유전자 사본이 2개 있다. 한편 적색(R)과 녹색(G) 옵신을 부호화하는 유전자는 각각 X 염색체에 있으므로, 남성은 두 가지 유전자에 대해 하나의 사본만을 지닌다. 따라서 남성의 R 또는 G 유전자 기능 중 하나가 손실되면, 이색시, 즉 색맹이 나타난다. 여성의 경우 기능이 변형된 유전자(G′)가 있다면 사색시가 될 수 있다.

　한편 옵신 유전자에서 발생하는 더욱 미묘한 수준의 돌연변이도 있다. 이러한 돌연변이는 색맹처럼 단백질 기능을 완전히 차단하지는 않지만, 단백질이 흡수하는 빛의 파장을 미세하게 변화시킨다. 이 변이가 남성에게 나타난다면, 색상 채널 중 한 곳의 최대 흡수 파장 peak wavelength 이 위 또는 아래로 약간 이동한다. 비록 실험적으로 입증하기는 어렵지만, 비교 방식에서 다른 채널과 차이가 생겨나 주관적인 색 지각도 달라질 가능성이 있다. 하지만 여성에게 발생할 때는 각 세포가 X 염색체 사본 중 하나를 무작위로 비활성화한다는 사실로 훨씬 두드러진 효과가 나타날 것이다.

망막의 각 원추세포는 적색 또는 녹색 옵신 유전자 중 하나만을 무작위로 선택하여 발현한다. 그런데 만약 여성의 X 염색체에 있는 옵신 유전자 가운데 하나에 단백질의 흡수 파장을 변화시키는 돌연변이가 있다고 생각해 보자. 그렇다면 개별 원추세포는 활성화된 X 염색체에 따라 정상 단백질 또는 변형된 단백질을 발현한다.

그리고 X 염색체에 적색/녹색 옵신 유전자가 하나만 있는 동물은 유전자 변이 시 색을 구별하는 제3의 기능적 채널이 생긴다. 이 돌연변이를 보유한 암컷 개체는 삼색자 trichromat 가 된다. 인간이라면 개체가 기능적 색상 채널을 4개나 지닌 사색자 tetrachromat 가 되기도 한다.

무지개를 볼 때, 다수를 차지하는 삼색자는 가시광선 스펙트럼에서 약 7개의 넓은 색상 띠를 구별할 수 있다고 말한다. 한편 적/녹색맹을 지닌 이색자 dichromat 은 보통 5개 정도만 보인다고 보고된다. 이와 관련한 연구는 아직 초기 단계에 머물러 있지만, 사색자 여성은 약 10개의 색상 띠를 구별할 수 있는 것으로 보인다.

이러한 사실과 관련하여 여성이 남성보다 일관적으로 다양한 색채어를 구사하는 경향을 보인다는 연구 결과가 떠오른다. 남성이라면 '노랑', '초록', '파랑'이라고 말하는 상황과 다르게 여성은 '머스터드 mustard', '다크 세이지 dark sage '[41], '틸 teal '[42] 등처럼 색상 표현을 더욱 세분화하는 경우가 많다.

---

[41] 허브의 일종인 세이지에서 유래한 색채어로, 짙은 회녹색을 가리킨다.
[42] 쇠오리의 눈 주변에 있는 녹색 줄무늬의 깃털 색을 뜻하는 말로, 청록색을 말한다.

하지만 기능적 원추세포가 네 종류나 있는 여성은 전체의 약 2% 정도에 불과하다고 추정된다. 그러므로 극히 낮은 비율의 사색자에게서 색채어 사용의 차이가 생겨났다는 발상은 설득력이 떨어진다.

지금까지 언급한 사례는 대부분 꽤 극단적인 부류에 속한다. 이는 수용체 단백질이 기능을 완전히 상실했거나, 감각 세포나 세포 간 연결에 심각한 손상이 있는 유형을 말한다. 하지만 그보다 덜 극단적인 유전적 변이도 수용체 단백질의 생화학적 특성이나 감각 세포 수 또는 신경 연결 밀도 등에 미묘한 변이를 일으키리라 생각할 수 있다.

이에 따라 사람마다 소리, 통증, 추위, 가려움 등 특정 감각 자극의 민감도가 달라지는 결과를 낳는다. 실제로 시각 체계에서는 유전되는 회로 구조의 차이가 개인 간 시간 및 공간 해상도에 영향을 준다는 명확한 증거가 있다.

공간 해상도 spatial resolution 는 1차 시각 피질의 크기 차이와 밀접한 관련이 있다. 이 영역은 대뇌 피질의 가장 뒤쪽에 있으며, 사람에 따라 표면적이 최대 3배의 차이를 보일 수 있다. 이러한 차이는 주로 유전적 요인에서 비롯되며, 뇌 전체 크기에 영향을 주는 유전적 변이와 시각 피질 영역에 특별히 작용하는 유전적 변이가 함께 작용한 결과다.

위와 관련하여 유니버시티 칼리지 런던 University College London, UCL 의 게레인트 리스 Geraint Rees 교수와 동료 연구진은 시각 피질에 관한 연구를 진행하였다. 그 결과 시각 피질이 클수록 망막에서 오는 신호를 퍼트릴 수 있는 공간이 넓어져, 공간 해상도가 더 높아지고 시각 정보 감지 능력이 세밀해진다는 사실을 밝혀냈다. 하지만 여기에는 상충관계가 존재한다. 시각 피질이 큰 사람일수록 망막의 더 작은 영역에서 오는 신호들을 공간적으로 통합하는 경향이 있기 때문이다. 이는 당연한 일이다.

1차 시각 피질에 있는 특정 크기의 뉴런 집단에서 신호 통합이 일어난다면, 시각 피질이 클수록 뉴런 집단이 대표하는 망막 영역인 시야의 영역은 상대적으로 작아질 수밖에 없다. 이러한 공간적 통합 과정은 시각 장면 속에서 이웃한 물체 간 관계를 파악하는 데 매우 중요하다. 리스 교수팀은 흥미로운 시각 착시 optical illusions 를 활용한 실험을 통해 1차 시각 피질의 표면적 차이가 시각적 관계에 대한 주관적 경험 차이와 관련이 있다는 사실을 입증했다.

다른 종도 마찬가지지만, 인간 또한 세상을 지각하는 속도에 개인차가 있다. 예를 들어 우리가 특정 자극에서 깜빡임을 감지하는 능력은 초당 50~60Hz[43] 정도이며, 이보다 빠른 깜빡임은 연속적으로 보인다.

그러나 우리에게는 그보다 훨씬 느리지만, 복잡한 연산을 수행하는 고차원적 시각 인지 처리 과정도 있다. 이 과정은 보통 초당 약 10Hz 수준으로 작동한다. 즉 초당 10회[44]보다 짧은 간격으로 발생하는 자극은 우리에게 흐릿해 보여서 분간할 수 없다는 뜻이다. 그런데 지각 통합 간격이라고 하는 지각의 '프레임 속도'는 사람마다 다르다.

그 차이는 화면에 깜빡이는 점을 두 번 보여 주는 실험으로 측정할 수 있다. 두 번의 점이 지각 통합 간격 내에서 깜빡이면 하나로 보이지만, 그보다 더 떨어져 있으면 2개로 인식된다. 이처럼 두 자극을 따로 인식할 수 있는 최소 시간 간격을 측정할 수 있는데, 이는 개인마다 다르다.

놀랍게도 통합 간격의 길이는 뇌파 중 하나인 알파파 alpha wave 의 최대 주파수와 밀접한 관련이 있다. 알파파는 주로 시각 피질 부위에서 강하게 나타나는 뇌파로, 평균적으로 초당 10Hz 정도로 진동한다. 다만 사람에 따라서는 8~13Hz 범위에서 다양하게 나타나기도 한다.

알파파는 다수의 뉴런 집단이 동시에 흥분 또는 억제되는 전기적 진동을

---

43 초당 깜빡이는 횟수이다.
44 100ms에 1회와 같다.

반영한다. 뉴런은 주파수의 정점에서 자극에 특히 민감해지지만, 저점에서는 민감도가 낮아진다. 알파파의 주파수가 더 높은 사람일수록 통합 간격이 짧아서, 시간 간격이 더 짧은 두 자극도 따로 인식할 수 있다.

그 차이는 시각과 청각 자극이 통합되는 과정에서도 유사하게 나타난다. 알파파의 최대 주파수는 50% 이상 유전된다고 알려져 있다. 이는 뇌의 연결 방식에 나타나는 정상 범위 안에서의 연속적인 차이가 주관적 지각을 어떻게 바꾸는가를 보여 주는 사례이다. 이에 따라 누군가는 다른 사람보다 더 빠르게 세상을 인식할 수 있다.

실인증

지각은 곧 기술이라고 할 수 있다. 우리는 이 기술을 생후 몇 년에 걸쳐 익히고, 그 뒤에도 점차 능숙하게 다루어 나간다. 우리는 경험을 통해 단순히 세상에 존재하는 사물을 감지하는 것을 넘어, 유형에 따라 분류하는 법을 배운다. 생물과 무생물, 동물, 사람, 개, 돌, 건물, 도구, 장난감, 음식 등처럼 말이다.

우리가 대상을 지각할 때는 그 감각 특성을 처리하는 데 그치지 않고, 이전에 경험한 기억과 비교하여 대상을 분류하고 인식한다. 인식이라는 행위는 대상이 그 순간 우리에게 제시하는 감각 속성의 일부를 바탕으로 이루어진다. 이와 동시에 우리는 대상 또는 그 유형을 기억 속에서 떠올리면서, 대상이 지닌 다른 속성을 함께 생각하는 과정도 포함한다.

이상의 과정은 지각 영역을 기억 및 의식과 관련된 뇌 영역과 연결하는 확장된 신경 회로에 기반하므로, 생각만큼 단순하지 않다. 사물의 속성에 관한 지식에 접근하고, 이를 인식하는 과정에 특별히 영향을 미치는 지각 관련 장애의 사례도 다수 보고되어 있다. 그중 가장 잘 알려진 것은 아마 안면실인증 prosopagnosia 이 아닐까 한다.[45]

안면실인증은 올리버 색스 Oliver Sacks 의 유명한 저서 《아내를 모자로 착각한 남자 The Man Who Mistook His Wife for a Hat 》의 주된 소재로 등장하면서 널리 알려졌다. 색스가 소개한 주인공은 P선생이라 불리는 환자로, 그는 사람을 알아보는 데 점차 어려움을 겪으면서 신경과 진료를 받게 되었다. 그의 증상이 매우 심각해짐에 따라 어느 순간에는 아내의 얼굴을 자기 모자로 착각한 나머지 머리에 쓰려고 들어 올리려 한 적도 있었다. 이처럼 P선생의 인지 결함은 얼굴뿐 아니라 사물에 관한 인식 전반에 문제가 있었으나, 시각에는 아무 이상이 없었다.

이처럼 특별한 사례의 원인은 명확하게 밝혀지지 않았다. 다만 P선생이 이전에 그러한 증상을 겪지 않았으므로 후천적 원인이 분명했다. 이처럼 후천성 안면실인증은 대부분 외상성 뇌손상 등으로 발생하며, 오랫동안 극히 희귀한 질환으로 여겨 왔다. 하지만 지금은 전체 인구의 약 2%가 선천적으로 얼굴 인식에 특정한 결함을 갖고 태어난다는 사실이 밝혀졌다.

안면실인증은 강한 유전성을 띠며, 가족 내에서 멘델식 유전 패턴을 보인다. 이는 여러 유전적 변이가 복합적으로 작용하지 않고, 한 가족 내 단일 돌연변이에 따른 유전이라고 할 수 있다. 그러나 어떠한 유전자가 원인인가는 아직 확실히 나타나지 않았다.

다만 선천성 안면실인증 환자를 연구한 결과, 신경 수준에서 나타나는 이상을 설명하는 가설이 제시되었다. 시각 정보 처리를 담당하는 대뇌 피질 영역을 따라 상위 단계로 올라가다 보면, 특정 시각 자극에 매우 특이하게 반응하는 영역이 나타난다. 그중 한 곳이 얼굴 자극에 특히 민감하게 반응

---

[45] 안면실인증에 대응하는 영단어 'prosopagnosia'는 그리스어로 얼굴을 뜻하는 'prosop'과 인지 불능이나 실인증을 뜻하는 'agnosia'의 합성어이다.

한다. 이 영역은 대뇌의 방추 이랑 fusiform gyrus 에 있어 '방추상 얼굴 영역 fusiform face area'이라 불린다.

신경 영상 연구에서는 사람이 얼굴을 볼 때 방추상 얼굴 영역이 격렬하게 활성화되는 것을 확인할 수 있다. 그러나 얼굴이 아닌 자극에는 크게 반응하지 않는다. 물론 이 영역이 단독으로 작동하지는 않는다. 해당 영역은 얼굴 인식에 반응하는 여러 뇌 영역으로 이루어진 확장 회로의 일부로, 이들 모두가 얼굴에 강하게 반응한다.

흥미로운 점은 안면실인증 환자도 얼굴 반응 영역 또는 해당 영역의 네트워크에서 얼굴 자극에 정상적으로 반응하는 듯해 보인다는 것이다. 이는 다른 사람과 마찬가지로 해당 뇌 영역이 활성화되었음을 나타낸다. 심지어 그 영역에서는 이전에 본 적이 있는 얼굴인가 아닌가에 따라서 서로 다른 반응을 보인다. 즉 얼굴 인식의 초기 단계가 뇌에서 제대로 이루어지고 있는 셈이다.

그러나 얼굴 인식 네트워크가 신호를 전두엽에 전달하지 못한다는 점에서 결정적인 차이가 생긴다. 일반적으로 전두엽에서는 얼굴을 의식적으로 인식했음을 반영하는 후속 신호가 나타난다. 그러나 안면실인증 환자에게서는 후속 신호가 전혀 나타나지 않거나, 나타나더라도 매우 미약한 수준이다.

이러한 차이는 해당 영역 사이를 연결하는 신경 연결 수가 일반인보다 더 적다는 관찰 결과와도 일치한다. 아마도 문제가 되는 유전자는 가족마다 다를 가능성이 클 것이다. 하지만 어떠한 경우라도 해당 유전자가 뇌 영역 간 연결 형성에 직접 관여하거나, 적어도 간접적으로 필수적인 역할을 하는 것으로 추정된다.

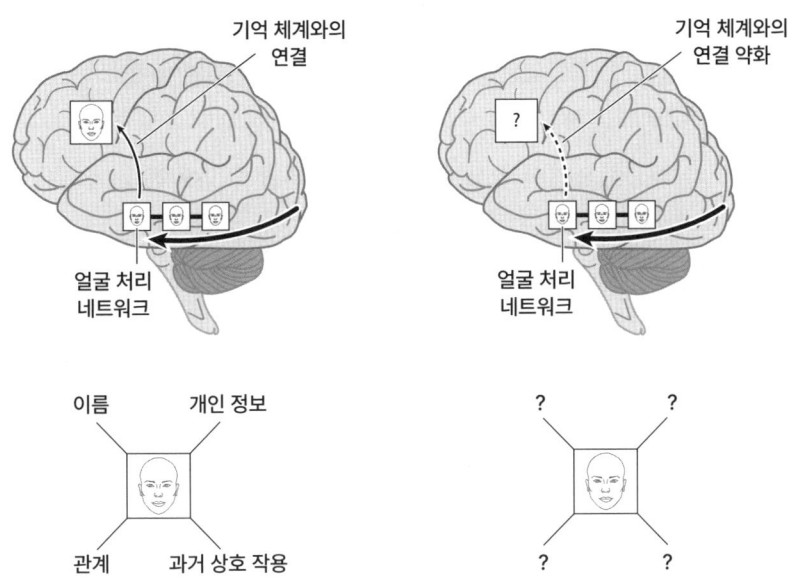

[그림 26] **얼굴 인식**

[그림 26]의 좌상단 부분부터 살펴보자. 얼굴은 일련의 특수화된 시각 영역을 통해 굵은 화살표 방향으로 처리된다. 익숙한 얼굴은 가는 화살표 방향을 따라 전두엽의 기억 체계를 활성화하여 사람을 인식하고 그에 대한 정보를 떠올리게 한다.

한편 우상단 부분은 안면실인증을 겪는 사람의 뇌를 나타낸 것이다. 그림을 살펴보면, 특수화된 시각 영역은 얼굴에 반응하기는 하지만, 전두엽 영역은 그렇지 않다. 이는 사람의 정체를 떠올리지 못하는 원인이 된다.

물론 안면실인증이 있더라도 타인의 얼굴을 볼 수 있으며, 표정에 담긴 감정 신호도 읽을 수 있다. 다만 인식까지 이르지 못하는 이유는 얼굴과 자신의 기억 속에 저장된 인물의 정보를 연결하지 못하기 때문이다. 얼굴이라는 자극만으로는 그 사람이 누구이고, 자신과 어떤 관계인가와 같은 사소한 내용조차 떠올릴 수 없는 것이다. 증상이 심하면 가족을 알아보지 못하거나, 여러 사진 중에서 자기 얼굴조차 가리키지 못하는 일이 일어나기도 한다.

인간을 비롯한 사회적 종에게는 얼굴의 차이가 인지를 위한 주요 단서이다. 이러한 증상이 있다면 일상생활이 크게 불편할 수밖에 없다. 따라서 수많은 안면실인증 환자는 사람을 알아보는 대체 전략을 개발한다. 다음과 같이 얼굴 외의 요소를 단서로 삼는 것이다.

- 목소리
- 머리 모양
- 옷차림
- 액세서리
- 걸음걸이
- 전체적인 인상을 활용할 수 없는 경우, 특별한 얼굴 특징

음치 tone deafness 도 안면실인증과 원인이 유사한 사례에 속한다. 사실 더 적절한 명칭은 '선율 인지 결손 tune deafness'이며, 의학적으로는 선천성 실음악증 congenital amusia 이라고 한다. 이 증상이 있는 사람은 전체 인구의 약 3% 정도로, 청각 자체는 정상이다. 또한 두 음을 차례로 들려주면, 개별 음을 잘 구별해 낼 뿐 아니라 같음과 다름을 판단하는 데도 지장이 없다.

그러나 실음악증이 있는 사람들은 선율이나 곡의 구조에 관한 이해를 바탕으로 음의 음악적 적절성을 판단하는 데 어려움을 겪는다. 그들은 익숙한 멜로디의 맥락에서 잘못된 음을 전혀 감지하지 못한다. 다만 실음악증도 안면실인증과 마찬가지로, 뇌에서는 잘못된 음을 가려내는 작업을 꽤 잘 수행하고 있는 것으로 보인다.

뇌파를 측정해 보았을 때, 일반인과 선천성 실음악증 환자 모두 곡 안의

부적절한 음에 즉각적이고 일관된 초기 반응이 나타난다. 하지만 얼굴 인식과 같이 전두엽에서 살짝 늦게 발생하는 두 번째 신호가 있다. 이는 잘못된 음을 의식적으로 인식하는 과정과 관련이 있다. 해당 반응은 일반인과 다르게 실음악증 환자에게는 나타나지 않는다.

결과적으로 초기 자극은 정상적으로 처리되지만, 주관적 지각 경험은 전혀 다르게 나타난다. 실음악증을 겪고 있다면, 보통 가사 없이 멜로디만으로 익숙한 곡을 알아듣지 못한다. 또한 정확한 음정에 맞춰 노래하기 어려워한다는 특징을 보인다.

이상의 내용을 통해 선천성 실음악증 또한 안면실인증과 같이 강한 유전적 요인이 있음을 알 수 있다. 그리고 해당 질환자의 형제자매가 같은 증상을 보일 확률은 일반인보다 10배 이상이나 높다. 지금까지 설명한 두 질환 모두 지각의 특정 측면에 심각한 결손이 있음을 보여 준다.

하지만 얼굴 인식 능력이나 음악에서 잘못된 음정을 감지하는 능력은 정상 범위 내에서도 사람마다 차이가 있다. 쌍둥이 및 가족 연구에 따르면, 그 개인차 역시 유전적 영향이 크다는 사실이 밝혀졌다. 얼굴이나 음악 인식을 비롯한 지각 능력에서도 유전적 변이의 조합으로, 지능처럼 사람마다 정규분포 형태의 연속적인 능력 차이가 나타난다. 이와는 별개로 지적 장애와 같이 단일 유전자 돌연변이로 특정한 장애가 발생하는 경우도 존재한다고 볼 수 있다.

특정 자극을 인식할 때만 선택적으로 어려움을 겪는 실인증은 안면실인증과 실음악증 외에도 다양하다. 그 예로 난독증 dyslexia 이 있다. 난독증은 사람들이 글자의 시각적 형태 및 소리, 단어의 문자적 형식과 의미 또는 개념을 연결하는 데 어려움을 겪는 학습 장애다. 물론 난독증이 있더라도 그러한 연결이 완전히 불가능하지는 않다. 그러나 문자와 소리, 개념을 연결하는 과정은 일반인에게 자동으로 이루어지지만, 난독증을 겪는다면 계속해서 노력해야 하는 작업이 된다.

난독증의 유전력은 약 50% 수준이지만, 그에 관여하는 구체적인 유전적 변이는 밝혀진 바가 거의 없다. 신경 발달에 영향을 미치는 대다수 질환과 마찬가지로, 난독증에서 유전되는 것은 그 질환을 겪을 가능성이다. 그리고 난독증의 실제 발현 여부는 발달 과정에서 우연히 생기는 변이에 영향을 받는다.

한편 색채실인증 color agnosia 은 앞선 질환과 달리 연구가 거의 이루어지지 않은 상황이다. 색채실인증은 주로 시각 피질 내의 '색채 정보'와 관련된 특정 영역의 손상으로 나타난 후천적 사례를 통해 알려졌다. 하지만 이 역시 선천적 사례가 일부 존재하며, 심지어는 가족력에서 유래했다는 보고도 있다.

색채실인증은 색맹 color blindness 이 아니다. 해당 질환을 겪는 사람들은 색을 정확히 볼 수 있으며, 색조의 차이도 완벽하게 구별할 수 있다. 문제는 그 감각 자극을 개념과 연결하지 못한다는 점이다.

색채실인증 질환자는 서로 다른 색을 구분할 수는 있어도 그 색의 이름을 말할 수 없다. 구체적으로 '빨강', '노랑'이라는 개념으로 대상을 가리키지 못한다는 것이다. 또한 그들은 색에 대한 정보나 기억을 사물의 속성에 관한 개념 체계 schema 에 통합하지 못한다. 결과적으로 그들은 딸기가 빨갛다고 말할 수 없을뿐더러, 눈앞에서 파란색이라 말해도 놀라지 않을 것이다.

이상과 같이 실인증은 전반적으로 지각된 정보 percept 와 개념 concept 을 연결하거나, 사물의 여러 속성을 하나의 개념 구조로 통합하는 데 어려움이 있는 상태라고 정의할 수 있다. 이들 결함은 서로 다른 감각 속성을 처리하는 영역 또는 감각 영역과 기억 및 의식을 담당하는 전두엽 영역 간 연결성이 감소한 결과일 것이다.

그런데 놀라운 사실은 그와 정반대인 상태가 존재한다는 점이다. 뇌내에서 자체적으로 추가적인 지각 속성을 생성하여 이를 사물의 개념 구조에 통합하는 현상 말이다. 이러한 상태를 공감각 synesthesia 이라고 한다. 공감각은 대개 서로 소통하지 않는 뇌 영역 간의 과도한 연결성 hyperconnectivity 이 원인이 되어 발생한다고 추정된다.

공감각

공감각은 '감각의 혼합'을 뜻한다. 공감각의 소유자는 한 감각이 자극을 받을 때, 다른 감각의 지각이 추가로 동반되는 경험을 한다. 일반적인 소리나 음악과 같은 특정한 소리를 들을 때, 빛이나 색이 번쩍임을 보는 것이 그 예라고 할 수 있다.

공감각의 유형은 지금까지 알려진 것만 80가지가 넘을 정도로 매우 다양하다. 이는 소리나 맛, 단어, 숫자, 음악, 사람 등 유도 자극과 색이나 소리, 맛, 냄새, 촉각을 비롯한 여러 동반 지각의 조합에 따라 달라진다.

일부 공감각자는 단어의 맛을 느끼기도 한다. 구체적으로 특정 단어를 듣거나 떠올리면 강렬하고 일관된 맛을 느끼는데, 이는 주관적으로 매우 생생하고 실제와 같다고 한다. 또한 사람 주변에 특정 색의 오라 aura 를 보는 공감각자도 있다. 이는 그 사람이 대상에게 느끼는 감정에 따라 달라진다. 공감각은 초능력이 아니지만, 그러한 주장의 배경일 가능성은 충분히 있다.

다른 경우로는 특정한 맛이 입이나 손에서 특정 형태의 촉각을 유발하는 공감각도 있다. 입안에서 작은 정육면체 형태를 느낀다거나, 손에서 매끄러운 대리석 기둥 같은 질감을 느끼는 것과 같다. 이 역시 공감각자의 주관으로는 실제처럼 또렷한 감각으로 느껴진다.

하지만 공감각 중에는 화려한 양상을 보이지 않는 사례도 많다. 실제로 다수의 공감각자는 현실에서 눈앞에 펼쳐지는 감각처럼 동반 지각을 경험하지 않는다. 대신 '마음의 눈'으로 떠올리거나, 대개는 강하고 일관된 연상으로 경험한다. 즉 유도 자극의 개념 대한 추가적인 속성으로 인식한다.

흔한 유형으로 문자나 숫자, 요일 또는 월 등 시간을 나타내는 어휘에 특정 색이 연관되는 것이 있다. 어느 공감각자는 글을 읽을 때, 마치 구글 로고처럼 문자마다 고유한 색이 투영되어 보인다. 하지만 다른 공감각자는 색을 눈으로 본다기보다 머릿속으로 인식하는 편에 가깝다. 일반적으로 알파벳 'A'가 특정 소리와 연결되어 있음을 아는 것처럼, 그들은 문자-색 공감각자는 해당 알파벳이 빨간색, 파란색, 연두색, 자주색 같은 색이라 인지한다.

공감각의 흔한 유형 가운데 또 다른 사례는 숫자를 공간 속 특정 위치와 관련지어, 일정한 형태로 배열하는 수형 number form 도 있다. 어느 공감각자는 눈앞에 0~10이 왼쪽부터 일직선 형태로, 11~20까지는 수직 방향으로, 이후에는 십의 자리 숫자가 바뀌는 대로 지그재그 형태로 이어진다. 그리고 다른 공감각자는 숫자가 나선형으로 배치되거나, 일부 숫자가 자신의 뒤에 놓이는 일도 있다고 한다.

숫자와 같이 1년 12개월을 공간적으로 배열하여 떠올리는 것도 공감각의 흔한 유형에 속한다. 이는 문자나 숫자, 월 개념에 맛이나 성격 같은 다른 속성이 함께 결합함을 이른다.

우리가 진행한 연구에서 한 공감각자는 'R'을 오른쪽에 위치한, 익힌 당근 맛이 나는 알파벳이라고 묘사했다. 그리고 8월은 벽지 같은 형태에 크림치즈 맛이 느껴지는 숫자라고 표현했다. 다른 사람에 따르면 '7'은 유쾌하고 성격이 상냥한 보라색 숫자이며, '8'은 빨간색에 더 강하고 친절함은 덜한 성격이라고 말했다. 또한 '8'은 '7'에게 자주 화를 낸다고 덧붙였다.

문자-색 공감각과 수형은 프랜시스 골턴이 1883년 출간한 저서 《인간 능력과 그 발달에 관한 탐구 Inquiries into Human Faculty and Its Development, 국내 미출간)에 상세히 기술되었다. 골턴이 통계에 집착했던 것을 생각하면, 공감각 현상을 상당히 자세하게 분류하여 기록했다는 사실이 그다지 놀랍지 않다. 그는 'O'와 'I' 같은 알파벳이 거의 항상 흰색이나 검은색으로 지각되는 특정 짝짓기의 경향성에 주목한 바 있는데, 이는 뒤에서 더 구체적으로 다루도록 하겠다.

공감각은 19세기 말에서 20세기 초에 이르기까지 심리학계에서 꽤 유행한 주제였지만, 패러다임이 행동주의로 옮겨가면서 관심에서 멀어졌다. 행동주의는 B. F. 스키너 B. F. Skinner 를 위시한 여러 학자가 주도한 운동으로, 그들은 심리학을 더욱 엄격하고 과학적인 학문으로 정립하고자 하였다. 이를 위해 어떻게든 정량화가 가능한 현상을 연구 대상으로 삼고, 측정 가능한 행동에 초점을 맞추며, 주관적 경험에 관한 질적 서술을 철저히 배제해야 했다. 그 결과 공감각 연구가 점차 줄어든 뒤로, 해당 연구는 약 60년 이상 발표된 적이 거의 없었다.

이후 1990년대에 들어 빌라야누르 라마찬드란 Vilayanur Ramachandran , 사이먼 배런-코언 Simon Baron-Cohen 등의 연구자가 다시 공감각을 연구 대상으로 삼으면서 심리학과 신경과학 분야에 재도입되었다. 초기에는 공감각이 2만 명 중 1명꼴이라 추정할 정도로 매우 희귀한 현상으로 여긴 적도 있었다. 하지만 연구를 통해 그보다 훨씬 흔하다는 사실이 밝혀졌다. 실제로 인구의 약 2~4%가 형태를 막론하고 공감각을 지닐 가능성이 있다.

공감각은 임상적 상태가 아니며, 특별한 문제를 일으키지 않는다. 그리고 특성상 매우 주관적 현상이라는 점에서 그간 널리 인식되지 못했던 것으로 보인다. 대부분의 공감각 사례는 발달에서 비롯된다. 공감각자는 부상이나 약물을 통해 공감각을 후천적으로 획득한 것이 아니며, 원래부터 그래 왔다고 말한다. 실제로 대화를 나눈 수많은 공감각자 중에는 자신이 세상을 인식하는 방식이나 요일 또는 숫자, 알파벳 등을 생각하는 방식이 남과 다르다는 사실조차 인식하지 못하고 있었다.

공감각은 특히 예술가와 음악가 사이에서 자주 나타나며, 그들의 작품에 공감각적 경험이 반영된 사례도 많다. 클래식 작곡가 시벨리우스, 메시앙, 리스트는 모두 음악-색 공감각의 소유자로 알려져 있다. 그들은 자기만의 공감각 색감을 작곡에 활용했다고 한다. 리스트는 다음과 같은 말로 연주자들을 질책한 것으로 유명하다.

"아, 여러분. 제발 조금만 더 파랗게! 이쪽 음색은 그래야 해요!"

"그건 진한 보라색이라니까요, 제발요. 내 말 좀 들어요. 그렇게 장밋빛으로 연주하면 안 된다니까요!"[46]

한편 공감각의 영향을 받은 현대 음악인에는 듀크 엘링턴, 카니예 웨스트, 토리 에이모스, 빌리 조엘, 퍼렐 윌리엄스 등이 있다. 그중 퍼렐 윌리엄스는 자신의 공감각을 아래와 같이 묘사한 바 있다.

"제가 소리를 구별하는 유일한 방법이에요. 귀에 들리는 소리가 조화로운가의 여부는 그 소리가 제게 익숙한 색과 일치하느냐로 알아요. 소리가 맞지 않으면 느낌이 뭔가 다르다거나 어색하거든요."[47]

수많은 화가나 시각 예술가 역시 자신이 경험하는 주관적 공감각을 표현하려는 열망으로 작품 활동을 이어 갔다. 러시아 화가 칸딘스키는 음악에 색

---

[46] Cytowic, R. E. and Eagleman, D. M. (2009). *Wednesday Is Indigo Blue*. Cambridge, MA: MIT Press, 93.

[47] Williams, P. On Juxtaposition and Seeing Sounds, *The Record*, National Public Radio. December 31, 2013, https://www.npr.org/templates/transcript/transcript.php?storyId=258406317.

과 형태를 떠올리는 공감각의 소유자였다. 그는 다수의 작품에서 공감각적 경험을 시각적으로 재현하려는 시도를 해 왔다. 칸딘스키는 바그너의 음악을 처음 들었을 때를 다음과 같이 묘사한 바 있다.

"바이올린, 깊은 저음의 베이스, 특히 당시의 관악기가 자아내는 음색은 황혼의 시간대가 지닌 모든 힘을 나에게 구현해 주었다. 나는 마음속에서 내 모든 색을 보았으며, 그 색은 내 눈앞에 선명히 펼쳐졌다. 내 앞에 미쳐 날뛰는 듯한 거친 선들이 그려졌고, 바그너가 '내 시간'을 음악으로 그려 냈다는 말을 차마 입 밖으로 낼 수가 없었다."[48]

소설가 블라디미르 나보코프는 자서전《말하라, 기억이여 Speak, Memory》에서 자신의 알파벳 색깔을 매우 정교하게 묘사했다.

"갈색에는 고무 같은 느낌의 부드러운 'g', 좀 더 연한 'j', 칙칙한 신발끈 같은 'h'가 있다. ... 빨간색은 화가들이 짙은 적갈색이라고 부르는 색조의 'b', 분홍색 플란넬 주름 같은 'm'이 있다. 그리고 오늘 드디어 'v'를 《색채 사전(Maerz and Paul's Dictionary of Color, 국내 미출간)》에 실린 장미 석영(rose quartz) 색과 완벽하게 일치시켰다."

위와 같이 공감각적 색감을 세밀하게 전달하려는 노력은 공감각자에게 흔히 보이는 특징이다. 물론 나보코프처럼 묘사 능력이 탁월한 사람들만 있는 것은 아니다. 나보코프는 자신과 어머니가 공감각을 공유하고 있다는 사실을 깨달은 순간을 다음과 같이 털어놓는다.

"우리는 어머니의 문자 몇 개가 내 것과 같은 색조를 띤다는 것, 그리고 어머니는 음

---

[48] Kandinsky, W. (1982). Reminiscences. in *Kandinsky: Complete Writings on Art*. Lindsay, K. and Vergo. P. (eds.). New York: Da Capo, 364.

표에도 시각적으로 영향을 받는다는 사실을 알게 되었다."[49]

나보코프의 말은 공감각이 가족 내 유전의 경향이 있다는 핵심적인 사실을 알려 준다. 이와 관련하여 공감각자의 40% 이상이 직계 가족 가운데 같은 공감각을 지닌 구성원이 있다고 보고한다. 물론 나머지 60%의 사례는 '산발적 sporadic'으로 나타나기는 하지만, 신경발달 장애[50]처럼 새로운 돌연변이로 발생하는 경우라면 유전적 원인이 있을 것이다.

여러 명의 공감각자를 둔 가족의 유전 양상은 놀라울 만큼 멘델식 유전을 닮았다. 이는 대부분 단일한 우성 돌연변이로 설명할 수 있다. 일부 가족 구성원은 공감각을 물려받는 반면, 다른 구성원은 그렇지 않다는 것이다. 지금까지 설명한 다른 질환과 다르게 공감각에 관여하는 '유전자들'[51]이 무엇인지는 아직 밝혀지지 않았으나, 현재 그 답을 찾기 위한 연구가 진행 중이다.

나와 동료 카일리 바넷 Kylie Barnett, 피오나 뉴웰 Fiona Newell 이 함께 수행한 연구를 비롯하여 여러 유전학적 연구에서 주목할 만한 점이 하나 있다. 바로 같은 가족 내에서도 구성원 간에 서로 다른 형태의 공감각이 나타났다는 것이다. 이 점은 나보코프가 어머니의 음악 관련 공감각을 언급한 문장에서도 알 수 있다.

결국 유전되는 것은 일반적 의미에서 공감각이 나타날 수 있는 소인이며, 개개인에게 발현될 공감각의 형태가 엄밀히 정해지지 않는다는 뜻이다. 이에 따라 두 가지 중요한 질문이 제기된다.

---

49 Nabokov, V. (1951). *Speak, Memory*. London: Victor Gollancz. 35.
50 제10장 참고.
51 유전자를 굳이 복수형으로 표현한 이유는 각 가족에서 단일 돌연변이가 작용한 듯해 보이기는 하지만, 지금까지 제시된 증거를 모두 살펴보면, 서로 다른 가족마다 해당 돌연변이가 발생한 유전자는 항상 같지 않았기 때문이다.

- 공감각에 관여하는 유전자들의 기능은 어떠한가?
- 사람마다 특정한 공감각 형태가 나타나는 데 영향을 미치는 다른 요인은 무엇인가?

첫 번째 질문에 대한 답은 아직 추론 수준에 머물러 있지만, 관련 유전자들은 대뇌 피질 회로의 조직화에 어떻게든 영향을 미친다고 본다. 공감각적 경험은 단일 자극을 처리하는 피질 회로가 추가적인 지각을 담당하는 다른 회로를 모종의 방식으로 교차 활성화한다고 설명하는 것이 가장 타당하다. 이는 공감각이 피질 회로의 형성 과정이나 회로 간 소통 방식에 영향을 미치는 돌연변이로 생겨날 수 있음을 시사한다. 실인증은 특정 기능 회로를 구성해야 할 여러 하위 영역이 제대로 통합되지 못할 때 발생하지만, 공감각은 회로 간 분리가 제대로 이루어지지 않음에 따라 생겨날 수 있다.

◈ 새로운 표현형의 출현

돌연변이가 발달 중인 뇌에서 피질 영역 간 연결이 형성되는 방식이나 시간이 지나며 제거되는 방식에 영향을 준다면, 그 영향은 뇌 전반에 확률적으로 발생할 것이다. 실제로 신경 발달 과정에 영향을 미치는 돌연변이는 대부분 그러한 특성을 보인다. 이는 결과가 나타날 가능성을 변화시킬 뿐, 모든 세포나 영역에서 일어나는 결과를 완전히 다른 것으로 바꾸지는 않는다. 이러한 특징은 피질 내 세포 이동에 작용하는 돌연변이로 확인할 수 있다.

예컨대 세포 무리가 잘못된 곳에 존재하는 경향은 유전될 수 있다. 하지만 그 현상이 정확히 어느 위치에 나타나는가는 사실상 무작위적이다. 이처럼 일부 유형의 뇌전증 epilepsy 은 매우 높은 유전성을 높인다. 다만 발작 활성의 해부학적 위치는 일란성 쌍둥이 사이에서도 상당히 다르게 나타난다.

위의 논리는 공감각에도 적용할 수 있다. 일란성 쌍둥이 사이에서도 공감각 유형의 차이가 관찰된 바 있다. 공감각의 양상 또한 뇌전증의 사례와 마찬가지로 특정 피질 영역 간에 과도한 연결이 형성되거나 유지될 가능성이 높아질 수는 있다. 하지만 쌍둥이 개개인에게 정확히 어떠한 결과가 나타날지는 가능성이 뇌 전반에서 어떻게 실현되느냐에 따라 달라진다.

경험도 개인에게 발현될 공감각의 유형을 결정하는 데 영향을 줄 수 있겠지만, 지금까지 밝혀진 바는 없다. 다만 현재로서 경험이나 학습이 유도 자극과 공감각 반응 사이의 특정 연결 쌍을 형성하거나 편향을 일으키는 데 영향을 미친다는 증거는 존재한다. 알파벳에 색을 연결하는 공감각을 지닌 많은 사람을 분석하면, 몇 가지 흥미로운 경향이 드러난다.

가장 눈에 띄는 점은 그 연관성이 전반적으로 매우 자의적이라는 것이다. 공감각자가 문자를 특정 색으로 느끼는 이유에 관한 뚜렷한 설명은 없다. 하지만 영어권 공감각자를 살펴보면 'Y'는 노란색으로 지각된다는 응답이 약 50%, 'R'은 빨간색으로 지각된다는 응답이 약 30%에 달한다. 이는 우연이라고 보기에 꽤 높은 확률임을 알 수 있다. 이러한 경향은 의미론적 연상 semantic association 이 특정한 자극과 반응 간 연결을 형성하는 데 영향을 줄 수 있음을 시사한다.

반면 'Q'가 보라색으로 인식되는 경우는 예상외로 많다. 또한 'J'는 주황색 또는 갈색, 'O'와 'I'는 거의 항상 흰색이나 검은색으로 인식하기도 한다. 이상의 사례는 의미론적 연상으로 설명하기 어렵다. 그런데도 이러한 경향성은 중요한 사실을 보여 준다. 골턴이 보고한 수형과 관련하여 숫자 1~12가 시계판 배열로 지각되거나, '바바라 Barbara' 같은 특정 단어가 발음이 비슷한 루바브 Rhubarb 맛으로 느껴지는 경우처럼 말이다.

공감각적 짝 pairing 은 문자나 숫자, 단어 등 유도 자극 자체를 학습하는 과정에서 시간의 흐름에 따라 형성된다. 'A'를 빨간색이라고 느끼려면, 우선 'A'라는 개념을 인식하고 있어야 한다. 이러한 개념은 일반적으로 시각 및 청각 영역에서 오는 정보를 받아들이는 뇌의 전방 하측두 피질 anterior inferior temporal cortex, 이하 AIT 에서 형성된다. 문자소 'A'의 형태와 음소 /a/의 소리는 시각 및 청각 영역에서 뉴런이 활성화되는 패턴으로 표현된다.

아이가 'A'라는 문자소를 보는 동시에 음소를 반복적으로 들을 때를 생각해 보자. 그때마다 앞의 패턴이 함께 반복적으로 활성화하면, 문자소와 음소는 AIT 영역에서 연결된다. 이후에는 'A'라는 문자의 개념적 표상 schema 에 통합된다.

그렇다면 문자-색 공감각자의 사례에서는 피질의 '색 영역'이 시각 형태나 청각 영역에서 오는 연결에 따라 교차적으로 활성화하는 시나리오를 상상해 볼 수 있다. 그러면 특정 문자소나 음소를 나타내는 활동 패턴이 색 영역으로 전달되어 임의적인 색 지각을 만들어 낸다. 그리고 뇌에서는 그러한 활동을 빨강, 보라, 초록 등의 색으로 해석한다.

색 지각도 문자의 형태와 소리를 지각하는 것과 함께 안정적으로 활성화된다. 따라서 색 역시 문자의 개념적 표상 속에 통합되어 강하게 느껴지는 연상으로 자리 잡는다. 이러한 발상은 대부분 공감각적 연상이 임의적이며, 개인차가 크다는 점을 설명한다. 하지만 그 과정이 긴 시간에 걸쳐 일어나는 학습 기반의 형성이라는 점을 고려하면, 의미론적 영향이 개입할 여지가 있다. 알파벳 'Y'를 볼 때마다 노란색의 의미론적 연상을 하는 공감각자의 사례를 살펴보도록 하자. 그러면 의미론적 연상의 하향식 효과로 뇌에서는 원래 'Y'에 부여하려던 색 지각을 노란색으로 뒤덮는다. 그 결과 여러 공감각자 사이에서 연상 편향 현상이 나타난다.

실제로 일부 공감각자가 떠올리는 알파벳의 특정 색깔은 알파벳 냉장고 자석 세트 같은 외부 사물에서 유래하였을 가능성도 있다. 1970년대 초 미국에서 태어난 공감각자 중 일부는 같은 색 조합의 알파벳 체계를 떠올리는 경향이 있었다. 그 색 배열은 당시 어린이들 사이에서 인기를 끌었던 특정 알파벳 자석 세트의 색상 구성과 정확히 일치한다. 내가 어릴 적에도 그 장난감이 있었지만, 각 문자가 무슨 색이었는지는 전혀 기억나지 않는다.

결과적으로 경험은 공감각적 짝이 형성되는 과정에 확실히 영향을 주거나, 이따금 그 형성을 주도하기도 한다. 하지만 그러한 경험이 공감각이라는 상태 자체를 만들어 낸다고 볼 근거는 없다.

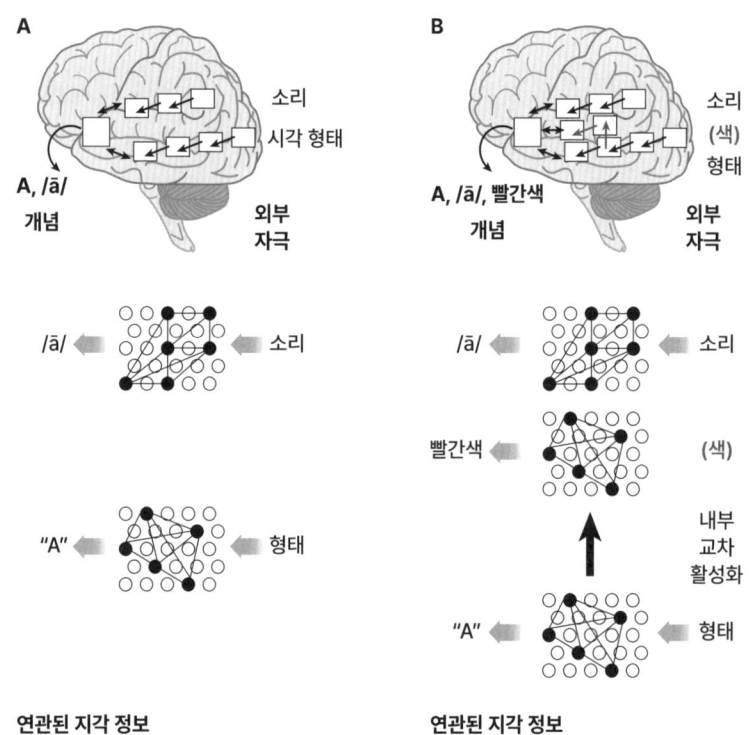

[그림 27] **공감각**[52]

---

52 Newell, F. N. and Mitchell, K. J. (2016). Multisensory Integration and Cross-Modal Learning in Synaesthesia: A Unifying Model, *Neuropsychologia*, 88, 140-150.에서 수정.

[그림 27]에서 우리는 A와 같이 문자를 배울 때, 그 소리와 모양을 연관 지으며 각 문자별로 상위 수준의 개념을 형성한다. 한편 B는 문자-색 공감각을 지닌 사람으로, 색상 처리 영역이 내부적으로 교차 활성화된다. 이에 따라 임의적이지만 일관된 색 지각이 발생한다. 이때 색 지각도 문자 개념에 포함된다. 'B'는 파란색이라는 의미론적 연상이 임의적인 색 지각을 덮어씌워 공감각적 연상으로 굳어질 수도 있는 것처럼 말이다.

뇌에서 일어나는 일

현대 신경과학의 방법론을 모두 활용한다면 공감각자의 뇌에서 일어나는 일을 모두 알 수 있으리라고 생각할지도 모르겠다. 그러나 솔직히 말하자면 그렇지 않다. 연구자들은 fMRI, EEG, 양전자 방출 단층 촬영 Positron Emission Tomography, 이하 PET 등 다양한 신경 영상 기법을 활용한 수많은 연구에서 공감각 지각과 관련된 뇌 활동 패턴을 찾으려 시도해 왔다. 그리고 실제로 긍정적인 결과가 다수 보고되었다.

그 예로 소리-색 또는 문자-색 공감각자에게 각각 소리나 문자를 제시했을 때, 일반인과 달리 색 관련 영역인 V4 또는 V8에서 활성화 현상이 관찰되었다는 결과들이 있다. 이러한 결과는 공감각자가 주관적으로 경험하는 색이 뇌내의 신경 활동과 연관되어 있다는 객관적인 증거로 여겨진다. 해당 색 영역에 전기 자극을 가하면, 사람들은 색이 눈앞에서 번쩍이는 듯한 시각적 인상을 경험하기 때문이다. 그러니 내부적으로 교차 활성화가 일어났다면, 그와 비슷한 지각 경험이 일어났다고 할 수 있을 것이다.

하지만 실험 설계를 유사하게 적용하여도 특징적인 신호를 발견하지 못한 연구도 많다. 한 연구에서는 다른 시각 영역에서 추가적인 활성을 관찰했고, 또 다른 연구에서는 전혀 나타나지 않았다. 그리고 우리 팀에서 수행한 연구를 비롯하여 일부에서는 오히려 공감각자에게서 활성 감소 현상이 발견되기도 했다.

이러한 결과로는 추가적인 지각 경험을 유발하는 메커니즘을 설명할 수 없다. 결과가 일관적이지 못한 이유는 아직 명확하지 않지만, 변동성이 크고 우연에 따른 결과는 대부분 소규모 표본을 활용한 탓이라고 추정하고 있다. 게다가 공감각자 자체가 매우 이질적인 집단일 가능성이 크므로, 소집단에서 나타난 결과가 다른 공감각자에게 동일하게 적용되지 못할 수 있다.

공감각과 관련하여 뇌 구조에 일관된 차이가 존재하는가를 탐구하고자 공감각자의 뇌 구조를 일반인과 비교한 연구도 이루어졌다. 이러한 연구의 주된 목적은 공감각의 원인에 관한 두 가설 가운데 무엇이 타당한 것을 구별할 수 있는가를 확인하는 데 있었다.

① 뇌의 구조적 차이에 따라 특정 피질 영역 사이에 정상보다 많은 연결이 존재할 수 있다는 가설
② 뇌의 기능적 차이에 관한 것으로, 모든 사람에게 기본적으로 존재하는 연결이 공감각자에게는 다르게 작용한다는 가설

해당 유형의 연구에서 여러 결과가 보고되었으나, '사실'이라 부를 만큼 명확하게 입증된 것은 없다. 관찰된 차이로는 회색질이나 백질의 부피 또는 뇌의 다양한 국소 영역 간 구조적 연결성 등이 있었다. 이때 공감각자는 대체로 일반인보다 앞의 지표가 더 높게 나타나는 경향을 보였다. 하지만 그 차이가 나타나는 정확한 위치는 연구마다 일관되지 않았기에, 이를 근거로 확실한 결론을 내리기는 어렵다.

약리학적으로도 공감각의 근본 메커니즘을 밝히는 데 큰 진전을 이루지 못했다. 일부 약물은 공감각과 유사한 경험을 유도할 수 있지만, 어디까지

나 '유사한' 경험일 뿐이다. 여기에는 LSD[53]와 같은 잘 알려진 환각제뿐 아니라 마법 버섯의 주요 성분인 실로시빈 psilocybin, 페요테 선인장에 포함된 메스칼린 mescaline 등이 포함된다.

해당 약물은 소리가 시각 지각 또는 다른 감각을 유발하는 '몽롱한' 상태를 유도한다. 그러나 이러한 경험은 발달성 공감각과는 확연히 구분된다. 약물로 유도된 경험은 사물, 인물, 장면 등에 걸쳐 화려하고 복합적인 시각 형태를 포함하고, 유도 자극과 공감각 반응 간의 대응 관계의 일관성도 떨어진다.

그런데도 그 약물이 모두 뇌의 세로토닌 경로에 영향을 준다는 사실은 발달성 공감각도 해당 경로의 활성 변화와 관련이 있을 것이라는 가설로 이어졌다. 이와 관련하여 항우울제로 흔히 사용되는 선택적 세로토닌 재흡수 억제제 Selective Serotonin Reuptake Inhibitor, 이하 SSRI 가 공감각 경험을 억제할 수 있다는 관찰 결과는 가설을 뒷받침한다. 나는 동료인 프란체스카 파리나 Francesca Farina 와 리처드 로치 Richard Roche 와 함께 최근에 그와 유사한 사례를 보고한 바 있다.

피험자는 연구에서 사람을 볼 때 주위에 '색이 있는 오라'를 보거나, 음악에 색이 동반되는 공감각을 경험했다. 그리고 SSRI를 8년 넘게 복용하는 동안은 그 경험이 완전히 사라졌다. 그런데 약물 복용을 중단하자 공감각 수준은 이전으로 되돌아갔다.

하지만 위와 같은 연구에서 앞의 피험자와 또 다른 피험자에게 투여한 다른 약물도 의식적인 공감각 지각 경험에 영향을 준다는 사실이 밝혀졌다. 이들 약물은 작용 기전뿐 아니라 표적으로 삼는 신경화학적 경로도 완전히

---

[53] 리세르그산 디에틸아미드(Lisergic acid diethylamide)로, 일명 '애시드'라고 부른다.

달랐다. 이러한 결과는 세로토닌과 공감각이 각별한 관계라는 주장에 의문을 제기했다. 결과적으로 공감각 경험 역시 다른 의식적 경험과 같이 다양한 약물로 조절할 수 있다. 하지만 그 효과가 반드시 공감각의 근본적 기전에 대한 실마리를 제공하거나 직접적인 관련이 있는 것은 아닐 수도 있다.

공감각은 그 자체로 임상적 상태나 증상으로 보지 않는다. 그러나 자폐증과 같은 일부 의학적 상태와 관련해서는 높은 동반율을 보인다고 알려져 있다. 실제로 두 건의 독립된 연구에서 자폐 스펙트럼 장애 Autism Spectrum Disorder, 이하 ASD 진단을 받은 사람 중 약 17~18%가 공감각을 경험한다는 연구 결과가 보고된 바 있다. 이는 일반 인구 집단의 발현율인 2~4%보다 훨씬 높은 수치다.

이 관련성은 반대로 적용하여도 부분적으로 성립한다. 제이미 워드 Jamie Ward 와 동료 연구진이 수행한 최근 연구에 따르면 공감각자가 감각 과민 sensory hypersensitivity 양상에서 자폐인과 매우 유사한 패턴을 보인다. 다만 그들은 사회적 상호 작용이나 의사소통에서는 자폐와 같은 어려움을 보이지 않았다.[54]

위의 결과는 우리 연구팀 외에 다른 연구와도 일치한다. 이들 연구에서는 공감각자가 공감각 자체와는 별개로 일반적이고 기초적인 감각 처리 방식에서 차이를 보일 수 있음을 시사한다. 이처럼 자폐와 공감각에서 나타나는 차이는 단지 감각 처리의 민감도뿐 아니라 감각 자극의 정서적 의미에도 영향을 준다. 정서적 의미에는 자극에 대한 흥미도나 인식에서 느끼는 유쾌함과 불쾌함을 말한다.

그들에게는 다양한 감각 자극이 일반인과 전혀 다른 방식으로 체감된다.

---

[54] 자세한 내용은 Ward, J., Hoadley, C., Hughes, J., Smith, E. P., Allison, C., Baron-Cohen, S. and Simner, J. (2017). Atypical Sensory Sensitivity as a Shared Feature between Synaesthesia and Autism, *Scientific Report*, 7, 41155.을 살펴보기 바란다.

ASD에서는 근본적인 지각 차이가 그 주요 특성 중 하나의 한정된 주제에 집중하는 경향과 관련이 있을 것이다. 이러한 경향성에 공감각적 지각이 더해지면, 자폐증 환자 일부가 보이는 특출한 능력, 즉 서번트 증후군 savant syndrome 으로 알려진 현상이 나타나는 데 영향을 줄 수 있다. 실제로 자폐 환자의 10~30%가 특정 영역에서 매우 특출난 재능을 보이는 것으로 알려졌다. 구체적인 예는 다음과 같이 다양하다.

- 뛰어난 암산 능력
- 비범한 기억력
- 사물의 수를 빠르게 파악하는 능력
- 달력 계산 능력(2250년 10월 11일이 금요일임을 알아맞추는 능력)
- 음악 및 예술적 재능 등

그중 일부 능력은 공감각 지각에 기반을 두고 있는 것으로 보인다. 이에 따라 다양한 유형의 사물을 정신적으로 부호화하고 조작하는 방식이 달라질 수 있다. 숫자를 색이나 형태, 공간상 위치와 연관 짓는다면, 원주율을 2만 자리까지 외우는 일처럼 매우 긴 수열을 기억하는 데 탁월한 보조 수단이 될 수 있다.

더 흥미로운 점은 숫자를 공간적으로 지각하는 능력이 때로는 암산을 신속하게 수행할 때 직접적인 도움을 준다. 일반적으로는 대부분 힘든 순차적 연산 과정으로 계산을 수행한다. 그러나 서번트 증후군을 겪는 이는 마치 답이 보인다는 듯 순간적으로 계산 결과를 떠올릴 수 있다.

나와 당신의 느낌

우리는 모두 같은 방식으로 세상을 볼까?

이제는 도입부에서 던진 질문에 분명히 '그렇지 않다'라는 답을 내릴 수 있다. 지각 경험의 다양성은 풍부하지만, 그 중요성은 제대로 인정받지 못했다. 모든 감각에 걸친 다양성은 우리가 감지하는 자극의 유형과 처리 방식과 같은 기초적인 수준에서 사물의 지각 속성을 통합하여 개념 틀을 형성하는 고차원적인 수준까지 폭넓게 나타난다.

지각 경험의 차이는 안면실인증이나 공감각처럼 비교적 명확히 구분되는 상태에서 강하게 드러난다. 그런가 하면 지각의 시간적, 공간적 해상도처럼 사람마다 연속적인 스펙트럼 위에서 다양하게 나타나기도 한다. 이러한 개인차는 뇌내의 복잡하고 광범위한 지각 회로의 연결과 작동을 조율하는 유전적 프로그램의 차이에 기반한다. 그리고 그 프로그램이 개인마다 어떻게 실행되는지에 따른 무작위적 차이도 반영한다.

결국 지각의 차이는 우리가 무엇을, 어떻게 감지하는지를 넘어선다. 그리고 각각의 자극이 우리에게 어떤 의미를 지니며, 더 나아가 우리가 각자 세상을 어떻게 생각하는가에 관한 매우 근본적이고 주관적인 수준에까지 영향을 미친다.

제 8 장

사고의 진화

I N N A T E

I N N A T E

　가끔은 또래보다 유독 똑똑한 아이를 볼 수 있다. 그런가 하면 더 용감하거나, 친절하거나 재능이 많고 운동을 월등히 잘하는 아이도 있다. 그렇다. 똑똑한 아이는 날 때부터 똑똑하게 태어나 시간이 지나도 똑똑하게 자란다. 표현이 너무 노골적이라 평등주의적 관점의 소유자에게는 불편한 법한 발언이다. 지능은 불변의 특성이자 교육 등의 경험으로 바꿀 수 없다는 결정론적, 심지어 운명론적 암시라고 받아들일 수도 있겠다.
　앞으로 살펴보겠지만, 실제로는 전혀 그렇지 않다. 다만 타고난 지능의 차이나 지적 잠재력의 차이가 존재한다는 것만큼은 부정할 수 없는 사실이다. 이 주제는 더 이상 추상적인 논쟁거리가 아니며, 심리학이나 사회학의 맥락에만 의존할 수도 없다. 이제 우리는 이러한 차이를 뒷받침하는 유전적, 발달적, 신경학적 기제에 대해 상당한 수준의 통찰력을 지니게 되었다.
　지능의 생물학적 기반에 대한 논의가 격한 반응을 불러일으키는 이유는 지능이 인류를 정의하는 핵심 특성이기 때문이다. 지능은 인간과 동물을 구별하는 특징이자, 우리가 지구상의 환경을 거의 모두 점령하고 지배할 수 있도록 한 능력이기도 하다. 동물은 매우 제한적인 생태적 지위 ecological niche 속에서 살아간다. 그들은 특정한 지역의 지형과 식생, 기후에 적응하며 살아가는데, 행동 양식 또한 매우 제한적이고 특징적이다.
　이처럼 극단적인 특화에는 치명적인 단점이 있다. 바로 환경이 조금만 바뀌면 순식간에 무력해진다는 것이다. 이전에는 매우 유리했던 적응 상태가 이제는 오히려 독이 되기도 한다.

동물들은 대부분 형태나 생리, 감각 체계, 행동에 이르기까지 극도로 특화된 탓에 새로운 환경에 유연하게 적응하지 못한다. 결과적으로 동물의 생태 범위가 제한되면서 자신을 궁지로 몰아넣는 꼴이 되고 말았다. 세상이 판다나 바다소, 날다람쥐로 넘쳐나지 않는 데에는 그럴 만한 이유가 있다.

우리는 동물과 다른 진화의 길을 택했다. 영장류의 진화 계통은 여우원숭이 같은 동물에서 시작해 현대 원숭이에 가까운 종들을 거쳤다. 이 과정은 유인원의 출현으로 이어지면서, 결국 인류는 호미니드 hominid 계열로 진입하였다. 이 과정에서 절차를 하나씩 지날 때마다 두뇌 크기는 점점 커졌다. 물론 개별 계통 및 종에서는 특정한 생태적 지위에 맞춰 다양한 변화가 함께 일어났지만, 전체 두뇌 크기가 증가하는 경향은 일관적으로 나타났다.

그러한 경향은 초기 호미니드 사이에서 계속되었다. 우리는 수만 년 전까지 존재했다가 멸종한 초기 인류가 수십 종이나 된다는 사실을 알고 있다. 그리고 오늘날 지구상에는 호모 사피엔스 Homo sapiens 만이 그 속 genus 의 유일한 대표 종으로 남아 있다는 점도 말이다. 이 기간에도 두뇌 크기는 점점 증가했다.

또한 고고학적 기록에 따르면 더 복잡하고 유연한 행동을 수행하는 능력도 함께 발달했음을 알 수 있다. 도구 제작, 요리, 협력 사냥, 물물교환, 음악과 상징 예술이 모두 그 예다. 그리고 마침내 이상의 지능 발달 과정은 현대 인류의 출현과 함께 정점에 이르렀다.

유추의 산물

지능의 핵심은 곧 점차 추상적으로 사고하는 능력을 말한다. 다시 말하면 구체적인 사례에서 큰 교훈을 도출한 다음, 이를 다른 상황에 유추하여 적용할 수 있는 능력이다. 'A가 B를 유발한다.'라는 사실을 배운 뒤, 'A와 비슷한 것이 B와 비슷한 것을 유발할 수 있다.'라고 추론할 수 있는 것처럼 말이다. 이러한 유추의 힘이 지능의 핵심이며, 실제로 IQ 검사 항목에도 다음과 같이 명시적으로 포함되어 있다.

> 도토리와 나무의 관계는 강아지와 _____의 관계와 같다.

위 사례에 담긴 유추는 구체적인 관계를 기반으로 한다. 하지만 사고 능력이 더 발달하면, 사물에서 사건, 상황에 이르는 고차원 속성의 범주 사이에서도 유추가 가능해진다. 이를 시각 체계에 빗대어 설명하도록 하겠다.

우리의 시각 체계는 계층적으로 구성되어 있다. 따라서 시각 장면에서 점점 더 높은 수준의 정보를 추출할 수 있다. 각 시각 영역은 하위 영역에서 들어오는 정보를 통합하여 점차 복잡한 세계 모델을 구현해 낸다. 처음에는 단순한 점과 섬광에서 선과 경계, 이어서 형태와 사물, 그리고 도구나 동물, 얼굴 등 사물의 유형까지 단계적으로 분석한다.

이러한 점진적 처리 과정을 거치면서 사물, 의자로 예를 들면 어떠한 각도에서 보더라도 '의자'라고 인식하는 수준에 이른다. 또한 여러 개의 다리와 앉을 수 있는 평평한 면을 지닌 의자의 고차원적 속성을 바탕으로 같은 범주에 속한다고 판단되는 사물을 분류하기까지 한다.

우리의 인지 체계도 이상과 같은 방식으로 작동한다. 대뇌 피질이 점차 커지면서 새로운 영역이 생겨나고, 계층의 수가 늘어나면서 각 계층이 하위 수준의 정보를 더 정교하게 통합한다. 이를 통해 우리는 점점 더 추상적인 속성을 파악할 수 있게 되었다.

우리가 말하는 '지능적 행동'이란 바로 그러한 능력을 활용하는 것이다. 구체적으로 새로운 상황의 핵심 역학을 인식하고, 앞으로 벌어질 일을 예측하여 여러 선택지에 따른 결과를 상상할 수 있는 능력을 의미한다. 지능이 있는 존재는 본능이나 특정 자극에 학습된 반응에만 의존하지 않으며, 이전 경험에서 얻은 추상적인 원리를 바탕으로 새로운 상황과 환경에 적용할 수 있다.

진화의 어느 시점에서 추상적인 사고 능력, 즉 생각하는 능력은 언어의 탄생으로 이어졌다. 인간의 사고 능력은 언어의 등장으로 말미암아 더욱 강화되었다. 이 과정이 어떻게 일어났는지는 여전히 수수께끼로 남아 있는 데다 의식의 발생과도 얽혀 있기에 설명하기가 쉽지 않다. 하지만 그 결과는 굉장했다.

인간의 큰 두뇌는 서로 아이디어를 주고받는 소통 능력을 통해 장점이 증폭되었다. 유용한 것을 배우면 상대에게 알리고, 좋은 생각이 있으면 이를 집단 구성원과 공유할 수 있었다. 이를 통해 아이들은 모든 것을 처음부터 직접 경험하며 배우지 않고도, 부모와 공동체가 어렵게 축적해 낸 지식을 바탕으로 앞을 향해 더 나아갈 수 있게 되었다.

문화는 그렇게 탄생했다. 문화적 진화는 생물학적 진화와 상호 작용을 이루며 함께 발전하기 시작했다. 일정량의 이점을 제공하는 데 그친 이전과 다르게 높은 지능은 진화 과정에서 압도적인 이점으로 자리매김했다. 그러면서 더욱, 더욱더 똑똑해지는 것이 유리하고 바람직한 일이 되어 갔다. 이러한 눈덩이 효과는 우리가 자연 선택이라는 일반적인 규칙을 초월할 수 있음을 의미한다.

우리는 우리만의 적소인 인지적 적소 cognitive niche 라는 새로운 생태적 지위를 창출해 냈다. 인간은 느릿한 진화의 속도에 맞춰 환경에 선택받던 존재에서 벗어나 그때그때 환경에 유연하게 적응하는 능력을 갖추었다. 심지어 적응의 과정을 완전히 뒤집어 우리가 원하는 방향으로 환경을 바꾸는 주도적인 존재로 거듭났다. 그 과정에서 새로운 돌연변이에 작용하는 선택 압력도 변화하면서, 지능을 더 높이는 돌연변이도 강하게 선택되었다.

이러한 양성 피드백 과정에 제동을 건 유일한 요인은 아마도 신체적인 크기 제한이었을 것이다. 우리의 머리가 출산길을 지나기에 너무 커졌기 때문이다. 그 이유가 아니라면 전체 에너지의 약 20%를 뇌에서 소비할 정도로 대사 비용이 크게 증가했기 때문일 수도 있다. 이유야 어떻든 우리는 가장 가까운 친척뻘인 종과 비교를 불허할 정도의 뛰어난 지능을 갖추게 되었다.

지능이 인류의 진화에서 중심적인 역할을 해 온 만큼, 오늘날 사람 간의 지능 차이를 이야기할 때는 다른 특성보다 가치 판단이 유독 따라다니는 경향이 있다. 다양한 성격 특성이라면 그 차이를 비교적 중립적으로 여긴다. 외향적인 성향과 불안 성향이 낮은 성격이 더 바람직하다고 보기는 어렵듯이 말이다. 그러나 지능 차이는 그렇지 않다. 동등한 조건이라면 낮은 지능보다 높은 지능이 훨씬 낫다는 판단이 따르기 때문이다.

그러한 생각이 20세기 여러 나라에 걸쳐 확산했던 우생학 정책에 어떠한 영향을 주었는지 살펴보고자 한다. 놀라운 사실은 우생학적 사고가 과격한 형태는 아니더라도 오늘날 일부 지역에서 부활하려는 움직임을 보인다는 것이다. 당시 우생학 정책을 지지한 사람들은 고지능자가 저지능자보다 더 나은 존재라는 부당한 일반화를 저질렀다.

모두가 같은 마음은 아니겠지만, 적어도 나에게만큼은 사람의 질이나 가치를 판단하려는 발상 자체가 불쾌하다. 하지만 사람을 설령 우생학적으로 판단하더라도, 지능은 어디까지나 인간성을 구성하는 여러 특성과 인격 요소 중 하나일 뿐이다. 지능 못지않게 정직함, 성실성, 친절함, 용기, 이타심 등도 중요하다. 어쨌든 우생학의 역사적 맥락과 그 반감을 고려하면, 지능이 어느 정도 선천적이라는 발상에 강한 반발이 있어 온 사실도 딱히 놀랍지는 않다.

이제부터는 이상의 부당한 일반화와 과학적 사실을 구분하면서 지능을 이야기하고자 한다. 그리고 과학적 발견이 사회에 지니는 의미와 함께 그것이 우생학과 관련하여 어떠한 함의를 지니는가는 제11장에서 다시 다룰 예정이다.

지금까지 인간 지능의 진화를 생각할 때, 인간과 동물 사이의 차이는 유전적이라는 사실 하나만큼은 분명해진다. 물론 문화적 진화가 그 과정을 촉진하는 중심 역할을 수행한 덕분이기는 하다. 하지만 우리가 인간의 지적 능력을 갖추게 된 궁극적인 이유는 복잡한 인간 두뇌를 만드는 프로그램이 우리 DNA에 담겨 있기 때문이었다.

그렇다면 그 유전 프로그램에 개인차가 존재할 수 있으며, 그것이 사람 간의 지능 차이에 영향을 미칠 수 있음은 그리 놀랄 일이 아니다. 그렇지 않은 것이 오히려 더 놀라운 일이다.

✖ IQ 검사 도구의 발달

지능이 유전적 변이에 영향을 받는가를 살펴보려면, 지능을 측정하는 방법이 가장 먼저 필요하다. 이를 위해 개발된 것이 IQ 검사를 비롯한 인지 능력 측정 검사다. 최초의 지능 검사는 1904년 프랑스에서 알프레드 비네 Alfred Binet 가 개발했는데, 이는 프랑스 교육부의 요청에 따른 것이었다.

프랑스 정부에서는 학교 수업을 잘 따라가는 학생과 뒤처지는 학생을 판단할 방법이 필요했다. 비네는 아이들이 수행할 수 있을 법한 일련의 질문과 퍼즐을 고안하고, 이를 아이들의 나이에 맞추어 조정했다. 비네는 그 방식으로 아이를 비교하면서 아이가 나이에 걸맞은 수준에서 과제를 잘 수행하는가를 평가할 수 있었다. 해당 검사는 학교 교육에서 추가적으로 도움이 필요한 학생을 식별할 목적으로 고안된 것이었다.

이후 미국 스탠퍼드 대학교의 심리학자 루이스 터먼 Lewis Terman 이 비네의 검사를 개정했다. 이를 통해 오늘날까지 널리 사용되는 스탠퍼드-비네 검사 Stanford-Binet test 가 탄생했다. 하지만 이 검사의 철학과 더불어 20세기 미국 사회에서의 광범위한 활용 방식은 비네의 본래 의도와 사뭇 달랐다.

성취 수준을 평가하여 보충 교육이 필요한 아이들을 가려내는 수단보다 고정된 지적 잠재력을 지닌 존재로서 사람들을 구분하는 지표로 활용된 것이다. 다음에 펼쳐질 내용과 같이 사람마다 실제로 지적 잠재력의 차이가 존재하지만, 이는 개인의 지능 수준이 절대적으로 고정되어 있다는 의미는 아니다. 스탠퍼드-비네 검사는 다음의 다섯 가지 요소를 측정한다.

- 지식(knowledge)
- 수리 추론(quantitative reasoning)
- 시공간 처리(visual-spatial processing)
- 작업 기억(working memory)
- 유동적 추론(fluid reasoning)

이 검사는 일정한 지식을 요구하는 문항을 포함한다. 그중에는 1분 안에 'P'로 시작하는 단어를 얼마나 많이 떠올릴 수 있는가처럼 어휘력이나 언어 유창성을 평가하는 문제가 있다. 이 외에도 스탠퍼드-비네 검사는 아래와 같이 구체적인 지식에 의존하지 않는 능력도 평가한다.

- 도형을 머릿속으로 회전시키는 능력
- 숫자열을 기억하는 능력
- 무의미한 도형이나 기호에서 패턴이나 경향을 찾아내고, 그다음에 올 항목을 예측하는 능력 등

일부 검사에서는 반응하는 속도나 시간, 정확도도 평가 대상으로 삼는다. 전체 IQ 검사는 전문 교육을 받은 검사자가 진행하고 채점하며, 검사-재검사 신뢰도는 약 0.90으로 매우 높다. 그 밖에도 유전학 연구에서 자주 활용하는 일반 또는 특수 인지 능력 검사가 있다. 이 유형의 검사는 시행 시간이 훨씬 짧지만, 검사-재검사 신뢰도는 다소 낮은 편이다.

1. 아래 전개도와 같은 정육면체는 무엇인가?

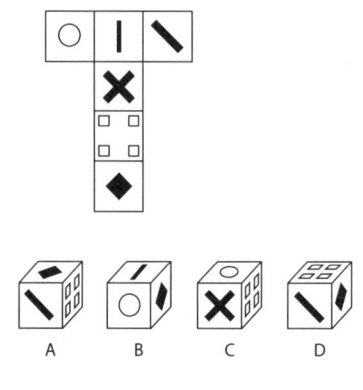

2. 192051111이 '스테이크(steak)'라면, 381918은 무엇인가?

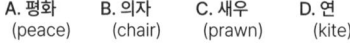

A. 평화 (peace)   B. 의자 (chair)   C. 새우 (prawn)   D. 연 (kite)

3. '전부(all)'가 '많음(many)'을 뜻한다면, '하나도 없음(none)'은 무엇을 의미하는가?

A. 절대 아님 (never)   B. 약간 (some)   C. 항상 (always)   D. 거의 없음 (few)

4. 아래에 들어갈 도형은 무엇인가?

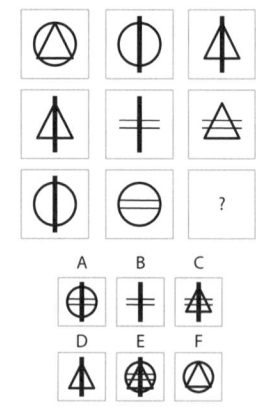

5. 수열을 완성하시오.
4, 5, 8, 17, 44…

A. 56   B. 68   C. 81   D. 125

[그림 28] **IQ 검사 예시 문항**

이 검사에서 측정하는 여러 요소 가운데 중요한 점은 모든 결과에 서로 연관성이 있다는 것이다. 물론 완벽하지는 않아서 사람마다 요소별로 강점과 약점이 다르게 구성된다. 그러나 전체적인 경향은 분명히 강한 양의 상관관계를 보인다.

반응 시간이 빠른 사람일수록 어휘력이 뛰어난 경우가 많다. 또한 머릿속으로 도형을 회전하거나 긴 숫자열을 암산으로 계산하는 능력도 더 뛰어난 경향이 있다. 이러한 과제는 겉보기에 별 관련이 없어 보이므로, 결과에 놀랄 것이다.

실제로 각 과제는 그에 특화된 능력이나 지식이 필요하다. 동시에 이 모든 요소에 공통으로 작용하는 보편적 요인이 존재하는 것도 사실이며, 이로써 서로 간의 상관관계가 설명된다. 이 요인은 일반 지능 general intelligence 을 의미하며, 'g 요인 g factor'으로 알려져 있다.

g 요인은 통계적으로 산출할 수 있으며, 일반적으로 IQ 검사의 여러 요소 간 수행에서 나타나는 변이의 40~50%를 차지한다. 따라서 IQ 점수는 g 요인을 반영함과 동시에 구체적인 각 요소에서 나타나는 차이도 함께 반영한다. 관례상 IQ 점수는 평균 100점에 맞추어 정규화되는데, 이는 대규모 인구 집단의 검사 결과를 기반으로 보정된다. 사람들은 대부분 평균값 근처로 점수를 얻으며, 분포의 양극단에 가까울수록 수는 점점 줄어든다. 분포의 특성은 뒤에서 다시 살펴보겠다.

그렇다면 먼저 중요한 질문을 해야겠다.

- IQ 검사는 실제로 유용한 정보를 제공하는가?
- IQ 검사는 그저 검사를 잘 치르는 능력만을 측정하는 것은 아닌가? 또는 검사라는 형식에 능숙한가를 측정하는 데 그치지 않는가?

- 문화적 편향이나 환경 변수에 큰 영향을 받은 나머지 생물학적 차이에 어떠한 결론조차 도출할 수 없을 만큼 지표가 오염되지는 않았는가?

확실히 IQ 검사는 타고난 차이와 더불어 경험, 그중에서도 특히 교육의 영향을 반영한다. 그러나 교육이 해당 검사에서 수행 능력을 향상하더라도, 같은 수준으로 교육을 받은 아동 사이에도 성과 차이는 존재한다. 바로 이처럼 상대적인 인지 능력의 차이를 포착하는 것이 IQ 검사의 본 목적이다. 그리고 그 차이는 시간이 지나도 꽤 일관성 있게 유지된다.

더 나아가 아동기의 IQ 점수는 현실 세계에서 다양한 삶의 결과를 유추하는 데 도움을 준다. 이에 해당하는 요소는 다음과 같다.

- 교육 연한
- 학업 성취도
- 소득
- 훈련 성과
- 직무 성과
- 신체 및 정신 건강
- 수명 등

실제로 스웨덴 남성 100만 명 이상을 20년간 추적 조사한 연구에 따르면, IQ 분포에서 하위 10%에 속한 남성이 상위 10%에 속한 남성보다 약 3배 더 높은 사망률을 보였다. 이러한 차이는 분포 전체에 걸쳐 점진적으로 나타났다. 즉 IQ 검사가 반영하는 차이가 무엇이든 간에, 우리가 인생에서 어떻게 살아갈지를 좌우하는 중요한 요소라는 뜻이다.

❈ IQ의 통계적 분포

인구 집단 내 IQ 점수는 통계적으로 정규 분포에 가까운 양상을 보인다. 이는 중간 지점에 많은 사람이 몰려 있고, 양극단으로 갈수록 점점 숫자가 줄어드는 종형 곡선 bell-shaped curve 이 나타난다는 뜻이다. 물론 자세히 들여다보면, 완벽한 종 모양의 분포는 아니다. 분포의 하위 끝단에 작은 혹처럼 튀어나온 부분이 있는데, 이는 IQ 점수가 매우 낮은 사람이 정상적인 분포에서의 예상보다 약간 더 많음을 뜻한다.

이때 작은 융기는 지적 장애가 있는 사람을 나타낸다. 이 부분이 원래는 매끄러워야 할 정상 분포에서 벗어나 있다는 사실은 매우 중요한 점을 시사한다. 그들의 낮은 IQ는 단순히 하나의 연속선에서 우연히 하단에 속했기 때문이 아니라, 근본적으로 다른 설명이 존재하는 예외적인 사례임을 의미한다.

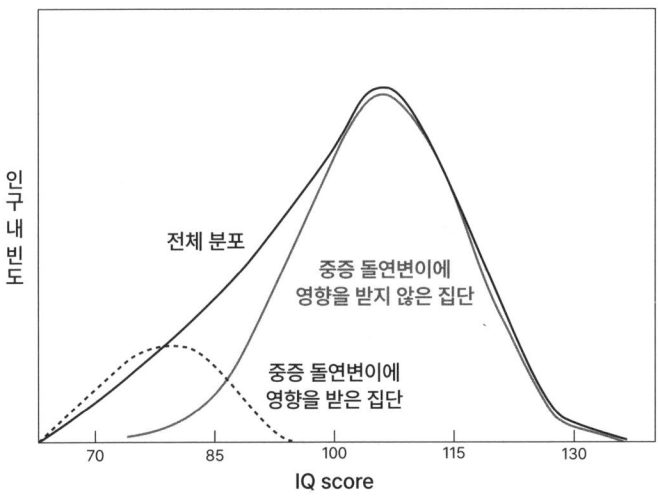

[그림 29] **IQ 분포**

IQ 분포는 통계적으로 큰 정규 분포를 이루고 있으며, 하단에는 별개의 소규모 하위 분포가 존재한다. 하위 분포는 IQ를 크게 낮추며, 때로는 임상적으로 지적 장애를 유발하는 심각한 돌연변이를 지닌 사람을 나타낸다.[55]

지적 장애는 대부분 유전적 요인에서 비롯된다. 인지 기능에 심각한 손상을 초래한다고 알려진 유전 질환만 해도 500가지가 넘으며, 지금도 새로운 사례가 계속해서 밝혀지고 있다. 대표적인 사례는 다음과 같다.

- **염색체 질환**: 다운 증후군
- **염색체 일부 구간 결실 또는 중복**: 윌리엄스 증후군(Williams syndrome), 엔젤만 증후군(Angelman syndrome)
- **단일 유전자 손상**: 취약 X 증후군(fragile X syndrome), 레트 증후군(Rett syndrome)

위와 같은 유전 질환이 존재한다는 사실만으로도 인간 지능이 유전적이라는 점은 분명해진다. 지능은 유전체에 부호화된 복잡한 프로그램에 의존한다. 이는 곧 프로그램이 돌연변이로 손상되면, 지능에 심각한 영향을 초래한다는 얘기다. 프로그램이 이렇게나 다양한 방식으로 방해받을 수 있다는 사실도, 그 자체가 얼마나 정교하고 복잡한 체계인지를 보여 준다. 이처럼 수백 가지 서로 다른 유전자 가운데 어느 하나라도 심각한 돌연변이가 발생한다면, 뇌 발달 및 기능에 큰 타격을 받을 수 있다.

돌연변이는 부모 중 하나 또는 양쪽에서 물려받기도 하지만, 대개는 정자나 난자가 형성되는 과정에서 새롭게 발생한 것이다. 이에 지적 장애가 있는 사람이 자녀를 낳는 경우가 많지 않다는 점을 그 원인으로 꼽을 수 있다.

---

55 해당 문단은 스코틀랜드 정신 건강 조사(Scottish Mental Servey)의 데이터를 요약한 것으로, Johnson, W., Carothers, A. and Deary, I. J. (2008). Sex Differences in Variability in General Intelligence: A New Look at the Old Question, *Perspectives on Psychological Science*, 3(6), 518-531.에 제시되어 있다.

따라서 단 하나의 돌연변이만으로 질환이 나타난다면, 그 부모는 해당 돌연변이 보유자가 아닐 가능성이 크다. 돌연변이가 있었다면 자녀를 갖지 못할 수 있기 때문이다.

돌연변이의 유전은 열성 유전 또는 X 염색체에 연관된 방식으로 나타나는 경우가 많다. 열성 유전 질환은 부모가 각자 지닌 한 쌍의 유전자 가운데 하나에만 돌연변이가 있으나, 나머지 유전자는 정상이라 증상이 나타나지 않기도 한다. 하지만 자녀가 부모 양쪽에서 돌연변이 유전자 사본을 물려받으면 인지 장애가 나타난다.

한편 X 염색체의 돌연변이는 여성에게 크게 문제를 일으키지 않는 편이다. 여성은 X 염색체가 2개여서 하나에 문제가 있더라도 다른 쪽이 이를 보완할 수 있기 때문이다. 하지만 아들의 경우, XY 염색체이므로 돌연변이의 영향을 그대로 받는다.

흥미로운 현상은 지적 장애가 있는 사람의 친척에서도 발견할 수 있다. 이러한 친척의 IQ는 대체로 평균치와 큰 차이가 없다. 이는 지적 장애가 일반적으로 하나 또는 두 유전자에 국한된 단일 돌연변이로 발생하기 때문이다. 돌연변이가 처음 발생했다면, 그 사람의 친척에게는 돌연변이가 없기에 아무런 영향을 받지 않을 것이다. 다운 증후군 환자의 부모나 형제자매의 IQ와, 왜소증 환자의 친척의 키가 모두 정상 범위에 속한다는 사실이 그 예다.

하지만 상대적으로 IQ가 낮은 사람의 친척을 살펴보았을 때는 전혀 다른 양상을 보인다. 지적 장애로 진단될 만큼 극단적으로 낮은 수준은 아니라도 말이다. 이 경우는 친척 역시 평균보다 IQ가 낮은 경향을 보인다. 이는 일반적인 지능에 작용하는 유전적 메커니즘이 지적 장애를 일으키는 유전적 기반과 다름을 시사한다. 단일 돌연변이로 결정되는 지적 장애와 달리 정상 범위 내의 지능 차이는 여러 유전적 변이가 복합적으로 작용한 결과일 가능성이 크다는 것이다.

IQ가 낮은 사람의 친척은 그 유전적 변이의 일부를 공유한다. 따라서 친척의 IQ 또한 평균보다 낮을 수 있다. 같은 이유로, 왜소증까지는 아니라도 키가 작은 사람의 친척의 키 역시 평균보다 작은 경향이 있다. 이쯤에서라면 당신도 이러한 생각이 들지 않을까.

"잠깐, IQ가 낮은 사람의 친척도 그 이유가 유전 때문이라는 의미는 아니잖아?"

맞는 말이다. 사실 그 질문에서 'IQ'를 '재산'으로 바꾸어도, 친척 간 상관관계는 여전히 강하게 나타날 수 있다. 이러한 상관관계는 가족 구성원 사이에 공유되는 환경적 요인으로 충분히 설명할 수 있다. 가족 간 상관관계는 유전적 메커니즘의 존재를 시사할 수는 있지만, 그것만으로 지능이 유전된다는 사실을 증명할 수는 없다. 이를 입증하려면 유전 요인의 효과와 가족 환경의 효과를 분리할 수 있도록 설계된 분석 방법인 쌍둥이 연구와 입양 연구로 돌아가야 한다.

지능의 유전력

지능이 유전적 요인으로만 결정된다면, 입양된 형제자매는 무작위로 선택된 두 사람만큼 다를 것이다. 반면 지능이 전적으로 가정 환경이나 교육 등의 사회적 요인에 따른 것이라면, 입양된 형제자매도 생물학적 형제자매만큼 비슷할 것이다. 그러나 정작 관찰되는 결과는 그 중간쯤에 있다. 적어도 초기에는 그러했다.

많은 연구에서 일관적으로 밝힌 바에 따르면 입양된 형제자매는 무작위로 선택된 사람보다 유사한 IQ 점수를 보인다($r \approx 0.25$). 그러나 생물학적 형제자매보다는 덜 유사하다(r≈0.60). 이는 유전적 유사성과 공유된 가족 환경이 모두 지능에 영향을 줄 수 있음을 시사한다.

하지만 이러한 결과는 아동기에 지능을 측정했을 때만 나타난다. 이 시기는 아이들이 아직 가족 환경의 품 안에 있을 때라서 가족 환경의 차이가 IQ 검사 결과에 확실한 영향을 줄 수 있다. 그러나 같은 입양 형제자매를 수년 후에 다시 검사해 보면, 그 상관관계는 사라진다. 이들은 더 이상 무작위로 선택된 두 사람만큼 비슷하지 않다.

이때는 생물학적 형제자매 간 유사성도 약간 줄어드는데, 이는 공유된 가족 환경의 효과가 시간이 지나면서 사라지기 때문으로 보인다. 그런데도 이들 사이에는 여전히 0.40~0.50 수준의 상당한 상관관계가 남는데, 이는 유전적 관련성에 기인한다. 결국 단기적으로는 양육의 차이가 인지 수행에 영향을 줄 수 있지만, 그 효과는 장기적으로 지속되지 않아 보인다.

이상의 결론은 쌍둥이 연구 결과로도 증명할 수 있다. 연구에서 나타난 일관된 결과에 따르면 일란성 쌍둥이는 매우 높은 유사성이 나타났다(r=0.75~0.85). 그러나 이란성 쌍둥이는 일란성보다 덜한 양상을 보였다(r=0.40~0.50).

여기서 IQ 검사의 검사-재검사 신뢰도가 약 0.90이라는 점에 특별히 주목할 만하다. 이는 일란성 쌍둥이의 IQ 점수가 개인이 두 번 검사를 받았을 때의 점수 간 유사성과 거의 비슷한 수준이다. 그 수치는 성인이 된 후에 측정한 결과이며, 아동기에 검사했을 때는 일란성과 이란성 쌍둥이 간 차이가 그다지 눈에 띄지 않았다. 이 역시 공유된 가족 환경의 일시적인 효과는 시간이 지나며 사라짐을 시사한다.

한편 쌍둥이와 입양 연구를 결합한 소수 연구에서는 서로 다른 가정에서 성장한 쌍둥이를 비교한 바 있다. 그 결과는 매우 인상적이다. 서로 다른 가정으로 입양되어 자란 일란성 쌍둥이(r=0.78)는 같은 가정에서 자란 일란성 쌍둥이(r=0.85)만큼 IQ가 유사하게 나타난다.

이상의 데이터를 바탕으로 IQ의 유전력, 지능 형질의 분산 가운데 유전적 차이로 설명되는 비율을 계산하여 추정해 보면 나이에 따라 서로 다른 수치가 도출된다. 유아기에는 대부분의 유사성이 공유된 가족 환경에 좌우되며, 유전력은 매우 낮다. 하지만 시간이 지남에 따라 가족 환경의 효과는 점차 줄어드는 반면 유전적 효과는 점점 커진다. 이후 성인기에 이르면 IQ의 유전력은 75~80%로 치솟으며, 가족 환경에 기인한 분산은 0에 수렴한다.

❖ 플린 효과

지금까지 제시한 결과를 얼핏 보면, 지능은 변하지 않는 선천적 특성이고, 경험의 영향을 받지 않으며, 환경의 차이마저 장기적인 영향을 주지 못한다고 말하는 듯하다. 그러나 이러한 결론은 사실이 아니며, 정당화될 수도 없다. 쌍둥이 및 입양 연구에서는 환경의 영향을 추론할 수 있는 범위가 표본으로 추출된 환경 차이로 한정되기 때문이다.

사회경제적 지위가 낮은 집단에서 IQ의 유전력이 더 낮게 나타난다는 연구 결과를 생각해 보자. 이는 사회경제적 수준이 낮은 지역사회에서 환경의 변동성이 더 크다는 점을 시사한다.

따라서 쌍둥이 및 입양 연구는 방법론상 표본의 환경 차이의 폭이 매우 쉽게 제한된다. 대상자는 주로 비슷한 시기에 제한된 지역 내에서 모집되므로, 모집단은 대체로 같다. 쌍둥이 연구의 설계는 가정 환경의 차이에 따른 영향을 확인하는 데 집중한다. 그러나 모집단 내에서 가족 간에 차이가 잘 나타나지 않는 광범위한 환경적 요인까지 검증하지 않는다.

또한 쌍둥이 및 입양 연구는 특정 시기와 모집단 내에서 형질의 차이를 실제로 유발하는 요인만을 말할 뿐, 형질에 영향을 줄 수 있는 요인이 원칙적으로 무엇인지는 일반화할 수 없다. 특히 해당 연구는 일반적으로 지역이나 국가 간, 혹은 시간의 경과에 따른 문화적, 사회적 차이의 영향을 다루지 않는다.

시간에 따른 IQ 점수의 차이는 특히 중요하다. IQ 검사는 100년 넘는 역사를 지니며, 그동안 다양한 인구 집단의 수행 데이터를 보유하고 있다. 관례상 어느 시점에서든 검사가 끝난 모집단 전체의 평균 점수는 100으로 정규화되는 것이 일반적이다. 하지만 정규화되지 않은 절대 점수를 수십 년에 걸쳐 살펴보면 매우 눈에 띄는 현상이 나타난다. 바로 평균 점수가 시간이 지남에 따라 꾸준히 상승한 것이다.

위의 결과는 검사 자체가 바뀐 것이 아니다. 사람들의 평균적인 수행 능력이 향상된 덕이다. 따라서 이 현상은 최초 발견자인 제임스 플린 James Flynn 의 이름을 따 '플린 효과 Flynn effect'라고 부른다. 플린 효과는 데이터가 존재하는 거의 모든 국가에서 매우 일관적으로 관찰되어 왔다.

플린 효과의 정확한 원인은 아직 논의 중이지만, 시간의 흐름에 따라 변화한 여러 요인이 복합적으로 작용했을 가능성이 있다. 여기에는 더 나은 영양 상태, 전반적으로 향상된 산모 및 아동 건강 등이 포함된다. 이 모든 요인이 두뇌 발달에 유리한 조건을 만들었다고 본다. 교육 기간 연장과 수준 향상도 중요하게 작용한 요인이지만, 더 자세한 내용은 뒤에서 다루도록 하겠다.

그리고 더욱 보편적인 관점으로는 현대 사회에서 추상적 사고 습관의 증가를 반영했다고 볼 수 있다. 과학과 기술의 발전과 산업 구조와 직업, 그 외 다양한 사회 요소의 변화에 따라 우리가 시간을 보내고 생각하는 방식 자체가 달라져 왔다.

플린 효과로 확실히 설명할 수 없는 요인 하나는 바로 유전의 변화다. IQ 점수의 상승이 관찰된 기간이 세대를 거듭할 만큼 충분하지 않았다. 이러한 점수 차이는 본질적으로 환경적 요인에 있다는 점에서 매우 중요한 사실을 재차 강조한다. 한 형질이 특정 시점 및 집단에서 유전력이 매우 높게 나타나더라도, 집단 간 환경 차이에 따라 여전히 영향을 받을 수 있다는 것이다. 이는 BMI의 사례에서 이미 관찰된 사실이기도 하다.

위와 같은 사실은 서로 다른 집단이나 하위 집단 간 평균 IQ 차이를 해석할 때 매우 중요하다. 그 예로 아프리카계 미국인이나 히스패닉계 미국인의 평균 IQ 점수가 유럽계 미국인보다 낮게 나타난다는 데이터가 있다. 일부 사람들은 지능은 유전력이 높다는 점에서 그 차이를 인종 집단 간 유전적 차이로 해석해 왔지만, 이러한 결론은 타당하지 않다.

우리는 영양과 전반적인 건강 상태, 교육 수준의 차이가 모두 IQ 점수에 강한 영향을 미친다는 점을 이미 알고 있다. 그리고 미국 내 인종 집단 간에 실제로 사회경제적 차이가 존재한다는 사실은 유전적 차이를 끌어들이는 것보다 타당할 것이다. 또한 그보다 훨씬 간단하고 설득력 있는 설명이 된다.

이 사실은 아일랜드의 사례에서 잘 드러난다. 1970년대 아일랜드의 평균 IQ 점수는 약 85로, 당시 영국 평균인 100과 비교하면 매우 큰 차이였다. 이 수치는 아일랜드인이 단순히 무지하거나 교육을 못 받은 것이 아니라 근본적으로 멍청하다는 주장의 근거로 악용되며, 구제 불능일 정도로 모자란 사람들이라는 인식을 강화했다.

하지만 당시 아일랜드는 급격한 사회 변화를 겪고 있었다. 농업 중심 사회에서 벗어나 도시화, 산업화가 이루어지면서 경제적 번영이 점차 확대되었다. 이에 따라 영양 상태와 건강, 교육 기간이 모두 향상되었다. 1990년대 중반에 이르러 아일랜드의 평균 IQ 점수는 약 95로 상승했고, 지금은 100으로 안정되어 영국과 같은 수준이 되었다. 이 기간에 유전적으로 바뀐 것은 아무것도 없었다. 잠재력을 발휘하는 데 보다 나은 환경이 주어졌을 뿐이다.

사실 교육은 우리 모두에게 그러한 방식으로 작용한다. 교육을 받으면 단순히 새로운 지식을 배우는 데 그치지 않고 더 똑똑해진다. 우리는 하나의 사실뿐 아니라 개념까지 흡수하고, 개념을 새로운 상황에 적용하기 시작한다. 이것이 바로 지능적 행동이다. 게다가 우리는 새로운 것을 배우고, 연관성을 형성하여 더 복잡한 개념을 이해하는 능력이 점차 향상된다. 따라서 IQ 검사는 연령대별로 보정되어 있다.

사실 IQ 검사는 아이의 발달 수준을 측정하기 위해 고안된 것이었다. 지적 잠재력의 차이는 선천적일 수 있지만, 실제 지능은 시간의 경과에 따른 성장과 교육으로 증가한다. 하지만 이는 모든 사람이 같은 지능 수준에 도달한다는 뜻은 아니다. 개인의 절대적인 지능은 아동기에 증가하지만, 상대적인 순위는 놀랄 만큼 안정적으로 유지된다.

예컨대 5세에 IQ 점수가 상대적으로 높은 아이는 20세가 되어도 그대로일 가능성이 크다. 그 사이에 다른 사람의 인지 능력도 모두 향상되지만, 차이는 유지된다. 종단 연구에 따르면, 11세에 측정한 IQ 점수를 활용하여 그 사람이 87세가 되었을 때, 같은 집단 내에서의 상대적 순위를 예측할 수 있다. 밀물은 모든 배를 띄우지만, 그중 한 배는 다른 배보다 계속해서 높은 위치에 떠 있는 것과 같다.

그런데 교육 접근성이 좋아지면 모두에게 이익이 되지만, 그 이익이 균등하게 분배되지 않을 수도 있다. 초기 IQ가 높은 사람일수록 교육으로 더 큰 이득을 얻을 수 있다. 더 쉽게 배우면서 지식을 생산적으로 활용할 것이다. 그렇게 배움을 흥미롭고 보람 있는 일이라 여기며, 더 열심히 임할 가능성이 크다. 이들은 부모나 교사에게 더 많은 격려를 받으며 공부를 멈추지 않는 경향이 있다.

결과적으로 교육 기회가 늘어날수록 모든 사람의 지능이 전체적으로 향상되긴 하겠지만, 더 높은 지능으로 시작한 사람이 보다 많은 이익을 본다는 것이다. 이는 곧 교육의 확장이 단순히 전체 분포를 상향 조정하는 것이 아니라, 초기 차이를 더 벌릴 수도 있다는 뜻이다.

일란성 쌍둥이는 나이가 들수록 IQ가 더욱 유사해지는 경향이 있다. 이는 지능이라는 형질에 경험으로 강화되는 속성이 있음을 보여준다. 지능은 다른 형질보다 점진적 방향성을 띤다. 더 많이 배우고 이해할수록 그것이 훨씬 쉬워진다는 것이다. 나이에 따라 지능의 유전력이 증가한다는 사실은 그저 일시적인 가족 환경의 영향이 줄어든다는 점만을 반영하는 것은 아니다. 지적 잠재력에 내재한 유전적 차이가 증폭되는 과정도 포함한다.

지금까지 지능은 오래전부터 유전력이 매우 높은 형질이라고 알려져 온 사실을 뒷받침하는 증거를 살펴보았다. 이는 딱히 놀라운 일이 아니다. 일상에서도 어느 아이는 똑똑함이라는 특성을 타고나, 그것이 가족 내에서 반복되는 모습을 쉽게 볼 수 있기 때문이다. 하지만 우리는 이제 그 단순한 결론을 훨씬 뛰어넘을 수 있다.

우리는 최근 몇 년간 해당 형질의 기반이 되는 유전적 변이는 무엇인가를 탐구할 수 있었다. 그리고 그 개별 유전자를 실제로 규명하기 시작했다. 이러한 발견에 따라 우리는 지능의 생물학적 기반을 비롯해 그것이 반영하는 뇌의 특성을 점차 밝혀나가고 있다.

◈ 양적 유전학

지능은 연속적으로 분포하는 형질이다. 그러므로 값이 일정한 범위에 걸쳐 매끄럽게 퍼져 있으며, 그 유전 양상도 뚜렷하게 구분되지 않고 뒤섞여 나타난다. 이는 개인의 지능에 여러 유전적 변이가 관여함을 시사한다. 앞선 유형의 분포가 나타나는 방식의 하나는 지능을 높이거나 낮추는 공통적인 유전적 변이가 집단 내에 제한적으로 존재하면서, 유전적으로 분리되어 내려오는 경우다. 우리는 이를 편의상 '플러스 변이'와 '마이너스 변이'라고 부를 수 있다.

누군가 플러스 변이를 마이너스 변이보다 더 많이 물려받았다면, 지능이 평균보다 높을 것이다. 이와 다르게 마이너스 변이가 많다면, 분포의 반대쪽에 속하게 될 것이다. 이처럼 플러스 변이가 많은 부모는 그러한 자녀를 낳을 가능성이 크다. 그리고 IQ가 낮은 사람의 형제자매는 마이너스 변이를 더 많이 공유하며, IQ가 대체로 평균보다 낮을 가능성이 있다.

이것이 바로 양적 유전학 quantitative genetics 이라고 하는 표준 모델로, 키처럼 연속적인 범위로 측정될 수 있는 형질의 유전을 설명한다. 이는 눈동자 색처럼 뚜렷하게 구분되는 불연속적 형질과 유전 방식을 달리한다. 한 형질에 영향을 주는 유전적 변이가 한 집단 내에 일정하게 존재한다는 개념은 가축이나 작물을 품종 개량할 때 매우 유용하다.

우유 생산량이 각기 다른 젖소 무리를 키운다고 생각해 보자. 이때 상위권에 속하는 개체만을 선택적으로 교배시키면, 플러스 변이는 점점 축적된다. 반면 마이너스 변이는 점차 제거되면서 세대를 거듭할수록 평균 우유 생산량이 증가할 것이다. 참고로 우유 산출량을 위한 수소 선택 방법은 그 수소의 암컷 형제나 암소인 자손의 우유 생산량을 통해 간접적으로 평가한다.

하지만 양적 유전학의 표준 모델이 지능에는 적용되지 않거나, 적어도 지나치게 단순화되어 있어 오해의 소지가 있다고 볼 법하다. 그 이유는 여러 가지다.

첫째, 양적 유전학은 유전적 변이 풀이 정적인 상태에 있다고 가정한다. 그러나 앞서 살펴본 바와 같이 인간 집단에서 유전적 변이의 스펙트럼은 실제로 매우 역동적이다. 새로운 돌연변이는 끊임없이 집단 내에 유입되고, 제거되는 변이도 늘 존재한다. 우리는 젖소 무리가 아니다. 인류는 최근 인구 폭발을 겪으면서 막대한 양의 새로운 유전적 변이를 인류 집단 안으로 유입시켰다.

둘째, 양적 유전학은 개인마다 수많은 변이가 존재하며, 각 변이의 자체적인 효과는 매우 적다고 전제한다. 물론 누적 효과는 있겠지만, 우리는 지적 장애 증후군의 사례에서 단일 돌연변이만으로도 지능에 매우 큰 영향을 준다는 사실을 확인했다. 그리고 이러한 영향이 반드시 지능 분포의 극단에서만 나타난다고 볼 이유는 없다.

셋째, 양적 유전학은 자연 선택의 중요한 역할을 노골적으로 무시한다. 구체적으로 현재 작용하는 선택뿐 아니라 과거에 형질의 유전 구조를 형성해 온 방식 말이다. 그런데 과거와 현재의 돌연변이와 자연 선택을 모두 포함하는 역동적인 관점을 취하면, 지능의 유전학에 대해 기존과 전혀 다른 예측을 도출할 수 있다.

그 예측은 지능을 높이는 플러스 변이가 극도로 희귀하리라는 점이다. 진화는 수십만 년에 걸쳐 인간의 뇌라는 정교하게 다듬어진 도구를 만들어 냈다. 우리는 언어와 문화의 창조로 자연 선택이라는 프로그램에 능동적으로 참여했다. 그 덕에 조금이라도 더 똑똑해지는 것이 이득이 되는 방향으로 진화가 촉진되었다.

그 결과 지능을 높이는 새 돌연변이는 자연 선택 과정에서 이미 대부분 등장했을 것이다. 그중에서 유리하게 작용한 돌연변이는 강한 선택 압력을 받아 집단 내에 빠르게 확산 및 고정되어 해당 유전자의 이전 형태를 대체했다고 본다.

물론 지능을 높이는 새로운 돌연변이가 나올 가능성이 아예 없지는 않지만, 그 가능성은 매우 낮다. 실제로 초파리나 생쥐 등의 동물에서는 학습이나 기억 능력을 향상하는 유전적 돌연변이가 실험적으로 유도된 바 있다. 하지만 일반적으로 새로운 돌연변이가 지능에 영향을 미친다면, 지능을 낮추는 방향으로 작용할 가능성이 훨씬 크다. 복잡한 시스템은 구조상 개선하기보다 망가뜨리기가 훨씬 쉽기 때문이다. 포뮬러 원 Formula 1, F1 자동차 엔진에 있는 아무 부품에나 연장을 갖다 댄다고 해서 엔진의 성능이 나아질 일은 거의 없는 것처럼 말이다.

위의 관점을 따르면 지능의 유전적 구조는 마이너스 변이가 지배할 가능성이 크다. 이들 변이는 지능을 위한 유전자의 대척점에 가깝다. 어쩌면 우리가 지금 말하고 있는 것은 지능의 유전학이 아니라 어리석음의 유전학일지도 모른다.

아무튼 지능의 유전학 모델에 따르면 지능의 분포는 개인에게 얼마나 많은 마이너스 변이가 있는지를 반영한다. 이는 우리가 이론적으로 완전한 인간의 최대 지능 상태에서 얼마나 동떨어져 있는가와 같다. 물론 앞선 바와 같이 플라톤적 이상이라 부를 수 있는 완전한 인간은 예나 지금이나 존재한 적이 없다. 우리는 조상과 마찬가지로 일부 단백질의 생산이나 기능을 저해하는 수백 가지 희귀한 유전적 변이를 지니고 있다. 이 외에도 영향력은 그보다 작지만, 수천 개의 다른 유전적 변이도 함께 지니고 있다.

자연 선택은 인간의 뇌를 만든 뒤부터 이를 보호하는 막대한 과업에 직면했다. 과거에는 양성 선택의 작용으로 지능을 높이는 유전적 변이가 인구 집단 내에 고정되었다. 그리고 지금은 음성 선택이 그 변이의 유지를 위해 애쓰고 있다. 이는 끊임없이 이어지는 전쟁과 다르지 않다. 정자나 난자가 새로 만들어질 때마다 새로운 돌연변이가 생겨나기 때문이다.

지능을 심각하게 떨어뜨리는 돌연변이는 임상적으로 지적 장애가 있는 사람이 자녀를 거의 낳지 않기에 선택 압력으로 빠르게 제거된다. 하지만 좀 더 미묘하게 영향을 미치는 돌연변이는 자연 선택으로 걸러내기가 상당히 어렵다. 무엇보다 인간의 뇌는 수많은 유전자가 관여하는 복잡한 구조이므로, 자연 선택이 모든 유전자를 동시에 감시할 수 없다.

효과가 약한 돌연변이는 자연 선택의 감시를 피해 무사히 살아남을 수 있다. 더군다나 영향력도 작은 편이라면, 상당히 높은 빈도로 집단 내에 확산할 수 있다. 중간 정도의 영향력을 지닌 돌연변이도 한동안은 자연 선택을 피해 집단 내에 머무르면서 새로운 변이로 자리 잡기도 한다.

이처럼 마이너스 변이가 오늘날에도 여전히 남아 있는 데는 또 다른 이유가 있을 것이다. 인류의 먼 과거, 그리고 비교적 가까운 과거에는 높은 지능이 생존과 번식에 유리한 반면, 그 반대는 불리했기에 선택에서 밀려났다고 볼 근거는 충분하다. 이때 번식은 단순히 자녀 수만뿐 아니라, 자녀가 생존하여 번식 가능한 나이까지 자라서 다시 자녀를 남기는 것까지를 포함한다.

하지만 오늘날에는 그러한 선택 압력이 다소 달라졌을 가능성이 있다. 지능은 여전히 모든 종류의 사망률과 음의 상관관계를 보인다. 다시 말하면 지능이 낮을수록 다음과 같은 사망 원인의 위험이 더 높다.

- 심혈관 질환
- 호흡기 질환
- 각종 암
- 감염병
- 자연적 원인에 따른 사망
- 사고, 살인, 자살 등 비자연적 사망

이제 지능과 번식 간 상관관계는 더 이상 유효하지 않다. 지능이 높은 사람일수록 첫 아이를 늦게 낳는 경향이 있으며, 전체 자녀 수는 더 적다.

최근 수세기 동안 영아 사망률이 급감했고, 사회경제적 계층 간 차이가 거의 사라졌다. 지금은 태어난 자녀의 수가 곧 성인까지 살아남는 자녀 수와 거의 일치를 이룬다. 따라서 지능이 낮은 사람이 평균적으로 더 이른 나이에 사망한다는 사실은 그들이 이른 시기에 더 많은 자녀를 낳는다는 사실로 상쇄된다. 따라서 지능에 부정적이며, 약한 음성 효과를 지닌 유전적 변이가 집단에 계속 남을 수 있는 것이다.

이상의 모든 사실을 종합하면, 현재 인구 집단 내에는 지능을 낮출 수 있는 유전적 변이가 다수 존재한다. 그리고 그중 일부를 우리 모두가 짊어지고 있다. 여기에는 단독으로 큰 영향을 미칠 수 있는 희귀한 변이와 함께 개별 효과는 미미하지만, 집합적으로 유의미한 영향을 주는 흔한 변이가 있다.

지능 유전자를 찾아라

과학자들은 수십 년 동안 지능 유전자를 찾아 헤맸다. 그리고 최근 신기술이 개발되면서 그동안의 탐구가 결실을 보기 시작했다. 하지만 우리가 실제로 찾고 있는 것은 정확히 '지능에 영향을 미치는 유전적 변이'이며, 그중에서도 대체로 부정적인 영향을 주는 것이다.

희귀 변이 rare variants 와 관련, 유전체 기술이 발전하면서 연구자들은 반복해서 나타나는 복제 수 변이 Copy Number Variant, 이하 CNV 를 찾아낼 수 있었다. 이는 염색체의 특정 구간이 결실 deletion 또는 중복 duplication 되는 것을 말한다. 해당 구간에 2개여야 할 유전자 사본이 결실되면 1개, 중복이라면 3개로 바뀌는 현상이다.

위의 현상은 유전체 내 특정 지점에서 반복해서 발생하는데, 이는 그 부위에 반복적인 DNA 염기 서열이 존재하기 때문이다. CNV는 앞의 반복 서열이 세포 분열 중, 특히 정자나 난자의 생성과 관련하여 염색체를 재조합하는 과정에서 기제에 혼동을 주면서 생겨난다. CNV 중 상당수는 지적 장애, 자폐증, 뇌전증, 조현병 등 신경 정신 질환에 걸릴 위험을 높인다. 그 사례는 제10장에서 자세히 살펴보겠다.

하지만 CNV가 있다고 해서 모든 사람이 반드시 그러한 증상을 겪지 않으며, 대개는 임상적으로 문제가 없는 사람도 많다. 그렇다고 해서 영향을 완전히 받지 않는다는 말은 아니다. CNV는 인지 능력 저하 및 IQ 검사 수행력 감소 경향과 관련이 있다. 다만 지적 장애로 진단받을 수준까지는 아니더라도, IQ가 5~20점 정도 감소한다.

이러한 결실이나 중복 변이는 전체 인구의 약 1%만이 보유할 만큼 드물다. 그러나 CNV의 사례는 희귀 유전적 변이가 지능을 극단적으로 낮추는 데만 영향을 주는 것이 아니라, 전체 분포에 걸쳐 영향을 줄 수도 있음을 보여 준다.

CNV는 특정 부위에서 반복적으로 발생하기 때문에 탐지하기 쉽고, 여러 사람을 대상으로 그 영향을 비교적 쉽게 분석할 수 있다. 반면 DNA 염기서열에서 단일 염기 수준의 변화로 알려진 단일 뉴클레오타이드 변이 Single-Nucleotide Variant, 이하 SNV 는 탐지하기 훨씬 어렵다. 이들은 유전체 전반에 걸쳐 무작위로 나타나므로, 개별 변이는 집단 전체에서 극히 희귀한 경우가 많다. 하지만 이들의 집합적 효과를 평가하는 것은 가능하다.

SNV는 단백질의 생성이나 기능에 얼마나 심각한 영향을 미치는지에 따라 순위를 매길 수 있다. 영향이 큰 SNV는 자연 선택에서 희귀한 상태로 유지되는 경향이 있다. 하지만 우리에게는 그러한 변이가 일정량 있으며, 그 양은 사람마다 다르다. 따라서 희귀 유전적 변이의 부담을 전반적으로 살펴보고, 이것이 지능의 차이와 어떠한 관련이 있는가를 살펴볼 수 있다.

이에 관한 대답은 '그렇다'로 보이는데, 그러한 분석은 불과 최근 몇 년 사이에서야 가능해졌다. 그 예로 한 연구에서는 약 1만 4,000명의 일반 인구 표본을 분석한 결과, 초희귀 변이의 수가 교육 수준과 음의 상관관계를 보인다는 사실이 밝혀졌다. 이때 초희귀 변이는 7만 명 이상의 표본에서 단 1명에게만 발견되는 것을 이른다. 교육 수준은 직접적인 지능 척도는 아니지만, 다음과 같은 이유로 지능의 대리 지표로 사용되었다.

- 거대 표본에서 사람들에게 최종 학력을 물으면 될 정도로 매우 쉽게 측정할 수 있다.
- 약 40%의 유전력을 보인다.
- IQ와 상관관계가 있다.
- 약하기는 하지만, 성실성과 개방성 등 일부 성격 특성과 연관성이 있다.

이상의 결과는 초희귀 변이도 일반적인 범위 내에서 지능에 영향을 줄 수 있음을 시사한다. 앞으로 더 많은 사람의 유전체가 분석되면, 그러한 유형의 연구는 더욱 확대될 것이다. 또한 희귀 변이의 영향도 더욱 정밀하게 밝힐 수 있으리라고 본다.

흔한 유전적 변이도 중요한 역할을 한다. 수십만 명 이상을 대상으로 하는 GWAS에서 인지 과제 수행 능력이나 지능의 대리 지표인 교육 수준과 머리 둘레 등처럼 유의미하게 연관된 개별 변이가 밝혀지기 시작했다. 그 예로 GWAS서는 흔한 변이가 존재하는 유전체의 특정 부위에서 DNA 염기가 A인 사람이 30%, G인 사람이 70%일 때, 각 변이의 빈도를 조사한다.

해당 사례에서 연구진은 특정 형질과 교육 수준과의 상관을 탐구하였다. 그 예로 A 염기를 지닌 변이가 교육 수준이 가장 낮은 집단에서 27%, 가장 높은 집단에서 33%의 빈도로 나타났다고 생각해 보자. 바로 이러한 차이가 통계적으로 의미 있는 연관으로 해석된다.

GWAS에서는 위와 같은 양상을 보이는 흔한 변이 74개를 발견했고, 다른 표본에서도 재현 가능성을 확인했다. 각 변이는 단독으로 극히 미미한 효과만 있다. 빈도 차이도 꽤 작아서 무작위 변이의 배경을 뛰어넘는 일관된 경향을 나타내려면 큰 표본 크기를 확보했을 때만 드러난다. 하지만 이러한 변이를 종합적으로 살펴보면 집단적 효과를 가늠할 수 있다.

지금으로서 그 영향은 매우 약한 수준이며, 모든 변이에서 얻은 정보를 합쳐도 교육 수준 차이의 약 3%밖에 설명하지 못한다. 그러나 이는 시작에 불과하다. 아직 개별적으로 확인되지 않은 변이까지 포함하면, 모든 흔한 변이의 누적 효과로 교육 수준 차이를 약 30%까지 설명할 수 있으리라 기대한다.

해당 분야는 연구가 시작된 지 아직 얼마 되지 않았다. 희귀도를 막론하고 우리는 지금에서야 비로소 일반적 범위의 지능에 영향을 미치는 유전적 변이를 발견하기 시작했다. 최근 몇 년 동안 연구는 눈부신 속도로 진행되었고, 당신이 이 책을 읽고 있을 시점에는 더 많은 변이가 이미 밝혀졌을 가능성이 크다. 비록 지금은 우리가 이루어 낸 불완전한 그림만으로도 지능에 관여하는 유전자 유형에 중요한 결론을 도출할 수 있다.

뇌를 구축하는 유전자

희귀도에 관계없이 유전적 변이와 연관된 유전자에서 가장 눈에 띄는 점은 변이가 뇌, 특히 태아기의 뇌에서 강하게 발현된다. 그 유전자 중 상당수, 그저 우연으로 치기에는 너무 많은 수가 신경 발달에 관여하는 단백질을 부호화한다는 것이다. 이들 단백질은 다음의 역할을 담당한다.

- 뉴런의 증식
- 세포 이동
- 축삭의 성장 유도
- 시냅스의 특성 결정
- 시냅스 가소성 등

그런데 위의 결과가 당연하지 않다는 점을 눈여겨봐야 한다.

첫째, 위와 같은 유전학적 발견이 잡음을 신호로 착각한 데서 나온 거짓이었다면, 뇌 발현이나 신경 기능과 관련된 유전자가 기대 이상으로 많이 나타날 이유가 없었을 것이다. 따라서 이러한 결과는 그 유전적 발견이 사실임을 강하게 시사한다.

둘째, 해당 유전자가 성숙한 뇌 기능에 관여하는 것이 아닌, 신경 발달에 관여하는 유전자에 집중되어 있다는 사실은 특히 주목할 만하다. 이 역시 당연한 결과라고 볼 수 없었다. 지능 차이가 뇌 대사의 효율성이나 특정 신경전달물질 경로의 활성, 또는 다양한 이온 통로 간 균형 등과 같은 요소에서 비롯된다는 생각을 충분히 할 수 있기 때문이다. 성숙한 뇌에서 나타나는 다양한 생화학적 매개 변수의 차이가 일반적인 기능이나 고차 인지를 매개하는 가상의 특정 회로의 기능 차이로 이어질 가능성도 있다.

하지만 실제로 관찰된 바는 그렇지 않았다. 우리가 발견한 변이는 뇌가 구축되는 과정을 조절한 유전자에 있었다. 이는 지능이 특정한 뇌 회로나 특정 신경전달물질 경로에 연결되어 있지 않다는 것을 시사한다는 점에서 매우 중요한 발견이다. 대신 이 변이는 뇌 네트워크의 강건성과 연산 효율성과 같은 일반적 특성을 반영할 수 있다. 이는 뇌 구조 및 기능과 지능 사이의 상관관계를 찾기 위해 수행된 신경 영상 연구 결과와도 완전히 일치한다.

◫ 지능의 뇌내 지표

신경 영상 연구 결과에 따르면, 지능은 특정 회로나 영역과 관련된 매개 변수보다는 뇌 구조나 기능의 전반적인 지표와 훨씬 높은 상관관계를 보인다. 지능과 가장 명백하게 연관되는 뇌의 지표는 크기로, 전체 부피가 IQ와 약 0.40 정도의 상관관계를 보인다. 특정 뇌 영역, 특히 대뇌 피질의 부피나 두께가 IQ와 더 강하게 상관하는가를 세밀히 조사한 연구도 있었지만, 그 차이를 뚜렷하게 좁히지는 못했다. 전두엽과 두정엽이 IQ와 다소 강한 상관관계가 나타내기는 했지만, 그곳에만 국한되지는 않았다. 전반적으로 이러한 효과는 대뇌 피질 전반에 걸쳐 분포되어 있다.

이러한 경향은 뇌 연결 구조를 살펴볼 때도 마찬가지다. IQ는 대뇌 전반에 걸쳐 있는 백질 경로의 무결성과 상관된다. 전체적인 수준에서 IQ는 특정 부위의 연결성보다는 신경 섬유 구조망 전체가 얼마나 잘 연결되어 있는지를 나타내는 네트워크 효율성 지표와 특히 관련이 있다.

기능적 지표도 같은 양상을 보인다. EEG나 fMRI로 신경 활성을 측정한 연구에서는 IQ가 특정 영역의 기능이나 연결 강도보다 전체 네트워크 효율성과 더 잘 상관된다는 결과를 일관되게 보여 주었다. 비교적 어려운 과제를 수행할 때, 지능이 높은 사람일수록 대뇌 피질의 다양한 영역에서 나타난 활성 수준이 낮다는 결과도 일관되게 보고되었다. 다소 의외라고 생각할 수 있지만, 지능이 더 높은 사람의 뇌는 같은 과제를 수행하더라도 에너지를 덜 소모하기 때문이라는 해석이 일반적이다.

신경과학 분야에서도 일관된 연구 결과가 있었다. 이는 개인의 초기 지능 수준은 뇌졸중을 비롯한 뇌 손상 이후의 회복 정도나 알츠하이머병 또는 파킨슨병과 같은 질환에서 인지 기능 저하 속도를 예측하는 데 상당히 유용한 지표가 된다는 것이다.[56] 이러한 특성을 '인지 예비능 cognitive reserve'이라고 부른다.

인지 예비능은 뇌 손상에 대한 회복력을 측정하는 지표로 작용한다. 이러한 특성이 IQ와 관련 있다는 사실은, 지능이 뇌 시스템의 강건성을 보여 주는 일반적 지표라는 관점을 뒷받침한다. 따라서 유전학 및 신경생물학에서

---

56 초기 IQ가 높을수록 보호 효과가 나타난다.

의 연구 결과를 종합하면 일관된 하나의 그림을 제시한다. 지능은 뇌가 얼마나 잘 구축되어 있는가, 신경 발달을 조율하는 유전적 프로그램이 얼마나 견고했는가, 그 결과로 만들어진 신경 네트워크가 얼마나 효율적인지를 반영한다는 것이다.

◈ 변이와 강건성

지금까지 지능의 차이에 관련된 것으로 알려진 유전자의 또 다른 특징은 음성 선택 negative selection [57]의 영향을 강하게 받은 흔적을 보인다는 점이다. 자연 선택은 일부 유전자에 훨씬 엄격하게 작용하며, 그 유전자의 염기 서열을 특히 강하게 제약하는 경향이 있다. 이러한 제약은 생화학적 차원에서 해당 유전자가 부호화한 단백질이 특정 서열을 유지해야 기능할 수 있기 때문이다. 보다 중요한 수준에서는 해당 단백질이 정상적으로 발현되어 기능하는 것이 개체 수준에서 얼마나 중요한지에 달려 있다.

위의 이유로 지능에 관련된 유전자의 기능을 손상하는 변이는 진화적 적합도를 떨어뜨린다. 그리고 그 변이는 집단 내에서 점차 제거되거나 낮은 빈도로 유지되도록 정화 선택을 받는다. 이때 선택의 강도는 변이의 효과 크기에 비례한다.

하지만 이 현상을 설명하는 방법이 하나만 있는 것은 아니다. 나는 지금까지 자연 선택이 지능 자체에 작용한다고 이야기해 왔다. 즉 지능의 상대적인 높낮이가 생존이나 자손의 수와 생존에 영향을 미친다고 본 것이다.

그러나 지능이 결정적인 진화 요인으로 등장하지 않는 다른 시나리오도 존재한다. 지능이 그저 보편적인 적합도를 보이는 지표일 뿐이라는 것이

---

[57] 정화 선택(purifying selection)이라고도 하며, 생존이나 생식에 불리한 영향을 주는 변이나 형질이 자연 선택으로 제거되는 현상을 말한다. 옮긴이.

다. 이 모델에서는 모두가 지닌 해로운 희귀 변이의 전체적 하중이 덜 해로운 유전적 변이와 상호 작용하며 전반적인 발달 강건성을 손상한다고 본다.

그러한 현상은 우리가 이미 알고 있는 바와 같이 여러 해로운 변이가 누적되면 발생할 수 있다. 발달 체계에서 구성 요소가 하나 손상되면, 그 요소가 직접 관여하는 과정뿐 아니라 다른 변화나 체계 내에 널리 퍼진 분자적 잡음을 보상하는 능력 또한 영향을 받는다. 그 결과 발달 체계의 강건성이 감소하고, 발달 결과의 변동성이 증가한다.

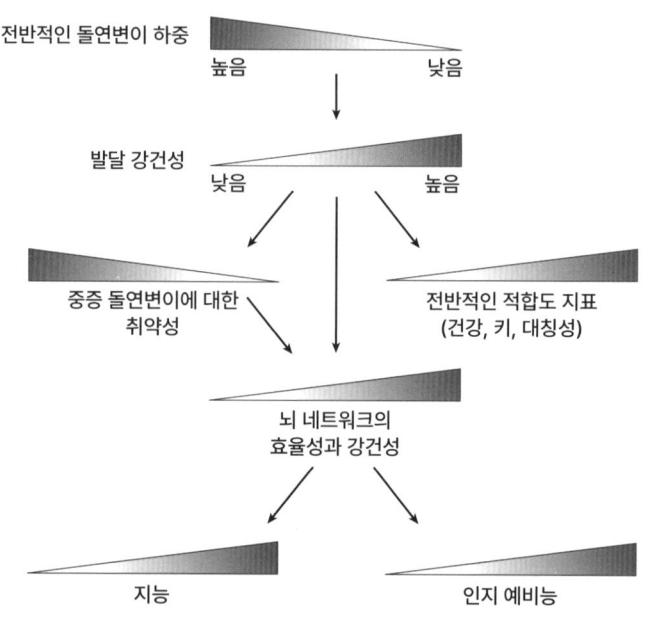

[그림 30] **지능의 유전학**

[그림 30]에서는 돌연변이 하중이 발달 강건성에 미치는 일반적인 영향을 포함하는 하나의 모델로, 그것이 지능에 미칠 영향을 나타낸다. 이러한

영향은 여러 측면으로 나타날 수 있다. 지능도 그중 하나이지만, 강건한 발달을 나타내는 또 다른 지표에는 키나 전반적인 신체 건강, 다양한 원인에 따른 사망률 등이 있다.

지능이 일반적인 적합도 지표의 하나일 뿐이라는 생각은 지능이 다른 요소와 상관관계를 보인다는 사실로 뒷받침된다. 사고사 같은 일부 상황에서는 그 상관관계가 실제로 지능 자체에서 비롯되기도 한다. 하지만 키에서는 그러한 인과 관계를 보기가 훨씬 어렵다. 오히려 두 요소 모두 측정되지 않은 공통 기반인 발달 강건성을 반영한다고 보는 편이 타당하다.

제4장에서 살펴본 바와 같이, 발달 강건성을 반영하는 또 다른 요소는 대칭성 symmetry 이다. 유전체에 부호화된 발달 프로그램은 대체로 신체 양쪽에서 독립적으로 실행된다. 강건성이 높을수록 발달 결과의 일관성이 강화되면서 대칭성도 덩달아 높아진다.

실제로 다른 변수와 더불어 안면 대칭성은 매력도 판단에 영향을 미치며, 이는 대칭성이 유전적 적합도를 나타내는 외적 지표라고 주장하는 진화론과도 일치한다. 게다가 일부 연구에서 대칭성은 지능과도 약하게나마 관련이 있다는 결과를 보고한 바 있다. 즉 평균적으로 IQ가 높은 사람일수록 얼굴과 신체의 대칭성이 더 커진다는 것이다.

이는 뇌에도 확장하여 적용할 수 있다. 뇌의 좌우 반구 사이에는 구조적 차이가 다수 존재한다. 하지만 뇌 영상 촬영으로 측정할 수 있는 수준의 무작위적인 '변동성 비대칭 fluctuating asymmetry'도 있다. 이러한 무작위적 비대칭이 큰 사람일수록 일반 인지 능력은 낮아지는 경향이 있다.

발달 프로그램의 강건성은 임상적으로도 매우 중요하다. 신경 회로의 강건성이 외상이나 질병 이후의 2차 손상에 대한 취약성 또는 회복력을 결정한다는 인지 예비능과 같이, 유전체 예비능 genomic reserve 도 그와 같은 방식으로 생각해 볼 수 있다. 크게 해롭지 않은 변이가 늘어나면 그 자체로는 적어도 임상적 수준에서 뚜렷한 영향을 일으키지는 않더라도, 새로운 돌연변이나 다른 손상의 영향을 보완하는 발달 프로그램의 능력을 약화할 수 있다.

이러한 사실과 관련하여 역학적 관점에서 낮은 IQ가 여러 정신 질환의 일반적 위험 요인이라는 점은 흥미롭다. 이는 단지 해당 질환의 증상이 인지 기능에 영향을 준다는 사실 때문만은 아니다. 물론 실제로 그러한 경우가 많기는 하지만, 증상이 나타나기 전에 IQ가 이미 낮다면 해당 질환에 걸릴 소인을 제공한다는 것이다. 이는 정신 질환자의 친척이 임상적으로 문제가 없더라도, 평균 IQ가 대조군에 비해 약간 낮다는 사실에서 확인할 수 있다.

제10장에서 구체적으로 다루겠지만, 일반적인 위험 변이가 계속 쌓이면 조현병과 같은 정신 질환에 대한 취약성을 높일 수 있다. 이는 특정 질환에 직접 영향을 주는 희귀 돌연변이의 효과를 조절하는 방식으로 작용한다. 따라서 정신 질환의 위험은 유전체 예비능과 발달 강건성의 수준에 따라 달라질 수 있으며, 이는 IQ로도 가늠할 수 있다고 보는 것이 이치에 맞을 듯하다.

지능에 영향을 미치는 요인을 생각할 때, 마지막으로 짚고 넘어갈 복잡한 문제가 하나 있다. 지능은 확실히 유전력이 높기는 하지만, 완전히 유전되는 것은 아니라서 비유전적 영향이 작용할 여지가 있다. 우리는 사람들의 절대적 지능 수준을 결정하는 데 환경적, 경험적 요인이 얼마나 중요한 역할을 하는지 살펴보았다.[58]

하지만 발달 과정의 내재적 변동성, 즉 발달이 시행될 때마다 결과에 차이를 보이는 현상도 지능 차이에 크게 작용할 수 있다. 유전적 변이와 양육 및 교육 경험을 공유하는 일란성 쌍둥이도 IQ는 매우 비슷하지만, 약간의 차이는 존재한다. 이는 지적 잠재력이 단순히 유전체에 부호화된 발달 프로그램에만 좌우되지 않음을 나타낸다. 이는 개인에게 발달 프로그램이 구체적으

---

[58] 다만 이러한 요인 간 변이의 폭에 따라 상대적 순위에는 크게 영향을 미치지 않을 수도 있다.

로 어떻게 실행되었는지에 따라서도 달라지므로, 유전력 추정치가 제시하는 것보다 본질상 훨씬 선천적인 특성일 수 있음을 의미한다.

천재성의 내력

발달 과정의 변동성이 매우 중요하게 작용하는 영역이 하나 있다. 이른바 우리가 '천재 genius'라고 칭하는 사람들이다. 비록 실제 검사에서 사용하지는 않지만, '천재 영역'에 있다고 할 만큼 IQ 점수가 매우 높은 사람들도 많다.

여기서는 그보다 드물면서 정말 독특한 지적 능력을 지닌 이와 대다수 사람은 물론, 고도의 교육을 이수한 동료조차 파악하지 못한 개념을 꿰뚫어 보는 사람들을 다루고자 한다. 이에 아르투어 쇼펜하우어는 다음과 같은 말을 전한다.

"재능은 누구도 맞힐 수 없는 과녁을 맞히는 것이고, 천재성은 누구도 볼 수 없는 과녁을 맞히는 것이다."[59]

철학자의 눈총을 받을 만한 발언이겠지만, 창의성보다 지적 능력에 기반한 천재성은 가장 순수한 형태로 추상적 지능을 표현하는 물리학과 수학 분야에서 쉽고도 널리 인정받는다. 이에 뉴턴, 라이프니츠, 아인슈타인, 가우스, 라마누잔, 퀴리, 폰 노이만, 파인만 등의 이름이 자연스레 떠오른다. 추측이기는 하지만, 누군가는 그 뛰어난 인물의 지적 능력이 단순히 정량적 분

---

59 Bergman, G. (2004). *The Little Book of Bathroom Philosophy*. Gloucester, MA: Fair Winds. 137.

포의 극단에 있던 것뿐 아니라, 어쩌면 질적으로도 다르게 작용했으리라고 주장할 수도 있겠다.

우리에게는 이러한 지적 능력의 차이가 어디서 생겨나는가에 놀라울 정도로 아는 것이 없다. 하물며 우리가 일반적인 범위의 지능에 관해 밝혀낸 사실이 진정한 의미의 천재성에도 적용될지는 확실하지 않다.

다만 쌍둥이 및 가족 연구에 따르면, IQ 분포의 아주 높은 극단에서도 유전 양상은 일반적인 분포와 다르지 않다. 즉 IQ가 매우 높은 사람은 친척도 그와 마찬가지일 가능성이 크다. 하지만 정규 분포의 극단이 진정한 의미에서 탁월한 지성을 정의한다고 보기는 어렵다. 진정한 천재성을 구분 짓는 지적 능력의 질적 차이는 표준 IQ 검사로는 포착할 수 없을 것이다.

이처럼 진정한 천재성이 유전적인가를 알려 주는 증거는 거의 없다. 프랜시스 골턴은 초기 연구에서 '유전적 천재성 Hereditary Genius [60]'을 확인했다고 주장했지만, 연구 대상은 뻔뻔하게도 자신의 대가족이었다! 천재라는 표현은 어쩌면 골턴에게 '만' 적용할 수 있을 듯하다.

그는 분명히 남들과는 다른, 대단히 폭넓고 창의적인 사고를 할 수 있는 인물이었다. 마찬가지로 그의 가족도 성공한 유명인이 많았다. 대표적으로는 부모가 이복 남매이지만 사촌인 찰스 다윈 Charles Darwin 과 외할아버지인 이래즈머스 다윈 Erasmus Darwin 외에 발명가이자 산업가였던 웨지우드 Wedgwood 가문의 여러 인물이 있었다.

그들은 매우 영리하며 수완이 좋은 사람들이었음은 분명하다. 그러나 그들의 부와 행운을 빼놓고 성공이 골턴의 가족에 집중된 이유를 설명할 수 없다. 골턴은 공유된 유전과 공유된 환경 효과를 구별하기 위해 쌍둥이 연구를 고안했음에도, 정작 자기 가족에게는 그러한 구분을 적용할 필요성을 느

---

60 골턴은 동명의 책을 출간한 적이 있다. 옮긴이.

끼지 못했다는 점이 참 아이러니하다.

골턴의 특수한 사례를 제외하면, 천재로 알려진 사람들의 가족은 대체로 평범한 편이다. 천재의 친척이 특별히 높은 IQ를 지니지 않았다는 점에서 일반적인 규칙이 있다고 보기는 어렵다. 물론 어느 효과가 유전적이라도 그것이 명백히 가족력으로 나타나지 않을 수도 있다. 한 가지 가능성은 신생 돌연변이 De Novo Mutation, 이하 DNM 의 효과다.

자폐증은 종종 부모의 정자나 난자에서 발생한 DNM으로 발생한다. 이따금 뛰어난 암산 능력이나 기억력 등 특정 영역에 한정된 능력인 서번트 능력과 연결되기도 한다. 제7장에서 살펴본 바와 같이, 서번트 능력은 자폐증과 공감각이라는 교차 지각 능력이 결합한 결과일 수 있다.

숫자가 공간 속 특정 위치에 있다고 인식하는 숫자-공간 공감각이 바로 그 예다. 이 공감각의 소유자는 숫자를 다루는 방식이 전통적인 산술 방식과 질적으로 다르다. 물론 수학이나 물리학 분야에서 천재로 인정받는 많은 이들이 자폐적 또는 공감각적 특성의 소유자일 수는 있다. 그러나 자폐적 석학 autistic savant 으로 인식되는 사람들은 대개 창의적이고 혁신적인 지적 능력을 보이지는 않는다. 오히려 대다수는 명백한 지적 장애로 진단된다.

그 외로 천재성이 특정한 유전자 변이 조합에 따른 질적 변화에서 비롯된다는 이론도 있다. 이 이론에서는 같은 유전자 변이 조합이 다른 가족 구성원에게 각기 분리되어 나타나므로, 그만큼 강한 영향을 미치지 않는다고 말한다. 가능성이 충분한 이론이다. 실제로 유전적 변이가 비선형적, 비가산적 방식으로 상호 작용할 때, 개별 변이의 영향을 단순히 합한 것보다 훨씬 큰 차이를 만들어 낼 수 있다. 특히 비가산적 효과는 정량적 형질의 극단에서 중요한 역할을 할 수 있다.

안타깝게도 해당 이론은 검증이 거의 불가능하다. 이처럼 뛰어난 인물들에게 일란성 쌍둥이가 있어야 두 사람이 같은 천재성을 보이는가를 확인할 수 있기 때문이다. 알베르트 아인슈타인의 쌍둥이 형제는 아인슈타인만큼 통찰력 있고 창의적인 사람이었을까? 존 폰 노이만의 쌍둥이 형제도 폰 노이만에 맞먹는 업적을 남겼을까? 하지만 아인슈타인과 폰 노이만의 쌍둥이 형제는 세상에 존재하지 않으니 알 길이 없다.

유전적 이론에 따르면 두 사람에게 쌍둥이 형제가 있더라도 천재적이었을 테다. 이 외에도 아인슈타인과 폰 노이만의 뇌가 유전체의 설계보다는 발달 과정의 우연한 변동성 때문이라는 또 다른 가능성이 있다. 비선형적으로 상호 작용하는 역동적인 발달 시스템에서는 단순한 잡음으로 아주 드물게 질적으로 완전히 다른 상태로 전이되는 일이 생기기도 한다.

여러 구성 요소와 하위 시스템에서 발생하는 잡음은 대개 상쇄되는 편이다. 그러나 극히 드물게는 시스템의 잡음이 우연하게 일부 매개 변수 조합을 특정한 방향으로 몰아가 전혀 다른 결과를 만들어 내기도 한다. 안타깝게도 이 가능성 역시 실질적으로는 검증할 수 없다. 인간 복제가 실현되지 않는 한, 그 이론이 남긴 의문은 영원히 풀리지 않을 것이다.

제 9 장

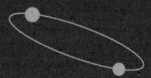

그와 그녀

INNATE

INNATE

남성과 여성은 정말 다를까? 물론 신체적으로는 확연히 다르지만, 행동이나 심리에도 차이가 있을까? 만약 그렇지 않다면, 스탠드업 코미디언들은 새로운 소재를 찾아야 했을 것이다.

남성과 여성은 확실히 여러 면에서 서로 다르게 행동한다. 적어도 평균적으로는 그렇다. 여기에서 어쩌다 그렇게 되었는가가 가장 중요하다. 인간만을 별개로 놓고 본다면, 생물학적 차이의 영향과 문화적 규범 및 기대의 영향을 구분해 내기가 매우 어렵다. 실제로 두 효과는 상호 작용하면서 행동 양식에 영향을 미친다.

우리는 온전한 성인의 모습으로 제우스의 머리에서 튀어나온 아테나가 아니다. 우리는 진화한 동물로서 모든 조상, 즉 초기 동물을 거쳐 영장류, 유인원, 호미니드에 이르기까지 모두의 생존을 보장하기 위해 수백만 년에 걸쳐 다듬어진 유전적 유산을 지니고 있다. 따라서 우리는 남녀가 어쩌다 그렇게 되었느냐는 질문에 다른 각도로 접근해 볼 수 있다. 우선 다른 포유류에서 나타나는 성적 분화와 성 행동의 생물학적 기초를 살펴본 뒤, 문화가 인간에게 미치는 중요한 영향을 고찰할 것이다.

그러면 '우리에게 왜 성별이 있는가?'라는 기본적인 질문부터 시작해 보자. 애초에 성별은 왜 존재하는가? 물론 성별이 반드시 있어야 할 필요는 없다. 무성 생식으로 번식하는 것도 충분히 가능하지 않은가.

실제로 무성 생식을 하는 생물도 많다. 그렇다면 우리는 짝을 찾는 수고를 들이지 않고 끊임없이 자가 복제된 개체를 만들어 낼 수도 있다. 그런데 무성 생식은 낭만적이지 않아 보이는 것 외에 몇 가지 문제를 안고 있다.

가장 큰 문제는 시간이 지남에 따라 각 복제 계통에서 돌연변이가 축적된다는 사실이다. 이를 제거하는 유일한 방법은 계통 자체가 사라지는 것이다. 무성 생식은 박테리아처럼 작고 빠르게 분열하는 생물들에게는 괜찮다. 그들은 엄청난 수의 개체를 만들어 낼 수 있기 때문이다. 하지만 새로운 개체의 생산에 많은 자원이 드는 대형 생물에게는 좋은 전략이 아니다.

그다음은 개체 간에 유전 물질이 섞이지 않으므로 유전적 다양성이 각 계통에서 무작위로 발생하는 돌연변이에 한정된다. 이는 가능한 유전적 변이가 만들 수 있는 모든 조합인 유전적 공간이 상당 부분 탐색되지 않은 채로 남으면서 적응 가능성을 낮춘다. 이러한 다양성 부족은 전체 복제 집단이 새로운 감염원이나 환경 변화에 취약해지는 원인이 되기도 한다.

유성 생식은 새로운 개체가 만들어질 때마다 두 개체의 DNA를 섞어 위의 문제를 해결한다. 하지만 이는 말처럼 쉬운 일이 아니다. 단순히 두 세포를 짓이겨 합하는 것으로는 해결되지 않는다. 한 세포가 다른 세포와 융합하고, 두 세포의 유전체가 합쳐지려면 복잡한 기계적 장치가 필요하다. 그리고 그러한 장치가 바로 특수한 생식 세포에 있다. 일반 세포의 염색체가 두 벌씩인 데 반해, 생식 세포의 염색체는 한 벌뿐이다. 결과적으로 두 생식 세포가 융합하면 결과물인 유기체의 염색체는 다시 두 벌이 되는 것이다.

하지만 한 개체 내에서 두 세포가 서로 융합하는 자가 수정만큼은 피해야 한다. 유전적 다양성을 확보하려는 목적이 무의미해지기 때문이다. 이를 막기 위해 생식 세포는 정자와 난자의 두 종류로 나뉜다. 따라서 정자는 정자끼리, 난자는 난자끼리 융합할 수 없다. 두 생식 세포를 분리하려면 한쪽은 정자만 만들고, 다른 쪽은 난자만 만드는 두 가지 성이 필요하다.

이때 흥미로운 파생 효과가 발생한다. 다세포 동물에서는 생식 세포뿐 아니라 정자와 난자가 만나는 생식 기관도 달라야 한다. 일반적으로 이동하는 쪽은 정자이며, 포유류의 경우 수정된 난자가 암컷의 몸속에서 발달한다. 이는 수컷에게 필요 없는 해부학적, 생리학적 특수화가 필요하다는 의미다. 이로써 각 성별의 생태학적 역할에 근본적인 차이가 발생한다.

이러한 차이는 곧 성별 간 행동의 차이로 이어진다. 가장 두드러진 차이는 짝짓기와 관련된 행동이다. 두 개의 성이 존재한다는 사실은 한 개체가 같은 종의 다른 개체 중 일부와만 성공적으로 번식할 수 있다는 뜻이다.

짝짓기는 들인 노력과 더불어 기회비용의 측면에서도 에너지 소모가 크고, 주변에 포식자가 있다면 위험해지기까지 한다. 그러므로 적절한 짝을 알아볼 수 있는 시스템이 진화했다. 따라서 두 성별 사이에는 외모, 목소리, 냄새 등 감각적으로 구분할 수 있는 외형적 차이가 존재한다.

그리고 외형적 차이를 감지할 신경 회로도 필요하다. 또한 그 정보를 바탕으로 행동을 결정하는 메커니즘, 즉 성적 선호와 관련한 신경적 기반도 마련되어야 한다. 진화는 이상의 요구를 해결하기 위해 각 성별의 뇌에 성적 선호를 선천적으로 설정함으로써 최적화를 이루어 냈다.

물론 동물이라도 이성이기만 하면 무작정 교미하고 싶어 하는 것은 아니다. 자기 유전자가 살아남아 다음 세대에 전해질 가능성을 높이려면, 돌연변이가 많은 개체가 아니라 건강한 유전자를 지닌 개체와 결합하는 것이 유리하다. 자식을 양육하는 데는 막대한 투자가 필요하니, 올바른 짝을 고르는 일은 매우 중요하다.

포유류 가운데서는 암컷이 주로 그 문제에 신경을 쓰는 편이다. 암컷이 자식들에게 더 많이 투자하기 때문이다. 암컷이 임신 중일 때는 에너지 소모가 크고 위험하며, 출산 전까지는 다른 상대와 짝짓기할 기회도 사라진다. 반면 수컷은 기회만 생기면 언제든 다른 암컷과 교미할 수 있다.

게다가 포유류의 새끼는 젖을 먹고 자라야 하는데, 이 역시 암컷만이 할 수 있는 일이라서 전반적으로 자식 양육에는 암컷이 더 많이 투자한다. 실제로 대다수 종에서는 수컷이 짝짓기 이후 양육에 전혀 관여하지 않는다. 이러한 이유로 생식 준비가 된 수컷의 수는 이미 임신 중이거나 새끼를 돌보는 암컷보다 훨씬 많다.

물론 일부일처제인 종의 수컷은 새끼 양육에 참여하기는 한다. 그런데도 수컷의 투자는 여전히 암컷보다 적고, 다른 짝을 찾을 기회는 더 많다. 결과적으로 암컷이 짝을 신중하게 고르는 일이 진화의 관점에서 타당하며, 수컷은 이 기회를 놓치지 않으려고 경쟁한다.

이러한 성 선택 sexual selection 은 실제로 자손을 만들기 전에 자원을 투자할 가치가 있는가를 판단하는 '품질 검사' 단계라고 할 수 있다. 이는 해부학적, 생리학적 신체 특성에서 신경해부학과 신경생리학과 관련된 행동 특성까지를 포함한다. 이처럼 성 선택은 양성 간 차이를 더욱 뚜렷하게 하는 방향으로 추가적인 분화를 유도한다.

성 선택

찰스 다윈이 처음 지적한 바와 같이, 성 선택은 마치 끝없이 고조되는 군비 경쟁처럼 작용한다. 그리고 그 결과로 매우 기이한 적응과 행동을 유발하기도 한다. 암컷이 진화적 적합도가 더 높은 수컷을 선택하기 위해 까다로워지면, 수컷은 자신이 상대적으로 더 적합한 짝임을 과시하기 위해 경쟁적으로 행동한다.

이러한 행동은 공작이 꼬리를 펼치는 것처럼 화려하고 에너지 소모가 큰 과시 행동부터 서로에게 상해를 입히는 직접적인 충돌까지 불사한다. 따라서 경쟁은 번식과 직접 관련되지 않은 다양한 행동 가운데 특히 공격성과 폭력성에서 성별 간 차이를 만들어 낸다. 게다가 종 내부에서 생태적 역할의 성별 차이에 따라 새끼 양육, 사냥, 식량 채집, 영역 방어, 사회적 그루밍, 기타 활동 등의 분업화로 유발되기도 한다.

인간이 속한 영장류 계통에서는 성 선택과 생태적 역할의 분화로 수컷이 암컷보다 체격과 근육량, 골격의 두께 및 밀도가 더 우세해졌다. 그런가 하면 송곳니로 싸우는 종의 경우, 수컷의 송곳니가 대체로 훨씬 크다. 하지만 성별에 따른 차이의 수준은 종마다 크게 다르며, 이는 짝짓기 전략과 새끼 양육 방식 및 사회적 구조에 따라 달라진다.

긴팔원숭이처럼 평생 한 짝과 지내며, 양쪽 부모가 모두 새끼 양육에 투자하는 종은 성적 이형성 sexual dimorphism [61]이 낮은 편이다. 고릴라와 같이 수컷이 암컷 무리를 차지하려고 끊임없이 경쟁하는 종이라면 매우 큰 성별 차이를 보일 수 있다. 초기 호미니드 종도 상당한 성적 이형성을 보였으며, 이는 현대 인류도 마찬가지다.

남성의 체중은 여성보다 평균적으로 15~20% 더 무겁고, 근육량은 약 40% 더 많다. 그리고 남성의 두개골 가운데 얼굴 앞부분이 특히 두껍다. 이는 인간이 서로 얼굴을 가격하기 좋아하는 종이라는 사실을 반영하는 듯하다.

수염과 같은 외형적 차이도 성 선택의 결과일 것이다. 이는 여성이 수염을 매력적으로 느끼거나, 남성 간 경쟁에서 서로 얼굴을 가격하는 주먹다짐을 방지할 위협 수단으로서 지배력을 과시하는 역할을 담당할 수 있다. 또한 남성은 여성보다 신체적으로 훨씬 공격적인 경향이 있는데, 이는 다음에 더 자세히 다루도록 하겠다.

성 선택은 암컷에게도 영향을 미친다. 그들도 최고의 짝을 끌어들이기 위해 서로 경쟁하고, 수컷이 한 배우자에게만 충실하고 자식에 대한 투자를

---

[61] 형태학적으로 성별에 따른 신체 차이.

유도한다. 이 과정에서 적합도와 생식력을 나타내는 신체적 지표를 과장할 수 있다.

암컷의 생식 능력은 나이가 들면서 감소하므로, 해당 지표에는 더 부드러운 얼굴 윤곽선과 높은 말소리, 적은 체모 등 유소년기와 같은 특성을 지닌다. 그리고 골반과 가슴, 엉덩이에 선택적으로 높은 비율의 체지방 분포를 보인다. 지방 축적은 성적 성숙기에 나타나며, 배란과 임신, 수유에 필요하다. 따라서 이는 생식력을 나타내는 신호가 되어 수컷의 선호를 유발하도록 진화했을 가능성이 있다.

이상의 관찰 결과는 성 선택이 초기 인류 조상을 시작으로 한 우리의 진화 계보에 중요한 역할을 했음을 보여 준다. 선택 압력은 신체뿐 아니라, 뇌와 행동 양식의 차이도 이끌어 냈다. 따라서 인간에게 타고난 성별 차이가 존재할 가능성이 있다는 말은 그럴듯할 뿐만 아니라 실제로도 입증할 수 있는 사실임을 나타낸다. 그러한 차이가 존재하지 않을 것이라는 주장이 오히려 비현실적이다. 이러한 점에서 우리가 다른 포유류와 완전히 다르다고 여기는 것은 인간 예외주의를 매우 극단적인 형태로 드러낼 뿐이다.

문제는 성별 차이가 구체적으로 어떠한 특성에 영향을 미치는가이다. 가장 명확한 사례는 성적 선호로, 너무 당연해서 설명조차 필요 없을 정도다. 이 외에도 공격성과 성격 특성, 흥미, 인지 특성, 심지어 신경 및 정신 질환에 대한 취약성의 차이까지 살펴보고자 한다.

그 모든 차이에는 물리적 기반이 존재한다. 남성과 여성의 뇌는 신경해부학적, 신경화학적으로 서로 다르게 연결되어 있다. 그동안 인간을 포함한 동물을 대상으로 한 연구를 통해 우리는 이제 남성과 여성의 뇌가 각자 어떻게 형성되는지 상당히 많이 알게 되었다.

성별의 분화

포유류의 성별 결정은 X 염색체와 Y 염색체에서 시작된다. 포유류는 각 세포에 상염색체라고 불리는 22쌍의 염색체 외에도 암컷은 X 염색체 2개, 수컷은 X와 Y 염색체를 1개씩 지닌다.

X 염색체는 상당히 크며, 약 2,000개의 유전자가 전체에 걸쳐 분포해 있다. 이들 유전자는 상염색체의 유전자처럼 온갖 다양한 기능에 관여한다. 반면 Y 염색체는 성격이 완전히 다르다. 상대적으로 크기가 작고, 유전자는 약 200개뿐이다. 그리고 유전자 대부분은 정자 형성을 포함하여 수컷에게 특화된 기능에 관여한다.

생식 세포는 일반적인 체세포와 달리 유전 정보를 절반만 지닌다. 즉 다른 세포가 두 벌의 유전체를 지닌 것과 달리, 생식 세포는 한 벌만 있다. 암컷의 난자에는 X 염색체 하나가, 수컷의 정자에는 X 또는 Y 염색체 중 하나가 들어간다. 따라서 수정란은 X 염색체 2개나 X, Y 염색체를 하나씩 물려받는다.

상상해 보자. 지금 우리는 예전처럼 작은 수정란이다. 발달을 막 시작하려 할 때 어느 성별로 자랄지 결정해야 한다. 이때 잘못된 결정을 내려서도 안 되고, 망설여서도 안 된다. 우리가 참고할 수 있는 것이라고는 X와 Y 염색체의 차이뿐이지만, 발달 경로를 어느 한쪽으로 정하는 데는 그것만으로 충분하다.

성 분화는 두 단계로 진행된다. 먼저 생식샘 세포는 초기 배아에서 미분화된 상태로 형성되고, 이후 Y 염색체의 유무에 따라 직접적으로 영향을 받는다. Y 염색체가 있으면 고환으로, 없으면 난소로 발달한다. 이 과정은 Y 염색체의 'SRY Sex-determining Region Y'라는 유전자의 존재에 전적으로 달렸다.

SRY 유전자가 기능하지 않으면 XY 염색체인 동물도 암컷으로 발달한다. 그리고 해당 유전자가 유전체 내의 다른 위치인 상염색체에 삽입되면, XX 염색체인 동물이라도 수컷으로 발달한다. 이 스위치의 작동에 필요한 유전자는 SRY 하나뿐이다.

하지만 이후의 성 분화에는 다른 유전자가 관여한다. 이들 유전자는 수컷과 암컷 모두에게 존재하는데, 조절 방식만 다르다. SRY 유전자가 부호화하는 단백질은 생식샘 세포 내에서 다른 유전자의 발현을 조절하는 전사 인자 transcription factor 로 작용한다. 수컷의 경우 그 단백질이 유전자 발현을 연쇄적으로 유도하면서 생식샘이 고환으로 분화한다. 하지만 암컷의 체내에서는 앞의 과정이 일어나지 않는 대신 여성형 유전자 발현이 진행되어 생식샘이 난소로 분화한다.

생식샘이 수컷이나 암컷으로 분화하는 과정이 성 분화에서 1차로 일어나는 핵심 단계이고, 이후에는 생식샘에서 성호르몬이 분비된다. 특히 고환에서는 테스토스테론을 분비하는데, 이 호르몬은 뇌를 포함한 다른 신체 부위에서 2차 성 분화를 이끈다.[62]

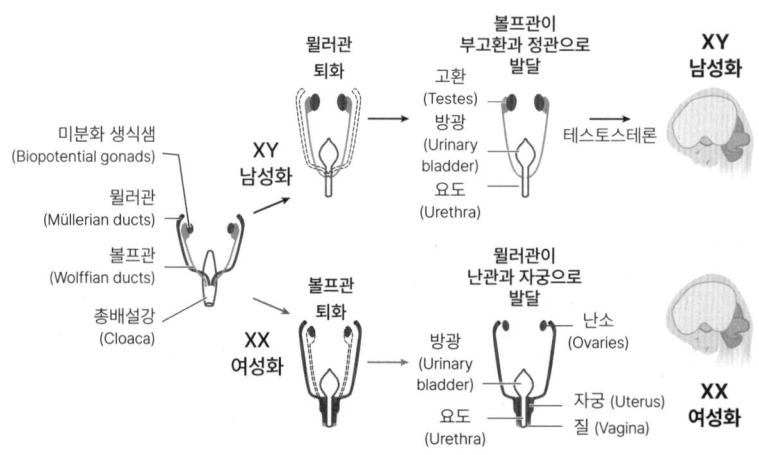

[그림 31] **포유류의 성 결정**

---

62 참고로 다른 생물 종에서는 이와 다른 기제를 이용하는데, 이들 종에서는 Y 염색체나 호르몬의 영향 없이, X 염색체 사본 수에 따라 각 세포가 독립적으로 성 분화 과정을 개시한다. 이에 대해서는 뒤에서 더 자세히 다룰 것이다.

[그림 31]과 같이 초기에는 분화되지 않은 생식샘이 Y 염색체가 있으면 고환으로, 없으면 난소로 발달한다. 이후 고환에서 테스토스테론을 분비하고, 이는 발달 중인 뇌를 남성화한다. 이때 X, Y 염색체가 뇌의 남성화 또는 여성화 과정에 직접 작용하기도 한다.

한편 성호르몬이 핵심적인 역할을 한다는 사실은 오래전부터 알려져 있었다. 그러나 성호르몬이 작용하는 방식을 정확하게 밝혀내는 데는 시간이 걸렸다. 성호르몬은 두 가지 다른 역할을 하는데, 성인에게는 활성화 기능을 한다.

여성의 에스트로겐과 프로게스테론, 남성의 테스토스테론은 여러 생식 행동을 조절하는 데 관여한다. 가장 대표적인 예는 여성의 월경 주기다. 또한 테스토스테론은 남성의 사춘기 발달에도 관여한다. 스포츠계의 도핑 문제로도 잘 알려져 있듯, 테스토스테론 수치가 높으면 근육 생성 능력이 향상된다. 이처럼 남성과 여성의 성호르몬은 인간을 포함한 성체 포유류의 행동, 특히 성적 욕구나 성 수용성 등에 즉각적으로 영향을 미친다.

하지만 성호르몬에 노출된 수컷과 암컷의 반응이 서로 다르게 나타난다는 점이 중요하다. 이는 이미 남성과 여성의 뇌 사이에 존재하는 근본적인 차이 때문이며, 그 차이는 뇌 발달 초기에 성호르몬의 조직화 기능에 기반한 것이다. 다양한 종을 대상으로 한 여러 연구에서는 초기 결정적 시기에 성호르몬의 작용에 따라 뇌가 남성화하거나 여성화하는 과정이 일어난다는 것을 보여준다.

설치류는 출생 전후에 테스토스테론이 급증한다. 이 현상이 뇌 발달에 어떠한 영구적인 영향을 주는가를 살펴보고자 수컷 쥐를 해당 시기에 거세한 이후 행동을 분석했다. 그 쥐는 이후 성체가 되어 테스토스테론을 투여해도 암컷에게 올라타 교미를 시도하는 행동이 현저히 줄어들었다.

반대로 생후 첫 주에 암컷 쥐에게 테스토스테론을 투여했더니, 그들은 수컷처럼 다른 암컷에게 올라타는 행동을 보였다. 그리고 수컷이 자신에게 올라타는 것을 잘 받아들이지 않았다. 놀랍게도 생후 첫 주가 지난 후에 거세된 수컷과 테스토스테론을 투여받은 암컷 모두 영구적인 효과는 나타나지 않았다. 이는 기니피그와 원숭이를 비롯한 다른 종에서도 쥐와 유사한 효과가 관찰되었다. 이것은 뇌가 남성화 또는 여성화가 진행되는 초기 결정적 시기가 매우 중요하다는 사실을 보여준다.

그런데 놀라운 결과가 뒤따랐다. 어린 암컷 쥐에게 에스트로겐을 투여했을 때도 해당 개체의 행동이 남성화되었다. 에스트로겐이 테스토스테론보다 더 강력한 효과를 보인 것이다. 이 현상은 처음에는 말도 안 되는 이야기 같았다. 그러나 호르몬, 그리고 그것과 상호 작용하는 단백질 사이의 다소 난해한 생화학적 기전으로 설명할 수 있었다.

암컷 태아는 일반적으로 출생 전후에 에스트로겐을 많이 만들지 않으며, 만들더라도 대부분은 알파 태아 단백질 Alpha-Fetoprotein, AFP 에 결합되어 발달 중인 뇌로 들어가지 못한다. 반면 수컷은 출생 직후 테스토스테론을 높은 수준으로 분비하고, 이는 바로 뇌로 들어간다. 그런데 놀랍게도 뇌에 들어간 테스토스테론은 대부분 화학적 과정에 따라 에스트로겐으로 전환된다. 이는 아로마타제 aromatase 라는 효소가 수행하며, 뇌에서 높은 수준으로 발현된다.

결과적으로 설치류에서 발달 중인 수컷의 뇌를 남성화하는 역할을 에스트로겐이 대부분 담당한다는 사실이 밝혀졌다. 이 사실은 아로마타제 효소를 비롯해 에스트로겐 수용체로 작용하는 두 단백질을 부호화하는 유전자에 돌연변이를 지닌 생쥐를 관찰함으로써 입증되었다. 이들 수용체는 세포 내에서 에스트로겐을 감지하고, 이에 따라 세포 내 다른 생화학적 변화를 유도하는 다양한 유전자를 활성화 또는 비활성화한다.

테스토스테론이 에스트로겐으로 전환된 뒤에 작용한다면, 해당 유전자에 돌연변이가 있는 생쥐는 뇌의 남성화에 결함을 보여야 할 것이다. 그리고 실제로 그러한 결과가 관찰되었다. 이러한 돌연변이를 지닌 수컷의 성 행동이 완전히 사라진 것이다. 이들은 수컷의 교미 시도를 더 잘 수용하는 암컷 성 행동이 증가한 반면, 공격성은 감소하는 양상을 보였다.[63]

에스트로겐 경로를 통하는 테스토스테론의 영향은 뇌 구조에서도 직접적으로 관찰된다. 수컷과 암컷 설치류의 뇌는 거시적 수준에서 차이가 눈에 띄지 않지만, 미시적으로는 다양한 성 차이를 보인다.

그 예로 시상하부의 특정 영역은 수컷이 암컷보다 약 5배 더 크다. 이 영역을 '시각교차앞구역의 성이형핵 Sexually Dimorphic Nucleus of the Pre-Optic Area, 이하 SDN-POA'이라고 한다. 인간도 마찬가지로 해당 영역은 성적 이형성을 보이며, '시상하부 전부의 간질핵 3 Interstitial Nucleus of the Anterior Hypothalamus-3, 이하 INAH-3'이라고 불린다. 시상하부는 여러 하위 영역으로 나뉘며, 호르몬 분비와 성인기의 생식 행동을 포함하여 다양한 생리 및 행동을 조절하는 영역이다.

SDN-POA가 수컷에서 더 큰 이유는 세포 사멸 cell death 차이에 있다. 이 영역을 구성할 세포 중 다수가 암컷에서는 사멸하지만, 수컷에서는 그러한 운명에서 보호받는다. 이는 테스토스테론이 작용한 덕이다. 거세된 수컷의 SDN-POA는 암컷과 크기가 비슷하며, 생후 첫 주 동안 테스토스테론을 투여한 암컷의 경우는 수컷의 크기와 유사했다. 수컷과 암컷 간에 크기를 나타내는 세포 수에 차이를 보이는 뇌 영역은 많지만, SDN-POA만큼은 아니다. 그중 일부 영역은 해당 영역과 반대 양상을 보이며, 수컷보다 암컷에서 더 크게 나타나기도 한다.

한편 여러 뇌 영역 간 신경 연결의 수와 밀도도 성별에 따라 차이를 보인

---

63 보통 수컷 쥐는 암컷보다 훨씬 공격적이다.

다. 이는 단순한 세포 수 차이와 별개로 여러 구조에서 신경 섬유의 성장을 촉진하는 유전자에 호르몬이 추가로 영향을 미친 것이다. 이는 결과적으로 수컷과 암컷 포유류의 뇌 배선 구조 자체가 다름을 보여 준다고 할 수 있다.

위의 차이는 시냅스 연결 분포를 살펴보면 훨씬 미세한 수준으로 확장된다. 시상하부의 여러 영역을 포함한 다수의 뇌 영역에서, 수컷과 암컷은 뉴런의 가지 branch 수와 다른 세포와의 시냅스 연결 수도 다르다. 해마[64]를 비롯한 특정 영역에서는 암컷 성체의 시냅스 수가 월경 주기에 따라 변하기도 한다.

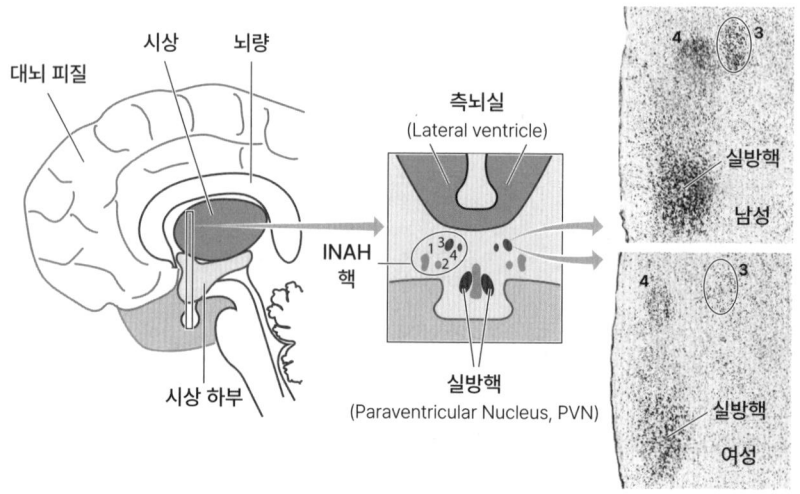

[그림 32] **시상하부의 성적 이형성**[65]

---

64 기억을 비롯한 다양한 기능에 관여하는 상위 뇌 구조.
65 Gorski, R. A. (1988). Hormone-Induced Sex Differences in Hypothalamic Structure. *Bulletin of Tokyo Metropolitan Institute for Neurosciences*, 16(3), 67-90.

시상하부에 있으며, [그림 32]의 원 안에 표시된 INAH-3 핵의 세포 수는 남성보다 여성이 훨씬 적다. 여기에서 조금 더 깊이 파고들어 생화학과 유전자 발현 수준까지 들여다보면, 암수 간 뇌 세포에도 많은 차이를 확인할 수 있다. 이는 대부분 호르몬의 영향으로 발생한 이차적 결과지만, 일부는 성염색체의 차이에 따라 직접적으로 발생한다.

우리는 흔히 성별을 개체 전체 수준에서 생각하지만, 각 세포 단위에도 성별이 존재한다. 수컷 세포는 본질적으로 여러 면에서 암컷 세포와 다르다. 생식샘에서 호르몬이 분비되기 전, 실제로는 생식샘이 분화되기도 전부터 암수 뇌세포는 서로 유전자 발현에서 이미 상당한 차이를 보인다. 이는 각 세포의 염색체가 XX 또는 XY인가에 따라 직접적으로 나타난 것이다.

암컷 세포는 암수 사이에서 유전자 발현을 대체로 동등하게 유지하기 위해, X 염색체 중 하나를 무작위로 선택해 비활성화한다. 그런데 이때 X 염색체 전체가 비활성화되지 않고, 일부 유전자가 그 상황을 피해 간다 escape. 그 결과 암컷은 X 염색체에서 일부 유전자의 활성화 사본을 2개, 수컷은 단 하나만 갖는다.

수컷에게만 해당하는 일로, Y 염색체에 있는 일부 유전자도 발달 과정 중에 뇌에서 발현된다. 소수 유전자에서 나타나는 초기 차이는 다른 유전자의 발현에도 영향을 미치면서 암수 세포 사이의 전체적인 유전자 발현 양상은 현저히 달라진다. 이러한 차이는 여러 생화학적 특성에도 영향을 줄 수 있다. 세포 배양 접시 위에서 다양한 약물에 대한 민감도가 각각 달라지는 것이 그 예이다.

인간은 수십에서 수백 개에 이르는 상염색체 유전자가 암수의 뇌에 따라 서로 다르게 발현되는 것으로 보인다. 설치류를 대상으로 한 연구에서는 성염색체가 뇌에서 유전자 발현에 직접적으로 영향을 미친다고 하였다. 해당 연구에 따르면 호르몬 작용에서 공격성, 양육 행동, 사회적 상호 작용, 심지어 통증 지각과 같은 다양한 행동의 성 차이에까지 작용하는 것으로 나타났다.

이상과 같이 포유류의 뇌에서 일어나는 성 분화는 복잡하게 조율된 유전 프로그램, 다시 말해 두 가지 상반된 프로그램 중 하나를 선택하는 스위치를 포함한 과정이다. 두 프로그램은 수컷과 암컷 뇌가 서로 다른 발달 경로를 따라가도록 유도함으로써 성체에서 뇌 구조는 물론, 신경 기능과 가소성을 조절하는 여러 단백질의 발현에도 차이를 만든다. 이때 단백질에는 성호르몬 수용체를 비롯해, 바소프레신 vasopressin 과 옥시토신 oxytocin 같은 신경 펩타이드 수용체도 포함된다. 신경 펩타이드는 암수의 유대 행동과 양육 행동을 각각 다르게 조절한다.

시냅스 가소성은 경험에 따라 시냅스 연결이 변화하는 정도에서도 뚜렷한 차이가 나타난다. 특히 성호르몬이나 스트레스 호르몬에 대한 시냅스 가소성의 민감도 또한 성별에 따라 다르다. 결과적으로 암컷과 수컷의 뇌는 애초부터 연결뿐 아니라 변화하는 방식도 다르다.

위의 전반적인 기전은 다양한 종에서 매우 잘 보존된 특징이지만, 세부적이고 구체적인 차원에서는 종마다 차이를 보인다. 인간을 포함한 영장류에서는 테스토스테론이 에스트로겐으로 전환되는 방식보다 안드로겐 수용체라 불리는 자신만의 수용체로 뇌를 직접 남성화하는 것으로 보인다. 실제로 설치류와 달리 인간은 아로마타제 유전자에 돌연변이가 있더라도 성 분화에 큰 변화가 생기지 않으며, 이러한 남성도 일반적으로 여성에게 끌린다. 이는 인간의 뇌 발달에서 테스토스테론이 에스트로겐으로 전환되는 과정이 그다지 중요하지 않을 수 있음을 시사한다.

반대로 안드로겐 수용체에 돌연변이가 생기면, 안드로겐 무감응 증후군 androgen insensitivity syndrome 이 나타난다. 이때는 XY 염색체를 지니며, 고환이 있고 테스토스테론을 분비함에도 여성으로 발달한다. 테스토스테론에 반응해야 할 세포에 기능적인 안드로겐 수용체가 없으면 테스토스테론을 감지하지 못한다. 이러한 돌연변이는 뇌의 남성화도 방해한다. 안드로겐 무감응 증후군이 있는 XY 여성은 XX 여성과 비슷한 비율로 남성에게 끌리는 경향을 보인다.

대조적으로 발달 과정에서 테스토스테론에 비정상적으로 많이 노출된 여성도 있다. 예컨대 선천성 부신과다 형성증 congenital adrenal hyperplasia 환자의 부신에서는 테스토스테론을 포함한 스테로이드를 과다 생성한다. 이에 따라 개체가 어릴 때는 남성의 전형적인 행동 양상이 증가한다. 그리고 성인이 되어서는 남성적 성 정체성을 더 많이 느끼며, 여성에게 성적으로 끌리는 비율도 증가한다.

이러한 차이에도 성 분화의 기본 구조는 인간도 다른 포유류와 같은 것으로 보인다. 즉 성호르몬은 발달 초기의 결정적 시기에 조직화 기능을 수행하여, 남녀의 뇌를 다르게 사전 배선하며, 이후에는 성체의 생식 행동을 유도하거나 조절하는 활성화 기능을 수행한다.[66] 인간의 뇌가 사용 중인 상태에서는 세포 수준의 차이를 직접 관찰할 수 없지만, 신경 영상 기법을 이용하면 뇌의 거시적 구조 수준에서는 확인이 가능하다.

◎ 남성과 여성의 뇌

남녀의 뇌에서 가장 명확하게 드러나는 차이는 남성의 뇌가 약 10% 더 크다는 점이다. 이는 남성의 체격이 더 크므로 뇌도 커진다고 예측되지만, 전체적인 체격 차이로만 설명되지 않는다. 실제로 남성이 뇌는 그 예측보다 더 크다. 그리고 뇌의 특정 영역이나 신경 경로, 또는 뉴런 네트워크의 전반적

---

66 성체에서의 호르몬 반응은 초기 조직화 효과에 따라 달라진다.

인 조직 방식에서도 보다 구체적인 차이가 존재한다.

여기에서 중요한 점은 그 차이 모두가 집단 평균의 차이라는 것이다. 즉 개별 측정치에는 남녀 내부에서도 다양한 분포가 존재하며, 평균값은 서로 다르더라도 분포는 상당히 겹친다. 이는 키 차이와 같다. 남성이 여성보다 평균적으로 키가 크기는 하지만, 모든 남성이 여성보다 크지는 않다. 성별은 키 차이에 영향을 주는 여러 요인 가운데 하나일 뿐이고, 그마저도 비교적 작은 요인이다.

키 차이는 대부분 일반적인 유전적 변이나 발달 과정 중 발생하는 우연적 요인에 기인한다. 따라서 집단 간 평균 차이만으로는 개인의 특성을 예측할 수 없다. 누군가의 성별을 안다고 해서 그 사람의 키까지 알 수는 없다. 하지만 한 여성이 유전적으로는 같아도 성별이 남성이었다면, 지금보다 키가 약간 더 컸을 가능성이 있다. 반대의 상황이라면 그 사람의 키가 현재보다 조금 더 작았을 것이라고 추론할 수는 있다. 따라서 성별은 기본적인 변이에 더해지는 효과로 작용할 뿐이다. 이러한 논리는 신경 영상 기술로 측정할 수 있는 거시적 수준의 뇌 구조 차이에도 적용된다.

해당 분야에서 과거에 보고된 연구 결과 중 상당수가 일관되지 않다는 점도 중요하게 짚고 가야 한다. 어느 연구 결과는 후속 연구에서 재현되었지만, 일부는 그렇지 않았다. 이러한 불일치는 대부분 적은 표본 수가 원인으로 보이는데, 보통 수십 명 수준의 소규모 연구에서 우연히 발생한 결과였을 것이다. 특정 구조에서의 성별 차이가 다른 변이 요인보다 작다면, 그 차이를 안정적으로 검출하기 위해 대규모 표본이 필요하다. 최근에는 수백 명에서 수천 명 단위의 참가자를 대상으로 한 대규모 연구가 수행됨으로써 다양한 뇌 영역에서의 성별 차이가 명확히 확인되었다.

우선 시상과 선조체 striatum 와 담창구 pallidum 등 기저핵 일부를 비롯한 여러 뇌 하위 구조에서 남녀 간 크기 차이가 확인되었다. 이 외에도 감지하기 힘들 정도로 미묘해서 신경 영상으로는 확인할 수 없는 것도 많을 것이다. 그 예가 시상하부의 SDN-POA에 해당하는 영역인 INAH-3로, 남성이 여성보다 2배 이상 크다.

또 다른 예로 성적 행동에 관여하는 또 다른 영역인 말단 선조체 기저핵 bed nucleus of the stria terminalis, 이하 BNST 의 중심부도 남성이 여성보다 약 2배 크다. INAH-3와 BNST를 비롯한 영역은 크기가 너무 작아서 신경 영상으로는 측정이 불가능하다. 이들 영역은 사후에 뇌를 절개한 뒤 현미경으로 분석해야 확인할 수 있다.

수많은 연구가 집중되어 온 대뇌 피질에서도 대규모 집단을 대상으로 한 신경 영상 연구에서 성별 차이를 보여주는 영역이 다수 확인되었다. 주지하다시피 뇌내의 영역 크기는 남녀에 따라 다르다. 그런데 이러한 차이는 남녀 내부에서 나타나는 변이의 범위에 비하면 작으므로, 특정 영역 하나만 보더라도 분포가 상당 부분 겹친다.

심리학자 다프나 조엘 Daphna Joel 과 동료들은 성적 이형성이 가장 큰 10개 영역을 조사했는데, 모든 영역에서 극단적으로 남성형 또는 여성형 특성을 보이는 사람은 거의 없었다. 이에 연구진은 이러한 결과를 바탕으로 사람은 모두 남성화한 영역과 여성화한 영역이 혼재하는 모자이크와 같다고 말한다. 이에 따라 '남성 뇌'나 '여성 뇌'라는 개념 자체를 사용하지 말아야 한다고 결론지었다. 하지만 이는 성별의 효과가 작고, 각 영역의 크기에 영향을 미치는 다른 독립적 요인들 위에 추가되었을 때 충분히 예상할 수 있는 전형적인 양상이다.

위의 양상은 얼굴 형태 facial morphology 에서도 매우 비슷하게 나타난다. 남성과 여성의 얼굴은 코의 길이와 형태, 눈썹뼈가 돌출된 정도, 얼굴 너비, 턱의 크기와 모양 등 다양한 요소에서 차이를 보인다. 이들 요소는 저마다 독립적인 고유한 변이를 지닌다. 그런데 그중에서 하나만 본다면, 그 사람의 성별을 알아차리기가 매우 어렵다. 각 항목의 분포가 서로 크게 겹치기 때문이다.

하지만 여러 항목을 동시에 고려하면 남성과 여성의 얼굴을 95% 이상의 정확도로 구분해 낼 수 있다. 인간은 이러한 판단에 매우 능숙하다. 이는 요즘 얼굴 인식 프로그램도 마찬가지며, 뇌 영상 데이터에서도 같은 원리가 적용된다. 동일한 뇌 영상 스캔에서 추출된 10개 뇌 영역의 크기를 동시에 고려한 다변량 multivariate 분류기는 남성과 여성을 90% 이상의 정확도로 구별해 낸다. 그러므로 얼굴로 남녀를 구분할 수 있듯, 남성적인 뇌와 여성적인 뇌도 분명히 존재한다고 볼 수 있다.

다양한 뇌 영역에서 크기 차이를 확인할 수는 있지만, 그것만으로 뇌의 작동 방식을 판단하는 것은 수박 겉핥기에 불과하다. 신경 영상에서 차이를 발견하지 못하더라도 미세 구조와 신경생리학, 유전자 발현에서는 여전히 많은 차이가 존재할 수 있다. 그리고 이는 기능에 큰 영향을 끼칠 것이다. 더군다나 한 영역이 특정 성별에서 더 크게 나타난다고 해도 해당 영역이 실제로 다르게 작동하는가를 알 수는 없다.

뇌의 각 영역이 연결된 방식은 더 흥미롭다. 구조적 수준에서 각 영역을 연결하는 신경 섬유망을 살펴보면 연결 방식을 분석할 수 있다. 그 예로 약 1,000명을 대상으로 한 연구에서는 남성과 여성의 뇌 신경망 구조에 뚜렷한 차이가 있다는 사실을 밝혀냈다.

연구에 따르면 남성은 국소적인 연결성이 더 크고, 서로 밀접하게 연결된 점으로 이루어진 군집이 더 뚜렷하게 나타났다. 한편 여성은 군집 간 연결성이 더 높은 경향을 보였다. 이들 결과는 다른 두 건의 연구에서 재현된 바 있다. 또한 여성은 좌우 대뇌 반구 간, 남성은 각 반구 내에서의 연결성이 더 큰 경향을 보였다.

이상의 데이터는 양쪽 대뇌 반구를 연결하는 굵은 신경 섬유 다발인 뇌량이 남성보다 여성이 비교적 더 크다는 기존 주장을 강하게 뒷받침한다. 이는 여러 소규모 연구에서 일관되게 재현되지 않아서 일반화할 수 없었지만, 대규모 연구를 통해 결과를 훨씬 신뢰할 수 있게 되었다.

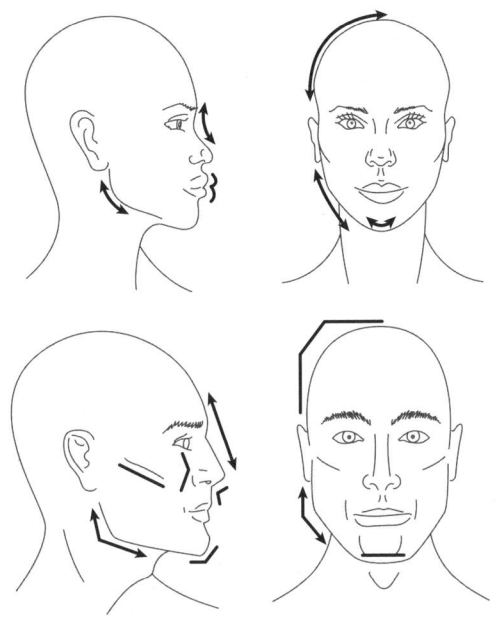

[그림 33] 얼굴 형태에서 나타나는 성별 차이

[그림 33]에서 보는 바와 같이 남성과 여성의 얼굴은 콧등, 눈썹뼈, 턱선, 눈썹의 곡률, 윗입술의 두께 등 여러 특징에서 평균적으로 차이가 난다. 하지만 하나의 특징만으로는 성별을 정확히 구분할 수 없다. 반면 여러 요소를 종합하면 매우 높은 정확도로 성별을 구분할 수 있다.

물론 누군가는 성인 남녀의 뇌에서 관찰되는 차이가 태어날 때부터 달랐다는 증거는 아니라고 주장할 것이다. 전적으로 맞는 말이다. 그 차이는 시간이 지나면서 뇌 가소성을 통해 생겨났을 가능성이 있다.

남녀가 서로 다른 경험을 하고, 부모와 또래를 넘어 사회 전반에서 받는 대우의 차이에 따른 결과라 할 수 있다. 이는 고립된 조건에서라면 이론적인 개연성은 있다. 하지만 우리는 성인의 뇌 구조가 전반적으로 유전력이 매우 높으며, 출생 이후에도 성장과 성숙 과정에 걸쳐 강한 유전적 영향을 지속적으로 받는다는 사실을 이미 살펴보았다. 이러한 점을 고려한다면 경험이나 문화적 요인만으로 뇌 구조의 차이를 설명하기는 어렵다.

또한 위와 비슷한 성별 차이는 모든 포유류에서도 발견된다. 이는 진화적으로 중요한 행동을 유도한다는 점에서 인간의 성별 차이가 전적으로 문화적이라는 주장의 가능성은 훨씬 떨어진다. 이 주장은 사실상 두 가지가 전제되어야 성립한다.

첫째, 포유류이자 영장류로서 성적 이분화라는 진화적 유산이 생존에 유리한 적응적 특성임에도 완전히 사라졌다고 가정해야 한다.

둘째, 진화적 유산을 대신하는 문화적 관행이 우연히 생겨나서 기존과 같은 차이를 효율적으로 다시 만들어 냈다고 가정해야 한다.

선천적인 차이를 직접 보여 주는 증거는 영유아와 아동을 대상으로 한 뇌 영상 연구에서 찾을 수 있다. 이 유형의 연구에서는 출생 직후부터 이미 뇌 구조에 뚜렷한 성별 차이가 있음을 명시한다. 출생 후 약 2주 이내에 촬영된 스캔 자료에 따르면, 남아는 출생 시 체중 보정 후에도 전체 뇌의 크기는 여아보다 평균 6~9% 더 컸으며, 회색질과 백질의 부피도 마찬가지였다. 이 시기의 뇌는 성인의 35% 크기에 불과한데도 성별 차이가 관찰된다.

신생아기부터 특정 영역에 국한된 차이는 또 있다. 일부 영역은 남아에서, 다른 영역은 여아에서 더 크게 나타났다. 즉 남아와 여아의 뇌는 출생 시점부터 이미 서로 다른 상태로, 뇌가 완전히 성장하기 전부터 차이는 시작된다.

남아와 여아의 뇌는 성장 속도도 극적으로 다르다. 여아의 뇌는 남아보다 훨씬 빠르게 성숙하여, 여러 뇌 구조에서 정점에 도달하는 시점이 2~4년 빠르다. 신생아기에 관찰된 특정한 차이의 일부는 성인이 되어서도 지속되는 특성을 예고해 준다. 하지만 다른 일부는 성숙 과정에서 사라지기도 하거나, 새로운 차이가 나타나기도 한다. 이는 특히 사춘기 시기에 두드러진다.

따라서 인간도 모든 포유류와 마찬가지로 뇌를 포함하여 명확한 성 분화 기제를 지닌다. 인간의 성 분화 기제는 거시적 수준의 구조적 차이에서 세포 수준에서도 더 미묘하지만, 어쩌면 더 결정적인 차이까지 만들어 낸다. 그 예로 뉴런의 가지 형성이나 시냅스 연결성, 신경화학적 구성, 유전자 발현의 차이가 있다. 이들 사례는 모두 시냅스 가소성과 같은 핵심적인 신경 기능을 근본적으로 변화시킨다.

이제 정말 중요한 질문을 던질 때가 왔다. 그러한 구조적 차이가 실제로 어떠한 의미를 지니는가? 지금껏 수많은 연구에서 다양한 뇌 영역의 크기나, 여러 신경망 구조의 차이를 남녀의 행동 차이와 연결 지으려는 시도가 있어 왔다. 그럼에도 특별히 확고한 연관성이 아직까지 밝혀지지 않았다.[67] 하지만 뇌에 구조적 차이가 있다면, 행동 수준의 차이에도 영향을 미치리라 추정하는 일은 오히려 자연스럽다.

위의 논의를 다른 방식으로 해석할 수도 있다. 바로 그 구조적 차이의 일부가 남녀의 생리적 차이나 뇌내에서 다른 영역 간 차이를 보완하는 수단이라는 점 말이다. 그리고 이를 통해 남성과 여성의 뇌가 최대한 유사한 방식으로 작동하도록 유지하는 것이다.

진화는 까다로운 과제를 안고 있다. 남녀의 뇌가 성별에 따른 적절한 행동을 잘 유도할 만큼만 다르되, 생존에 필수이자 공통적인 여러 뇌 영역이 관여하는 일반 행동에 지장을 주지 않도록 균형을 맞추어야 했다. 결국 뇌의 단일 영역에서 나타나는 구조 차이가 심리적 특성이나 행동 차이와 일대일

---

[67] 특정한 뇌 구조의 크기와 행동 사이에 확고한 관계가 있는 경우는 대체로 매우 드물다.

로 대응하리라는 예측은 지나치게 단순한 발상이다. 각 영역은 여러 뇌 영역에 걸쳐 다양한 차이와 함께 얽힌 복잡한 네트워크에 속해 있으며, 그중 일부는 서로 상쇄되기도 하기 때문이다.

지금으로서는 특정 뇌 구조 차이와 특정 행동 차이를 직접 연관 짓기는 어렵다. 그러나 최소한 남녀 간에 존재하는 행동 유형의 차이는 확인해 볼 수 있다. 그렇다면 남성과 여성의 심리와 행동 특성은 정말로 다를까? 한마디로 말하면 그렇다고 할 수 있지만, 아니기도 하다. 평균적으로 인지나 성격과 같은 영역에서는 일관되고 흥미로운 성별 차이가 다수 존재하기는 하지만, 그 차이는 전반적으로 크지 않은 데다 남녀 간 개인 분포도 상당히 겹친다.

하지만 여러 특성을 종합적으로 고려하여 복합적인 특성 프로파일로 살펴본다면 성별 차이는 더 뚜렷해진다. 임상적 수준에서는 여러 정신 질환 및 신경 질환 발병률에서 매우 큰 남녀 차이가 존재한다. 따라서 그 원인을 이해하는 것이 매우 중요하다. 하지만 심리적 측면에서 가장 두드러진 성별 차이는 바로 우리가 예상할 수 있는 영역, 즉 성 행동과 생식에 관련된 특성들에서 나타난다. 이상에서 언급한 특성은 다음에서 살펴보도록 하겠다.

성적 선호와 성적 지향

동물은 물론 인간에게 성적 선호 sexual preference 만큼 명확하고 강력한 유전 특성도 드물다. 우리는 대부분 남성이 여성에게, 여성이 남성에게 끌리는 일을 지극히 당연하게 여긴다. 이 정도로 흔한 일이므로, 우리는 그러한 현상이 저절로 이루어지는 줄 안다.

하지만 인간만 생각해 보더라도 그 사실은 단순한 기본값이 아니다. 이는 서로 다른 두 가지 상태이며, 개별 상태가 형성되려면 능동적인 뇌 발달 과정이 필요함을 알 수 있다. 대부분 Y 염색체를 물려받은 사람은 여성에게, 그렇지 않으면 남성에게 끌린다. 이것은 실로 강력한 유전적 효과다.

실제로 성적 관심은 사춘기 이후 성적 성숙기에 이르러서야 드러나지만, 성적 선호가 매우 강하고 선천적인 특성이라는 점은 명백하다. 이 사실은 우리의 경험으로도 알 수 있다. 우리는 성적 선호를 선택한 적도, 자유롭게 바꿀 수도 없는 데다 누군가에게 배우지도 않았다. 이러한 점은 사람의 성적 선호를 바꾸려 시도했던 수많은 시도가 모두 실패했다는 사실로 뒷받침된다.

그런데 인간에게는 성호르몬 경로에 영향을 주는 몇 가지 생물학적 조건이 있다. 이들 조건은 성적 선호를 바꿀 수 있으며, 그 변화 양상은 다른 포유류에서 성호르몬이 뇌의 초기 발달에 미치는 영향과 유사한 방식으로 나타난다. 따라서 성적 선호는 단순히 뇌에 미리 배선 prewired 된 것이 아니라, 놀라울 만큼 강하게 고정 hardwired 되어 있다고 볼 수 있다.

1940년대 알프레드 킨제이 Alfred Kinsey 와 그의 동료들이 수행한 선구적인 연구에서는 성적 선호의 차이가 스펙트럼과 비슷한 연속체 위에 놓인 것과 같다고 주장했다.[68] 결국 성적 선호는 사람마다 남성이나 여성에게 끌리는 정도가 다양하다는 것이다. 하지만 킨제이의 견해는 이후 연구자들의 강한 반박을 받기 시작한다.

최근 연구에서 성적 선호는 이성애자와 동성애자 모두 훨씬 범주적인 경향을 보인다고 주장한다. 이 유형의 연구에서는 성적 끌림, 성 정체성, 성 경험 관련 질문에 대한 응답에서 확인한 변이 양상을 통계적으로 분석하였다. 그 결과 사람들은 남성 선호와 여성 선호의 두 집단으로 나뉘었다. 양성애자는 남성보다 여성이 조금 더 많기는 했지만, 스스로 그 유형이라 밝히거나

---

[68] Kinsey, A. C., Wardell, B. P. and Clyde, E. M. (1948). *Sexual Behavior in the Human Male*. Philadelphia, PA: Saunders; Kinsey, A., Pomeroy, W. Martin, C. and Gebhard, P. (1953). *Sexual Behavior in the Human Female*. Philadelphia, PA: Saunders.

분류된 사람은 극히 적었다. 이러한 결과는 성적 분화가 상반된 두 상태 중 하나로 전환되는 방식으로 작동한다는 맥락과 일치한다.

뇌의 남성화 또는 여성화를 조절하는 유전 프로그램은 매우 복잡해서, 그 결과에 영향을 주는 유전 또는 발달 변이가 존재하는 것도 놀라운 일은 아니다. 그렇다면 그 사람의 성염색체와 생식샘 발달로 정의되는 생물학적 성과 성적 선호 사이에 불일치가 생길 수 있다. 우리는 흔히 성적 지향을 이성애나 동성애처럼 단일한 특성으로 생각하는 경향이 있다. 하지만 실제로는 다음과 같이 서로 다른 두 가지 특성이 교차하는 지점이다.

- **생식샘의 성별**: 남성, 여성
- **성적 선호**: 남성 선호, 여성 선호

동성애 성향은 이성애만큼이나 선천적이라는 강력한 증거가 있다. 그리고 그 성향은 부분적으로 유전적이다. 어디까지나 '부분적으로'만이다.

쌍둥이 연구는 유전의 영향을 명백하게 보여 준다. 여러 연구자들은 일란성 쌍둥이 중 한 명이 동성애자일 때, 다른 하나도 동성애자일 확률이 약 30%~50%라는 결과를 제시했다. 이란성 쌍둥이는 그 비율이 10%~20%로 더 낮기는 하지만, 이 정도도 전체 인구 평균보다 훨씬 높은 수치다. 이러한 일치율 차이는 다른 특성과 마찬가지로 유전의 영향과 관련이 있음을 시사한다. 이때 성적 지향의 유전력은 40~50%로, 여성보다 남성에게서 약간 더 높다고 추정된다.

또 한 가지 중요한 관찰 결과는 이란성 쌍둥이가 서로 다른 성별일 때, 한 명이 동성애자라도 다른 쌍둥이의 성적 지향에 영향을 주지 않는다는 점이다. 이는 뇌의 남성화와 여성화가 서로 별개인 유전자 집합에 따라 조절되는 능동적 과정이라는 견해를 뒷받침한다. 다시 말하면 이성애가 기본값이 아니며, 독립적인 두 가지 상태가 존재하는 것이다. 따라서 하나의 경로에 영향을 주는 돌연변이는 대부분 다른 경로에 영향력을 행사하지 않는다.

현재로서는 성적 지향의 차이를 유발하는 유전적 변이 대부분이 무엇인지 알 수 없다. 하지만 몇 가지 예외는 있다. 예를 들어 스테로이드 생합성 경로의 효소를 부호화하는 일부 유전자에 돌연변이가 생기면, 부신에서 성호르몬이 과도하게 분비되어 선천성 부신과다 형성증을 일으킨다. 이 질환을 지닌 소녀는 테스토스테론에 과도하게 노출되어, 성인이 되었을 때 동성애적 성향과 남성 정체성을 가질 확률이 높다. 하지만 이처럼 극히 드문 돌연변이를 가진 몇몇 유전자 외에 다른 관련 유전자는 밝혀지지 않았으며, 해당 특성의 유전적 구조 또한 아는 바가 거의 없다. 다음과 같이 말이다.

- 얼마나 많은 유전자가 관여하는가?
- 단일 돌연변이인가, 아니면 복합적 요인으로 일어나는가?
- 유전자형의 변이가 인구 집단 내에서 흔한가, 드문가?
- 유전적으로 계승되는가, 생식 세포에서 새로 생겨나는가?
- 세대를 거쳐 인구 집단에 유지되는가, 자연 선택으로 제거되는가?

위와 같이 성적 지향을 결정하는 유전자의 전모는 미지수에 가깝다. 하지만 우리가 무지하다고 해서 성적 지향이 부분적으로 유전된다는 중요한 사실마저 부정하지는 않는다. 그저 우리가 그 분자적 세부 사항을 여전히 제대로 파악하지 못했을 뿐이다.

소수이기는 하지만, 이성애자와 동성애자 남녀 사이의 뇌 구조와 기능 차이를 조사한 연구 성과도 존재한다. 그중 사이먼 르베이 Simon LeVay 가 발표한 연구가 크게 주목을 받은 바 있다. 그는 사후 뇌 표본을 분석한 결과, 설치류의 SDN-POA에 해당하는 INAH-3 핵의 크기가 이성애자 남성보다 동

성애자 남성에서 훨씬 작았으며, 이는 여성과 유사하다고 밝혔다.[69]

디크 스왑 Dick Swaab 과 동료들이 진행한 또 다른 연구에서는 남성에서 여성으로 성전환한 사람의 BNST 크기가 전형적인 여성의 범위와 유사하다는 사실을 발견했다. 이는 뇌의 남성화 정도와 남성 성 정체성 간의 생물학적 관련성을 시사한다.[70] 이러한 연구는 사후 표본에 의존해야 하기에 매우 드물며, 구체적인 결과는 아직 독립적으로 재현되지 않았다. 하지만 이들 결과는 초기 단계에서 호르몬 신호에 변화가 생길 때, SDN-POA의 크기 등 뇌 구조와 성적 지향에 유사한 영향을 미치는 동물 연구와도 일치한다.

그리고 성적 지향이 부분적으로만 유전된다는 사실에는 설명이 필요하다. 남성과 여성에서 성적 선호를 결정하는 경로는 Y 염색체의 존재에 따라 완전히 유전되는 것으로 보이지만, 그 예외는 단순히 같은 유전 규칙만으로 설명할 수 없다. 이는 사람의 유전자형과 성적 지향 사이에 확률적 관계가 있음을 의미한다.

대다수 남성이 여성에게 끌리도록 발달할 확률은 사실상 100%다. 이는 일반적인 남성 이성애자를 100명 복제한다고 가정하면, 100명 모두 여성에게만 끌릴 것이라 예상할 수 있다는 뜻이다. 하지만 뇌의 남성화와 관련된 특정 유전적 변이를 지닌 일부 남성은 그 확률이 더 낮은데, 이는 일란성 쌍둥이의 일치율을 기준으로 한다면 50% 정도일 것이다.

따라서 한 남성 동성애자를 100명 복제한다면, 그중 50명은 동성애자, 나머지는 이성애자가 된다고 예상할 수 있다. 뇌의 여성화에 영향을 미치는 유

---

69 LeVay, S. (1991). A Difference in Hypothalamic Structure between Heterosexual and Homosexual Men, *Science*, 253(5023), 1034-1037.

70 Kruijver, F. P., Zhou, J. N., Pool, C. W., Hofman, M. A., Gooren, L. J. and Swaab, D. F. (2000). Male-to-Female Transsexuals Have Female Neuron Numbers in a Limbic Nucleus, *Journal of Clinical Endocrinology and Metabolism*, 85(5), 2034-2041.

전적 변이를 지닌 여성 또한 그와 유사한 시나리오를 상상할 수 있다. 그렇다면 이 결과의 차이를 설명하는 요인은 무엇일까?

사람들은 그러한 비유전적 차이를 환경이나 경험에서 설명하려 든다. 하지만 발달 과정 자체는 매우 가변적이다. 세포 내 구성 요소의 작은 무작위 변동이자 항상 발생하는 일종의 분자적 잡음은 발달의 결정적 시기에 큰 차이를 만들어 낼 수 있다. 이는 특히 스위치처럼 작동하는 성적 분화 과정에서 자주 발생한다.

두 가지 경로는 단순히 서로 구별되는 별개의 존재일 뿐 아니라, 서로를 직접 억제하면서 남성 또는 여성의 상태를 확립하려는 방식으로 작동할 가능성이 있다. 발달이 한쪽 경로로 시작되면, 경로가 빠르게 강화 및 고정된다. 이 과정은 진화론적으로도 타당하다. 분화 과정에 모호한 부분이 남아 있다면, 자손을 적게 남기는 개체가 늘어나면서 전체 개체군에 부담을 주기 때문이다.

이러한 관점에 따르면, 성적 지향이 부분적으로 유전되는 특성이면서도 완전한 선천성을 갖추고 있음이 자연스럽게 이해될 것이다. 개인의 유전자형은 특정한 결과가 나타날 확률을 부여하지만, 실제로 발현되는 결과는 발달의 전개 양상에 따라 달라진다. 이러한 점에서 성적 지향은 손잡이 성향과 매우 유사하다. 손잡이도 일부 유전적이기는 해도 온전히 선천적인 특성처럼 보이며, 외부 영향에도 거의 흔들리지 않는다. 우리는 손잡이 성향처럼 성적 지향을 선택할 수 없다.

성적 선호는 남녀 사이에서 가장 뚜렷하고도 강력한 행동 차이에 속한다. 이 외에도 심리적으로 일관된 성 차이를 보이는 영역도 많다. 그중 가장 분명한 사례는 신체적 공격성이다.

남녀 경향의 선천적 차이

❈ 공격성과 폭력성

남성은 여성보다 더 큰 신체적 공격성과 폭력성을 보인다. 이러한 결과는 문화권과 연령대를 초월하고 매우 일관적으로 나타난다. 미국에서는 폭력 범죄로 체포된 사람 중 80%가 남성이며, 살인 사건의 90% 또한 남성이 범인이다. 2013년 유엔 보고서에 따르면 전 세계적으로 그 수치가 96%에 이른다.[71]

고고학과 역사 자료에서는 남성의 치명적인 외상성 폭력 성향이 지금보다 고대에서 훨씬 만연했을 가능성을 시사한다. 그런데 폭력의 피해자 역시 대다수가 남성이다. 전쟁에 의한 사망 사례를 제외하면, 전 세계 살인 사건 피해자의 78%가 남성이다.

이상에서 소개한 사실은 인간의 짝짓기 방식과 관련된 진화적 압력을 고려하면 놀라운 일이 아니다. 성 선택이 남성 간 직접적인 신체적 경쟁을 통해 상당히 강하게 이루어졌다는 명백한 증거가 있다. 경쟁은 단지 여성의 선택에 영향을 주기 위함이자 더 약한 수컷들을 생식 기회에서 배제하는 수단이었다.

이러한 진화적 적응 과정에는 체질량, 특히 상체 근육량[72]과 골밀도 증가, 그리고 충격을 견디도록 진화했다고 추정되는 얼굴뼈 강화 등이 포함된다. 유사한 짝짓기 압력을 겪는 다른 종 가운데 대형 유인원과 마찬가지로, 인간

---

[71] United Nations Office on Drugs and Crime. (2013). *Global Study on Homicide 2013* (sales no.14.IV.1). Vienna: United Nations.
[72] 남성이 여성보다 상체 근육량이 약 90% 더 많다.

남자도 전투를 위한 무장과 방어 태세를 갖추게 되었다. 그렇게 남성은 싸움에 적극적인 성향을 띠기 시작했다.

호전적인 성향은 어릴 때부터 분명히 드러난다. 모든 문화권에서 남성은 여성보다 싸움 흉내 내기, 뒤엉켜 구르기, 때리기, 쫓기 등 몸을 쓰는 거친 신체 놀이를 3~6배 더 많이 한다. 이러한 패턴은 침팬지나 원숭이, 쥐 등 다른 종에서도 나타난다. 흥미롭게도 이러한 차이는 호르몬 수치가 매우 낮은 어린 개체에서도 관찰된다. 이는 성숙한 회로에 작용하는 활성화 효과보다 뇌 발달 중 호르몬의 조직화 역할이 핵심임을 시사한다.

성적 지향과 마찬가지로, 결정적 시기에 호르몬 수치를 조절하면 쥐나 생쥐, 원숭이의 공격적 행동이 극적으로 달라진다. 인간 또한 선천성 부신과다 형성증을 겪는 여자아이는 그렇지 않은 여자아이보다 더 높은 신체적 공격성을 보인다. 이러한 관찰 결과를 가장 직관적으로 해석하면, 다른 종의 수컷과 같이 남자아이도 성인이 되면 겪을 경쟁을 미리 연습하는 놀이 활동에 선천적으로 끌린다는 것이다.

그렇다고 해서 문화가 공격적 행동에서 나타나는 성별 차이에 아무 역할도 하지 않는다는 뜻은 아니다. 실제로 부모와 그 외 다른 어른들, 심지어 또래 집단까지 남자아이와 여자아이의 공격적 행동에 서로 다른 기대와 반응을 보인다. 몸을 쓰는 거친 놀이는 남자아이에게 훨씬 관대하며, 여자아이에게는 금지하는 경향이 있다. 이러한 반응은 초기 행동 성향을 강화한다.

반면 부모는 남자아이에게도 거친 행동을 억제하려고 많은 노력을 기울이기도 한다. 실제로 우리 사회의 법률과 형벌 제도는 남성의 폭력을 조장하기보다 예방과 처벌에 더욱 무게를 두고 있다.

위와 같은 사회적 태도가 무엇이든 간에, 그것이 공격적 행동에서 남녀 차이를 유발한다기보다 반영한다고 보는 편이 훨씬 타당하다. 문화적 요소가 일종의 양성 피드백 과정으로 궁극적인 차이에 영향을 줄 수는 있지만, 그 자체가 차이의 근본적인 원인은 아니라는 얘기다. 결국 문화적 기대는 하루아침에 갑자기 생기는 것이 아니다.

남자아이가 본래 거친 놀이를 적극적으로 하려는 성향이 없었다면, 그러한 기대는 왜 생겨났을까? 그리고 그 기대가 전 세계에 보편적으로 존재하는 이유는 무엇일까? 성인 남성이 여성보다 더 폭력적이기 때문이라면, 왜 그러한 것일까? 단순히 문화가 그렇게 기대하는 것이 이유라면, 다시 그 기대가 존재하는 이유를 묻는 질문으로 되돌아온다.

가장 단순하게 설명하자면, 남자아이가 여자아이보다 싸움 놀이를 더 많이 하리라 기대하는 이유는 실제로 그러한 모습을 꾸준히 보아 왔다는 점에서였다. 그리고 남성이 여성보다 더 폭력적이라 예상하는 이유 또한 남성이 실제로 여성보다 더 그러한 성향을 보이기 때문이다.

⊠ 성격과 관심사

남성과 여성은 같은 상황에서도 서로 다르게 행동하는 경우가 많으며, 이는 평균적으로 성별에 따른 전형적인 특징으로 나타난다. 그 예로 남성은 사회적 상호 작용에서 경쟁적이고 자기주장이 강한 반면, 여성은 협력적이고 유화적인 태도를 보이는 경향이 있다. 물론 이러한 차이는 대부분 사회적 성 역할과 규범, 기대와 깊은 관련이 있다. 하지만 그 행동 양상에 영향을 미치는 성격 특성의 생물학적 차이가 존재하거나, 그 차이가 성별에 따른 사회적 기대가 생겨나는 원인이 되었을 가능성도 있다.

남녀의 성격 특성은 전 세계적으로 여러 국가에서 대규모 표본을 대상으로 무수히 많은 연구가 이루어져 왔다. 그 결과 남녀 간에 수많은 성격 특성에서 일관적으로 나타나는 평균적 차이가 있음이 확인되었다. 이를 빅5 성격 요인으로 분석한 내용은 다음과 같다.

- 여성은 우호성과 신경성 영역에서 훨씬 높은 점수를 보이며, 성실성 점수는 다소 높은 경향이 있다.
- 남성은 지적 개방성 영역의 점수가 약간 더 높다.
- 외향성의 경우 뚜렷한 성차가 나타나지 않았지만, 하위 요소 가운데 남성은 자기 주장(assertiveness)과 자극 추구(sensation seeking), 여성은 사교성(sociability)과 다정함(gregariousness)의 점수가 더 높았다.

또 다른 성격 이론에서는 사람의 성격을 지배성 dominance 과 양육성 nurturance 이라는 두 축으로 분류한다. 이 척도에 따르면 남성은 지배성, 여성은 양육성에서 뚜렷하게 높은 점수를 보인다. 한편 빅5 성격 요인보다 세분화된 10, 16, 30 요인 모델을 사용한 연구에서도 비슷한 경향이 나타난다. 이들 모델에서는 아래에서 보는 바와 같이 특정 항목의 점수에 따라 더 구체적이고도 확연한 성차를 보여 준다.

- **여성**: 감수성(sensitivity), 따뜻함(warmth), 불안(apprehension)
- **남성**: 지배성(dominance), 정서적 안정성(emotional stability)

물론 지금까지 제시한 성차는 집단 평균의 차이에 불과하다. 그리고 성격 특성에서 전반적으로 나타나는 개인 간 변이에 비하면 그 크기가 작으므로, 남녀 간 분포는 상당 부분 겹친다. 따라서 한 가지 성격 검사 점수만으로는 성별을 거의 예측할 수 없다.

하지만 얼굴 형태나 뇌 영상 자료처럼 여러 특성을 함께 고려한 다변량 모델을 활용한다면, 높은 정확도로 성별을 분류할 수 있다. 개별 특성의 분포는 성별에 따라 여전히 60~90% 정도 겹친다. 그러나 다변량 분포에서는 그 수치가 10% 수준으로 감소하여 전반적인 성격 특성에 실질적인 성차가 있음을 시사한다. 다변량 분석을 활용한 심리학자 마르코 델 주디체 Marco del Giudice 가 도출한 남녀의 전형적인 성격 특성은 다음과 같다.

- **남성**: 더 개방적이고 자기주장이 강하며, 위험을 감수할 줄 알고 강인하며, 냉정하면서 정서적으로 안정적이며, 실용적이고 추상적 사고에 열려 있음.
- **여성**: 더 양육적이고 따뜻하며, 이타적이면서 순응적이며, 위험을 회피하면서 섬세하지만, 정서적으로 불안정하나, 감정과 미적 경험에 민감함. [73]

관심사와 가치관의 남녀 간 차이도 그와 유사한 측면이 나타난다. 남성은 사물에 관한 관심이, 여성은 사람을 향한 관심이 더 높다. 사람들이 중시하는 또 다른 가치 유형 분석에서 남성은 이론적 가치 theoretical values, 여성은 사회적 가치 social values 에서 더 높은 점수를 보인다. 이러한 경향은 사이먼 배런-코언의 체계화 성향 및 공감 성향과도 일치하며, 각 성향 모두 위와 같은 성차가 일관적으로 나타난다.

이러한 성격 특성은 전반적으로 진화론적 모델, 특히 지배성과 양육성의 성차와 잘 부합한다. 따라서 이들 요인이 실존하는 생물학적 기반의 차이를 반영하며, 자연 선택으로 인간 유전체에 내재된 특성일 가능성이 매우 크다. 하지만 우리가 지금까지 살펴본 다른 특성보다 성격 특성에서의 성차는 문화적 규범과 기대에 특히 더 민감할 수 있다. 일부 연구자는 다양한 상황에서 특정 방식으로 행동하는 경향의 차이가 전적으로 문화적 압력의 산물이라 주장하기도 한다. 그러나 이러한 발상을 반박하는 몇 가지 증거가 존재한다.

---

[73] Del Giudice, M., Booth, T. and Irwing, P. (2012). The Distance between Mars and Venus: Measuring Global Sex Differences in Personality. *PLoS One* 7(1), e29265.

성격 차이는 유럽과 북미, 남미, 아프리카, 아시아, 중동 등 선진국과 개발도상국을 모두 아우르는 다양한 문화권에서 매우 비슷한 경향을 나타난다. 정도의 차이는 있겠지만, 그마저도 다수가 예상하는 방향과 다를 수 있다.

행동 경향의 차이가 문화적 영향의 결과라면, 성 역할이 더 엄격하고 전통적인 문화일수록 남녀 차이는 더 커질 것이다. 하지만 실제는 그와 반대의 결과가 나타난다. 오히려 남녀 간 성격 차이가 더 큰 곳은 사회적, 법적으로 높은 수준의 성평등이 보장된 선진국이다.

특이한 일이지만, 다소 난해하기는 해도 그럴듯한 설명이 하나 있다. 동물 연구를 통해 상당한 실험적 근거가 축적된 이론에 따르면, 성적 이형성을 보이는 형질은 환경적 스트레스 요인에 매우 민감하다고 한다. 이 이론의 핵심은 성적 특성이 극단적일수록 표현에 많은 비용이 든다는 것이다.

수많은 성적 특성의 목적은 개체가 보유한 자원을 눈에 띄게 소비함으로써 상대방에게 자신의 자원 수준을 과시하는 것이다. 자원이 풍족할 때는 성적 이형성의 전체 범위가 발현되지만, 자원이 부족하거나 환경이 열악할 때는 좁아진다. 구체적으로는 특정한 성별에서 과장된 특징이 줄어들면서 상대 성별의 표현형에 더 가까워지는 쪽으로 변화한다.

위에서 설명한 현상은 인간의 키에서도 나타난다. 전 세계적으로 영양과 의료 수준이 뛰어난 선진국일수록 남녀의 키 차이가 두드러지게 나타난다. 이러한 조건이라면 남녀 유전체 프로그램이 잠재력을 최대한 발휘할 수 있기 때문이다. 성격 특성 역시 마찬가지로 보인다. 특히 남성은 힘들고 제한적인 조건보다 풍요로운 환경에서 더욱 전형적인 남성의 성격 특성을 더 뚜렷하게 드러내는 경향이 있다.

게다가 성격 특성의 전 단계인 기질에서의 성 차이는 신생아기부터 관찰되기도 한다. 남자아이는 대체로 태중에서 태어날 때부터 외현성[74]을 더 많

---

[74] 높은 활동 수준과 긍정적 정서, 충동성, 환경에 대한 적극적 반응.

이 보이는 경향이 있다. 반면 여아는 노력적 통제 수준이 더 높아, 억제력과 주의 집중력이 더 뛰어난 경향을 보인다. 기질 차이는 성인기의 성격 특성과 완전히 일치하지는 않지만, 적어도 출생 또는 사회화 시작 전부터 남녀 간 행동적 차이가 이미 존재함을 보여 준다.

특정한 성 차이가 시간의 경과에 따라 점차 나타난다고 해서 그 차이가 유전적으로 조절되지 않는다는 의미는 아니다. 유전체에 부호화되어 있는 성적 성숙 프로그램은 여러 해에 걸쳐 작용하며, 그 과정에서 여러 심리적 특성이 크게 변화한다. 그 대표적인 예가 성적 관심이다. 진화론의 관점에서 성 차이는 생태학적으로 관련성을 갖는 시점인 성적 성숙 이후에 가장 강하게 나타날 것으로 예상된다. 이때 성인기 행동의 전조로 작용하는 아동기 특성은 제외된다.

인간 외에 침팬지 같은 동물에서도 비슷한 차이가 나타난다는 점은 성격의 성차에도 진화론적, 생물학적 기반이 있음을 뒷받침한다. 침팬지 수컷은 지배성이 더 높고, 암컷은 양육성이 더 높다. 이는 아주 어린 시기부터 드러나며, 사회적 상호 작용과 놀이 방식마저 인간 유아기에서 관찰되는 바와 흡사하다. 물론 여기에는 문화적 설명이 적용되지 않는다. 그렇다고 성격의 생물학적 차이가 문화에 의해 증폭되거나 강화되지 않는다는 뜻은 아니다. 오히려 차이가 더욱 분명해지면서 문화적 기대를 낳는 데 일조하기도 한다.

전형적 특성이란 남녀가 전체, 그리고 개별 특성에 얼마나 부합하는가를 기준으로 삼는 평균 성향일 뿐이다. 즉 남녀 각자의 '전형적인 예시'를 나타낸다는 점에서 전형적 특성은 고정관념의 기초가 된다. 즉 '남자/여자는 이래야 한다.'라는 과도하게 단순화된 사고가 형성되는 것을 말한다.

고정관념을 개인에게 적용하는 일은 부당하고 차별적인 처사다. 하지만 이러한 문제가 있더라도 전형적 특성 자체가 부정확하다는 뜻은 아니다. 그 정보를 우리가 어떻게 다루고 적용하느냐는 별개의 문제이다. 전형적 특성이란 매우 중요한 사안임에 틀림이 없지만, 연구 결과의 타당성까지 의심해서는 안 된다.

▣ 인지 특성

남성과 여성의 뇌 크기에는 차이가 있다. 남성의 뇌가 여성보다 평균적으로 약 10% 더 크지만, 평균 IQ 점수에는 차이가 없다. 이 사실은 다소 놀라운데, 일반적으로 뇌 크기와 IQ 사이에는 약 0.40 정도의 상관관계가 있기 때문이다. 그리고 이 상관관계는 남녀 각각의 집단 내에서도 일정하게 나타난다.

그런데 평균 IQ에 성별 차이가 없다는 사실은 상당히 흥미로운 점을 시사한다. 이는 크기라는 단순한 효과를 상쇄할 수 있는 뇌 구조나 조직상의 특정한 차이가 남녀의 뇌에 존재할 수 있다는 것이다. 이는 그러한 차이가 전반적인 기능의 차이를 최소화하려는 보상적 성격을 지닐 것이라는 주장을 뒷받침한다.

하지만 평균 IQ에 성차가 없더라도, 분산에서 차이가 나타난다. 남성의 분포는 여성보다 더 평평한 편이다. 따라서 중간 지점 근처에 있는 남성의 비율은 더 낮은 반면, 양극단에서는 더 많이 분포한다.

사실 전체 인구의 IQ 분포는 정규 분포라고 보기는 어렵다. 다시 말하면 이상적인 종 모양 곡선과는 다르다는 것이다. 오히려 낮은 쪽으로 꽤 치우친 경향을 보인다. 그 원인은 IQ를 크게 떨어뜨리는 심각한 돌연변이를 지닌 사람이 포함된 데 있을 것이다.

대규모 데이터 집합의 차원에서는 해당 돌연변이가 있는 사람을 전체 인구의 약 20%라 추정한다. 그들 중 일부는 '지적 장애' 진단 기준을 충족할 만큼 심각하다. 다른 사람들은 그 정도까지는 아니지만, 돌연변이가 없었더라면 원래 타고났어야 할 지능보다 훨씬 낮은 지능을 보인다.

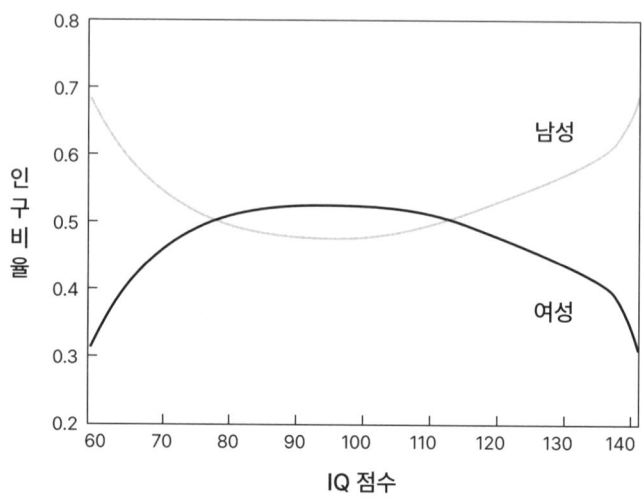

[그림 34] **남성과 여성의 IQ 분포**

[그림 34]에서는 IQ 분포상 각 지점에서 남녀 비율을 나타냈다. 중간 부근에는 여성이 더 많은 반면, 양극단의 낮은 쪽과 높은 쪽 모두 남성이 더 많다.[75] 따라서 IQ 전체 범위는 중첩된 2개의 정규 분포로 모델링할 수 있다.

① 심각한 돌연변이가 있는 사람으로 구성된 낮은 쪽 소규모 집단
② 나머지 대다수 인구를 포함한 대규모 집단

①에서는 남성 비율이 확실히 더 높으며, 가장 낮은 지점은 여성보다 2배

---

[75] 이 부분은 스코틀랜드 정신 건강 조사의 데이터를 요약한 것으로, Johnson, W., Carothers, A. and Deary, I. J. (2008). Sex Differences in Variability in General Intelligence: A New Look at the Old Question, *Perspectives on Psychological Science*, 3(6), 518-531.에 제시되어 있다.

더 많다. 그 이유는 X 염색체에 있는 돌연변이의 영향을 받은 사람들이 많기 때문이기도 하다. 남성은 X 염색체의 예비 복사본이 없어서 X-연관 돌연변이의 영향을 더 크게 받는다. 지적 장애는 X 염색체에 있는 약 200개 유전자에 돌연변이가 생길 때 일어난다. 이는 남성 지적 장애 사례의 약 16%를 차지한다.

하지만 그것만으로는 지적 장애가 있는 남녀의 전체적인 비율이 약 3:2인 이유를 완벽하게 설명할 수 없다. 이 차이에 작용할 수 있는 또 다른 요인은 발달 중인 남성의 뇌가 유전적 손상에 상대적으로 강건하지 않다는 점일 것이다. 이것은 신경 발달 장애 전반에서 남성의 발병률이 높은 사실과 관련이 있다.

반면 발달 중인 여성의 뇌는 신경 발달에 영향을 미치는 돌연변이의 영향을 완충할 수 있다. 따라서 같은 돌연변이라도 여자아이가 남자아이보다 비교적 영향을 덜 받는다. 이와 관련된 내용은 다음에 다시 다룰 예정이다.

지능 지수 분포에서 ②는 더 이상 왼쪽으로 치우치지 않은 정상적인 정규분포를 보인다. 그런데 상위 극단에서 여전히 성별 차이가 나타난다. 상위 2%(IQ 130 이상)의 남녀 비율은 약 1.4:1이다. 상위 0.1%(IQ 140 이상)에서는 남녀 비율이 2:1을 약간 넘는다. 이러한 차이는 11세 정도의 어린 아동에게서도 관찰되며, 시간과 국가에 상관없이 일관적으로 나타난다.

상위 극단에 남성이 더 많이 분포하는 이유는 명확하지 않다. 다만 평균에는 차이가 없으므로, 일반 집단 남성의 전체 분포가 오른쪽으로 이동한 결과는 아니다. 한 가지 가능성을 꼽자면, 단순히 남성의 발달적 변이가 더 크기 때문일 것이다. 남성 유전자형에서 나타나는 표현형의 범위는 여성보다 조금 더 넓은 경향이 있다.

남성의 얼굴 대칭성이 여성보다 더 낮다는 점이 그 사례다. 이는 변이성을 높이는 테스토스테론의 영향 또는 X 염색체 사본이 하나뿐인 남성의 유전적 강건성이 낮기 때문일 수도 있다. 뇌 발달에서 변이성이 증가하면 일부 남성은 저지능과 고지능에 상관없이 양극단으로 치우치는 극단적인 분포를 보일 수 있다.

다른 가능성은 문화의 영향이 차이를 불러온다는 것이다. 아주 높은 지능을 가진 남성은 여성보다 주변에서 재능을 더 일찍 알아봐 주거나, 더 많은 지적 발전의 기회를 제공받을 가능성이 있다. 이 설명은 그럴듯해 보이지만, 실제로 그렇다고 단정할 만한 명확한 증거는 없다.

남성과 여성은 평균 IQ에 차이는 없지만, IQ를 구성하는 특정 영역에서는 차이가 있다. 남성은 물체나 공간을 머릿속으로 회전하거나 조작하는 시공간 능력 평가에서 우위를 보이는 경향이 있다. 수리 추론 능력을 평가하는 과제에서도 남성이 평균적으로 더 높은 점수를 받았다. 반면 여성은 언어 능력을 평가하는 과제 가운데 특히 작문 영역 점수가 남성보다 더 높은 경향이 있다.

이러한 경향은 어린 시절부터 나타나며, 그 효과는 75개국에서 표준화된 검사 자료인 국제학업성취도평가 Programme for International Student Assessment, 이하 PISA 에서 확인할 수 있다.[76] PISA에 따르면 독해 능력에서 여성이 우위를 보이는 경향이 상당히 크며, 이는 국가 간에도 매우 일관되게 나타났다. 반면 수학 능력은 남성이 두각을 나타내기는 했지만, 차이도 크지 않은 데다 국가별 일관성도 덜했다.

이처럼 남녀 차이는 분포 전체에 균일하게 나타나지는 않는다. 수학에서는 상위 5%[77]에서 남성이 여성을 약 2:1로 압도하는 경향이 주로 관찰된다.

---

[76] Organisation for Economic Co-operation and Development. (2016). *PISA 2015 results (Vol. 1): Excellence and equity in education*. OECD Publishing.

[77] 95번째 백분위수.

[78] 반대로 독해 능력은 상위권에서 남녀 차이가 크지 않지만, 하위권의 경우 남성이 훨씬 더 많이 분포하는 경향이 나타난다.

이상의 차이는 전반적으로 큰 것은 아니지만, 극단으로 향하면 꽤 크게 나타난다. 이에 남녀의 교육 성취도나 직업 적성, 진로 선택에 미칠 영향에 관한 추측이 수없이 이어졌다. 특히 자연 과학, 기술, 공학, 컴퓨터 과학, 수학 분야에서 남성이 더 우세한 현상과 어떤 연관성이 있는가에 큰 관심을 보였다.

하지만 이러한 차이가 남녀의 실제 진로 선택에 얼마나 영향을 미치는가를 명확히 구분하기란 매우 어렵다. 여기에는 문화적 영향이 함께 작용할 뿐 아니라, 성별에 따른 관심사나 가치관의 차이도 진로 선택에 영향을 미칠 수 있기 때문이다. 어쩌면 그러한 요인에서 비롯된 차이가 더 큰 영향을 줄 수도 있다.

◈ 정신 질환

여러 정신 질환과 신경 질환의 발병률은 성별에 따라 상당히 다르게 나타난다. 남성은 여성보다 자폐증이나 ADHD, 난독증에서 약 4:1의 비율로 높은 발병률을 보인다. 지적 장애나 조현병 역시 약 3:2 비율로 남성이 더 많이 진단받는다. 이 외에도 말더듬은 7:3, 투렛 증후군 Tourette's syndrome 은 9:1로 남성의 비율이 훨씬 높다.

반면 여성은 남성에 비해 우울증과 불안 장애, 치매, 편두통, 다발성 경화증에서 약 2:1의 발병률을 보인다. 이러한 차이가 왜 나타나는가를 밝히는 작업은 남성과 여성의 뇌 발달과 뇌 기능 차이를 연구하는 주된 이유이다.

---

[78] 2002~2012년 PISA 세계 평균 기준.

하지만 이상의 차이가 나타나는 정확한 이유는 아직 밝혀지지 않았다. 다만 그 차이가 문화 규범의 영향보다는 생물학적 차이를 반영한다는 점만큼은 확신할 수 있다. 남성은 신경 발달에 영향을 미치는 돌연변이의 영향에 취약하다는 근거가 있다.

여성 자폐증 환자에게 나타나는 돌연변이는 남성 질환자에게 나타나는 돌연변이보다 훨씬 심각한 경우가 많다. 이는 여성이 남성보다 돌연변이의 영향을 견디는 저항력이 더 크므로, 병적 상태에 이르려면 더 심각한 돌연변이가 있어야 함을 시사한다. 앞선 사례는 남성에게서 신경 발달 장애가 더 흔하게 나타나는 이유를 어느 정도 설명할 수 있다. 하지만 그 밖의 다른 차이에 관한 원인은 여전히 불명확하다.

그 이유 중 하나는 해당 질환의 생물학적 기전을 밝히기 위한 동물 실험에서 성별 차이가 그동안 종종 무시되어 왔기 때문이다. 이 유형의 연구에서는 쥐 또는 생쥐와 같은 동물에서 나타나는 이상 행동을 인간 정신 질환 증상의 대체 지표로 삼는다.

위와 같은 행동 분석은 대체로 수컷 동물만을 대상으로 이루어지던 것이 최근까지 이어져 왔다. 그 이유는 암컷 설치류의 행동이 발정 주기의 단계에 영향을 받을 수 있기 때문이다. 따라서 대부분의 연구자는 그 사실을 또 다른 혼란 변수로 여기고 실험에서 배제했다. 결국 이러한 관행으로 동물 모델에서 질병 기전과 취약성에 나타나는 성별 차이는 제대로 규명되지 않았다.

두 갈래의 궤적

문화의 역할

지금까지 인간의 뇌 구조와 기능에서 선천적, 생물학적 성차가 존재한다는 강력한 증거를 확인했다. 이는 MRI로 관찰할 수 있는 거시적 수준부터 유전자 발현이라는 생화학적 수준에 이른다. 그 결과 인간도 여느 포유류와 같은 성차가 있음을 보여 준다. 하지만 이것이 문화가 인간의 성별에 따른 행동 차이에 아무것도 하지 않았다는 뜻은 아니다.

성별에 따른 초기 차이는 개인의 선택이 영향을 미치는 경험에 따라 점차 증폭된다. 사람은 타고난 흥미와 적성에 잘 어울리는 활동을 선택하면서 자기 성향을 더욱 촉진하고 강화한다. 이처럼 스스로 선택한 환경과 경험에 따라 아이들의 발달 궤적은 시간이 지날수록 서서히 다른 경로로 발달하기 시작한다. 그러한 차이는 개인의 실제 특성과는 무관하게 집단 평균에 의한 기대가 만들어 낸 문화 규범이나 압력으로 증폭되기도 한다.

사회적 영향

최근 몇 년간 남성과 여성이 뇌와 행동에서 실질적인 생물학적 차이가 있다고 주장하는 사람에게 신경 성차별주의를 뜻하는 '뉴로섹시즘 neurosexism'이라는 비판이 제기되었다. 일부 논평가는 성 차이를 사회에서 여성에 대한 차별을 정당화하는 근거로 해석했기에, 뉴로섹시즘이라는 비판은 이해할 만하다. 하지만 성차별적 해석에 반대하기 위해 차이가 존재한다는 사실을 부정할 필요는 없다. 성 차이는 존재할 수 있지만, 이는 한 성별이 다른 성별보다 낫다는 뜻은 아니다.

그리고 집단 평균 수준에서 성별 차이가 있더라도, 그 집단에 속한 개인이 그 특성을 지녔다는 기대는 정당하지 않다. 다만 집단 평균 차이는 그 집단에 대한 예측에는 유용할 수 있다. 그 예로 대부분의 폭력 범죄는 남성이 범인이라는 예측은 정당한 기대라고 볼 수 있다. 남성은 평균적으로 여성보다 더 폭력적인 성향이 있기 때문이다.

하지만 집단 평균 차이는 개인을 대상으로 한 예측에는 매우 부적절하다. 특히 예측하고자 하는 특성에서 평균 차이가 전체 변이에 비해 작을 때는 더욱 그렇다. 어느 남자가 여성보다 더 폭력적일 수도 있고, 그렇지 않을 수도 있다. 이는 한 남자가 여성보다 키가 크거나 작을 가능성과도 같다.

마찬가지로 심리적 특성에서 남성과 여성의 전형적인 성별 특성을 구분할 수 있다고 해서, 이를 고정관념으로 사용하는 것은 정당화될 수 없다. 남성이든 여성이든 누구나 전형적인 특성에 더 가까워지거나 멀어질 수 있다. 오히려 대다수는 전혀 가깝지 않은 경우도 있을 것이다. 그러므로 집단의 평균 특성만으로 개인을 판단하는 것은 말 그대로 편견이라고 할 수 있다.

누군가는 성별 간 생물학적 차이의 실존을 인정하면, 남녀가 동등하게 대우받아야 한다는 주장이 약해질 것이라 우려한다. 하지만 걱정할 필요도 없거니와 그래서도 안 되며, 실제로 그렇지도 않다. 적어도 민주주의 사회에서 법 앞의 평등은 개인의 동일성에 근거하지는 않는다. 동일성을 전제로 한다면, 우리는 큰 혼란을 직면할 수밖에 없다. 지금까지 논의해 온 특성은 성별 간 차이보다 성별 내부에서 나타나는 개인차가 훨씬 크기 때문이다. 중요한 점은 도덕적, 법적 평등은 변이의 다양성에도 불구하고 보장되어야 한다는 원칙에 따라 존재한다. 심지어 미국에서는 이를 자명한 진리로까지 선언하기까지 했다.

생물학적 성 차이를 성차별의 근거로 이용하는 것은 명백히 잘못되었으며 해로운 일이다. 하지만 그 차이의 존재를 무시하거나 부정하는 것 또한 마찬가지다. 특히 이 특성은 남녀 간 신경 정신 질환 유병률 차이를 조사할 때 명확하게 드러난다. 여기에는 분명 중요한 요인이 작용하고 있으며, 뇌와 행동에서 나타나는 성 차이의 일반적 기제를 이해하는 일은 이를 규명하는 데 핵심이 된다.

제 10 장

기준 밖의 존재들

INNATE

INNATE

 지금까지 각자의 뇌 연결 방식이 다름으로 성격 특성, 지능, 성적 지향, 지각 등에서 발생하는 차이를 이야기했다. 이러한 차이는 대부분 문자 그대로 차이일 뿐이며, 인간이 지닌 무궁무진하고 매력적인 다양성을 이루는 요소 가운데 하나다. 하지만 차이는 때때로 그 이상의 의미를 지니기도 한다. 차이가 장애로 인식되기도 하는 것 말이다.

 '장애 disorder'라는 용어는 단순히 해롭지 않거나 중립적인 차이를 넘어서, 그 차이로 일정 수준의 고통이나 기능 손상이 동반된다는 의미를 내포한다. 물론 이러한 개념은 사회 또는 문화의 영향과 무관하지 않다. 고통이나 손상의 정도는 개인차뿐 아니라, 사회가 그 차이를 대하고 수용하는 방식에 따라 크게 달라진다.

 자폐 스펙트럼은 이러한 점을 잘 보여주는 사례다. 스펙트럼에서 심각하지 않은 쪽에 있더라도, 그 사람의 행동이 사회의 구조나 기대에 어울리지 못하면 기능상의 어려움이 생기는 경우가 많다. 반사회적 행동장애나 사이코패스와 같은 일부 사례에서는 그저 타인에게 고통을 준다는 점에서 장애로 규정된다는 주장도 있다.

 반면에 더 객관적인 의미에서 명확히 기능 장애로 분류할 수 있는 심리적, 신경학적 상태도 많다. 그중에서는 수면, 일주기 리듬, 식욕, 언어 능력, 독서력, 얼굴 인식처럼 특정 기능에 매우 선택적으로 영향을 미치는 사례도 있다. 하지만 자폐증, 조현병, 양극성 장애처럼 더 흔한 질환들은 훨씬 광범위한 결과를 초래한다. 그리고 기분이나 지각, 언어, 주의력, 사회적 인지, 심지어 사고와 같은 상위 기능에까지 영향을 미친다. 가장 심각한 질환은 인간을 인간답게 만드는 특성인 이성과 기억, 지각의 신뢰성, 타인과의 상호 작용 능력, 자아 감각 등을 직접적으로 위협한다.

정신 및 신경 질환의 영향은 굉장하다. 정신 질환이 있다면 직장을 잃고 빈곤 속에 살며, 결혼하지 못한 채 평생을 독신으로 살 가능성이 커진다. 자녀 수도 크게 줄어든다. 조현병이나 자폐증을 앓는 사람의 자녀 수는 대체로 일반 인구 평균의 1/3 수준밖에 되지 않는다.

그런가 하면 기대 수명 또한 급격히 감소한다. 조현병은 평균 20년, 자폐증과 지적 장애가 함께일 때는 평균 30년 정도로 짧아진다. 정신 질환에 따른 사망률 증가는 높은 자살률이 반영되지만, 만성적인 정신 질환이 신체 건강과 생활 방식에 미치는 영향은 물론 노숙의 위험도 상당히 큰 편이다.

현대 의학은 수많은 감염병을 정복했고, 암의 분자 진단과 치료에서도 큰 발전을 이루었다. 그러나 정신 질환 치료만큼은 거의 진전을 보지 못했다. 심리 치료가 대체로 도움이 되지만, 증상 관리에만 그칠 뿐 실제로 질환을 치료한 사례는 드물다. 그리고 현재 정신 질환 치료에 사용되는 주요 약물인 항정신병 약물, 항우울제, 항불안제, 리튬 등 기분 안정제는 모두 1940~1960년대 사이에 개발된 것이다. 그 이후에 들어 새로운 약물이 거의 등장하지 않았다.

한편 기존 치료법은 대개 효과가 제한적이며 심각한 부작용을 일으킬 수 있다. 해당 치료법은 모두 우연히 발견되었으며, 그 작용 기전조차 아직 명확히 밝혀지지 않았다. 이처럼 발전이 더딘 이유는 비극적일 만큼 단순하다. 우리가 여러 정신 질환의 전반적인 원인과 더불어 개인별 발생 원인도 제대로 파악하지 못했기 때문이다.

하지만 유전학이 상황을 바꾸어 나가고 있다. 지난 10년 동안 유전체 기술의 놀라운 발전으로 정신 및 신경 질환에 대한 접근 방식과 이해도가 혁신적으로 변화했다. 수만 명의 환자와 그 가족을 대상으로 전례 없는 규모의 유전체 분석이 이루어지면서, 신경 정신 질환의 위험을 극적으로 높이는 수많은 돌연변이가 밝혀졌다. 이러한 발견으로 해당 질환을 바라보는 방식에 근본적인 변화가 일어나고 있다.

첫째, 신경 정신 질환은 우리 생각만큼 서로 뚜렷하게 구분되지 않음이 분명해졌다. 이들 질환의 유전적 위험 요인이 상당 부분 겹쳐 있다는 사실이 밝혀진 것이다.

둘째, 개별 질환이 하나의 원인으로 설명할 수 없을 만큼 다양한 배경을 지닌다는 점이 드러났다. 조현병 진단을 받은 환자 모두가 표면적으로는 비슷해 보여도, 이면에는 매우 다양한 유전적 질환이 숨어 있는 것처럼 말이다.

셋째, 신경 정신 질환에서 문제가 되는 유전자 유형으로 미루어 볼 때, 해당 질환의 주된 요인이 신경 발달에 내재한 결함이라는 점이 분명히 드러났다는 것이다.

지금부터 그동안의 발견이 어떻게 이루어졌으며, 이를 통해 신경 정신 질환을 유전적인 뇌 발달 질환으로 재개념화하는 데 어떠한 작용을 하였는가를 다루고자 한다. 그 전에 정신 질환의 원인으로 제시되어 온 다른 요인을 잠시 살펴보도록 하겠다.

오해의 역사

수세기 동안 정신 질환의 원인을 두고 수많은 이론이 제기되어 왔다. 그중에서 특히 정신병적 증상이나 발작처럼 간헐적으로 나타나는 증상은 악령에 씐 것이라는 주장이 널리 퍼져 있었다. 믿기 힘들겠지만, 이러한 믿음은 오늘날에도 여전히 존재한다. 세계 일부 지역에서는 아직도 주술사나 무당을 찾아 도움을 청하기도 하고, 가톨릭 교회에서는 구마 사제가 여전히 활동하고 있다. 실제로 조현병이나 뇌전증이 악령에 빙의된 결과라는 발상은 서양의 많은 교회에도 놀라울 정도로 널리 퍼져 있다. 최근에는 실제 조현병과 빙의를 구분하는 방법을 다룬 논문이 학술지에까지 발표되기도 했다.

정신분석학계에서는 악령의 혐의를 풀어 주는 대신 부모, 주로 어머니를 성장 이후 겪는 정신 장애의 원인이라고 지목했다. 이때 자폐증과 조현병은 특히 어머니의 차갑고 무관심한 양육 태도가 아이의 정서적, 사회적 위축을 불러온 결과라고 여겼다. 이른바 '냉장고 엄마 refridgerator mother' 이론은 신빙성을 잃은 지 오래되었지만, 이처럼 근거 없는 심인성 이론이 일부에서는 여전히 제기되고 있다. 다만 이 책에서는 부모의 행동도 공유된 유전적 영향으로 손쉽게 설명할 수 있다는 점을 이후에 살펴보려 한다.

최근에 들어 신경 정신 질환 가운데 특히 자폐증의 원인으로 온갖 환경적 요인이 비난받았다. 여기에는 백신, 유전자 변형 식품, 글루텐, 태블릿 컴퓨터, 제왕절개, 불소, 대기 오염, 수은, 살충제, TV 시청, 심지어 야외 활동 부족까지 포함된다. 사람들이 환경적 요인에 주목한 이유는 자폐증이 점점 더 만연하는 듯해 보였기 때문이다.

미국에서의 자폐증 진단 비율은 1995년 기준 500명 가운데 1명꼴이었지만, 현재는 100명 중 1명 이상으로 늘어났다. 이와 같은 진단 비율의 증가는 확실히 우려스럽기는 하지만, '진단 비율'이 핵심임을 잊지 말자. 진단 비율의 증가는 실제 발생률 증가를 의미하는 것이 아니다. 바로 자폐에 관한 사회적 관심이 커지면서 부모와 교사, 의사가 자폐를 더 잘 구분하고 진단하게 된 결과를 말한다.

실제로 자폐 진단 비율 증가로, 정신 지체나 지적 장애의 진단 비율은 그만큼 감소한 바 있다. 이는 과거에 후자의 진단을 받던 아이들이 현재 자폐 진단을 받고 있음을 시사한다. 이러한 진단 변화의 양상은 환경 독소에 노출되는 빈도가 실제로 증가할 때 예상되는 바와 정반대다. 독소 노출이 원인이라면, 모든 신경 발달 장애의 진단이 일제히 늘어나야 하기 때문이다.

그렇다면 백신의 사례를 조금 더 자세히 살펴보도록 하자. 이는 다음 문제에서 확인할 수 있다.

- 과학이 어떻게 작동하는가?
- 압도적인 반박 증거가 있음에도 잘못된 정보가 대중의 인식에 얼마나 오랫동안 남을 수 있는가?

백신이 자폐증을 유발한다는 발상은 영국인 의사 앤드루 웨이크필드 Andrew Wakefield 가 여러 연구자와 함께 진행한 소규모 연구에서 시작되었다. 해당 연구는 권위 있는 의학 학술지 《랜싯 Lancet 》에 발표되면서 처음으로 주목을 받았다.[79]

그런데 논문의 실제 연구 결과는 놀라울 만큼 평범하다. 웨이크필드와 동료들은 복부 증상으로 소아 소화기내과를 찾은 환아 중 정상적인 행동 발달이 멈췄거나 퇴행성 자폐증 증상을 보이는 12명을 선별하여 연구를 수행했다. 아이들의 부모 대다수는 증상이 처음 나타난 시점이 MMR 백신[80]을 맞은 시기와 일치한다고 진술했다.

웨이크필드는 입증되지 않은 소수의 진술을 근거로 MMR 백신이 자폐를

---

[79] Wakefield, A. J., Murch, S. H., Anthony, A., Linnell, J., Casson, D. M., Malik, M., Berelowitz, M. et al. (1998). Ileal-Lymphoid-Nodular Hyperplasia, Non-specific Colitis, and Pervasive Developmental Disorder in Children [Retracted]. *Lancet* 351(9103), 637–641. 해당 논문은 2010년에 발행된 같은 학술지 제375권 9713호 445쪽에서 철회 통보를 받아 현재는 유효하지 않은 자료이다.

[80] 'MMR'은 'Measles, Mumps, Rubella'의 두문자어로, 각각 홍역, 볼거리, 풍진을 뜻한다.

유발한다는 점에서 안전하지 않음을 주장하며 대대적인 캠페인을 벌였다. 하지만 시간이 흘러 그 연구가 여러 측면에서 조작되었고, 적절한 윤리적 승인조차 받지 않았으며, 웨이크필드가 이해 상충을 숨겼던 사실까지 드러났다. 이는 그가 새로운 의료 검사나 소송을 목적으로 한 검사를 통해 금전적 이익을 얻으려 했던 것이었다.

결국 웨이크필드의 공동 저자들은 논문의 결론에 대한 지지를 철회했다. 그리고 《랜싯》에서는 속았다고 주장하며 논문의 게재를 취소하기에 이른다. 또한 웨이크필드는 영국 의료인 등록부에서 제명되었다.

하지만 피해는 이미 발생하고 난 뒤였다. 사람들이 백신과 자폐를 연결지어 생각하게 된 것이다. '완벽히 정상'인 아이가 백신 접종으로 영구적인 뇌 손상을 입는다는 공포스러운 시나리오는 너무나도 강렬하고 감정적이어서 쉽게 잊히지 않았다. 게다가 많은 사람은 자폐증 진단이 눈에 띄게 증가하는 현상을 '자폐 유행병'이라고 부르면서 백신에 대한 공포는 더 넓게 퍼져 갔다.

따라서 아이에게 백신을 접종하는 부모의 수가 크게 줄어들면서 최근 몇 년간 홍역, 볼거리, 풍진 발병이 급격히 증가했다. 우리가 이들 질병에 백신을 접종하는 데는 분명한 이유가 있다. 홍역과 볼거리, 풍진은 실명이나 청각 손실 등 심각한 장기 후유증을 일으킬 수 있는 데다 치사율도 상당히 높다. 2015년 한 해에만 세계적으로 13만 4,000명이 홍역으로 사망했는데, 사망자 대부분은 백신을 맞지 않은 사람들이었다.

이에 과학자들은 백신이 정말 자폐증을 유발하는가를 검증하고자 연구를 진행했다. 백신이 자폐 유발 또는 자폐 위험율 상승을 불러온다는 가설은 백신 접종 아동이 미접종 아동보다 자폐 발병률이 더 높아야 한다는 명확하고도 검증 가능한 방식으로 실험할 수 있다. 이 가설은 이미 수백만 명의 아동을 대상으로 한 대규모 연구를 통해 여러 차례 검증되었다.

그리고 결과는 매우 명확했다. 백신을 접종한 아이의 자폐 발병률은 전혀 증가하지 않았다. 심지어 가족력이 있는 아이도 마찬가지였다. 백신은 자폐 위험을 높이지 않는다. 결론이 이미 투명했기에 흔한 말로 추가 연구가 필요한 상황도 아니었다. 홍역 백신은 2000~2015년에 세계적으로 약 2,030만 명의 생명을 구한 것으로 추정된다. 그리고 해당 백신이 자폐를 유발했다는 증거는 단 한 건도 존재하지 않는다.

이처럼 가설적 환경 원인을 논하다 보면 간과하는 사실이 있다. 바로 우리가 지금까지 언급한 질환을 설명할 수 있는 근본적이고 주된 요인을 이미 알고 있다는 점이다. 그것은 바로 유전적 요인이며, 그 영향은 압도적이다.

신경 정신 질환의 유전성

수 세기 동안 정신 질환이나 신경 질환은 가족 내에서 반복적으로 나타난다고 알려져 왔다. 약 2,500년 전 히포크라테스 Hippokrates 는 뇌전증이 '신성한 병'이 아니라 물리적 원인을 지닌 병이라고 주장하며 다음과 같이 결론지었다.

> "이 병은 다른 질병처럼 유전적 기원을 지닌다."

뇌전증과 유사하게 서기 900년경 고대 이슬람 의사 이스하크 이븐 임란 Ishaq Ibn Imran 도 정신 질환이 유전될 수 있다고 언급했다. 그리고 정신 질환이 뇌전증과 함께 나타나는 경우도 있음을 저서에서 밝힌 바 있다.

여러 세대에 걸쳐 다양한 형태의 신경 정신 질환을 겪은 유명한 가문의 사례는 매우 많다. 서로 가까운 혈연관계로 이루어진 유럽 왕실 가문이 대표적인 예다. 이들 사례는 예외적이지 않다. 가족력의 집적 현상은 신경 정신 질환의 뚜렷한 특징이기 때문이다.

우리는 이미 진단받은 사람의 친척에게 신경 정신 질환이 나타나는 빈도를 측정하여 가족력의 효과가 얼마나 강한가를 과학적으로 측정할 수 있다. 예컨대 조현병의 발병률은 전체 인구의 약 1% 정도다. 그러나 형제자매가 조현병 진단을 받았다면, 자신도 조현병에 걸릴 위험은 그 10배가 된다. 이러한 사례는 현대 정신의학의 진단 범주 전반에 걸쳐 나타난다. 형제자매가 조현병을 앓고 있다면, 자신이 양극성 장애나 자폐증, 뇌전증을 비롯한 여러 신경 정신 질환에 걸릴 위험 역시 전체 인구 평균보다 상당히 높아진다.

그런데 신경 정신 질환이 가족 간에 공통으로 나타날 때, 그 원인이 단지 공유된 양육 방식이나 환경의 영향만이 아니라는 점을 어떻게 알 수 있을까? 이 문제는 다른 특성과 마찬가지로 쌍둥이 연구를 통해 검증할 수 있다. 가족력이 공유된 양육 방식이나 환경의 결과라면, 일란성이나 이란성이나 쌍둥이라면 동일한 영향을 받을 것이다. 즉 쌍둥이 중 한 명이 조현병이라면, 다른 한 명이 같은 진단을 받을 확률은 쌍둥이의 유형에 차이가 없어야 한다.

하지만 실제는 그렇지 않다. 일란성 쌍둥이 중 한 명이 조현병이라면, 다른 한 명도 같은 진단을 받을 확률은 약 50%다. 반면 동일 성별의 이란성 쌍둥이는 그 확률이 약 15%에 불과하다. 자폐증에서는 그 차이가 더 뚜렷하다. 일란성 쌍둥이는 두 명 모두 자폐증 진단을 받을 확률이 80% 이상이지만, 이란성 쌍둥이는 약 20%에 그친다.

또한 그 수치를 이용해 조현병과 자폐증의 유전력을 추정할 수 있다. 이때 조현병은 50% 이상, 자폐증은 80% 이상에 이른다. 정확한 수치 자체는 그리 중요하지 않다. 위에서 소개한 연구는 쌍둥이 중 한 명이 조현병이고, 다른 한 명이 양극성 장애나 뇌전증인 경우를 일치하는 사례로 고려하지 않기 때문이다. 따라서 질환 전반의 위험을 과소평가할 가능성이 있지만, 다음과 같이 몇 가지 중요한 결론을 얻을 수 있다.

첫째, 신경 정신 질환은 유전적 요인이 매우 크다. 당뇨병이나 심장병 같은 질환보다 훨씬 유전력이 높다는 것이다. 다시 말하면 신경 정신 질환의 발병 여부는 대부분 유전적 차이가 관여한다는 것이다. 중요한 점은 유전적 차이가 반드시 부모에게서 물려받았다는 뜻은 아니다. 대개는 정자나 난자에서 새롭게 생긴 돌연변이이기 때문이다. 그러므로 이들 질환의 다수가 부모에게 물려받지 않더라도, 유전적 원인을 지니면서 산발적으로 나타나는 것이다.

둘째, 공유된 가정 환경은 영향이 전혀 없다고 보인다. 이는 일란성-이란성 쌍둥이 연구뿐 아니라 입양 연구, 특히 서로 떨어져 자란 일란성 쌍둥이를 대상으로 한 입양 연구에서도 확인된다. 결과적으로 서로의 성장 환경이 어떻든 일란성 쌍둥이가 모두 조현병을 겪을 확률은 같다. 그리고 입양한 형제자매가 조현병일 때, 그 사람이 조현병에 걸릴 위험도는 전체 집단에서 무작위로 선택한 사람과 다르지 않았다. 따라서 신경 정신 질환의 원인을 부모의 양육 탓이라고 돌리는 심인성 이론은 전혀 근거가 없다.

셋째, 쌍둥이 연구는 유전 외에도 다른 요인이 중요하게 작용하고 있음을 보여 준다. 일란성 쌍둥이의 조현병 일치율이 약 50%라는 사실은 유전적 요인이 매우 크다는 점을 시사한다. 하지만 조현병에 걸리지 않은 일란성 쌍둥이를 나타내는 나머지 50%는 개인의 유전적 구성이 질환 자체를 일으키는 것이 아니다. 그 수치는 그저 질환에 걸릴 위험성을 높일 뿐이라는 점을 드러낸다.

신경 정신 질환의 유병률 또한 다른 특성과 마찬가지로, 유전자형과 최종 표현형 사이에는 확률적인 관계가 있다. 실제로 다른 요인도 질환의 발현 여부를 좌우한다는 뜻이다. 여기에는 개인적 경험이나 스트레스 요인의 차이도 포함될 수 있다. 이는 특히 성인기 발병 질환에서 급성 증상을 유발하는 방아쇠가 되기도 한다.

그러나 고위험 유전자형을 지닌 사람이 신경 정신 질환을 일으킬지는, 신경 발달 과정에서 발생하는 우연한 사건의 결과에도 크게 좌우될 가능성이 있다. 이에 관한 이야기는 뒤에서 자세하게 고찰하겠지만, 그 이전에 신경 정신 질환에 걸릴 위험을 높이는 주요 유전적 요인부터 살펴보고자 한다.

유형과 구조

일반적으로 신경 정신 질환은 두 가지 유형으로 분류된다. 첫째는 구체적인 원인이 알려진 희귀한 유형이다. 이와 다르게 둘째는 특정한 원인이 알려지지 않은 특발성 idiopathic 사례가 대다수인 유형이다.

첫째 유형의 예는 취약 X 증후군이 있다. 이 질환은 X 염색체의 특정 유전자에 생긴 돌연변이로 발생한다. 취약 X 증후군은 전형적으로 지적 장애를 일으키지만, 일부 환자는 자폐증이나 주의력 결핍, 뇌전증을 비롯한 증상이 함께 나타나기도 한다. 해당 질환이 '증후군'이라 불리는 이유는 뇌뿐 아니라 다른 장기에도 영향을 미치고, 여러 환자에게서 특징적인 얼굴 형태로 확인할 수 있기 때문이다.

또 다른 사례는 구개 심장 안면 증후군 Velo-Cardio-Facial Syndrome, VCFS 으로, 요즘 '22q11 결실 증후군'으로도 알려져 있다. 이 질환의 경우, 환자의 약 30%에서 정신 질환이 발생한다. 이처럼 유전적 원인이 알려져 있으면서도 신경학적, 정신의학적 증상을 나타내는 질환들은 많다. 정신의학적 증상만으로는 환자들을 구별할 수 없더라도, 두 질환은 기존의 특발성 자폐증이나 조현병, 뇌전증 진단을 받은 환자 집단과 상당히 다르다고 여겨져 왔다.

자폐증을 예로 들면, 위의 구분이 실제로 어떻게 적용되는가를 확인할 수 있다. 일반적으로 자폐증 증상을 보이는 아이는 임상 유전자 검사를 받는다. 이 검사는 해당 증상을 나타낸다고 알려진 취약 X 증후군, 레트 증후군, 티

모시 증후군 Timothy syndrome, 결절성 경화증 Tuberous sclerosis 등의 희소 질환을 밝혀낸다. 불과 몇 년 전까지 자폐증 사례 가운데 약 5%만을 앞의 증후군으로 설명할 수 있는 반면, 나머지 95%는 원인이 불분명했다. 이처럼 규모가 큰 집단을 해석하는 데는 두 가지 관점이 있다.

첫 번째는 '특발성'이라는 단어를 문자 그대로 특별히 발생한다고만 받아들인다. 그러므로 대부분 환자가 겪는 질환의 원인이 무엇인지 모른다. 결과적으로 해당 진단 범주는 우리가 아직 발견하지 못했을 뿐, 사실은 취약 X 증후군처럼 다양한 유전 질환으로 이루어져 있을 가능성이 있다.

두 번째는 첫 번째에서 나타난 무지를 오히려 긍정적인 발견으로 해석한다. 우리가 특정 진단 범주에 속한 모든 환자의 원인을 모르기에, 그 집단을 마치 자연적으로 구분되는 하나의 부류라고 간주하는 것이다. 따라서 희소 질환은 예외로 취급하며, '진짜 자폐증/조현병'이 아니라고 여긴다. 이는 조현병처럼 더 큰 진단 범주에서 매독과 같은 유기적 원인이 명백하게 밝혀진 사례를 의도적으로 제외해 온 진단 관행에서 비롯되었다.

유전적 관점에서 희귀 유전 질환을 별개로 분리해 온 이유는 대부분 특발성 사례의 유전 양상이 그렇게 단순하지 않았기 때문이다. 그 질환은 가족 내에서 누적되기는 하지만, 단일 유전자의 돌연변이가 원인이던 때처럼 뚜렷한 유전 양상을 보이지 않았다. 이는 큰 진단 범주에 속한 환자가 여전히 유전적 요인을 지니고 있으나, 단일 변이가 아닌 여러 유전적 변이가 함께 작용한 결과로 발생 기전이 매우 다를 수 있음을 시사한다.

앞으로 살펴보겠지만, 이상의 두 모델은 모두 어느 정도 사실에 기반한다. 범주가 큰 질환은 사실상 구체적이고 식별 가능한 고위험 돌연변이와 관련된 수백 가지 유전 질환을 아우르는 상위 범주에 해당한다. 이와 같은 질환은 지금도 계속해서 새롭게 발견되고 있다. 하지만 돌연변이의 효과는 개인의 유전 배경에 존재하는 다른 돌연변이나 유전적 변이에 큰 영향을 받는다.

따라서 해당 질환의 유전적 복잡성은 환자 간 이질성과 환자 개인의 유전적 상호 작용 모두에서 비롯된다.

✣ 돌연변이의 원인

신경 정신 질환의 발병 위험을 높이는 돌연변이를 찾아내는 데는 몇 가지 어려움이 있다. 그중 하나는 그 돌연변이가 매우 드물다는 것이다. 이는 진화적 관점에서 매우 타당하다. 해당 질환은 평균적으로 기대 수명과 자녀 수를 크게 줄이므로, 그 원인인 돌연변이는 자연 선택으로 빠르게 도태되기 때문이다.

일반적으로 매우 심각한 수준의 돌연변이는 즉각 제거되는 편이며, 유전되는 경우도 드물다. 이들 돌연변이는 대체로 정자나 난자 생성 과정에서의 신생 변이로 발생한다. 물론 위중한 질병을 일으키지 않거나, 위험성이 크지 않은 돌연변이는 집단 내에 더 오래 남아 있을 것이다. 설령 그렇더라도 해당 돌연변이의 빈도는 더 높아지지 않는다.

희귀한 돌연변이는 전통적인 유전학적 방법으로 발견하기는 어렵다. 기존의 방식은 질환을 식별하기 위해 뚜렷하고 특징적인 증후군의 양상이나, 많은 수의 환자를 보유한 대가족의 사례를 바탕으로 특정 유전자를 추적하는 것에 의존해 왔다. 그러나 대규모 환자 집단에 적용 가능한 신기술 덕에 희귀하면서 고위험 수준의 돌연변이를 훨씬 쉽게 찾아낼 수 있게 되었다.

그중 첫 번째 기술은 유전체 미세 배열 genomic microarray 을 활용한 '비교 유전체 혼성화 comparative genomic hybridization '다. 이 기술은 대규모 환자 집단을 대상으로 염색체의 작은 부분 결실이나 중복을 탐지할 수 있으며, 매우 강력하면서 비용적으로도 효율적인 수단이다. 방식은 다음과 같다.

먼저 환자와 대조군의 DNA를 채취하여 서로 다른 색의 형광 염료로 표지

한다. 다음으로 두 DNA 샘플을 인간 유전체에서 유래한 짧은 서열이 규칙적으로 배열된 유리 슬라이드에 '혼성화'한다. 이때 혼성화는 환자의 1번 염색체 DNA가 슬라이드 위의 1번 염색체 DNA에 붙는 과정을 의미한다. 다른 염색체도 동일한 방식으로 진행한다. 마지막으로 두 색상의 강도 차이를 비교함으로써 환자의 유전체에서 대조군보다 더 적거나 많은 DNA를 지닌 영역을 찾아낸다. 이는 일반적으로 환자가 해당 영역의 결실이나 중복으로 복사본이 하나 또는 3개인 경우를 의미한다.

이러한 복제 수 변이 CNV 는 DNA 복제 과정에서 염색체를 재조합하고 분리하는 기계적 장치가 작은 반복 서열에 혼동을 일으키는 현상을 말한다. 이는 집단 내에서 꽤 높은 빈도로 발생한다. 또한 동일한 결실이나 중복을 지닌 사람들을 다수 찾아낼 수 있어, 개별 사례가 아닌 통계적으로 그 영향을 측정할 수 있다.

우리는 알고 보면 모두 일정 수준의 CNV를 지니고 있다. 그 개수는 얼마 되지 않지만, 포함하는 DNA 범위는 매우 넓기에 사람들 간의 유전적 차이에서 비중 있는 역할을 차지한다. 다만 이들 대부분은 단백질을 부호화하지 않는 유전체의 97% 영역에서 발생하므로, 대개는 별다른 영향을 주지 않는다. 하지만 이 변이가 유전자에 영향을 주면, 그 결과는 매우 해로울 가능성이 있다.

여러 연구자가 자폐증 환자와 대조군을 비교한 결과, 자폐증 환자에게서 CNV가 유의미하게 더 많이 발견되었다. 수백 명의 환자를 분석한 경우, 자폐증 환자에게서 몇 가지 특정 CNV가 높은 빈도로 나타남을 확인할 수 있었다. 이는 해당 CNV가 자폐증 발병 위험을 크게 높인다는 사실을 보여 준다. 흥미롭게도 동일한 방식으로 조현병이나 뇌전증, 발달 지연, 지적 장애 환자를 연구했을 때도 같은 CNV가 다수 발견되었다. 현재는 이와 같은 병원성 CNV 목록이 매우 길어졌다.

잘 알려진 예로는 염색체 22번의 특정 위치를 가리키는 22q11.2에서의 결실이 있다. 이는 바로 과거에 구개 심장 안면 증후군으로 불리던 질환의 원인이기도 하다. 그 외에도 1q21.1, 3q29, 15q11.2[81], 16p11.2 등 여러 위치에서의 결실과 중복이 이에 포함된다.

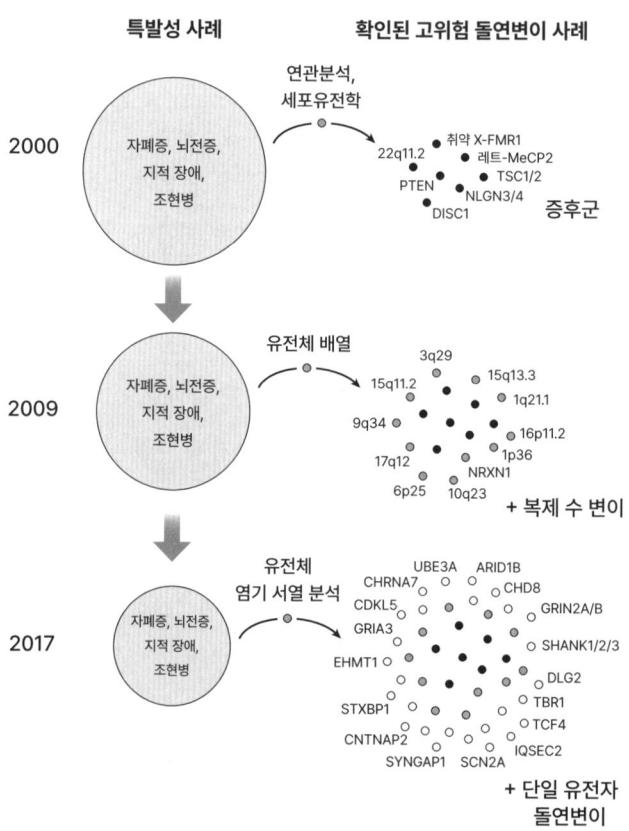

[그림 35] 신경 발달 장애[82]

- **81** 엔젤만 증후군, 프라더-윌리 증후군(Prader-Willi syndrome)과 관련된 유전자.
- **82** Mitchell, K. J. (2015). The Genetic Architecture of Neurodevelopmental Disorders, in *The Genetics of Neurodevelopmental Disorders*, Mitchell, K. J. (ed.). Hoboken, NJ: Wiley Blackwell.에서 수정.

[그림 35]에 제시된 네 가지 신경 정신 질환의 특발성 범주는 비교 유전체 혼성화와 엑솜 및 유전체 염기 서열 분석 exome or genome sequencing 을 비롯한 신기술로 많은 수의 특정 유전적 원인이 점차 밝혀지면서 축소되고 있다. 이들 변이는 각각 인구 1,000명당 1명 미만꼴로 매우 드물게 발생한다. 하지만 지금까지 확인된 CNV를 모두 합하면 조현병 사례의 1~2%, 자폐증 사례의 약 5%를 차지한다. 물론 너무 드물거나 위험성이 낮아서 아직 발견되지 않은 변이가 더 많이 존재할 가능성도 있다.

개별 CNV가 유발하는 위험 수준은 그 변이가 부모에게서 물려받은 것인가, 아니면 신생 돌연변이로 발생하는가와 밀접한 관련이 있다. 이를 확인하려면 환자뿐 아니라 부모의 DNA도 함께 분석하여 같은 CNV를 보유하고 있는가를 살펴보아야 한다.

그런데 자폐증이나 지적 장애처럼 더 심각한 질환을 일으키는 고위험 돌연변이는 대부분 신생 돌연변이로 발생한다. 해당 질환을 지닌 사람이 자녀를 갖는 경우가 드물어서 돌연변이가 다음 세대로 잘 전달되지 않기 때문이다. 반면 덜 심각한 돌연변이는 부모에게서 유전되는 경우가 더 많다. 이러한 사실을 파악하는 것은 가족이 향후 출산을 고려할 때 중요한 판단 근거가 될 수 있다.

▩ 점 돌연변이

CNV는 질병을 일으킬 수 있는 돌연변이의 유형으로, 유전체 미세 배열 기술로 탐지가 쉬워지면서 우리에게 많이 알려졌다. 이보다 더 중요한 점은 특정 CNV가 신경 정신 질환의 위험을 증가시키며, 그 변이가 유전체상 같은 위치에서 반복적으로 발생한다는 점에서 유추할 수 있다는 것이다. 그 의미는 곧 연구자가 정확히 같은 돌연변이를 지닌 사람들을 비교하면, 질환자에게서 해당 변이가 훨씬 자주 나타남을 확인할 수 있음을 뜻한다.

그러나 점 돌연변이 point mutation 로 넘어간다면 이야기는 훨씬 복잡해진다. 점 돌연변이는 DNA 서열의 염기 하나가 바뀌는 것을 말한다. 이러한 변화는 정자나 난자의 생성을 포함하여 DNA가 복제될 때마다 유전체 전체에서 무작위로 일어난다. 다행히도 복제 오류는 대부분 이를 전담하는 교정 효소 proofreading enzymes 와 DNA 복구 효소 DNA repair enzymes 의 작용으로 수정된다. 그러나 일부는 시스템을 빠져나가 새로운 유전적 변이가 되어 집단에 남는다.

불과 몇 년 전까지 우리는 전체 유전체를 대상으로 그러한 변이를 탐지할 방법이 없었다. 다만 많은 수의 질환자를 보유한 대가족처럼, 유전 양상이 특정 유전자를 지목하는 단서가 있을 때는 그 영역만 한정적으로 분석할 수 있었다. 하지만 대다수 신경 정신 질환 사례에서는 의심할 만한 단서가 없다. 다시 말해 질환자의 유전체에 있는 30억 개 염기 중 어딘가에 원인 돌연변이가 있을 가능성은 분명하지만, 어느 곳부터 먼저 살펴야 할지를 결정할 근거가 없다.

따라서 유전체 전체를 염기 서열 분석해야 한다는 결론이 나온다. 한 개인의 유전체 코드를 처음부터 끝까지 모두 읽고, 이를 참조 유전체 reference genome 또는 여러 사람의 유전체와 비교하여 질병을 일으킬 만한 차이가 어디에 있는지 확인해야 한다. 바로 이 지점에서, 최근 몇 년 동안의 기술 발전 속도는 그야말로 혁신적이었다.

인간 유전체 프로젝트는 실제로 5명의 유전체를 조합해 완성한 것이었다. 이를 통해 최초로 염기 서열이 밝혀진 인간 유전체는 완성까지 10년이 걸렸고, 최종 초안은 2003년에 발표되었다. 이 작업에는 전 세계 수백 명의 연구자가 참여했으며, 수십억 달러의 비용이 들었다.

수많은 염기 서열 분석기가 밤낮 없이 가동되었고, 그 데이터를 모두 처리하기 위해 크나큰 규모의 컴퓨터 시스템이 필요했다. 내가 이 책을 집필하던 2017년을 기준으로, 단 하루 만에 1,000달러 이하의 비용으로 한 사람의 유전체를 염기 서열 분석할 수 있다. 이제는 손바닥만 한 장비로 그 모든 과정을 수행할 수 있으며, 노트북에 바로 연결된다.

이러한 변화는 유전학 연구의 판도를 완전히 바꾸어 놓았고, 이제는 의학에도 영향을 미치기 시작했다. 연구자들은 지적 장애나 발달 지연, 뇌전증, 자폐증, 조현병 또는 관련 질환이 있는 수천 명의 유전체를 염기 서열 분석했다. 그 결과 같은 유전자에서 매우 희귀한 돌연변이를 지닌 사람을 여럿 찾아낼 수 있었다.

그러나 개별 환자의 유전체 염기 서열만 본다고 해서 어떠한 돌연변이가 질병 위험을 높이는지 알아내기 어렵다는 점이 문제로 작용한다. 사람은 누구나 유전자를 손상시키는 심각한 돌연변이를 수백 개씩 지니기 때문이다. 이 돌연변이는 유전자가 부호화하는 단백질을 변형하거나, 유전자의 발현 자체를 막아 버리기도 한다.

그 돌연변이 중 실제로 질병 위험을 높이는 것은 하나뿐이기도 하겠지만, 그것을 수많은 돌연변이 속에서 식별하려면 한 사람의 유전체 염기 서열만으로는 거의 불가능하다. 하지만 질환자 수백 명의 유전체를 대상으로 한다면, 단순한 우연으로는 설명하기 어려운 수준으로 같은 유전자에서 나타나는 반복적인 변이 양상을 관찰할 수 있다.

위와 같은 연구는 불과 몇 년 전부터 대규모로 확대되기 시작했지만, 그때부터 이미 수백 가지의 새로운 유전 질환을 밝혀내고 있었다. 이들 질환은 대부분 신경 발달에 관여하거나, 그에 필요한 유전자에 영향을 미친다. 각 질환은 극히 드물며, 일반적 임상 범주에서 차지하는 비율이 1%도 채 되지 않는다.

하지만 질환 전체를 합치면 흔해진다. 이는 우리 생각보다 훨씬 흔하게 존재한다. 그중에서 가장 쉽게 식별할 수 있는 사례는 예상대로 가장 심각한 형태의 질환을 유발하는 유전적 변이다. CNV와 관련한 설명과 같은 이유로, 다수의 사례는 신생 돌연변이로 발생한다. 심각한 신경 발달 장애가 있는 사람들은 자녀를 낳지 않는 경향이 있으므로, 위험성이 매우 높은 돌연변이는 거의 유전되지 않는다.

이처럼 신생 돌연변이는 유전된 돌연변이 inherited mutation 보다 질병을 일으킬 가능성이 훨씬 크다. 따라서 그들이 원인 돌연변이임을 알아차리기가 더 쉽다. 신생 돌연변이는 환자 본인과 그 부모의 DNA를 함께 분석하여 탐지할 수 있다.

우리는 평균적으로 부모에게 존재하지 않았던 약 70개의 신생 돌연변이를 가지고 태어난다. 이 돌연변이는 무작위로 발생하는 데다 우리의 DNA 가운데 실제 유전자는 약 3%에 불과하므로, 대부분은 아무런 영향을 주지 않는다. 실제로 유전자에 영향을 미치는 신생 돌연변이 수는 평균적으로 1개 정도이다[83]. 그러나 운이 나쁘면 그 하나의 돌연변이가 정상적인 뇌 발달이나 기능을 위해 2개의 복사본이 모두 필요한 수천 개 유전자 중 하나에 발생할 수 있다.

이러한 염기 서열 분석 연구에서 주목할 만한 발견 중 하나는 신생 돌연변이의 약 75%가 아버지의 생식 세포에서 발생한다는 것이다. 여기에는 그만한 이유가 있다. 남성의 고환에서는 줄기세포가 평생 분열을 지속하는데, 그때마다 확률적으로 새로운 돌연변이가 생겨난다. 시간이 지나면서 돌연변이는 줄기세포에 축적되어, 결국 정자에 나타난다.

여성은 남성과 달리 태어날 때부터 평생 동안 생성할 난자를 모두 갖추고

---

[83] 보통 0개에서 2개 사이인데, 이에 비해 부모에게 물려받는 유전자 손상 돌연변이는 약 200개에 달한다.

태어난다. 그러므로 나이가 들어도 신생 돌연변이가 축적되지 않는다.[84] 이에 따라 자녀가 지닐 신생 돌연변이의 수는 아버지가 아이를 가질 때의 나이에 비례한다. 그 예로 40세 남성에게서 태어난 자녀는 20세 남성의 자녀보다 신생 돌연변이가 약 2배 많다.

이처럼 아버지의 나이는 자녀의 유전 질환 위험과도 강하게 연관되어 있다. 이는 오래전부터 희귀 유전 질환과 관련하여 알려진 사실이지만, 최근에는 자폐증이나 조현병처럼 흔한 질환에서도 확인되었다. 결과적으로 45세 이상의 남성에게서 태어난 자녀가 25세 미만 남성의 자녀보다 해당 질환에 걸릴 위험이 약 4배 높다.

최근 연구에서는 발달 중인 배아에 생기는 또 다른 중요한 유형의 돌연변이도 관심을 받고 있다. 이는 생식 세포가 아닌 체세포에서 발생하여 '체세포 돌연변이 somatic mutation'라 불린다. 체세포 돌연변이는 초기 배아의 단일 세포에서 발생한 이후, 세포 분열을 거쳐 뇌를 포함한 신체의 다수 세포에 전달될 위험이 있다. 해당 돌연변이가 발달 과정을 방해하면, 일부 체세포에만 존재하는 모자이크 돌연변이 mosaic mutation 일지라도 신경 발달 장애를 유발할 수 있다. 이처럼 병원성으로 추정되는 돌연변이는 실제로 일부 자폐증 환자에서 발견된 바 있다.

▨ 유전적 스펙트럼의 맥락

신생 돌연변이는 병원성 여부를 가장 쉽게 판단할 수 있는 변이 유형이기도 하다. 변이가 드물게 발생하면서 대체로 심각한 영향을 미치는 경향이 있기 때문이다. 신생 돌연변이는 가족력이 없는 산발적인 질환 사례의 상당

---

[84] 다만 염색체 전체에서 분리 이상이 발생할 가능성은 나이가 들수록 증가한다.

부분을 설명한다.

반면 대다수 신경 발달 장애 사례는 유전된 돌연변이로 발생함에 따라 가족 내에서 되풀이되는 경향이 있다. 이러한 돌연변이는 효과가 심각하지 않거나, 그마저도 개별 환자마다 각기 다른 효과를 보이는 경향이 있어 식별하기가 훨씬 어렵다. 게다가 유전된 돌연변이는 단독으로 작용할 가능성이 훨씬 낮다.

한 사람의 유전체에 있는 돌연변이가 병원성일 가능성을 판단하는 방법은 인구 집단 내 다른 사람도 같은 돌연변이를 지녔는가를 확인하는 것이다. 이를 위해 수만 명에 달하는 건강한 사람들을 대상으로 유전체를 분석함으로써 인구 집단 전반에 걸친 유전적 변이 지도를 만드는 데까지 이른다. 그런데 기대와 달리 지도에서는 별다른 특이점이 보이지 않았으나, 바로 그 점이 단서였다. 진짜 정보는 우리에게 보이지 않는 돌연변이에 있었다.

건강한 인구 집단을 살펴보면, 다수의 유전자에서 해로운 돌연변이가 없거나 희박함을 확인할 수 있다. 이는 해당 유전자에 돌연변이가 아예 일어나지 않아서가 아니라,[85] 돌연변이가 발생하면 병들거나 사망하기 때문이다. 이러한 유전자는 기능을 망가뜨리는 변이에 내성이 없다 intolerant. 따라서 이들 유전자에서 변이가 발견되어 병에 걸렸다면, 그 변이가 병의 원인일 가능성이 매우 크다. 또한 돌연변이가 인구 집단에서 드물수록 그 영향은 더 심각해질 것이다.

이렇듯 신경 발달 장애에 영향을 주는 유전적 변이는 일종의 스펙트럼을 이루고 있다. 스펙트럼의 한쪽 끝에는 개별적으로 큰 영향을 미칠 수 있는 신생 돌연변이나 극히 희귀한 돌연변이가 있다. 가운데 위치에는 중간 정도의 영향력에 인구 집단에 어느 정도 오래 머무는 유전된 돌연변이가 존재한

---

[85] 돌연변이는 유전체의 전 영역에서 발생한다.

다. 그리고 반대편 끝에는 오랜 시간 인구 집단에 존재하며, 개별적으로 위험성이 거의 없는 흔한 유전적 변이가 있다.

그중 흔한 변이는 전장 유전체 연관 분석 GWAS 으로 탐지할 수 있다. 이러한 연구는 질환자와 대조군 사이에서 특정 유전적 변이의 빈도를 비교한다. 특정 변이가 질환자에게서 더 자주 발견된다면, 그 변이는 질환과 연관되었다고 판단하여 통계적인 위험 인자로 간주한다. 이는 환경적 위험 인자를 다루는 역학 연구와 방식이 유사하다.

예를 들어 폐암 환자 중에 약 95%가 흡연자이지만, 폐암에 걸리지 않은 사람 가운데 약 30%만이 흡연자이다. 이러한 차이를 통해 해당 인자가 위험에 영향을 미치는 수준을 추정할 수 있다.

우리가 측정하려는 것은 질환자가 특정 인자에 노출되었을 확률이다. 하지만 이를 반대로 계산하면 상대 위험도 relative risk 를 구할 수 있다. 즉 특정한 환경 또는 유전 인자에 노출된 사람이 그렇지 않은 사람보다 유병률이 얼마나 높은지를 확인하는 것이다. 흡연의 효과 크기 effect size 는 약 100배로, 이는 흡연자가 비흡연자보다 폐암에 걸릴 확률이 약 100배 더 높다는 뜻이다.

질병 위험을 높이는 흔한 변이를 식별하기 어려운 이유는 그들의 효과 크기가 대체로 1.1배 이하 수준으로 매우 작기 때문이다. 이는 해당 위험 변이를 가진 사람이 그렇지 않은 사람보다 질병에 걸릴 확률이 1.1배 높다는 의미다. 신경조차 쓰이지 않을 정도로 미미한 수치이지만, 그렇다고 완전히 무시할 수는 없다.

특히 다수의 흔한 변이가 한꺼번에 작용하면 이론적으로는 질병 위험이 훨씬 커질 수 있다. 하지만 이것이 의미하는 바는 그 정도의 작은 효과를 통계적으로 신뢰할 수 있을 만큼 탐지하려면 상당히 많은 표본이 필요하다는 것이다. 즉 질환자와 그렇지 않은 사람 사이의 변이 빈도 차이가 실제로 존재하는 차이인지, 아니면 데이터 내부 잡음인지를 구분할 수 있을 만큼 데이터를 충분히 모아야 한다는 뜻이다.

이것이 바로 조현병에 관한 GWAS 연구로 달성한 성과이다. 이 연구에서는 수만 명의 조현병 환자와 10만 명 이상의 대조군을 대상으로 수행되었다. 이를 통해 대조군보다 환자군에서 더 높은 빈도로 발견된 유전적 변이가 유전체 안에만 100곳이 넘는다는 사실이 확인되었다.

희귀 돌연변이와 마찬가지로 해당 변이가 포함된 유전자는 대부분 신경 발달과 관련된 것이었다. 예상대로 이 흔한 변이는 대부분 1.1배도 안 되는 수준으로, 개별 위험 기여도가 매우 작다. 현재까지 확인된 흔한 변이를 모두 합해도 조현병 발병 소인의 전체 유전적 변이성에서 10%도 채 설명하지 못한다. 하지만 아직 발견되지 않은 다수의 추가적인 흔한 위험 변이까지 고려한다면, 그 전체 기여도는 훨씬 클 수 있다.

✖ 종합적으로 이해하기

지금까지의 내용이 의미하는 바는 무엇일까? 그리고 서로 다른 유형의 유전적 영향을 개념적으로 정리할 수 있는 방법은 무엇일까? 일부 사례는 특정 희귀 돌연변이로 질병이 발생하고, 나머지는 수많은 흔한 변이가 결합하여 영향을 미친 결과라고 보는 방법이 있다. 후자는 우리 모두가 일정 수준의 흔한 위험 변이를 지니고 있으며, 이들 변이가 특정 임계점에 도달했을 때 비로소 질병이 발현한다는 것이다.

위와 같은 이원적 개념은 유전 질환을 전혀 다른 두 가지 방식으로 정의한다. 전자는 유전 질환을 다른 질환과 뚜렷이 구분되는 독립적인 질환으로 보고, 후자는 연속체인 스펙트럼의 최극단에 분포한 상태를 질환으로 간주하는 것이다. 하지만 이러한 구분에 관한 타당한 근거는 전혀 없다. 희귀한 질환과 흔한 질환 사이에 실질적인 차이가 존재하는 이유가 없다는 것이며, 오히려 그 반대다. 실제로는 고위험 돌연변이를 물려받은 경우조차 개인마다 여러 유전적 변이가 함께 작용할 가능성이 크다.

우선 이는 단일 돌연변이로 발생하는 멘델식 유전 질환의 전형적인 양상이다. 낭포성 섬유증이나 헌팅턴병처럼 항상 한 특정 유전자의 변이로 발생하는 질환도 임상 증상의 중증도나 발병 시기, 증상의 심각도에는 다른 유전적 변이가 영향을 미친다. 물론 이들 변이만으로 질환이 나타나지 않지만, 해당 질환을 일으키는 희귀 변이가 있을 때는 사정이 달라진다. 이러한 현상은 모든 유형의 질환에 똑같이 적용되며, 신경 발달 장애에서도 충분히 그러하다고 예상할 수 있다.

그다음으로 특정 돌연변이가 서로 다른 사람에게서 매우 다르게 나타나리라는 직접적인 증거가 있다. 단일 유전자에 특정 CNV나 희귀 돌연변이를 보유한 사람 중 누군가는 뇌전증을 앓기도 한다. 그리고 다른 사람은 자폐증이나 조현병에 걸리며, 그 외는 아무런 임상 증상을 보이지 않기도 한다.

일부 연구에서는 더 심각한 증상을 보이는 사람에게 유전체의 다른 위치에 또 다른 희귀 돌연변이가 존재한다는 사실이 확인된 바 있다. 이는 여러 돌연변이가 결합하여 함께 영향을 미쳤을 가능성을 시사한다. 다음과 같이 구체적인 사례도 있다.

잘 알려진 예로는 히르슈스프룽병 Hirschsprung's disease 이 있다. 이 질환은 장의 신경 분포에 문제가 생기는 질환으로, 희귀 돌연변이의 효과가 동일한 유전자의 다른 사본 발현에 영향을 주는 특정한 흔한 변이로 더 악화하는 것이 확인되었다. 흔한 변이는 단독으로 별다른 효과를 내지 못하지만, 희귀 돌연변이와 함께한다면 위험이나 증상의 심각도를 높인다.

이처럼 흔한 변이는 희귀 돌연변이가 있는 사람에게 평균적인 GWAS로 계산되는 효과 크기보다 훨씬 큰 영향을 미친다는 점이 주목할 만하다.

GWAS에서는 전체 집단을 기준으로 평균값을 내므로, 개별적으로 강한 효과는 희석된다.

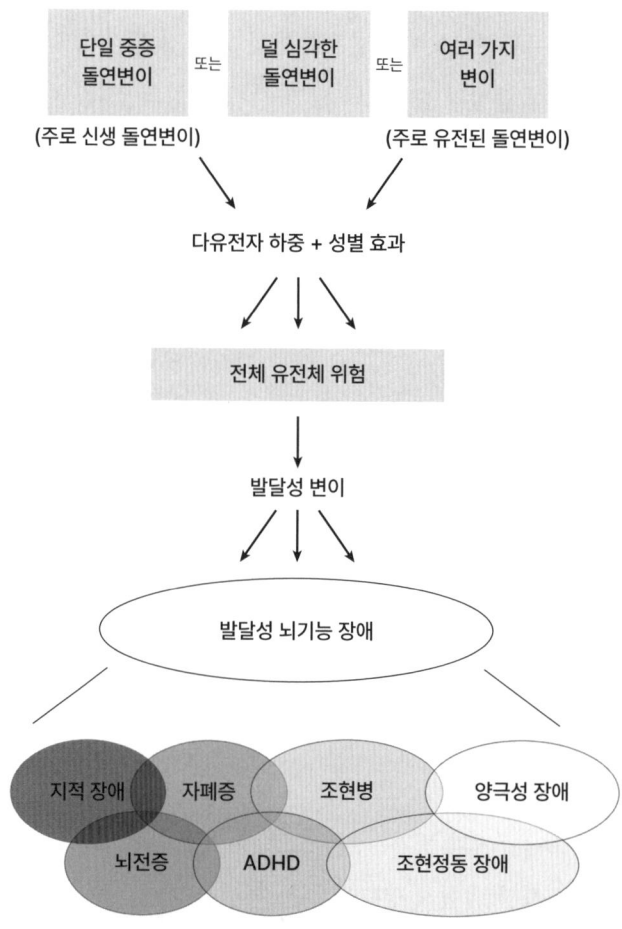

[그림 36] **신경 발달 장애의 유전적 구조**

[그림 36]과 같이 대개 신생 돌연변이인 중증 돌연변이가 하나나 신생 돌연변이 및/또는 유전된 돌연변이로 이루어진 덜 심각한 돌연변이 다수가 위험도를 높일 수 있다. 위험도는 발달 강건성에 영향을 미치는 다유전자 배경과 성별에 따라 조절된다. 위험은 발달 과정의 무작위성으로 개인마다 발현 방식이 서로 다르게 결정되며, 이는 다양한 양상의 발달성 뇌기능 장애로 이어질 수 있다.

마지막으로 지금까지 발견된 희귀 변이를 보유한 사람의 질환 발병률과, 자폐증이나 조현병 환자의 일란성 쌍둥이가 같은 질환을 겪을 확률 사이에는 큰 차이가 있다. 이러한 일치율 데이터를 통해 자폐증을 겪는 사람은 해당 질환의 발병 위험이 매우 크다는 사실을 알 수 있다. 이상해 보이겠지만, 그것은 아주 중요한 의미를 담고 있다.

한 사람이 이미 특정 질환을 앓고 있는 상황에서, 해당 질환에 대한 그 사람의 전반적인 유전체 위험도를 측정할 때 가장 좋은 방법이 하나 있다. 바로 그 사람을 여러 차례 복제하여 만든 사람 중 실제로 몇 명이 같은 질환을 앓는가를 보는 것이다. 예를 들어 그 사람을 100명 복제했다고 가정한다면, 이 가운데 자폐증을 앓는 개체가 10명 또는 50명, 아니면 100명 전부에게 질환이 나타날 수 있다.

당연하겠지만 위와 같은 실험은 실제로 불가능하다. 그러나 자연적으로 탄생한 복제인간이라 할 수 있는 일란성 쌍둥이라면 복제인간 실험과 비슷한 정보를 얻을 수 있다. 기회는 한 사람당 단 한 번뿐이기는 하지만, 다수의 일란성 쌍둥이를 대상으로 평균을 산출하면, 특정 질환자의 유전체에 내재한 평균적인 유전적 위험도를 추정할 수 있다.

이때 자폐증은 위험 수준이 약 80%에 달한다. 자폐증 환자는 위험 수준이 원래 낮았지만, 그저 운이 나빠서 걸린 것이 아니다. 애초부터 매우 높은 위험성을 타고난 것이다.

반면 현재까지 밝혀진 대부분의 고위험 돌연변이의 사례를 취약 X 돌연변이에 비추어 설명하자면, 해당 변이를 지닌 사람 중 약 30% 정도만 자폐증을 일으킨다. 하지만 이 수치는 사례마다 매우 다양하다. 이는 희귀 변이를 가진 사람 중 자폐증을 실제로 앓는 사람들은 전반적인 위험도를 높이는 유전적 요인이 추가로 있었음을 시사한다. 추가 요인은 히르슈스프룽병처럼 다른 희귀 돌연변이 또는 흔한 변이일 수도 있으며, 이들 변이가 누적된 전반적인 유전적 하중일 수도 있다.

마지막 가능성은 특히 발달 강건성이라는 개념을 다시 생각해 보면 흥미롭다. 과도하게 극단적이지 않은 한 유전체가 설계한 발달 프로그램의 메커니즘은 돌연변이의 영향을 완충할 수 있을 만큼 잘 갖추고 있다. 하지만 돌연변이가 누적되면 강건성은 약화한다.

비교적 경미하거나 흔한 변이가 스스로 질환을 일으키지는 않더라도, 이러한 변이가 누적된 상태에서는 심각한 돌연변이가 실제로 문제를 일으킬 가능성이 커진다. 누군가의 유전체는 희귀 돌연변이의 영향을 충분히 버텨 내는가 하면, 다른 사람의 경우는 훨씬 취약할 수 있다는 것이다.

이상의 내용은 지능이 전반적인 생물학적 적합도를 나타내는 지표가 될 수 있다는 견해와도 맞닿아 있다. 여러 연구에 따르면 IQ가 낮을수록 조현병의 발병 위험이 커진다. 이는 유전체와 신경 발달의 강건성이 낮아지고, 신경 발달에 해를 끼치는 희귀 돌연변이의 영향을 견디는 능력이 약화한 것일 수 있다.

반대로 IQ가 높으면 그러한 영향의 보호 요인으로 작용할 수 있다. 실제로 여러 연구에서 인지 능력 검사나 지능의 간접 지표인 학업 성취도의 GWAS로 산출한 종합 유전 점수가, 조현병 외 기타 정신 질환의 유전적 위험과 상관관계가 있음이 밝혀졌다. 이러한 결과는 흔한 유전적 변이의 배경이 체계적 안정성이나 발달 강건성을 전반적으로 약화함으로써 질병 위험에 영향을 줄 수 있다는 개념과 일치한다.

잠재 위험 인자

✖ 성별

성별 역시 병원성 돌연변이를 견디는 능력에 잠재적인 영향을 미치는 주요인으로 보인다. 신경 발달 장애는 여성보다 남성에게 더 흔하게 나타난다. 자폐증의 남녀 비율은 약 4:1이며, ADHD나 난독증도 그와 마찬가지다. 반면 조현병과 중증 학습장애의 남녀 비율은 약 3:2이다.[86]

신경 발달 장애가 남성에게 더 흔히 나타나는 이유의 일부는 X 염색체의 돌연변이 사례 때문이다. 남성은 X 염색체가 하나뿐이라서 해당 염색체의 유전자에 돌연변이가 발생하면, 이를 대체할 유전자가 없으므로 영향은 더욱 심각해질 수 있다. 하지만 해당 사례만으로는 그러한 현상을 온전히 설명할 수 없다.

여성은 희귀 돌연변이의 해로운 영향에서 전반적으로 더 보호받는 듯 보이는데, 이는 남성이 더 취약하다는 뜻이기도 하다. 자폐증 환자 집단을 분석해 잠재적으로 병원성을 띨 만한 CNV를 찾아본 결과, 여성 환자들이 CNV가 훨씬 많았다. 이는 여성 환자가 더 많은 유전자를 교란했다는 뜻이다.

이러한 점에서 여성에게 자폐증이 나타나려면 남성보다 훨씬 심각한 돌연변이가 작용해야 한다. 비슷한 맥락으로 자폐증 환자에게서 발견된 병원성

---

[86] 이와 반대로 우울증과 불안 장애는 여성에게서 더 흔하다.

CNV가 유전된 것으로 밝혀졌을 때, CNV는 아버지보다 어머니에게서 물려받았을 가능성이 훨씬 높았다. 이 역시 여성이 돌연변이를 더 잘 견디며, 그 특징을 자손에게 물려주는 경향이 있음을 보여 준다. 또한 남성은 더 심각한 영향을 받음으로써 자녀를 가질 가능성이 줄어든다는 점을 시사한다.

위와 같은 성별 차이가 발생하는 이유는 아직 밝혀지지 않았다. 여성은 X 염색체가 하나 더 있어서 해당 염색체의 모든 유전적 변이의 영향을 완충할 수 있고, 이에 따라 유전적 프로그램의 강건성이 더 높아졌다고 볼 수 있다. 하지만 이것이 사실이라면, 모든 신경 발달 장애에서의 성별 차이가 비슷하게 나타나야 한다. 하지만 실제는 각기 다른 질환에서 다양한 성차를 보인다.

또 다른 가능성은 남성의 뇌가 테스토스테론의 영향을 받거나, X나 Y 염색체 유전자가 뇌 발달에 직접적으로 영향을 미치면서 더 취약해지는 것일 수도 있다. 그러면 뇌의 여러 신경 체계에 미치는 영향이 균일하지 않으므로, 질환마다 성비가 다르게 나타나는 현상을 설명할 수 있을지도 모른다. 이 설명이 맞다면, 원인은 X 염색체의 부재가 아니라 Y 염색체의 존재일 가능성이 크다.

이상과 같이 남성의 뇌는 여성의 뇌와 배선 구조나 호르몬 환경이 다르다. 따라서 신경 발달상의 손상에 더 민감하기도 하다. 실제로 뇌성마비처럼 산과적 합병증으로 발생할 가능성이 있는 질환에서도 남성에게 더 높은 취약성이 나타난다.

◈ 신경 발달 유전자

지금까지 희귀 돌연변이나 흔한 변이를 통해 질환과의 연관성이 밝혀진 유전자를 한 부류로 묶어 보면, 대체로 태아기의 뇌에서 발현되는 유전자에 편중되어 있다. 이 중 상당수는 신경 발달 과정에서 다음과 같이 직접적인 역할을 한다.

- 여러 세포 유형에서 다른 유전자의 발현 조절
- 뉴런의 이동 조절
- 다양한 뇌 영역 내 세포 구조 조직화
- 성장 중인 신경 섬유의 경로 유도 및 시냅스 연결 결정
- 시냅스 가소성 및 활동 의존적 시냅스 정제 과정 매개 등

그 예로 NRXN1 Neurexin-1 유전자는 시냅스 연결의 결정에 관여하는 단백질을 부호화한다. 이 유전자는 서로 다른 형태의 여러 단백질을 부호화하며, 이들 단백질은 서로 다른 유형에서 매우 특이하게 발현된다. 다양한 NRXN1 단백질은 뉴런 표면에 머물며, 다른 세포에서 발현된 짝 단백질을 인식하는 수용체로 작용한다. 이 수용체가 짝 단백질과 결합하면, 그 사이에 시냅스 연결이 안정화된다.

이러한 NRXN1 유전자의 사본이 하나라도 결실된다면 신경 회로 형성이 손상될 수 있다. 어떠한 유형의 손상이 발생하는지는 아직 밝혀지지 않았지만, 자폐증이나 조현병을 포함한 다양한 임상적 상태로 이어질 수 있다.

한편 CHD8 Chromodomain Helicase DNA binding protein-8 유전자의 돌연변이는 드물게나마 자폐증 및 기타 신경 발달 질환을 유발한다고 알려져 있으며, 주로 대두증 macrocephaly [87]과 연관되어 있다. 이 유전자는 신경 발달 중 수천 개의 유전자 발현을 조절하는 단백질을 부호화한다. 그중에는 뇌 부피의 차이와 관련된 유전자도 포함된다. 하지만 CHD8 변이가 어떻게 수많은

---

[87] 머리와 뇌가 큰 상태.

유전자 발현에 영향을 미치며, 그것이 임상적 결과로 이어지는가는 아직 밝혀지지 않았다.

또 다른 사례인 SHANK3 유전자는 시냅스에서 복잡한 분자 기구 조직에 지지대 역할을 하는 단백질인 스캐폴드 단백질 scaffold protein 을 부호화한다. 이 유전자가 결실되면 발달 지연과 지적 장애를 특징으로 한 질환인 펠란-맥더미드 증후군 Phelan-McDermid syndrome 을 유발한다. 그러나 SHANK3 돌연변이는 해당 증후군이 없는 비증후군성 자폐증이나 조현병 환자에게서도 발견된 바 있다.

SHANK3 돌연변이는 시냅스에서 다른 단백질, 특히 이온 통로의 분포를 변화시켜 신경 전달의 전기적 특성과 패턴을 바꾼다고 알려져 있다. 이처럼 발달 과정 중에 신경 회로에 미세한 변화라도 생긴다면, 궁극적으로 여러 뇌 시스템의 기능에 심각한 장애를 초래할 수 있다. 하지만 이상에서 소개한 다른 유전자와 마찬가지로, 그 메커니즘의 작용이 어떠한가는 명확히 밝혀지지 않았다.

이 외에도 신경 발달에 직접 관여하지는 않지만, 정상적인 신경 발달에 필요한 유전자도 있다. 그 예로 다양한 유형의 지적 장애를 비롯한 일부 자폐증이나 정신 질환은 대사 효소의 돌연변이가 원인이 될 수 있다. 대사 효소 단백질은 수많은 단계를 거쳐 세포 대사를 수행하며, 복잡한 생화학적 경로를 따라 화학 물질을 다양한 형태로 전환한다. 이들 유전자를 신경 발달 유전자라고 부르기는 어렵지만, 기능이 손상되면 뇌 발달에 간접적으로 심각한 영향을 줄 수 있다.

지금까지 몇 가지 사례만을 살펴보았음에도 관련 유전자의 기능이 매우 다양함을 알 수 있었다. 그 밖에도 예로 들 수 있는 유전자가 수백 개는 더 된다. 이는 뇌 발달이 잘못될 수 있는 경로는 매우 많다는 의미이기도 하다. 이와 같은 발견으로 우리는 다음과 같이 몇 가지 중요한 사실을 알 수 있다.

첫째, 신경학이나 정신의학에서 사용하는 폭넓은 진단 범주는 사실상 수백, 어쩌면 수천 가지에 이르는 서로 다른 유전 질환을 포괄하는 상위 개념이라는 것이다. 이는 각 사례의 유전적 기전이 단순하다는 의미가 아니다. 후에 더 살펴보겠지만, 앞선 바와 반대로 그 유적 원인은 매우 다양하다. 따라서 우리가 사용하는 지적 장애, 자폐증, 조현병, 뇌전증과 같은 임상적 진단명은 하나의 통일된 질환 개념으로 볼 수 없다.

둘째, 첫째에서 언급한 진단 범주는 적어도 유전적 원인이라는 측면에서 보더라도 서로 뚜렷하게 구분되지도 않는다.

진단 범주의 타당성

최근 유전학적 발견 가운데 주목할 만한 사실은 고위험 돌연변이의 임상적 영향이 정신 질환 진단 범주의 경계를 전혀 따르지 않는다는 것이다. 모든 고위험 돌연변이는 전반적으로 자폐증, ADHD, 뇌전증, 지적 장애, 조현병, 양극성 장애를 포함한 여러 장애에 걸쳐 위험성을 높인다. 이는 역학 연구에서 친척 간에 해당 장애의 위험이 중첩되는 현상과 일치한다.

정신의학 분야에서는 임상적 증상을 통합하여 진단 범주를 정의하고, 이를 반복하여 재정의하는 데 큰 노력을 기울여 왔다. 이 진단 범주는 약물 반응성과 같은 측면에서 기술적, 예측적 가치가 있어 비교적 타당한 구분이라고 여겨졌다.

하지만 여러 신경 정신 질환 진단 범주가 임상적 수준에서부터 증상이 상당히 겹치고, 개별 환자에게서 서로 다른 범주의 증상이 동시에 나타나는 경우도 흔하다. 그리고 시간이 지나면서 진단명이 바뀌는 환자들도 많다. 따라서 해당 진단 범주가 구체적인 병적 상태를 얼마나 잘 정의하고 있는가에 의문이 제기된다.

그러한 진단 범주를 엄격한 기준에 따라 명확히 구분된 개념이 아닌, 전반적인 유사성을 토대로 느슨하게 정의된 유형처럼 열린 개념으로 이해하는 것이 더 적절해 보인다. 이러한 결과적 상태를 기반으로 한 구분이 얼마나 타당할지 의문스럽기는 하다. 그런데도 신경 정신 질환 진단 범주가 여전히 임상적으로 유용한 것은 분명하다.

위와 반대로 결과가 아닌 기원에 초점을 맞춘다면, 질환의 병인이 최소한 매우 겹치거나 공통된다는 점이 명백해진다. 신경 정신 질환을 유발하는 원인을 살펴보더라도, 사실 별반 다를 것은 없다. 따라서 '자폐증의 유전학'이나 '조현병의 유전학' 같은 것은 사실상 존재하지 않는 셈이다. 이들은 모두 같은 질환을 다른 측면에서 본 것일 뿐이다.

신경 정신 질환이 신경 발달의 이상에서 비롯된다는 증거를 고려하면, 이를 '발달성 뇌기능 장애의 유전학'이라는 포괄적 성격의 명명이 더 적절할 것이다. 이 명칭은 원인을 강조하면서도 환자마다 다양한 방식으로 증상이 나타날 수 있음을 인정하는 표현이다. 이는 실제로 다양한 임상 결과를 서로 무관한 개별 범주가 아닌, 서로 겹치는 임상 증후군의 연속적인 스펙트럼에 배열하는 것이 가능해진다. 이 스펙트럼은 지적 장애와 중증 발달 지연을 시작으로, 자폐증[88]을 지나 조현병과 조현정동장애, 양극성 장애 등 성인기 발병 질환까지 이어진다.

---

[88] 이 질환 자체도 중증도의 폭이 넓다.

얼리어답터와 베타 테스터

그동안 자폐증, 조현병, 양극성 장애와 같은 질환이 인구 집단에서 여전히 계속되는 이유를 두고 많은 사람이 추측을 이어 왔다. 이들 질환이 끊임없이 존재하는 데는 이유가 있어 보였고, 진화론적 측면에서 답을 찾을 수 있을 것만 같았다.

따라서 신경 정신 질환에 취약하게 하는 유전적 변이가 실제로 어느 면에서는 인간에게 이롭게 작용했을 것이라는 이론도 제기되었다. 이로써 질병을 유발하는 해로운 변이를 제거하려는 자연 선택의 작용을 상쇄할 수 있었으리라는 추정이다. 어쩌면 고대 사회에서는 이러한 상태, 또는 적어도 위험 변이를 다수 지닌 쪽이 유리한 경우가 있었을지도 모른다. 조현병이나 양극성 장애로 이어지는 유전적 변이는 때때로 위대한 시인이나 예술가에게서 보이는 창조적 천재성을 끌어내기도 했다. 그리고 자폐증을 유발하는 변이는 수학적 재능이나 다른 형태의 지적 천재성을 가져온 적도 있지 않았는가.

가능성이 아예 없지는 않겠지만, 자연 선택은 우리가 얼마나 창조적인지는 관심이 없다. 자연 선택이 관심을 보이는 창조물은 오직 생존하여 다시 자손을 남길 수 있는 자녀뿐이다. 그러나 신경 정신 질환자는 그 친척마저도 평균보다 자녀를 더 많이 낳지 않는다. 그 반대라면 크게 줄어드는 질환자의 자녀 수를 보완할 수 있었겠지만, 현실은 그렇지 않다. 예나 지금이나 그러한 유전적 변이가 선택적 이점이 있어 유지되었다는 '균형 선택 balancing selection' 가설이 실제로 작동한다는 증거는 없다.

보다 근본적인 차원에서 해당 이론은 존재하지 않는 문제에 대한 해답을 제시하고 있는 셈이다. 다시 말하면 조현병이나 자폐증이 인구 집단 내에서 꽤 안정적인 비율로 지속되므로[89], 이를 유발하는 유전적 변이도 계속해서 남아 있어야 한다고 전제한다는 것이다. 이것이 사실이라면 설명이 필요하겠지만, 실제로는 그렇지 않다.

신경 정신 질환의 위험성을 높이는 개별 돌연변이는 정화 선택의 작용으로 집단 내에서 신속하고 효율적으로 제거된다. 그런데도 이러한 질환이 지속되는 이유는 새로운 돌연변이가 계속 생겨나기 때문이다. 즉 돌연변이와 자연 선택 사이의 균형이 유병률을 일정하게 유지하는 것이다. 그리고 유병률은 돌연변이가 질환을 유발하는 유전자의 수인 '돌연변이 표적 mutational target'에 따라 결정된다. 그리고 신경 발달 질환과 관련된 유전자 수는 1,000개 이상일 수도 있다.

그렇다면 이제 진짜 설명이 필요해진다. 뇌는 왜 이렇게 연약하며, 진화가 더 견고한 발달 프로그램을 설계하지 못한 이유는 무엇일까? 이 역시 추측일 뿐이지만, 인간의 뇌 크기와 복잡성, 지적 능력이 비약적으로 증가하는 진화적 과정을 대가로 돌연변이에 대한 취약성이 수반되었을 가능성이 크다. 기계 또한 정교해질수록 고장의 원인도 다양해지기 마련인 것처럼 말이다.

진화는 미래를 대비한 시스템을 설계할 수 없다. 진화는 분자 및 세포 수준에서는 잡음을 견디는 강건성을 구축할 수 있으며, 실제로도 그래야 한다. 또한 강건성은 작은 분자 수준의 유전적 변이에 간접적인 저항력을 부여할 수 있다. 그런데도 진화는 미래에 나타날 심각한 돌연변이를 모두 예측할 수 없다.

복잡성의 향상으로 생기는 이점이 확실하다면, 이에 따라 미래의 일부 개체에게 대가가 따르더라도 그 변화는 강하게 선택될 수밖에 없다. 결국 우리는 일종의 새 운영 체제를 조기에 도입한 얼리어답터인 동시에 오류를 끊임

---

[89] 각 질환은 인구 집단 내에서 약 1%의 비율로 유지된다.

없이 점검하는 베타 테스터인 셈이다.

하지만 그것만으로는 설명이 충분하지 않다. 물론 인간의 뇌 구성에 수많은 유전자가 필요하다는 사실은 신경 발달 장애가 집단 전체에서 흔하게 나타나는 이유를 설명할 수는 있다. 하지만 신경 정신 질환이 지금까지와 같이 기이한 양상으로 나타나는 이유까지 밝히지는 못한다. 지적 장애처럼 단순히 기능의 저하만 유발한다면 쉽게 이해할 수 있었을 테지만, 현실은 녹록지 않다. 조현병과 자폐증, 양극성 장애, 뇌전증은 정상 기능이 떨어지는 것만이 증상은 아니다. 이들 질환은 질적인 차원부터 다른, 완전히 새로운 상태다.

창발성의 배신

다음은 자폐증에서 관찰되는 이상 행동 사례의 일부다.

- 특정 분야에 대한 깊고 강한 관심
- 일정한 방식이나 환경을 고집하는 성향
- 같은 동작을 반복하는 행동
- 사회적 기능 저하

이처럼 자폐증에서 매우 특이한 행동 유형이 나타나는 이유는 무엇인가? 다른 종류의 이상은 왜 나타나지 않는가? 또한 발작 상태에서 신경 회로는 어떻게 통제 불능 수준의 과도한 공명성 흥분 상태에 빠지는가? 이 외에도 정신 질환 상태에서 존재하지 않는 것을 보고 들을 수 있으며, 망상의 내용도 일정한 방향성을 띠는 경우가 많은 이유는 과연 무엇인가?

이상의 문제는 단순히 신경 회로나 시스템이 제대로 작동하지 않기 때문은 아니다. 오히려 비정상적 행동이 좁은 범위에서 능동적인 양상으로 나타난다. 따라서 우리는 다음과 같이 자문할 필요가 있다.

세상에 우리가 잘못될 방법은 셀 수도 없이 많은데, 그중에서도 특정한 증상만 나타나는 이유가 무엇인가?

놀라울 정도로 다양한 사례가 상대적으로 소수의 인지 가능한 증상군으로 수렴된다. 이처럼 증상군이 있기에 진단 범주가 존재한다. 그렇다면 다양한 유전자의 돌연변이 효과가 어떻게 특정한 결과로 수렴하는가? 이 질문은 곧 '유전자는 본디 무엇을 위한 것인가?'라는 근본적인 물음으로 이어진다.

유전학자들은 특정 유전 질환 뒤에 '유전자'를 붙여 '○○ 유전자'라고 명명하곤 한다. 청각 장애 유전자, 왜소증 유전자, 암 유전자, 자폐증 유전자 등이 그러하다. 하지만 이들 명칭이 실제로 의미하는 바는 그 유전자의 돌연변이가 질환을 일으킬 수 있다는 뜻이다.

문제는 그 표현이 다른 의미로 들릴 수 있다는 점이다. 즉 해당 유전자의 정상적인 기능이나 목적이 질환을 일으키는 것인 양 오인할 여지를 준다는 것이다. 실제로는 전혀 그렇지 않은데도 말이다. 오히려 정상적인 유전자 기능이 돌연변이로 발생하는 결과와 반대인 경우가 많다. 예컨대 뼈의 성장을 촉진하는 기능을 하는 유전자에 돌연변이가 생기면 왜소증이, 세포 분열을 조절하는 유전자의 경우라면 암이 생길 수 있다.

하지만 유전자의 정상 기능과 돌연변이 효과가 항상 위와 같이 직접 연관되지는 않는다. 실제로 그 효과를 해당 단백질의 분자적 기능과 아주 거리가 먼 수준에서 측정하면, 양자 간에 아무런 상관관계가 없을 수도 있다. 이는 정신 질환에서 특히 두드러진다. 그 증상이 지각이나 기분, 기억, 언어, 사고 등 가장 고차원적인 정신 기능에서 정의되기 때문이다.

자폐증이나 조현병 등의 질환과 관련된 유전자는 사회적 인지 유전자도, 불안 조절 유전자도 아니다. 더군다나 실제로 존재하는 것만 보거나, 일관된 사고 흐름을 유지하는 기능에 관여하는 유전자도 아니다. 이들은 대부분 뇌의 형성에 필요한 유전자일 뿐이다. 해당 유전자의 돌연변이로 나타나는 심리적 효과는 단순히 그 유전자가 작동하지 않아서 생기는 직접적인 결과가 아니라 '창발적 emergent' 현상이다. 증상은 대체로 그 유전자가 지금 기능하지 않아서가 아니라, 뇌가 발달하던 시기에 기능하지 않았기 때문에 발생한다.

어느 돌연변이는 특정 뉴런의 이동이나 시냅스 연결 형성, 또는 발달 중인 회로에서의 시냅스 가소성 조절 등 특정한 세포 수준에 국한된 과정으로 영향을 미칠 수 있다. 그러나 뇌 발달의 특성은 본질적으로 우발적인 데다 자기 조직적이라서, 초기 결함은 이후의 여러 과정에 연쇄적으로 작용한다.

초기 연결이 제대로 형성되지 않으면 신경 회로의 정교화를 이끄는 활동 패턴도 자연스레 달라질 수밖에 없다. 따라서 초기 단계의 무질서는 활동 의존적 과정을 통해 뇌 전체로 퍼지면서 서로 연결된 영역의 회로 구조 자체의 변화를 불러올 수 있다. 그 결과로 병적인 상태가 나타날 수 있으며, 그 양상은 기존과는 전혀 다른, 질적으로 새로운 형태이기도 하다.

잘 알려진 연구 사례를 하나 살펴보자. 생후 일주일 이내의 어린 쥐에게 해마의 발달에 영향을 미치는 조작을 가하면, 해마는 과활성 상태가 된다. 그 결과 발달 중인 중뇌의 도파민 방출 영역이 더 강하게 활성화되면서, 도파민 뉴런의 표적인 선조체와 전전두엽피질에 변화가 생긴다. 이는 결국 인간의 정신병에서 관찰되는 도파민 신호 변화와 유사한 상태의 출현으로 이어진다.

중요한 점은 위에서 언급한 조작을 성체 이후에 시도하면, 회로는 이미 연결된 뒤라서 도파민 신호가 변화하지 않는다는 것이다. 이는 발달 중인 뇌에서 나타나는 창발적 속성이다. 이처럼 세포 수준의 유전적 변이는 이후의 발달 과정에 직접적인 손상을 일으킬 수 있으며, 시간의 경과에 따른 연쇄적인 영향으로 심리 증상이 나타날 수 있다.

뇌에 손상이 가해지면, 발달 과정을 정상 궤도로 이끌던 자기 조직적 특성이 뇌를 일종의 '우회 안정 상태'로 유도할 수 있다. 안정 상태, 즉 고장 모드가 제한적으로 수렴한다는 사실은 그다지 놀랍지 않다. 발달 중인 뇌는 수많은 비선형적 상호 작용과 조건 의존성, 상호 연결된 피드백 루프로 이루어졌기 때문이다.

이 지점에서 질환이 누구에게 발현되는가를 결정하는 비유전적 변이는 무엇인가 하는 질문으로 회귀한다. 유전적 차이로 변이가 발생한다는 사실에 따라 해당 질환은 유전력이 매우 높지만, 100%까지는 아니다. 이처럼 유전적 요인만으로는 설명되지 않는 변이의 존재로, 그 원인을 환경에서 찾으려는 시도가 이루어졌다. 그럼에도 뚜렷한 위험 인자를 밝혀내지 못했다. 이때 대안으로 제시된 설명은 다음과 같다.

개인이 특정 질환에 걸릴 확률을 유전적으로 물려받는다. 그러나 실제 발병 여부는 발달 과정에 발생하는 우연한 사건에 따라 달라질 수 있다. 우연한 사건은 신경 발달의 자기 강화 self-reinforcing 과정으로 증폭되면서, 개인의 표현형을 특정한 발달 경로로 유도할 수 있다.

이러한 연쇄 효과는 이후의 인지 발달 과정에서도 이어진다. 객관적, 주관적 차원에서 개인 경험의 성격을 변화시킴으로써 초기 차이를 더욱 증폭시키거나 특정 발달 경로로 몰아넣는다. 그 구체적인 내용은 다음과 같다.

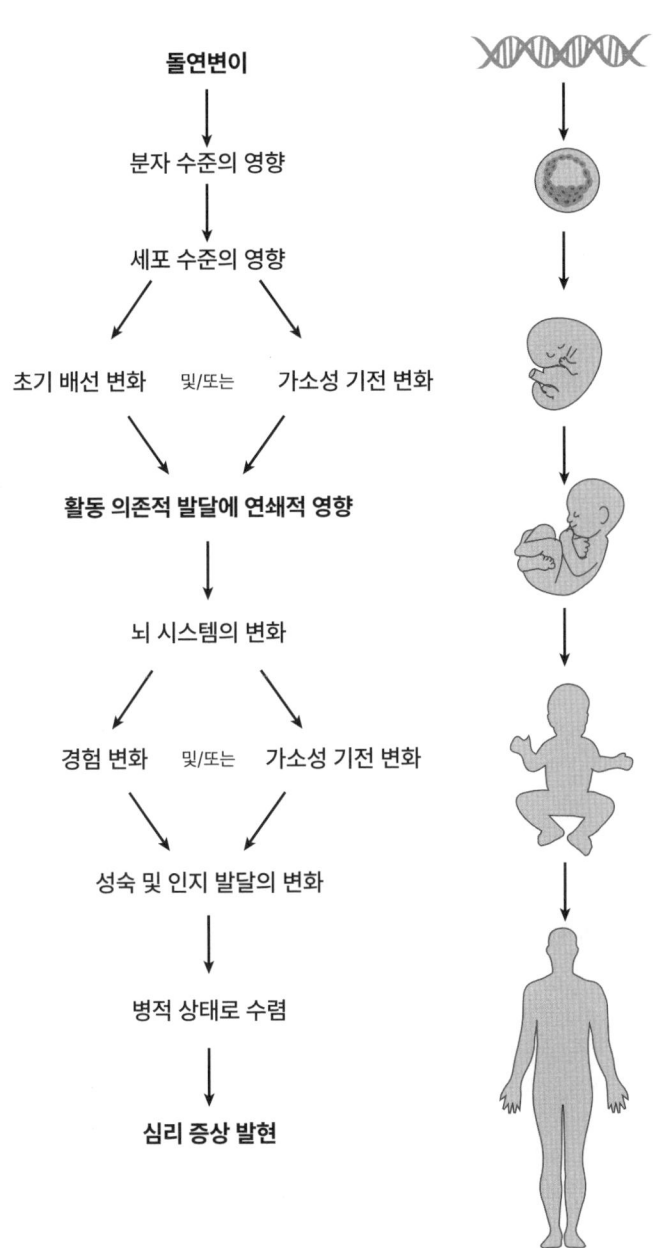

[그림 37] **심리 증상의 출현**

그 예로 자폐증이 있는 아이는 생애 초기에 선천적으로 타인과 눈을 마주치는 데 그다지 관심을 보이지 않을 수 있다. 그러면 아이는 언어 발달과 의사소통에 매우 중요한 시선 공유라는 사회적 단서를 놓치고 말 것이다. 이처럼 부정적인 영향은 아이의 사회 인지 능력 저하나 언어 습득 지연으로 이어지기도 한다. 이는 언어 체계가 돌연변이에 직접 영향을 받은 것이 아니더라도 나타난다.

그 구체적인 메커니즘은 아직 밝혀지지 않았다. 그렇다면 신경 발달 장애에서 관찰되는 표현형은 왜 소수의 특정 병리 상태로 수렴하는가? 답은 관련 유전자의 분자적, 세포적 기능보다는 발달 중인 뇌의 고유한 특성에서 찾을 가능성이 더 크다.

진단의 실마리

신경 발달 장애 환자를 대상으로 한 전장 유전체 분석은 수백 가지에 달하는 새로운 희귀 유전 질환을 규명하고, 지금보다 훨씬 많은 환자에게 유전적 진단을 제공할 잠재력이 있다. 이러한 진단으로 질환의 예후와 임상 경과를 더욱 명확히 파악할 수 있고, 때로 길고 고된 진단의 여정을 반갑게 끝맺음할 수 있다. 유전적 진단이 확정되면 증상 조절이나 합병증 예방에 도움이 될 뿐 아니라 가족에게도 해당 질환에 특화된 지원과 정보를 제공할 수 있다.

하지만 그러한 질환은 대개 유전적 기전이 복잡하고, 단일 돌연변이만으로 설명되지 않을 때가 많다는 점을 간과해서는 안 된다. 위험성이 매우 큰 돌연변이로 발생한 사례는 그나마 쉽게 인식, 정의할 수 있었다. 하지만 그 돌연변이조차 개인의 유전적 배경에 따른 조절 인자의 작용으로 임상 결과가 상당히 다양하게 나타난다.

따라서 앞으로의 과제는 개인의 유전체에서 여러 유전적 돌연변이가 서로 영향을 주고받으며, 전체적인 발병 위험을 만들어 내는 방식을 규명하는 것이다. 이는 지금도 어려운 희귀 돌연변이 분석을 넘어 초희귀하거나 개별적으로 고유한 유전적 변이 조합의 위험도를 평가하는 방향으로 나아가야 함을 뜻한다.

그렇더라도 수많은 사례에서 주요 원인으로 작용하면서 존재하지 않았다면 해당 질환이 발생하지 않았을 고위험 돌연변이는 식별해 낼 수 있을 것이다. 매우 희귀한 질환이라면, 세계적으로 같은 질환을 겪는 여러 환자를 찾아내는 데 중요한 역할을 한다. 이는 해당 질환의 임상 특성 정의와 더불어 환자와 가족 간 연락으로 서로의 경험 공유에 도움을 준다. 환자와 가족의 소통을 통해 늘어나는 희소 질환을 중심으로 자조 모임이나 환자 단체가 설립되고 있으며, 이들 단체는 관련 연구 추진에 크게 기여하고 있다.

또한 유전적 진단은 가족에게 내재한 유전적 위험 파악에도 도움이 된다. 이는 가족 내 자녀 한 명이 영향을 받으면, 향후 태어날 자녀가 같은 질환을 가질 위험을 계산할 수 있다. 돌연변이가 신생 변이의 결과라면 추가적인 위험은 없겠지만, 유전된 돌연변이일 경우 위험은 최대 50%에 이를 수 있다.

그리고 원인 돌연변이를 알면, 임신 중이거나 시험관 수정에서 생성된 배아를 이식하기 전부터 유전자 선별 검사를 시행할 수 있다. 유전 정보는 여러 유전 질환을 선별하거나, 다운 증후군처럼 여러 사례에서 반복적으로 나타나는 신생 돌연변이를 탐지하는 데 이미 활용되고 있다. 앞으로 더 많은 질환이 규명됨에 따라 그 적용 사례는 점차 보편화될 것으로 보인다. 이에 제11장에서는 유전 기술이 내포한 윤리적, 도덕적 함의를 살펴보고자 한다.

한편 유전적 진단으로 훨씬 개인화된 맞춤형 치료를 실현할 수도 있다. 대사 효소에 작용하는 돌연변이의 경우, 신경 발달 장애의 중요한 하위 유형에 속한다. 페닐케톤뇨증과 같은 일부 사례에서는 엄격한 식이 제한으로 증상을 완화하거나 예방할 수 있다.

뇌전증과 관련된 질환에서는 유전적 진단이 특정 약물의 사용 여부를 결정짓는 기준이 될 것이다. 그 예인 드라벳 증후군 Dravet syndrome 은 영아기에 중증 뇌전증을 일으키는 희소 질환으로, 보통 SCN1A 유전자의 돌연변이로 발생한다. 뇌전증 환자에게 가장 일반적으로 처방되는 항경련제는 나트륨 통로를 차단한다. 그런데 SCN1A 유전자는 나트륨 통로 단백질을 부호화하므로, 오히려 드라벳 증후군 환자의 발작을 악화한다. 따라서 해당 질환자는 항경련제 처방을 피해야 한다.

그러나 대다수 질환에서 원인 돌연변이를 밝혀내는 작업은 치료 개발로 이어지는 아주 긴 여정의 첫걸음일 뿐이다. 어느 경우에는 돌연변이에 영향을 받는 특정 생화학적 경로에 직접 작용하는 약물을 사용할 수 있다. 해당 경로의 지속적인 결함으로 증상이 발생한다면, 치료로 어느 정도 효과를 볼 수 있다. 그 예는 다음과 같으나, 약물을 개발하고 임상 시험까지 마치는 과정은 대체로 매우 긴 시간이 소요된다.

- 대사 질환
- 이온 통로에 영향을 주어 뇌내에서 흥분과 억제의 균형을 급격히 무너뜨리는 돌연변이
- 취약 X 증후군처럼 시냅스 가소성에 영향을 주는 돌연변이 등

대다수 질환에서는 유전자 기능과 그 신경정신학적 증상의 관계가 매우 간접적이다. 특히 돌연변이가 초기 뇌 발달 시기에 주된 영향을 미칠 때는 직접적인 치료 전략이 불가능할 수 있다. 다만 그러한 질환에서도 신경생물학적 수준에서 창발적 상태를 규명할 수 있을 것이다.

예컨대 원인 돌연변이를 재현한 동물 모델을 활용하는 것이 잇다. 우리가 이러한 상태를 충분히 이해할 수 있다면, 특정 회로의 이상을 교정하거나 보완하는 치료법을 고안할 수 있을 듯하다. 이에 해당하는 전략에는 다음과 같은 것이 있다.

- 특정 채널이나 수용체를 표적으로 하는 약물
- 파킨슨병이나 강박 장애 치료에 이미 활용 중인 뇌심부 자극술(deep-brain stimulation) 등 전기적 개입
- 뉴로피드백(neurofeedback) 기술을 포함한 맞춤형 행동 치료

그리고 궁극적으로는 CRISPR/Cas9[90] 시스템과 같은 정밀 유전체 편집 기술이 장차 배아의 유전적 결함을 실제로 교정할 수단이 될 것이다. 이 기술은 살아 있는 세포의 특정 위치에서 DNA 염기 서열을 정확하게 바꿀 수 있다. 현재 이 기술은 중증 복합 면역 결핍증과 관련 질환을 치료하기 위해 혈액 세포를 대상으로 임상 시험 중이다.

그러나 해당 기술을 인간 배아에 적용하기에는 여전히 심각한 기술적 난제가 존재한다. 그리고 변화가 그 사람의 미래 자손에게도 유전된다는 점에서 심오한 윤리적, 도덕적 문제도 제기된다. 지금으로서는 유전체 편집보다 유전자 선별이 훨씬 현실적인 접근이다. 하지만 유전체 편집 역시 가까운 미래에는 실현 가능한 선택지로 떠오를 것이다. 우리가 이 선택지를 어떻게 다룰지는 앞으로 두고 볼 일이다.

---

90 CRISPR는 '규칙적인 간격을 지니며 나타나는 짧은 회문 구조의 반복 서열(Clustered Regularly Interspaced Short Palindromic Repeats)'의 두문자어이다. 한편 Cas9은 CRISPR의 연관 효소를 뜻한다.

제 11 장

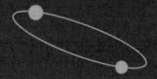

유전자 너머의 세상

I
N
N
A
T
E

INNATE

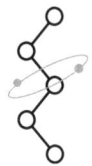

이제 결말에 다다랐다. 이 장에서는 지금까지 논의해 온 내용을 되돌아보고, 몇 가지 보편적인 결론을 내리도록 하겠다.

전반부에서는 유전적 변이와 발달 변이가 함께 작용하여 심리적 특성에서 선천적 차이를 일으키는 원리를 폭넓게 소개했다. 후반부에서는 그 문제를 특정 영역과 관련지어 살펴봄으로써 인간의 다양한 능력이 어떠한 방식으로 영향을 받으며, 개별 사례에서 알려진 기저 메커니즘에는 무엇이 있는가를 탐구했다.

우리는 이제야 그 세부 사항을 하나씩 풀어 가는 단계에 있다. 그럼에도 우리는 유전자가 다양한 특성에 작용하는 방식의 개념틀을 개략적으로 그릴 수 있을 만큼은 안다. 부디 이 책에서 설명한 일반 원칙이 시간이 지나도 여전히 유효하기를, 향후에 등장할 새로운 발견의 해석에도 도움이 되기를 바란다.

이제부터 일반 원칙 가운데 일부를 재차 강조하면서 그 의미를 더 깊이 풀어 나가려 한다. 특히 유전적 변이와 심리적 특성 변이의 관계가 얼마나 복잡하고 미묘한가를 살펴볼 것이다. 과학적 발견이 의미하는 바와 그렇지 않은 바도 분명히 하고자 한다. 이는 단순화와 오해, 과도한 일반화 등을 미연에 방지하고 바로잡기 위함이다.

그리고 사회적, 윤리적, 철학적 측면에서 이상의 발견이 지니는 중요한 함의를 고찰하며 마무리하도록 하겠다. 이 책에 다룬 유전학 및 신경과학적 발견은 스스로 인간의 생물학적 조건을 조절할 수 있는 능력뿐 아니라, 자신과 인간 본성에 관한 시각을 바꾸는 결정적인 전환점이 될 것이다. 발견의 속도는 앞으로 더욱 빨라질 것이기에, 지금이라도 변화의 파급 효과를 미리 숙고하는 편이 현명할 듯하다.

무엇을 위한 유전자인가

쌍둥이, 가족, 그리고 인구 집단을 대상으로 한 연구는 심리적 특성이 적어도 일부는, 때로는 상당 부분 유전된다는 사실을 확실히 보여 주었다. 다시 말해서 인구 집단 전체에서 우리가 관찰하는 심리적 특성의 변이 중 적지 않은 비율을 유전적 변이로 설명할 수 있다는 뜻이다. 그러나 지금까지 살펴본 바와 같이, 유전자와 심리적 특성 간의 관계는 절대 단순하지 않다.

한 특성이 유전된다고 하면, 그 특성을 담당하는 유전자가 따로 존재한다는 인상을 준다. 하지만 이러한 표현은 심각한 개념 오류를 초래한다. 구체적으로 지능이나 사회성, 시지각 등 특정 기능에 특화된 유전자가 있다는 식의 오해를 불러일으킨다.

이는 유전자의 두 가지 의미를 혼동하게 한다. 첫째는 유전학에서의 의미로, 특정 형질에 영향을 주는 유전적 변이를 뜻한다. 둘째는 분자생물학에서 사용하는 의미로, 다양한 생화학적 및 세포적 기능을 지닌 단백질을 부호화하는 DNA 구간을 의미한다.

특정 형질이 세포 수준에서 정의된다면, 두 의미가 일치한다고 볼 수도 있다. 눈동자 색의 차이는 홍채 세포에서 색소를 생성하는 효소를 부호화하는 유전자에 생긴 돌연변이에서 비롯되는 것처럼 말이다. 이때 해당 유전자는 '눈동자 색 유전자'라고 할 수 있다. 실제로 그 유전자가 부호화한 단백질이 눈동자 색을 결정하는 기능을 담당하기 때문이다.

마찬가지로 암처럼 세포가 통제를 벗어나 증식하는 질환을 유발하는 돌연변이는 대부분 세포 증식을 직접 조절하는 단백질 부호화 유전자에 영향을 준다. 이처럼 유전적 변이가 특정 단백질의 기능에 직접 작용하는 관계는 세포 수준에서 충분히 이해할 수 있다. 그러나 인간의 뇌와 같이 복잡한 다세포 체계에서 창발적으로 나타나는 기능을 논할 때라면, 세포 수준의 단순한 관계는 더 이상 성립하지 않는다.

창발적 기능은 수백 가지 세포 유형이 형성하는 상호 작용을 바탕으로, 고도로 특화된 회로로 조직되어 있다. 회로는 일단 국소적인 미세 회로 수준에서 형성된 뒤, 여러 뇌 영역과 분산된 시스템 전반에 걸쳐 점차 고차원적인 연결 수준으로 확장된다.

회로 구축과 모든 구성 세포의 생화학적 기능 조절에는 수천 개의 유전자가 작용해야 한다. 이들 유전자 가운데 하나라도 변이가 생기면, 뇌 내부에 있는 임의의 신경계가 작동 방식에 영향을 받을 수 있다. 그리고 이는 행동 형질의 차이로 이어지기도 한다.

한 특성이 유전된다는 사실은 단지 그 특성에 영향을 주는 유전적 변이의 존재를 뜻할 뿐이다. 그리고 우리가 다루고 있는 유형의 특성을 말하자면, 유전적 영향은 대부분 매우 간접적인 방식으로 작용한다. 자연 선택은 최종적으로 드러난 표현형만을 '판단 기준'으로 삼는다는 점에서 해당 변이가 '지능 유전자'나 '사회성 유전자'처럼 취급되는 것이다.

하지만 그렇다고 해서 해당 유전자가 부호화하는 단백질이 그 심리 기능을 직접적으로 수행한다는 뜻은 아니다. 복잡한 심리 기능을 담당하는 유전자는 존재하지 않는다. 대신 그러한 기능은 신경계가 수행하며, 유전자는 그 신경계를 구축하는 역할을 할 뿐이다. 이러한 사실은 유전자형 genotype 과 심리적 표현형 사이의 관계를 이해하는 데 큰 역할을 한다.

첫째, 성숙한 뇌 기능에 나타나는 여러 변이는 대부분 신경계의 발달 방식에서 비롯된다. 우리 뇌는 그야말로 다르게 배선되어 있다. 그리고 발달 과정에서 유전적 변이와 더불어, 발달이라는 세포 과정에 본질적으로 존재하는 잡음이 영향을 미친다.

유전체에 부호화된 프로그램은 발달 규칙만을 명시할 뿐 구체적인 결과를 정할 수는 없다. 그리고 프로그램에 영향을 주는 유전적 변이가 많을수록 결과의 다양성도 커진다. 어떠한 유전자형이라도 다양한 잠재적 결과를 지닐 수 있지만, 그중 실제로 실현되는 것은 단 하나다. 바로 세상에 하나뿐인 고유한 개인이다.

둘째, 심리적 특성의 유전 구조는 흔히 생각하는 바와 같이 모듈식이 아니다. 하나의 신경계에도 수백 가지 유전자 변이에 영향을 받을 수 있다. 반대로 단일한 유전자 변이는 일반적으로 여러 기능에 영향을 줄 수 있다.

사실 신경계조차 과거의 견해와 달리 모듈식 구조가 아니며, 특정 기능에만 국한되지도 않는다. 대다수 세포나 회로, 뇌 영역은 각자 동일하지만 서로 다른 구조끼리 소통하면서 다양한 과제에 유연하게 참여한다. 내부 구조를 알 수 없는 상자를 열면서 그 안에 더 작은 모듈이 나란히 정돈되어 있을 거라는 기대는 금물이다. 실제로 그 안은 훨씬 복잡하게 엉켜 있다.

셋째, 하나의 특성에 작용하는 유전적 변이는 시간이 지나면서 매우 역동적으로 변한다. 자연 선택은 수백만 년에 걸쳐 인간의 뇌라는 기계를 정교하게 다듬어 놓고, 이제 와서 망가지도록 그냥 두고 보지는 않을 것이다.

새로운 돌연변이는 끊임없이 생겨난다. 그러나 생존과 생식에 영향을 주어 진화적 적합도를 떨어뜨리는 변이는 자연 선택으로 제거되며, 그 효과가 클수록 더 빠르게 사라진다. 이러한 측면에서 대다수 특성은 세대를 거치며 단순히 재조합되는 기존의 유전적 변이 집합보다 시간이 흐르며 나타났다가 사라지는 희귀 돌연변이에 더 크게 좌우된다. 이들 변이의 효과는 개인마다 매우 복잡한 방식으로 상호 작용할 수 있다. 그 모든 요소는 유전 정보를 활용해 개인의 특성을 예측하려는 시도에 중요한 함의를 지닌다.

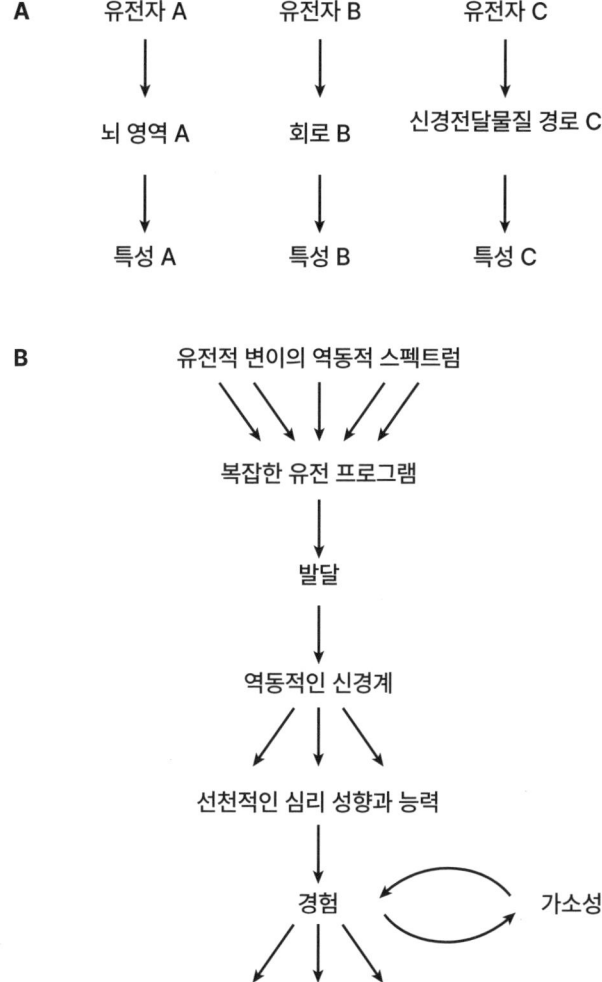

[그림 38] **단순한 특성 VS. 복잡한 특성**

[그림 38] 가운데 A는 특정한 뇌 영역과 회로, 신경전달물질 경로에 유전자가 직접 관여함으로써 행동 형질이 나타난다는 지나치게 단순화된 관점을 정리한 것이다. 반면 B에서는 보다 현실적인 관점이 반영된바, 행동 형질이 형성되는 복잡한 유전적 구조를 제시한다.

유전자 쇼핑

앞 절에서 설명한 복잡성으로 특정한 심리적 특성과 관련된 유전적 변이를 밝혀내는 일은 더 어려워질 것이다. 설령 밝혀지더라도, 유전 정보를 토대로 표현형을 예측하는 일은 여전히 불가능에 가까울 것이다.

하물며 단일 돌연변이의 영향조차 개인에 따라 다르게 나타난다. 이는 각자가 지닌 유전적 변이가 다르고, 여러 변이가 복잡하게 상호 작용하는 일도 많기 때문이다. 인구 집단을 대상으로 한 연구에서 특정 질환의 평균 위험도 또는 특성의 평균값을 도출할 수는 있겠다. 그러나 누구라도 유전체 안에는 이전에 관찰된 적 없는 고유한 유전적 변이 조합이 있기 마련이라서, 이를 바탕으로 정확하게 예측하기란 매우 어려운 일일 것이다.

게다가 발달상의 변이는 유전적 예측의 정확성을 크게 제한한다. 이는 유전자형과 표현형 간의 관계가 현재 지식 수준의 한계로 제한되기 때문만은 아니다. 그 관계는 애초부터 확률적이므로, 완벽한 예측이 불가능하다는 뜻이다.

하지만 유전 정보가 한 특성이나 질환을 100%의 정확도로 예측하지 못하더라도 유용할 수 있다. 한 돌연변이가 질환의 위험을 높이기만 하거나, 다른 변이가 한 특성의 수준을 증가 또는 감소시키는 경향만 있더라도 실질적인 판단의 근거가 될 수 있다. 또한 유전 예측은 생식과 관련된 결정이나 그 외 다른 영역에서도 활용 가능할 것이다.

우리는 이미 수백 개 유전자에 돌연변이가 생기면 신경 발달 장애의 위험이 커진다는 사실을 알고 있다. 여기에는 지적 장애나 자폐증, 뇌전증, 조현병 외 여러 진단 범주가 포함된다. 이들 돌연변이의 상당수는 임상적으로 진단될 만큼 심각하지 않은 사람들에게도 지능 전반에 영향을 미친다. 게다가 지능에 미세한 영향을 주는 다른 유전적 변이도 계속 발견되고 있다.

그뿐 아니라 충동성, 공격성, 반사회적 행동과 관련된 돌연변이도 다수 밝혀진 바 있다. 사이코패스처럼 성격 장애를 유발하는 돌연변이의 정체도 곧 알려질 것이다. 이 외에 성적 지향 등 다른 특성이나 공감각, 안면실인증을 비롯한 상태에 관여하는 돌연변이의 실체도 머지않아 드러날 것이다.

이상의 지식이 축적되면, 그에 따라 행동할 기회가 생긴다. 유전 정보를 이용할 가장 확실한 방식이자 실제로 이미 활용 중인 대표 사례로 산전 태아 이상 선별 검사와 시험관에서 수정된 배아 이식 전 유전자 검사가 있다. 그중 전자는 다운 증후군과 같은 염색체 이상을 확인하는 검사로, 많은 국가에서 보편적으로 시행하고 있다. 이 검사는 보다 광범위한 신경 발달 장애와 관련된 결실이나 중복을 선별하는 데도 활용될 수 있다.

현재는 산모의 혈류에서 순환하는 소수의 태아 세포를 채취함으로써 비침습적으로 태아의 전체 유전체를 염기 서열 분석하는 것도 가능하다. 그러면 대규모 염색체 이상뿐 아니라 DNA 염기 서열에서 단일 염기가 바뀌며 질병을 유발할 가능성이 있는 유전자 변이를 식별할 수 있다. 이러한 기술이 활용되는 환경에서는 임신 중절 사례가 증가하고, 신경 발달 장애를 지닌 아이의 출생 수는 줄어들 것으로 예상된다.

한편 시험관 수정은 배아를 동시에 여러 개 생성한다는 점에서 유전 정보의 활용 범위가 더 넓다. 배아 유전자 검사는 염색체 이상을 확인하고자 부모가 고령이거나 유산 경험이 있을 때 비교적 흔하게 시행된다. 그리고 부모 중 한 명 또는 두 명이 모두 특정 질병과 관련 있는 돌연변이의 보인자일 경우, 영향을 받지 않은 배아를 선택해 착상시키는 방식으로 검사가 이루어지기도 한다.

일부 국가에서는 유전자 검사를 통해 배아를 성별에 따라 선택하거나, 장기 이식이 필요한 기존 자녀와 면역학적으로 일치하는 배아인 '구세주 아기 savior sibling'를 선별하기도 한다. 심지어 부모 모두가 청각 장애나 왜소증 같은 질환이 있을 때, 일부러 같은 형질을 지닌 아이가 태어나도록 해당 돌연변이를 지닌 배아를 선택하는 사례도 있다.

산전 태아 이상 선별 검사와 마찬가지로, 선별 가능한 유전적 변이의 범위와 관련 특성이나 질환의 수는 시간이 지날수록 늘어날 것이다. 현재 선별 가능한 항목의 수를 제한하는 주요 요인은 수정에 사용할 수 있는 난자의 수다. 최근에는 피부 세포처럼 개인의 세포에서 유래한 배양 줄기세포에서 난자를 대량으로 생성하는 기술이 개발되면서 그러한 상황이 바뀔 가능성도 있다. 이러한 접근법은 비용이 많이 들기는 하지만, 기술적으로 수백 개의 배아를 생성과 동시에 검사할 수 있어서 유전적 선택의 범위와 속도가 크게 달라질 것이다.

위와 같이 유전 정보를 사용하는 일은 윤리적인 고려가 필요하다. 우생학 eugenics이라는 암울한 역사가 유전학과 관련되어 있다는 점을 떠올리면 더욱 신중해야 한다. 우생학이라는 용어는 1883년에 프랜시스 골턴이 처음 만들었다. 우생학은 인구 집단의 유전 구성을 개선하기 위해 사람을 선별적으로 교배시키는 개념을 의미했다. 그는 개의 품종 개량에서 강한 선택 압력에 따라 빠르게 변화를 유도할 수 있었던 것처럼, 인간에게도 같은 방식이 적용될 수 있다고 주장했다.

특히 골턴은 영국 하층 계급이 자녀를 과도하게 생산하고 있다고 보았다. 그리고 하층 계급의 자녀들이 열등한 유전적 변이를 유전자 풀에 대량으로 퍼뜨려, 시간이 지나면 인구 전체의 평균 능력이 퇴화할 것이라고 한탄했다. 이에 맞서기 위해 그는 지적 능력이 뛰어난 사람들이 젊은 나이에 자녀를 많이 낳도록 장려하는 정책을 주장했다.

우생학은 1900년대 초에 영국과 미국에서 큰 인기를 끌었다. 찰스 대븐포트 Charles Davenport 와 같은 저명한 유전학자와, 비행사 찰스 린드버그 Charles Lindbergh 등 유명 인사까지 그에 동참했다. 그중 대븐포트는 미국 품종개량가협회 American Breeders' Association 를 설립했다. 이 협회의 임무는 '인류의 유전을 조사, 보고함으로써 우수한 혈통의 가치를 강조하면서 열등한 혈통이 사회에 끼치는 위협을 부각하는 것'이었다.[91] 그 결과 우생학은 인종 및 이민 문제와도 얽히기 시작했다.

미국의 우생학 정책은 단순히 우수한 유전자를 지녔을 법한 사람들에게 생식을 장려하는 데 그치지 않고, 열등하다고 판단된 이들의 생식을 막는 일에까지 중점을 두었다. 이 정책에는 결혼 금지를 비롯하여 지적 장애인과 뇌전증 환자에 대한 강제 불임 시술도 포함되었다. 이는 당시 용어로 '유전적 오염 genetic taint '이 자손에게 전달되는 것을 막기 위한 조치였다.

해당 정책은 미국의 일부 주에서 1970년대까지 이어졌다. 우생학의 근본 원칙과 인종 우월성 개념은 나치 독일에서도 열렬히 수용되었다. 그렇게 우생학은 그 뒤에 이어진 수많은 참극을 정당화하는 데 이용되었다.

결국 결혼 장려에서부터 전면적인 대량 학살에 이르기까지, 우생학의 원칙을 비롯해 유전자 풀을 사회적으로 조작하려는 정책은 현대 사회에서 폐기되었다. 다만 특정 유전 질환의 빈도가 유난히 높은 국가나 민족 집단에서는 결혼을 원하는 사람들에게 해당 돌연변이에 대한 유전자 검사를 받도록 장려하거나 의무화하는 정책이 일부 존재한다. 그러나 우생학 운동이 절

---

91 Marshall, F. R. (1911). The Relation of Biology to Agriculture, *Popular Science Monthly*, 78, 553.

정에 달하던 시기와 같이 정부 차원에서 바람직하지 않다고 간주하는 특성만으로 생식 기회를 제한하는 정책은 이제 어디에서도 시행되지 않는다.

하지만 이제는 정부 주도가 아닌, 개인이나 부모의 선택에 기반한 새로운 개념이 떠오르고 있다. 이러한 흐름은 이미 여러 국가에서 허용하는 생식 선택의 연장이라고 보는 것이다. 그 논리는 임신 중절이나 배아 선택이 어느 정도 허용된다면, 그 선택이 유전 정보를 바탕으로 이루어지지 말아야 할 이유도 없다는 것이다.

위에서 언급한 문제를 다루는 태도는 국가마다 다르다. 영국에서는 유전 질환을 대상으로 한 이식 전 유전자 검사가 특정 목록으로 제한되어 있다. 하지만 그 목록은 시간이 지나면서 점점 늘어나고 있다. 한편 미국에서는 태아의 성별 검사를 허용하고 있지만, 대부분의 유럽 국가에서는 그렇지 않다.

여기에는 명확한 답이 없다. 아무도 피해를 보지 않는다면,[92] 어떠한 유전 정보를 사용해도 괜찮다고 주장할 수 있다. 그러나 이 문제는 훨씬 넓은 영역을 건드린다. 명백한 의학적 근거에 따른 선택과 건강한 두 배아 가운데 하나를 고르는 것은 전혀 다른 문제다.

부모는 정말로 자녀의 형질을 선택할 권리가 있는가? 그 선택으로 부모와 자녀 사이의 관계를 본질적으로 바꾸지는 않을까? 아니면 형질 선택 여부와 상관없이 부모에게 책임이 따를 것인가? 사회에서는 보통 선별 대상이었던 형질을 지니고 태어난 사람들을 어떻게 바라보고 대할까? 이렇게 변화하는 관행이 부모에게 특정한 결정을 요구하는 사회적 압력으로 작용하는 것은 아닐까?

여기서 나는 특정한 입장을 취하거나 주장하려는 의도는 없다. 지금까지 설명한 내용에는 모두 윤리적 문제가 존재하며, 반드시 논의할 가치가 있

---

[92] 이식되지 않은 배아는 시험관 시술 과정에서 흔하게 발생하므로, 피해로 간주하지 않는다.

다는 사실을 강조하고자 한 것일 뿐이다. 유전학적 발견의 가속화와 신기술 개발에 따라 우리는 지금까지 상상조차 하지 못한 새로운 문제에 직면하게 될 것이다.

최근 들어 매우 높은 정밀도를 자랑하는 유전체 편집 기술인 CRISPR/Cas9 시스템의 발전으로 단순한 선별을 넘어 인간 배아의 유전자까지 조작할 가능성이 열렸다. 현재로서는 유전자 편집이 생식 세포에 영향을 주어 다음 세대로 유전될 수 있다는 이유로 대부분 금지되어 있지만, 이 방침도 언젠가는 바뀔 수 있다. 결국 사회는 이러한 문제를 진지하게 다루면서, 원칙에 의거하여 무엇을 허용할 것인가를 결정해야 할 것이다. 소 잃고 외양간 고치지 않으려면 그 함의를 지금부터 충분히 숙고하는 것이 바람직하다.

특히 민감한 문제는 지능을 선택 대상으로 삼는다는 발상이다. 우리는 이미 지적 장애를 유발하는 돌연변이를 가려내고 있다. 기술만 뒷받침된다면, 지능을 일반적인 범위 안에서 선택할 수 있는 일도 머지않아 현실이 될 것 같다. 누군가는 실제로 이 문제를 두고 논의할 필요조차 없고, 부모가 원하면 선택하는 것이 당연하다고 주장한다. 하지만 이러한 생각은 우리를 다시 우생학적 사고에 가두고 말 것이다.

물론 모든 조건이 같다면, 지능이 높은 편이 개인에게 더 유리하다고 주장할 수는 있다. 실제로 지능이 높을수록 전반적인 건강 상태가 더 양호하고, 삶의 여러 지표에서 더 긍정적인 결과를 보이며, 수명도 더 긴 경향이 있다. 그렇더라도 일부 논평가의 주장과 같이 지능이 높은 사람 또는 그렇게 자랄 배아가 그 반대보다 질적으로 우월하거나 뛰어난 사람이라는 뜻은 아니다. 또한 평균 지능이 높아지면 사회가 전체적으로 더 나아질 것이라는 의미도 아니다. 이러한 주장은 곧 골턴과 대븐포트가 내세운 우생학의 핵심 원리와 맞닿는 것이다.

기술적 관점에서 지능의 선택 여부는 그 특성이 실제로 어떠한 유전 구조를 지니는가에 달려 있다. 유전학으로 전체 인구 범위에서 지능을 예측하는 것과 형제자매 간에 예상되는 미묘한 차이를 예측하는 것은 완전히 다른 문제다. 후자의 경우 본질적으로 예측 불가능한 발달 변이의 영향까지 고려해야 하므로, 정밀도가 훨씬 높아야 한다.

위와 관련하여 제8장에서 설명한 모델은 지능을 일반적인 적합도 지표로 간주한다. 해당 모델에 따르면 지능은 뇌 발달과 이를 부호화하는 유전체 프로그램의 전반적인 강건성을 반영한다. 그 모델이 사실이라면, 지능은 특정 '지능 유전자'의 집합이 아니라, 돌연변이와 함께 전반적인 돌연변이 하중이 뇌 발달에 미치는 영향으로 결정될 것이다.

따라서 더 높은 지능을 선택한다는 것은 신경 발달에 영향을 줄 심각한 돌연변이 하중이 가장 낮은 배아를 선택하는 일일 것이다. 그러면 전반적인 건강 수준 역시 향상되리라 예상된다. 다시 말하지만, 나는 지능 선택의 기술적 조건을 설명할 뿐, 절대 옹호하는 것이 아니다. 그리고 이 문제를 고려할 때는 의도하지 않은 결과의 법칙 law of unintended consequences 을 생각해 볼 필요가 있다.

첫째, 어떠한 돌연변이든 다수의 시스템에 걸쳐 여러 영향을 미칠 가능성이 있다. 개중에는 아직 알려지지 않았거나 예측하기 어려운 돌연변이도 있을 것이다. 그리고 모든 돌연변이가 반드시 해롭지 않을 수도 있다.

둘째, 우리는 이미 일정 수준의 돌연변이 하중에 적응해 있는 상태다. 우리의 발달 프로그램은 돌연변이 하중이 존재하는 조건에서 진화해 왔다. 우리는 누구나 단백질의 생성이나 기능을 심각하게 저해하는 돌연변이를 약 200개 정도 지니고 있다. 이 외에도 우리 몸에는 덜 심각한 유전적 변이가 수천 개나 있다. 우리는 언제나 그러한 돌연변이를 지니고 살아왔다. 지금까지 존재한 모든 인간이 그랬고, 동물 역시 비슷한 하중을 지니고 살아왔다.

일정한 돌연변이 하중이 없는 인간, 즉 유전체 전체가 완전히 '야생형'인

인간은 존재한 적이 없다. 우리는 어쩌면 자연 선택이 한 번도 하지 못한 일을 해낼 기회를 얻을지도 모른다. 즉 유전체에 있는 모든 돌연변이를 단번에, 또는 수 세대에 걸쳐 점진적으로 제거해 나갈 것이다.

그러나 우리는 그 결과를 알 수 없다. 모든 시스템이 최대치로 작동하면서 발달이 완벽히 이루어지거나, 그렇지 않을 수도 있기 때문이다. 어쩌면 우리는 모두 매우 건강하고, 똑똑한 데다 숨이 막힐 정도로 잘생기기까지 한 존재가 되지 않을까. 그러면 모두가 똑같은 모습을 하고 있을 것이다.

유전 정보는 생식과 관련된 결정 외에도 여러 분야에서 폭넓게 활용될 수 있다. 가장 확실한 사례는 보험 분야로, 사람의 미래 건강을 예측할 수 있는 정보를 유전체에서 얻을 수 있을 것이다. 하지만 이는 심각한 문제를 초래할 수 있다. 예를 들어 통계적으로 조현병 발병 위험을 높이는 돌연변이가 있다는 이유만으로 사람을 기저 질환자로 분류하기도 할 것이다. 또는 고위험 행동이나 자살 성향을 높이는 유전적 변이를 이유로 생명보험 가입을 거부하거나 더 높은 보험료를 부과하기도 하겠다.

현재 미국의 유전자 정보 차별 금지법 Genetic Information Non-discrimination Act of 2008, GINA 처럼 많은 국가에서 보험사가 유전 정보를 이용해 보장을 거부하는 행위를 금지하고 있기는 하다. 하지만 이러한 정책은 국가마다 상당한 차이가 있고, 그 내용이 언제 변경될지 모르는 일이다. 실제로 2017년 미국에서 발의된 법안인 H.R. 1313[93]이 통과되면, 고용주가 직원에게 건강 증진 프로그램 wellness program 의 일환으로 유전자 검사를 요구할 수 있으며, 이를 거부하면 건강 보험료 인상이 불가피할 것이다.

행동 형질이나 인지 능력을 예측하는 유전 정보 역시 학교나 대학, 고용주

---

93 H.R. 1313은 미국 하원(House of Representatives)에서 발의된 1313번째 법안을 의미하며, 해당 법안은 직원 건강 증진 프로그램 보호법(Preserving Employee Wellness Programs Act)을 말한다. 이는 고용주가 직원의 유전 정보를 포함한 건강 정보의 수집 및 활용에 관한 내용으로 논란이 된 바 있다.

에게 흥미로운 자료가 되리라는 것도 충분히 예상할 수 있다. IQ나 적성 검사 등은 이미 널리 사용되고 있으며, 이들 검사도 언젠가는 유전 예측 지표가 대체할 것이다. 물론 현재로서는 유전 예측 지표가 아직 가상의 차원에 머물러 있는 데다 완벽해질 수도 없다. 그러나 언젠가는 학교에서 아이들을 수준별로 분반하는 것처럼, 실질적인 의사 결정에 활용 가능할 정도로 유용하다고 판단되는 경지까지 발전할 수도 있다.

더 나아가 〈가타카〉에서 묘사된 바와 같이 유전 특성을 배우자 선택에도 활용하는 세상이 올 수 있다. 실제로 우리는 이미 다양한 유전 기반 특성을 기준으로 배우자를 고르고 있으며, 정자나 난자 기증자를 선택할 때도 흔히 사용된다. 또한 소비자 대상의 유전자 분석 서비스는 이미 급성장 중이며, 다양한 영역으로 빠르게 침투하고 있다. 이처럼 우리의 상상이 빠른 속도로 현실이 되어 가고 있으니, 정신을 바짝 차리고 마음의 준비를 하자.

인종과 집단에의 적용

지금까지는 개인차의 기원에 집중해 왔다. 그러나 개인이 모여 이루어진 인구 집단 간 평균 차이의 존재 가능성은 고려하지 않았다.[94] 심리적 특성이 유전적 기반을 부분적으로 지녀서 낯선 사람보다 친척끼리 서로 유사한 경향을 보인다면, 공통 조상을 공유하는 전체 인구 집단에서도 그러한 유사성이 나타날 것이다. 이에 조상이 서로 다른 집단 사이에는 차이가 있으리라는 추론이 타당해 보인다. 피부색이나 얼굴 형태, 키 등 인구 집단 간에 나타나는 신체적 형질은 수십 가지이므로, 이러한 차이가 심리적 특성에도 존재하

---

[94] 행동에서의 성별 차이는 진화적으로 그 차이를 뒷받침하는 이유가 있고, 안정적으로 작동해 온 메커니즘이 분명히 존재하는 특수한 경우이므로 예외다.

리라는 생각은 충분히 할 수 있다.

하지만 그러한 생각만큼 실제로도 그렇다고 단정할 수는 없다. 집단 간에 나타나는 체계적인 차이는 때때로 두 인구 집단 사이에서 유전적 변이가 무작위로 달라지면서 나타나는 차이인 '유전적 부동 genetic drift'이 원인으로 작용할 수 있다. 이러한 유전적 변이 중 일부는 특성에 영향을 미치기도 한다. 하지만 그것은 주로 성향의 강약과 상관없이 그다지 중요하지 않은, 진화적으로 중립적인 특성에 해당한다.

하지만 적응적 가치가 있는 특성이라면, 체계적인 차이가 나타나기 위해서는 이를 유도하는 능동적인 선택 압력이 있어야 한다. 다시 말해 해당 특성의 증감이 생존이나 생식에서 이점으로 작용해야 한다는 것이다.

인구 집단에 차이를 보이는 신체 형질은 대부분 적응적 기능이 명확하다. 이들 형질이 서로 다르게 진화한 데는 다 이유가 있다. 예컨대 피부색이 더 옅어지는 진화는 인류가 북쪽 지역으로 이주하면서 독립적으로 두세 차례가 일어났다. 이는 빛이 더 약한 환경에 적응하기 위한 결과였다. 햇빛이 강한 지역에서는 어두운 피부색이 보호 효과를 주지만, 약한 곳에서는 비타민 D의 충분한 합성에 방해가 된다.

위와 같은 사례로 유당 분해 효소인 락타아제 lactase, 락테이스 가 성인기까지 지속해서 발현되는 형질은 낙농업의 시작 이래 최근 몇천 년 사이 유럽 인구 집단에서 새롭게 나타났다. 그리고 티베트인처럼 고도가 높은 곳에 사는 일부 인구 집단에서는 고산 환경에 적응한 유전 변화도 발견된다.

심리적 특성 또한 신체 형질과 비슷한 수준의 힘이 작용했다는 증거는 없다. 설령 그렇더라도 심리적 특성의 유전적 구조는 복잡하므로, 지속적이고 일정한 진화를 유도하는 방향성 선택은 매우 어렵다. 반면 신체 형질은 1~2개의 유전자 변화로 생겨났으며, 효과도 매우 구체적이었다. 하지만 우리는 심리적 특성이 수백에서 수천 개의 유전적 변이에 영향을 받으며, 그것은 대부분 다른 특성에도 영향을 미친다는 사실을 이미 확인했다. 이는 다음과 같이 두 가지 의미를 지닌다.

첫째, 특정 돌연변이가 한 특성의 수준을 높이더라도 다른 특성에 불리한 영향을 미칠 수 있다는 것이다. 이는 결과적으로 효과가 상쇄함으로써 변화의 가능성을 제한한다.

둘째, 방향성 선택은 돌연변이에 맞서 승산 없는 싸움을 이어가야 한다. 돌연변이는 집단 내에서 끊임없이 다양성을 만들어 내기 때문이다. 이러한 유형의 특성에서 집단 간 차이가 안정적으로 유지되려면, 개 품종 개량에서 볼 법한 수준의 인위적 선택처럼 상당히 강한 선택 압력이 작용해야 한다.

게다가 적어도 성격 특성에서는 모든 상황이나 환경에 최적인 단일 매개변수 조합이 존재하지 않기에, 오히려 다양성을 유지하는 방향으로 진화가 이루어질 수도 있다. 성격 특성은 특정 맥락에서 더 나은 행동을 끌어낼 수 있지만, 다른 맥락에서는 적절하지 않을 수 있다.

예컨대 위태로운 상황이라면 조심성 있는 사람이 죽을 확률이 더 낮아서 생존에 유리하다. 그러나 먹이나 짝짓기 상대를 구할 때는 대담한 사람이 기회를 얻을 확률이 높으므로, 더 나은 결과를 기대할 수 있다. 진화적 적합도 측면에서 유리한 특성은 환경에 따른 개별 상황의 빈도에 따라 달라진다.

하지만 잊지 말아야 할 점은 개인의 환경에서 가장 중요한 요소가 타인이라는 사실이다. 타인은 협력과 경쟁의 대상, 그리고 가장 큰 위협이자 기회의 원천이 되는 존재다. 이는 곧 개인에게 가장 적합한 행동 형질의 조합은 주변 사람들의 특성 조합에 달려 있다는 뜻이다.

그것은 단순한 방식으로 이루어지지 않는다. 즉 모두와 비슷한 특성만 존재하는 것이 최선이라는 의미가 아니다. 오히려 그 반대가 최선일 수 있다.

예를 들어 주변 사람 대부분이 꽤 무모하다면, 조심스러운 행동이 이득이 될 것이다. 주변 사람 중 절반이 과도한 위험에 뛰어들었다가 하나둘 목숨을 잃는 동안, 당신은 뒤에 남아 있다가 전리품을 나눠 가질 수도 있을 것이다. 고상한 전략은 아니지만, 자연 선택은 그러한 점까지 따지지 않기 때문이다. 반면 당신이 소심한 사람끼리 뭉친 집단에 속해 있다면, 보다 대담하게 행동하는 사람이 짝짓기 기회를 비롯한 여러 측면에서 유리할 것이다.

위의 사례는 고전적인 게임 이론에 해당한다. 개인에게 최적의 전략은 타인이 채택한 전략에 따라 달라진다. 이는 진화의 관점에서 빈도 의존적 선택 frequency-dependent selection 이라는 현상으로 이어진다.

어느 표현형, 즉 행동 전략의 적합도는 집단 내에서 그 빈도가 일정 수준 이상으로 흔해지면 감소한다. 어떠한 전략이든 비교적 드문 상태일 때 더 잘 작동한다. 이러한 메커니즘은 특정한 행동 형질을 선호하는 유전적 변이가 집단 전체에 고정되는 일이 일어나지 않도록 한다. 따라서 유전적 다양성은 모든 사람이 동일한 특성을 타고날 수 없어서 생겨난 것뿐 아니라, 자연 선택이 다양성 유지를 위해 적극적으로 작용하기 때문이기도 하다.

신체 형질과 단순하게 비교한다면, 심리적 특성 역시 집단 간 차이가 있을 것처럼 보인다. 그러나 유전 구조를 자세히 살펴보았을 때, 차이가 실제로 나타나려면 매우 특별한 조건이 갖춰져야 함을 알 수 있다. 결코 불가능한 일은 아니지만, 이를 위해서는 집단 간에 강력하고 일관된 환경 차이가 있어야 한다. 또한 그 차이가 유전적 적응을 이끌 만큼 체계적인 압력으로 작용해야 한다. 이는 결국 우리가 집단을 어떻게 정의할 것인지의 문제로 이어지며, 연구에서 흔히 사용하는 범주가 실제로 타당한 의미를 지니는가에 대한 질문으로 연결된다.

이 영역에서의 논의는 대부분 '인종'이라는 흔한 개념을 중심으로 이루어지는 편이다. 그러나 인종 범주의 수와 그 정의에 관한 합의는 쉽지 않다. 1800년대 인류학자들은 주로 대륙별 혈통 continental ancestry 을 기준으로 흑인, 백인, 아시아인이라는 세 범주로 분류했다. 그러나 곧이어 피부색은 비숫해도 아프리카인과 매우 다른 호주 원주민 Aborigine 의 존재가 밝혀지면서부터 네 번째 인종이 추가되었다.

그리고 각 범주는 하위 범주로 세분된다. 인종 범주 가운데 백인 내에서도 히스패닉, 유대인, 아랍인 등을 구분할 수 있는 것처럼 말이다. 또한 공통 혈통을 기준으로 보면, 전 세계적으로 수천 개에 이르는 집단으로 분류할 수 있다. 그중 일부 집단은 오랜 고립과 제한된 혼인으로 비교적 분명하게 구분되지만, 다른 집단은 광범위한 이주와 혼혈로 더욱 뒤섞여 있다.

현대 유전학은 이러한 역사적 배경을 상당 부분 구명할 수 있으며, 전 지구적인 인류 계보의 복잡성도 명확하게 보여 준다. 유전적 유사성을 기준으로 사람을 분류하면 여러 가지 주요 범주를 도출할 수 있지만, 그보다 더 깊은 수준으로 내려가면 훨씬 다양한 세부 집단으로 나눌 수 있다. 이러한 분류 수준 가운데 어느 것도 특별한 지위에 있어야 할 이유는 없다. 어떠한 분류법도 성별처럼 자연적인 종류를 반영하지 않기 때문이다.

아프리카계와 비(非)아프리카계를 나눠서 경향성을 살펴보는 것이 그 예라 할 수 있다. 또 다른 예로 반투족, 암하라족, 요루바족, 켈트족, 바스크족, 핀란드인, 일본인, 아메리카 원주민, 마오리족 등 민족 수준에서 분석할 수도 있다. 어느 수준에서 군집화를 멈출지를 결정하는 것은 전적으로 자의적이다. 범위가 크고 오래될수록 집단 내부의 유전적 측면과 그동안 노출되어 온 환경적 측면의 다양성은 더욱 커진다.

위의 내용은 인종마다 행동 차이가 있다는 주장과 더불어, 그것이 유전적 차이에서 비롯된다는 더 강한 주장을 다룰 때 매우 중요하다. 저널리스트 니콜라스 웨이드 Nicholas Wade 는 2014년《불편한 유산 A Troublesome Inheritance, 국내 미출간》이라는 저서를 써 냈다. 그는 다섯 가지 주요 인종 범주 간 행동이나 인지 특성에서 강력하고 일관된 차이가 존재한다고 주장한다. 그 근거는 대륙별로 서로 다른 역사적 사회 구조에 따른 적응 과정에서 유전적 차이가 발생하기 때문이다.

저자도 인정하는 바와 같이, 위 주장은 "엄밀한 과학의 세계를 떠나 역사와 경제, 인간 진화가 만나는 추측의 영역으로 진입하는 것"[95]이다. 정말 그렇다. 인구 집단의 특정한 문화 차이가 유전적 차이 때문이라는 주장은 전혀 논리적이지 않다. 행동 양식에서 관찰 또는 추정되는 집단 간 차이가 문화적 역사 외에 다른 요인에서 비롯된다는 증거는 전혀 없다.

그보다 더 논쟁의 여지가 될 만한 주제는 인종 간 지능 차이이다. 인구 집단에서 관찰되는 인지 능력의 차이가 유전적 차이로 발생한다는 생각은 이미 오래되었는데, 골턴과 대븐포트 같은 인물에게 인기가 있었다. 그러나 이 개념은 1994년에 심리학자 리처드 헌스타인 Richard Herrnstein 과 정치학자 찰스 머리 Charles Murray 의 공저서인 《종형 곡선 The Bell Curve, 국내 미출간 》으로 악명을 떨쳤다.

《종형 곡선》에서는 미국 내 다양한 인종 집단 간 평균 IQ 점수 차이를 지적하며, 아프리카계 미국인 및 히스패닉 계열 집단의 평균 점수가 백인이나 아시아인보다 낮다고 주장했다. IQ는 유전력이 있는 특성이지만 환경적 요인에도 영향을 받는다는 점에서, 두 저자는 "유전자와 환경 모두 인종 간 지능 차이에 일정 부분 관여할 가능성이 매우 높다."[96]라고 주장한 바 있다.

겉보기에 매우 합리적인 듯한 표현으로 포장된 문장이다. 이는 단순히 '두 요인 모두가 어느 정도 작용했을 것'이라는 시나리오를 가장 그럴듯한 설명으로 제시하는 것에 불과하다. 이러한 주장은 그 반대 입장을 지지하는 쪽에 입증 책임을 전가하는 인상을 준다. 그렇다면 그들의 가설에 과연 근거가 있

---

[95] Wade, N. (2014). *A Troublesome Inheritance: Genes, Race and Human History*. New York: Penguin, 8.

[96] Herrnstein, R. J. and Murray, C. (1994). *The Bell Curve: Intelligence and Class Structure in American Life*. New York: Free Press, 311.

을까? 또한 그 주장에는 개연성이 있을까?

유전력과 관련하여, 쌍둥이 및 가족 연구는 그저 연구 대상 집단 내부에서 IQ 차이가 유전적 변이로 상당 부분을 설명할 수 있다는 점만 보여 줄 뿐이다. 이는 집단 간 차이의 원인에 대해서는 무엇도 말해 주지 못한다. 한 특성이 두 인구 집단 내에서 완전히 유전된다고 하더라도, 그 차이는 전적으로 환경적 요인에서 발생할 수 있다. 체질량지수 BMI는 미국과 프랑스 모두 유전력이 매우 높지만, 두 국가 사이의 평균값 차이는 유전이 아닌 환경적 요인과 관련된다.

지능의 경우, 시간이 지나면서 나타나는 경향을 통해 산모와 유아의 전반적인 건강 및 영양 상태와 교육 수준, 그리고 추상적 사고와 같은 요인에 매우 민감함을 이해했다. 앞선 요인의 전체적인 변화로 지난 세기 동안 여러 국가의 평균 IQ 점수가 향상되었지만, 이는 유전자의 변화와 무관한 현상이다. 역사적 불평등은 세계 여러 지역에서 인종 집단 사이에 존재해 왔으며, 여전히 계속되고 있다. 이를 고려할 때, 유전적 차이가 영향을 미칠 가능성을 제기하기 이전에 문화적 요인의 영향부터 철저히 검토하는 것이 타당해 보인다.

실제로 행동 유전학자들은 이미 알려진 유전적 혼란 변수를 통제하지 않은 사회학 연구는 해석할 수 없다고 정당하게 비판한다. 예컨대 책이 많은 집에 사는 아이의 IQ가 높아진다는 주장에는 치명적인 혼란 변수가 존재한다. 바로 부모의 IQ다. IQ가 높은 부모일수록 집에 책이 많을 테고, 그 자녀도 유전적 이유로 IQ가 높을 가능성이 크기 때문이다.

하지만 여기서는 그 반대가 성립한다. 우리는 문화적 요인이 IQ에 영향을 준다는 사실을 알고 있고, 집단에 따라 상당한 차이를 보인다는 점도 이해했다. 따라서 IQ 검사 수행 능력의 차이가 인종 간 지적 잠재력의 유전적 차이를 반영한다는 결론은 심각하게 교란된 주장이며, 전적으로 추측에 불과하다.

그뿐 아니라 애초부터 위의 차이가 나타날 확률이 낮을 가능성도 있다. 지능이 유전적으로 모듈화된 특성이 아니라 전반적인 적응도를 나타내는 지표라면, 지능에 작용하는 자연 선택의 양상도 완전히 달라진다. 즉 어느 한 집단에서 더 높은 지능이 선택되었을 것이라는 주장만으로는 부족하다. 그와 같은 선택이 모든 집단에서 똑같이 일어나지 않은 이유를 설명해야 하기 때문이다.

호모 사피엔스가 출현하는 과정에서 작용한 선택 압력은 지능을 높이는 돌연변이를 선호했을 가능성이 있다. 인류 진화의 초기 단계에서는 지능이라는 특성 자체가 선택의 대상이었을 것이다. 하지만 일단 뇌라는 복잡한 체계가 형성된 후 정착하면, 이후 나타날 지능에 관련된 주요 변이는 오히려 체계를 손상시키는 돌연변이 하중에 포함된다. 이들 변이는 여러 특성에 영향을 주며, 전반적인 적응도를 떨어뜨릴 수 있다.

적응도란 개체의 생존과 생식에 얼마나 유리한가를 나타내는 척도를 말한다. 따라서 어느 집단에서나 자연 선택의 대상이 된다. 지능이 적응도의 지표 역할을 한다면, 지능 자체가 선택의 직접적인 대상이 아니더라도 자연 선택의 영향을 함께 받을 수 있다. 다시 말해 지능은 항상 안정화 선택 stabilizing selection , 즉 극단적인 상태보다 평균적인 상태를 유지하려는 선택 압력의 영향을 받는다. 이상의 모든 이유를 근거로, 이 책에 제시된 유전적 영향에 대한 어떤 증거도 인구 집단 간 심리적 특성 차이의 원인이 유전적 요인이라는 주장을 뒷받침하는 데 이용되어서는 안 된다.

유전적 결정론

이 책에서는 심리적 특성에 타고난 차이가 존재한다는 주장을 제시했다. 그 차이는 두 가지 원천에서 비롯된다.

① 뇌의 발달과 기능을 규정하는 프로그램 내 유전적 차이
② 개인 내부에서 프로그램의 작동으로 발생하는 무작위적 변이

두 번째 요인은 간과하기 쉽지만, 해당 효과의 작용은 수많은 특성이 단순히 유전력 추정치를 넘어 태어날 때부터 이미 많은 것이 정해져 있다는 사실을 의미한다. 요컨대 우리는 태어날 때부터 서로 다르다. 인간은 결코 백지상태로 태어나는 존재가 아니라는 말이다. 사람들은 주변 인물, 특히 아이들과의 일상 경험을 통해 그러한 사실을 지극히 당연하게 받아들일 것이다.

하지만 누군가에게는 그러한 주장이 유전적 결정론처럼 들릴지도 모르겠다. 유전자가 행동을 결정하면서 우리는 진정한 자율성이 없는 유전자의 노예라는 주장처럼 들릴 수도 있을 것이다. 그러나 이는 전혀 사실이 아니다. 그 주장은 훨씬 소박하다. 유전자에서 나타나는 차이와 뇌 발달 방식의 차이가 타고난 행동 성향의 차이를 낳는다. 이는 사람에 따라 행동 경향성과 능력이 저마다 다를 뿐임을 뜻한다.

각자의 성향은 특정 상황에서의 행동 방식에 미치는 영향은 분명하겠지만, 그것만이 행동을 결정하지는 않는다. 성향이란 어디까지나 다른 과정이 작용하는 바탕을 형성할 뿐이다. 우리는 경험을 통해 배우고, 환경에 적응하며, 성격 특성에 일부 영향을 받는다. 이를 통해 성격 특성에 기반한 습관적인 행동 양식을 발전시켜 나가지만, 상황에 따라 달라질 수 있다.

이와 같은 맥락에서 양육이 행동 형질에 큰 영향을 미치지 않는다는 증거가 있더라도, 이를 곧이곧대로 해석해서는 안 된다. 우리는 아이들의 성격을 빚어내지는 못할지라도, 아이들이 세상에 적응하는 방식에는 분명한 영향을 끼친다. 우리가 특정한 순간에 드러내는 실제 행동은 우리의 근본 기질뿐 아니라, 그 특성적 적응 characteristic adaptation [97]과 가족과 사회의 기대, 실제로는 스스로 형성한 자기 기대에 영향을 받는다. 백지상태가 아니라고 해서 그 위에 무언가를 쓸 수 없다는 뜻은 아니다.

그러나 유전적 결정론이라는 비난을 피할 수 있다고 해도, 신경과학적 환원주의라는 관련 범죄를 저지른 것으로 보일 수 있다. 정신 기능의 세부 기제를 비롯해 그것이 어떻게 다양해지는가를 깊이 탐구하다 보면, 마치 정신 기능을 마음도 없고 주관적 경험도 할 수 없는 세포와 분자의 수준으로 환원하는 것처럼 보이기도 하겠다. 이러한 설명은 진정한 자율성과 자유의지, 그리고 생각, 관념, 감정, 욕망, 의도 같은 정신적 요소의 인과적 힘을 지닐 가능성, 그리고 자유의지를 부정하는 듯해 보인다. 그러나 이 역시 사실이 아니다.

이 책에서 제시한 내용 가운데 무엇도 자율성이나 자유의지의 개념을 위협하지 않는다. 우리의 생각, 감정, 판단에 물리적 기제가 존재한다는 사실은 우리에게 자유의지가 없음을 의미하지 않는다. 오히려 생각, 감정, 판단을 물리적 기제 없이 설명할 수 있다고 기대하는 것이야말로 이원론의 오류를 나타낸다. 즉 뇌와 마음이 본질적으로 구분된 별개의 존재이며, 마음은 비물질적인 것이라는 생각에 빠지는 것이다. 이는 잘못된 생각이며, 한번 빠지면 헤어 나오기가 쉽지 않다.

마음이란 구체적 물체가 아니다. 적어도 물건은 아니다. 마음은 과정 또

---

97 성격 특성에 따라 행동이나 신념을 환경에 맞추어 가는 경향. 옮긴이.

는 일련의 작용을 말한다. 간단히 말하면, 작동 중인 뇌 그 자체가 바로 마음이다.

생각과 감정, 선택은 뇌 안에서 분자들이 움직이는 물리적 흐름으로 매개된다. 그렇더라도 세 요소를 단순히 물리적 흐름으로만 설명할 수는 없다. 그들은 그 자체로 인과적 힘을 지닌 창발적 현상이다. 신경 활동의 패턴이 특정 행동을 유발하는 것은 단순히 원자들이 특정 방식으로 충돌했다가, 다음 순간에 새로운 방식으로 움직였기 때문은 아니다. 그 패턴이 생명체에게 의미 있는 생각을 포함하기 때문이다.

모든 원자의 세부적인 움직임은 중요하지 않으며, 인과적 힘도 갖지 않는다. 이러한 세부 사항은 대부분 신경계의 위계 구조를 통해 정보가 처리되는 과정에서 사라지기 때문이다. 중요한 것은, 해당 원자가 형성한 뉴런 발화 패턴에 담긴 정보의 내용과 그 정보가 의미하는 바이다. 사람이 결정을 내리는 이유는 바로 그 순간 신경 활동 패턴이 그 사람에게 의미를 지니기 때문이다.

우리는 각자 다른 상황에서 특정한 방식으로 행동할 가능성을 높이는 성향을 지니고 있지만, 매번 그래야만 한다는 뜻은 아니다. 우리에게는 여전히 자유의지가 있다. 다만 자유의지는 언제든 어떠한 제약도 없이 아무 행동이나 선택할 수 있다는 의미는 아니다. 물론 그러할 수도 있겠지만, 보통은 그렇지 않다. 우리는 주로 지금까지 생존에 일조한 습관에 따라 행동하고, 심사숙고에 따른 결정이라도 뇌에서 제시하는 제한적인 선택지 내에서 이루어지기 때문이다.

따라서 우리는 완전히 자유롭지 못하며, 일정 수준 심리적 본성에 제약받는다. 하지만 괜찮다. 이것이야말로 '자신'이라는 존재가 의미하는 바다. 그러한 제약은 시간이 흐름에도 일관된 자아를 유지하는 데 필수다. 결과적으로 자유의지는 행동의 이유가 없는 것이 아니라, 나름의 이유에 따른다는 뜻이다. 그리고 행동과 더불어 그 이유를 평가받는다는 점에서, 실용적인 의미로 도덕적 책임을 수반한다.

이때 누군가는 다른 사람보다 자유의지가 더 많으리라는 도발적인 생각이 따라올 것이다. 우리는 다음과 같은 다양한 상황에서 자기 통제력이 달라진다.

- 피곤할 때
- 산만해질 때
- 수면 부족 상태일 때
- 사랑에 빠질 때
- 배고플 때
- 스트레스를 받을 때
- 술에 취할 때

그리고 삶의 흐름 속에서 젊은 시절의 충동성은 나이가 들수록 신중함으로 바뀌어 간다. 하지만 습관적이거나 반사적인 행동을 의식적으로 조절하는 메커니즘도 사람마다 일종의 성향처럼 다르게 나타난다.

제6장의 내용과 같이, 누군가는 다른 이보다 훨씬 충동적인 성향을 보인다. 또는 강박이나 집착, 중독 행동에 시달리며, 이를 통제하지 못하는 사람도 많다. 그리고 정신병이나 조증, 우울증에 시달리는 사람도 마찬가지다. 이러한 이유로 우리는 그들에게 법적으로 온전한 책임을 묻지 않는다. 이러한 관점에서라면 특정한 유형의 사람은 다른 사람보다 생물학적 지배를 더 많이 받는 존재라고 할 수 있다. 그 차이도 물론 생물학적 문제다.

지금 이대로의 우리

거대해진 자기 계발 산업은 우리가 습관이나 행동, 심지어 성격에 이르기까지 자신을 바꿀 수 있다는 생각을 토대로 한다. 자기 계발에는 심리 치료나 인지행동 치료부터 마음 챙김, 두뇌 훈련, 혹은 단순히 긍정적 사고의 힘을 활용하는 것까지 수많은 접근법이 있다. 그리고 최고의 자아가 될 수 있도록 돕겠다는 책과 영상, 세미나 외에도 다양한 자료들이 넘쳐난다.

성공한 사람의 습관을 배우면 우리도 성공할 수 있으며, 스트레스와 불안, 부정적 사고, 인간관계 문제, 낮은 자존감 등을 극복하고, 분노를 조절하며, 기분을 끌어올리고, 늘 꿈꾸던 목표를 이루며, 더 행복한 사람이 될 수 있다고 주장하는 것이다. 어느 책에서는 불안을 극복하고, 자신감을 높여 삶에 변화가 일어나도록 뇌를 재배선 rewire 하는 법을 알려 준다고 한다. 다른 책에서는 '강력한 ○○ 기법을 통해 즉각적으로 엄청난 성과를 얻을 수 있다!'라는 주장까지 한다.

최근에는 대부분 심리학이 중심을 이루던 자기 계발 분야에 소위 신경과학의 획기적인 발견들이 접목되기 시작한다. 이를 통해 변화가 가능하다는 믿음과 그 과정을 설명해 주는 과학적 배경이 강조되고 있다. 그중에서도 특히 대중의 상상력을 자극한 두 가지 주제가 있다.

첫 번째는 신경 가소성 neuroplasticity 또는 뇌 가소성이다. 이는 뇌의 구조가 고정된 것이 아니라 상당히 유연하다는 개념이다. 즉 미리 배선되었다고 해서 반드시 고정된 것을 의미하지는 않음을 암시한다. 그러나 해당 내용은 어느 정도까지만 사실이다.

뇌에서는 세포 수준에서 끊임없는 재배선이 이루어진다. 이것이 바로 뇌가 학습하고 기억을 형성하여 경험을 기반으로 행동 적응을 가능케 하는 방식이다. 즉 뉴런 간 새로운 시냅스 연결을 만들거나, 불필요한 연결을 제거하면서 적응하는 것이다. 그리고 경험을 기반으로 행동을 조절한다.

이상은 뇌가 작동하는 기본적인 방식일 뿐, 전혀 혁신적인 일은 아니다. 그 예로 다친 뒤에는 뇌가 훨씬 큰 규모에서 회로를 재배선하기도 한다. 그러면 어느 시기에는 회복에 도움이 되거나 손상을 보완하기도 한다. 그러나 다른 경우라면 추가적인 문제로 이어질 수 있다.

뇌의 유연함은 무한하지 않다. 여기에는 그만한 이유가 있다. 뇌는 변화와 더불어 일관된 자아 정체성과 구조를 유지할 필요성도 있기 때문이다. 뇌가 끊임없이 전면적인 변화를 겪고 있다면, 우리는 결코 우리일 수 없을 것이다.

어린 나이의 뇌는 가소성과 반응성이 높지만, 성숙기에 이르면 급격히 줄어든다. 이는 다양한 세포 내외적 변화에 따라 의도적으로 억제되기도 한다. 인간은 신경 인지 능력이 뛰어나기에 가소성이 매우 긴 시간 동안 유지된다. 다시 말하면 경험을 통해 계속 학습할 수 있다는 사실을 반영한다. 하지만 어느 시점이 되면 뇌도, 사람도 변화를 멈추고 그저 존재하는 상태로 머물러야 한다.

이러한 점은 우리가 기대할 수 있는 변화의 범위를 제한한다. 행동을 바꾸는 것은 분명 가능하다. 충분한 노력을 들이면 습관을 고치거나 중독을 극복할 수도 있다. 그리고 이는 여러 상황에서 매우 바람직하고 가치 있는 목표일 것이다.

하지만 우리가 성격 특성을 정말로 바꿀 수 있다는 생각을 뒷받침하는 증거는 거의 없다. 생물학적으로 덜 신경질적이거나 더 성실한 사람이 될 수 있으리라는 발상처럼 말이다. 물론 현실적인 상황에 더욱 효과적으로 대응하는 데 도움이 될 만한 행동 전략을 배울 수는 있겠지만, 그러한 전략이 본래의 성향 자체를 바꾸지는 못할 것이다.

아이들이라면 상황이 다를 수 있다. 특정 시기에 집중적으로 행동에 개입하여 발달 경로를 바꿀 가능성이 존재하기 때문이다. 그 예로 자폐증이 있는 아이가 사람과 대화할 때, 의식적으로 얼굴을 바라보도록 교육을 받는다면, 그렇지 않았을 때보다 언어 및 사회 발달을 잘 이끌어 낼 수 있다.

그럼에도 장기적인 변화를 일으킬 기회는 여전히 제한적이다. 정상 범위 내에서 발달했거나, 그렇지 않은 아동에게 위와 같은 유형의 개입을 시도할 때는 선천적인 성향뿐 아니라, 그것으로 선택한 경험과 환경이 다시 성향을 강화하는 연쇄 작용까지도 극복해야 하기 때문이다.

두 번째는 요즘 대중의 관심을 끌고 있는 후성유전학 epigenetics 이다. '후성유전'은 제4장에서 접한 바 있는 표현으로, 이때는 개체가 형성되는 발달 과정을 가리키는 의미로 쓰였다. 하지만 현대적인 의미는 완전히 다르다. 이는 세포가 유전자 발현을 조절하는 데 사용하는 분자 수준의 메커니즘을 가리킨다.

모든 세포는 순간마다 각자의 기능에 필요한 일부 유전자만이 선택적으로 활발하게 작동하는 반면, 나머지는 비활성화된 채 기능하지 않는다. 이러한 선택적 유전자 발현 덕분에 근육 세포에서 근육 단백질을, 뼈 세포에서는 뼈 단백질을 만들어 낼 수 있다. 게다가 세포는 외부 또는 내부의 환경 변화에 반응하여 다양한 유전자에서 단백질 생성량을 늘리거나 줄일 수 있다.

위와 같은 후성유전학적 유전자 조절 메커니즘은 변화를 일정 시간 동안 때로는 세포의 생애 전체는 물론, 그로부터 분열한 딸세포의 생애까지 유지하는 역할을 한다. 바로 이러한 원리로 발달 과정에서 다양한 세포 유형이 분화할 수 있는 것이다.

후성유전학이 자기 계발 산업에서 매력적으로 보이는 이유는, 그 메커니즘이 일종의 세포 기억처럼 작용한다는 생각 때문이다. 즉 경험에 따라 유전자의 작동 여부가 바뀌고, 변화가 오랫동안 유지된다는 것이다. 그런데 유전자 스위치의 활성화나 비활성화를 성격 특성과 동일시할 때 문제가 생긴다.

피부 색소처럼 단순한 특성이라면 그 말이 어느 정도는 맞을 수도 있다. 햇볕에 피부를 노출하면 색소 생성을 조절하는 유전자에 후성유전적 변화가 생기면서, 선탠의 효과가 몇 주 동안 유지된다.

그러나 심리적 특성에서는 분자 수준의 유전자 작동과 행동 수준에서의 특성 발현 사이의 연결이 너무 간접적이고, 특이성이 낮은 데다 다양한 조합이 작용하는 복잡한 구조로 되어 있다. 따라서 심리적 특성은 피부 색소처럼 단순한 대응 관계가 성립하지 않는다. 더군다나 심리적 특성의 차이가 대부분 뇌의 발달 과정에서 비롯된 것이라면, 성인이 된 후에 일부 유전자를 약간 조정하여 성격을 바꾼다는 생각은 설득력이 훨씬 떨어진다. 결과적으로 현재 유행처럼 떠오른 신경 가소성이나 후성유전학이 우리의 심리적 특성을 극적으로 바꿀 마법의 열쇠라는 생각은 사실과 거리가 있다.

끝으로 다분히 개인적인 의견을 하나 덧붙이고자 한다. 자기 계발 산업은 아주 영악하면서, 약간은 해로운 메시지를 기반으로 세워졌다는 느낌을 지울 수 없다. 겉보기에는 변화의 가능성을 다룬다는 점에서 표면상 긍정적인 듯 보인다. 하지만 그 이면에는 다음과 같은 메시지를 전제하고 있다.

> 당신은 현재의 모습만으로는 충분하지 않다. 다른 사람들이 당신을 앞서가기 때문이다. 하지만 우리 제품을 사거나 강의를 들으면서 긍정적으로 생각하기만 하면 당신도 남들처럼 나아질 수 있다.

자기 계발 산업은 인간 심리에서 그다지 바람직하지 않은 측면을 교묘하게 이용한다. 돈이 더 많은 이웃이나 먼저 승진한 직장 동료, 또는 완벽해 보이는 여자의 삶 등을 떠올리게 하면서 부러움을 마케팅 수단으로 활용한다. 그리고 주로 불안감이 큰 사람들을 겨냥해 불안과 걱정, 스트레스, 자신감

부족, 낮은 자존감 등을 극복할 수 있다고 주장한다. 바로 이러한 성격 특성을 자극해 자신을 바꾸어야 한다는 믿음을 주입한다.

이 책은 분명히 자기계발서가 아니다. 어쩌면 자기계발서와는 전혀 다른 관점을 보여 준다는 점에서 긍정적인 의미를 찾을 수 있을 것이다. 사람을 있는 그대로 받아들이는 데서 오는 힘이 있다. 그 사람은 친구나 파트너, 직장 동료, 또는 자녀나 형제자매일 수 있다. 그리고 무엇보다 나를 있는 그대로 받아들이는 것이 중요하다.

사람들은 서로 다르게 태어나며, 그 차이는 계속해서 이어진다. 우리는 수줍거나 똑똑하지만, 거칠어지다가도 친절하며, 불안하고 충동적이기도 하나, 근면하면서 덤벙대거나, 성격이 급하기도 하다. 이처럼 우리는 세상을 바라보고, 생각하고, 느끼는 바가 모두 제각각이다.

누군가는 세상을 쉽게 헤쳐 나간다. 그러나 다른 이는 세상에 적응하고, 주위 사람과 잘 어울리거나 정신을 붙들고 사는 데 어려움을 겪는다. 이러한 차이를 부정한 채 사람들에게 끊임없이 변해야 한다고 말하는 것은 아무에게도 도움이 되지 않는다. 이에 우리는 인간 본성의 다양성을 이해하고, 인정하며, 받아들이기를 넘어 환영할 수 있어야 한다.

참고문헌

0~9

1000 Genomes Project Consortium. (2015). A Global Reference for Human Genetic Variation. *Nature*, 526(7572), 68-74.

A

Adams, J. (2008). Genetics of Dog Breeding. *Nature Education*, 1(1), 144.

Alanko, K., Santtila, P., Harlaar, N., Witting, K., Varjonen, M., Jern, P., Johansson, A., von der Pahlen, B., and Sandnabb, N. K. (2010). Common Genetic Effects of Gender Atypical Behavior in Childhood and Sexual Orientation in Adulthood: A Study of Finnish Twins. *Archives of Sexual Behavior*, 39(1), 81-92.

Archer, J. (2009). Does Sexual Selection Explain Human Sex Differences in Aggression? *Behavioral and Brain Sciences*, 32(3-4), 249-311.

Avinun, R., and Knafo, A. (2014). Parenting as a Reaction Evoked by Children's Genotype: A Meta-analysis of Children-as-Twins Studies. *Personality and Social Psychology Review*, 18(1), 87-102.

B

Bao, A. M., and Swaab, D. F. (2010). Sex Differences in the Brain, Behavior, and Neuropsychiatric Disorders. *Neuroscientist*, 16(5), 550-565.

Bao, A. M., and Swaab, D. F. (2011). Sexual Differentiation of the Human Brain: Relation to Gender Identity, Sexual Orientation and Neuropsychiatric Disorders. *Frontiers in Neuroendocrinology*, 32(2), 214-226.

Bargary, G., and Mitchell, K. J. (2008). Synaesthesia and Cortical Connectivity. *Trends in Neuroscience*, 31(7), 335-342.

Barnett, K. J., Finucane, C., Asher, J. E., Bargary, G., Corvin, A. P., Newell, F. N., and Mitchell, K. J. (2008). "Familial Patterns and the Origins of Individual Differences in Synaesthesia." *Cognition*, 106(2), 871-893.

Bates, E., Johnson, M. H., Karmiloff-Smith, A., Parisi, D. and Plunkett, K. (1998). *Rethinking Innateness: A Connectionist Perspective on Development.* Cambridge, MA: MIT Press.

Bevilacqua, L., and Goldman, D. (2013). Genetics of Impulsive Behaviour. *Philosophical Transactions of the Royal Society of London. Series B, Biolgical Science*, 368(1615), 20120380.

Bick, J., and Nelson, C. A. (2016). Early Adverse Experiences and the Developing Brain. *Neuropsychopharmacology*, 41(1), 177-196.

Bouchard, T. J., Jr. (2016). Experience Producing Drive Theory: Personality 'Writ Large.' *Personality and Individual Differences*, 90, 302-314.

Bouchard, T. J., Jr., and McGue, M. (2003). Genetic and Environmental Influences on Human Psychological Differences. *Jounal of Neurobiology*, 54(1), 4-45.

Briley, D. A., and Tucker-Drob, E. M. (2017). Comparing the Developmental Genetics of Cognition and Personality over the Life Span. *Journal of Personality*, 85(1), 51-64.

C

Calvin, W. H. (2004). *A Brief History of the Mind*. New York: Oxford University Press.

Cecere, R., Rees, G., and Romei, V. (2015). Individual Differences in Alpha Frequency Drive Crossmodal Illusory Perception. *Current Biology*, 25(2), 231-235.

Chang, H. H., Hemberg, M., Barahona, M., Ingber, D. E. and Huang, S. (2008). Transcriptome-wide Noise Controls Lineage Choice in Mammalian Progenitor Cells. *Nature*, 453(7194), 544-547.

Chekroud, A. M., Ward, E. J., Rosenberg, M. D., and Holmes, A. J. (2016) Patterns in the Human Brain Mosaic Discriminate Males from Females. *Proceedings of the National Academy of Sciences of the United States of America*, 113(14), E1968.

Chiang, M. C., Barysheva, M., Shattuck, D. W., Lee, A. D., Madsen, S. K., Avedissian, C., Klunder, A. D., et al. (2009). Genetics of Brain Fiber Architecture and Intellectual Performance. *Journal of Neuroscience*, 29(7), 2212-2224.

Clarke, A., and Tyler, L. K. (2015). Understanding What We See: How We Derive Meaning from Vision. *Trends in Cognitive Sciences*, 19(11), 677-687.

Clarke, P. G. 2012. The Limits of Brain Determinacy. *Proceedings of Royal Society B: Biological Science*, 279(1734), 1665-1674.

Corey, L. A., Pellock, J. M., Kjeldsen, M. J., and Nakken, K. O. (2011). Importance of Genetic Factors in the Occurrence of Epilepsy Syndrome Type: A Twin Study. *Epilepsy Research*, 97(1-2), 103-111.

Cox, B. R., and Krichmar, J. L. (2009). Neuromodulation as a Robot Controller: A Brain-Inspired Strategy for Controlling Autonomous Robots. *IEEE Robotics and Automation Magazine*, 16(3), 72-80.

Craddock, N., and Owen, M. J. (2010). The Kraepelinian Dichotomy: Going, Going... but Still Not Gone. *British Journal of Psychiatry*, 196(2), 92-95.

D

Dalley, J. W., and Robbins, T. W. (2017). Fractionating Impulsivity: Neuropsychiatric Implications." *Nature Reviews Neuroscience* 18(3): 158-171.

Dayan, P. (2012). Twenty-Five Lessons from Computational Neuromodulation. *Neuron*, 76(1), 240-256.

Deary, I. J. (2012). Intelligence. *Annual Review of Psychology*, 63, 453-482.

Deciphering Developmental Disorders Study. (2017). Prevalence and Architecture of De Novo Mutations in Developmental Disorders. *Nature* 542(7642), 433-438.

Del Giudice, M., Booth, T., and Irwing, P. (2012). The Distance between Mars and Venus: Measuring Global Sex Differences in Personality. *PLoS One*, 7(1), e29265.

Deleniv, S. (2015). The Mystery of Tetrachromacy: If 12% of Women Have Four Cone Types in Their Eyes, Why Do So Few of Them Actually See More Colours? *The Neurosphere*(blog), December 17, 2015. http://theneurosphere.com/2015/12/17/

the-mystery-of-tetrachromacy-if-12-of-women-have-four-cone-types-in-their-eyes-why-do-so-few-of-them-actually-see-more-colours/.

Dick, D. M., Agrawal, A., Keller, M. C., Adkins, A., Aliev, F., Monroe, S., Hewitt, J. K., et al. (2015). Candidate Gene-Environment Interaction Research: Reflections and Recommendations. *Perspectives on Psychological Science*, 10(1), 37-59.

Doya, K. 2002. Metalearning and Neuromodulation. *Neural Networks*, 15(4-6), 495-506.

Duncan, L. E., and Keller, M. C. 2011. A Critical Review of the First 10 Years of Candidate Gene-by-Environment Interaction Research in Psychiatry. *American Journal of Psychiatry*, 168(10), 1041-1049.

E

Eliot, L. (1999). *What's Going On in There? How the Brain and Mind Develop in the First Five Years of Life.* New York: Bantam Books., 안승철 옮김(2004), 《우리 아이 머리에선 무슨 일이 일어나고 있을까?》, 궁리.

F

Falconer, D. S., and Mackay, T. F. C. (1966). *Introduction to Quantitative Genetics*. 4th ed. Harlow, UK: Longmans Green.

Farina, F. R., Mitchell, K. J., and Roche, R. J. (2017). Synaesthesia Lost and Found: Two Cases of Person- and Music-Colour Synaesthesia. *European Journal of Neuroscience*, 45(3), 472-477.

Finucane, B., and Myers, S. M. (2016). Genetic Counseling for Autism Spectrum Disorder in an Evolving Theoretical Landscape. *Current Genetic Medicine Reports*, 4, 147-153.

Fisher, R. A. (1930). *The Genetical Theory of Natural Selection*. Oxford: Oxford University Press.

Flint, J., and Munafò, M. R. (2013). Candidate and Non-candidate Genes in Behavior Genetics. *Current Opinion Neurobiology*, 23(1), 57-61.

G

Galton, F. (1907). *Inquiries into Human Faculty and Its Development*. 2nd ed. New York: J. M. Dent.

Ganna, A., Genovese, G., Howrigan, D. P., Byrnes, A., Kurki, M., Zekavat, S. M., Whelan, C. W., et al. (2016). Ultra-Rare Disruptive and Damaging Mutations Influence Educational Attainment in the General Population. *Nature Neuroscience*, 19(12), 1563-1565.

Gottlieb, G. (1991). Experiential Canalization of Behavioral Development: Theory. *Developmental Psychology*, 27(1), 4-13.

Gottlieb, G. (2007). Probabilistic Epigenesis. *Developmental Science*, 10(1), 1-11.

Gregory, R. L. (1997). *Eye and Brain: The Psychology of Seeing*. Princeton, NJ: Princeton University Press.

H

Harris, J. R. (1998). *The Nurture Assumption: Why Children Turn Out the Way They Do*. New York: Free Press., 최수근 옮김 · 황상민 감수(2022), 《양육가설》, 이김.

Healy, K., McNally, L., Ruxton, G. D., Cooper, N., and Jackson, A. L. (2013). Metabolic Rate and Body Size Are Linked with Perception of Temporal Information. *Animal Behaviour*, 86(4), 685-696.

Herrnstein, R. J., and Murray, C. (1994). *The Bell Curve: Intelligence and Class Structure in American Life*. New York: Free Press.

Hill, W. D., Davies, G., Harris, S. E., Hagenaars, S. P., neuro-CHARGE Cognitive Working group, Liewald, D. C., Penke, L.,

Gale, C. R., and Deary, I. J. (2016). Molecular Genetic Aetiology of General Cognitive Function is Enriched in Evolutionarily Conserved Regions. *Translational Psychiatry*, 6(12), e980.

Hines, M. (2004). *Brain Gender*. New York: Oxford University Press.

Hofstadter, D. (2007). *I Am a Strange Loop*. New York: Basic Books.

Hubbard, L., Tansey, K. E., Rai, D., Jones, P., Ripke, S., Chambert, K. D., Moran, J. L., et al. (2016). Evidence of Common Genetic Overlap between Schizophrenia and Cognition. *Schizophrenia Bulletin*, 42(3), 832-842.

I

Ingalhalikar, M., Smith, A., Parker, D., Satterthwaite, T. D., Elliott, M. A., Ruparel, K., Hakonarson, H., Gur, R. E., Gur, R. C., and Verma, R. (2014). Sex Differences in the Structural Connectome of the Human Brain. *Proceedings of the National Academy of Sciences of the United States of America*, 111(2), 823-828.

J

Jahanshad, N., and Thompson, P. M. (2017). Multimodal Neuroimaging of Male and Female Brain Structure in Health and Disease across the Life Span. *Journal of Neuroscience Research*, 95(1-2), 371-379.

Jansen, A. G., Mous, S. E., White, T., Posthuma, D., and Polderman, T. J. (2015). What Twin Studies Tell Us about the Heritability of Brain Development, Morphology, and Function: A Review. *Neuropsychology Review*, 25(1), 27-46.

Jacquemont, S., Coe, B. P., Hersch, M., Duyzend, M. H., Krumm, N., Bergmann, S., Beckmann, J. S., Rosenfeld, J. A., and Eichler. E. E. (2014). A Higher Mutational Burden in Females Supports a 'Female Protective Model' in Neurodevelopmental Disorders. *American Journal of Human Genetics*, 94(3), 415-425.

Joel, D., Berman, Z., Tavor, I., Wexler, N., Gaber, O., Stein, Y., Shefi, N., et al. (2015). Sex beyond the Genitalia: The Human Brain Mosaic. *Proceedings of the National Academy of Sciences of the United States of America*, 112(50), 15468-15473.

Johnson, T., and Barton, N. (2005). Theoretical Models of Selection and Mutation on Quantitative Traits. *Philosophical Transactions of the Royal Society of London. Series B, Biolgical Science.* 360(1459), 1411-1125.

Johnson, W., Carothers, A., and Deary, I. J. (2008). Sex Differences in Variability in General Intelligence: A New Look at the Old Question. *Perspectives on Psychological Science*, 3(6), 518-531.

Johnson, W., Gangestad, S. W., Segal, N. L., and Bouchard, T. J., Jr. (2008). Heritability of Fluctuating Asymmetry in a Human Twin Sample: The Effect of Trait Aggregation. *American Journal of Human Biology*, 20(6), 651-658.

K

Kan, K. J., Ploeger, A., Raijmakers, M. E. J., Dolan, C. V., and van der Maas, H. L. J. (2010). Nonlinear Epigenetic Variance: Review and Simulations. *Development Science*, 13(1), 11-27.

Keller, M. C., and Miller, G. (2006). Resolving the Paradox of Common, Harmful, Heritable Mental Disorders: Which Evolutionary Genetic Models Work Best? *Behavioral and Brain Sciences*, 29(4), 385-404.

Kendall, K. M., Rees, E., Escott-Price, V., Einon, M., Thomas, R., Hewitt, J., O'Donovan, M. C., Owen, M. J., Walters, J. T. R., and Kirov, G. (2017). Cognitive Performance among Carriers of Pathogenic Copy Number Variants: Analysis of 152,000 UK Biobank Subjects. *Biological Psychiatry*, 82(2), 103-110.

Kendler, K. S., Thornton, L. M., Gilman, S. E., and Kessler, R. C. (2000). Sexual Orientation in a US National Sample of

Twin and Nontwin Sibling Pairs. *American Journal of Psychiatry*, 157(11), 1843-1846.

Knickmeyer, R. C., Wang, J., Zhu, H., Geng, X., Woolson, S., Hamer, R. M., Konneker, T., Styner, M., and Gilmore, J. H. (2014). Impact of Sex and Gonadal Steroids on Neonatal Brain Structure. *Cerebral Cortex*, 24(10), 2721-2731.

Kochunov, P., Jahanshad, N., Marcus, D., Winkler, A., Sprooten, E., Nichols, T. E., Wright, S. N. et al. (2015). Heritability of Fractional Anisotropy in Human White Matter: A Comparison of Human Connectome Project and ENIGMA-DTI Data. *Neuroimage*, 111, 300-311.

Kuhl, P. K. (2011). Brain Mechanisms in Early Language Acquisition. *Neuron*, 67(5), 713-727.

L

Långström, N., Rahman, Q., Carlström, E., and Lichtenstein, P. (2010). Genetic and Environmental Effects on Same-Sex Sexual Behavior: A Population Study of Twins in Sweden. *Archives of Sexual Behavior*, 39(1), 75-80.

Leamy, J., and Klingenberg, C. P. (2005). The Genetics and Evolution of Fluctuating Asymmetry. *Annual Review of Ecology, Evolution and Systematics*, 36, 1-21.

LeDoux, J. (2002). *Synaptic Self.* New York: Penguin Books., 강봉균 옮김(2005), 《시냅스와 자아》, 동녘사이언스.

Lewens, T. (2012). Human Nature: The Very Idea. *Philosophy and Technology*, 25(4), 459-474.

Lewis, M. D. (2005). Self-Organizing Individual Differences in Brain Development. *Developmental Review*, 25(3-4), 252-277.

Lupski, J. R., Belmont, J. W., Boerwinkle, E. and Gibbs, R. A. (2011). Clan Genomics and the Complex Architecture of Human Disease. *Cell*, 147(1), 32-43.

M

Machery, E. (2008). A Plea for Human Nature. *Philosophical Psychology*, 21(3), 321-329.

Manzini, M. C., and Walsh, C. A. (2015). The Genetics of Cortical Malformations. in *The Genetics of Neurodevelopmental Disorders*, edited by Mitchell, K. J., 129-153. Hoboken, NJ: Wiley Blackwell, 2015.

Marcinkiewcz, C. A., Mazzone, C. M., D'Agostino, G., Halladay,L. R., Hardaway, J. A., DiBerto, J. F., Navarro, M., et al. (2016). Serotonin Engages an Anxiety and Fear-Promoting Circuit in the Extended Amygdala. *Nature*, 537(7618), 97-101.

Marcus, G. (2004). *The Birth of the Mind: How a Tiny Number of*

Genes Creates the Complexities of Human Thought. New York: Basic Books., 김명남 옮김(2005), 《마음이 태어나는 곳》, 해나무.

Marder, E. (2012). Neuromodulation of Neuronal Circuits: Back to the Future. *Neuron*, 76(1), 1-11.

Matias, S., Lottem, E., Dugué, G. P., and Mainen, Z. F. (2017). Activity Patterns of Serotonin Neurons Underlying Cognitive Flexibility. *eLife*, 6, e20552.

McAdams, D. P., and Pals, J. L. (2006). A New Big Five: Fundamental Principles for an Integrative Science of Personality. *American Psychologist*, 61(3), 204-217.

McCrae, R. R., Costa, P. T., Jr., Ostendorf, F., Angleitner, A., Hrebícková, M., Avia, M. D., Sanz, J., et al. (2000). Nature over Nurture: Temperament, Personality, and Life Span Development. *Journal of Personality and Social Psychology*, 78(1), 173-186.

McEwen, B. S., and Milner, T. A. (2017). Understanding the Broad Influence of Sex Hormones and Sex Differences in the Brain. *Journal of Neuroscience Research*, 95(1-2), 24-39.

Mitchell, K. J. (2007). The Genetics of Brain Wiring: From Molecule to Mind. *PLoS Biology*, 5(4), e113.

Mitchell, K. J. (2011). Curiouser and Curiouser: Genetic Disorders of Cortical Specialization. *Current Opinion in Genetics and Development*, 21(3), 271-277.

Mitchell, K. J. (2012). The Genetics of Stupidity. *Wiring the Brain* (blog), July 5, 2012. http://www.wiringthebrain.com/2012/07/genetics-of-stupidity.html.

Mitchell, K. J. (2013). Genetic Entropy and the Human Intellect. *Trends in Genetics*, 29(2), 59-60.

Mitchell, K. J. (2014). Top-Down Causation and the Emergence of Agency. *Wiring the Brain* (blog), November 24, 2014. http://www.wiringthebrain.com/2014/11/top-down-causation-and-emergence-of.html.

Mitchell, K. J. (ed.). (2015). *The Genetics of Neurodevelopmental Disorders*. Hoboken, NJ: Wiley Blackwell, 2015.

Molenaar, P. C. M., Boomsma, D. I. and Dolan, C. V. (1993). A Third Source of Developmental Differences. *Behavior Genetics*, 23(6), 519-524.

Moreno-de-Luca, A., Myers, S. M., Challman, T. D., Moreno-de-Luca, D., Evans, D. W., and Ledbetter, D. H. (2013). Developmental Brain Dysfunction: Revival and Expansion of Old Concepts Based on New Genetic Evidence. *Lancet Neurology*, 12(4), 406-414.

Murphy, N., Ellis, G. F. R., and O'Connor, T. (2009). *Downward Causation and the Neurobiology of Free Will*. Berlin: Springer.

N

Nettle, D. (2009). *Personality: What Makes You the Way You Are.* Oxford: Oxford University Press., 김상우 옮김(2009),《성격의 탄생》, 와이즈북.

Newell, F. N., and Mitchell, K. J. (2016). Multisensory Integration and Cross-Modal Learning in Synaesthesia: A Unifying Model. *Neuropsychologia*, 88, 140-150.

Niederkofler, V., Asher, T. E., Okaty, B. W., Rood, B. D., Narayan, A., Hwa, L. S., Beck, S. G., et al. (2016). Identification of Serotonergic Neuronal Modules that Affect Aggressive Behavior. *Cell Reports*, 17(8), 1934-1949.

O

Okbay, A., Beauchamp, J. P., Fontana, M. A., Lee, J. J., Pers, T. H., Rietveld, C. A., Turley, P., et al. (2016). Genome-wide Association Study Identifies 74 Loci Associated with Educational Attainment. *Nature*, 533(7604), 539-542.

Olson, M. V. (2012). Human Genetic Individuality. *Annual Review of Genomics and Human Genetics*, 13, 1-27.

P

Penke, L., Maniega, S. M., Bastin, M. E., Valdés Hernández, M. C., Murray, C., Royle, N. A., Starr, J. M., Wardlaw, J. M., and Deary, I. J. (2012). Brain White Matter Tract Integrity as a Neural Foundation for General Intelligence. *Molecular Psychiatry*, 17(10), 1026-1030.

Peretz, I. (2016). Neurobiology of Congenital Amusia. *Trends in Cognitive Science*, 20(11), 857-867.

Pinker, S. (2002). *The Blank Slate: The Modern Denial of Human Nature*. New York: Viking., 김한영 옮김(2004), 《빈 서판》, 사이언스북스.

Pinker, S. (2010). The Cognitive Niche: Coevolution of Intelligence, Sociality, and Language. *Proceedings of the National Academy of Sciences of the United States of America*, 107(2), 8993-8999.

Plomin, R., and Daniel, D. (2011). Why Are Children in the Same Family So Different from One Another? *International Journal of Epidemiology*, 40(3), 563-582.

Plomin, R., and Deary, I. J. (2015). Genetics and Intelligence Differences: Five Special Findings. *Molecular Psychiatry*, 20(1), 98-108.

Plomin, R., DeFries, J. C., and McClearn., G. E. (2008). *Behavioral Genetics*. 5th ed. New York: Worth.

Polderman, T. J. C., Benyamin, B., de Leeuw, C. A., Sullivan, P.

F., van Bochoven, A., Visscher, P. M., and Posthuma, D. (2015). Meta-analysis of the Heritability of Human Traits Based on Fifty Years of Twin Studies. *Nature Genetics*, 47(7), 702-709.

Puts, D. (2015). Human Sexual Selection. *Current Opinion in Psychology*, 7, 28-32.

R

Redish, A. D. (2013). *The Mind Within the Brain: How We Make Decisions and How Those Decisions Go Wrong*. New York: Oxford University Press.

Ritchie, S. J. (2015). *Intelligence: All that Matters*. London: John Murray Learning.

Ritchie, S. J., Cox, S. R., Shen, X., Lombardo, M. V., Reus, L. M., Alloza, C., Harris, M. A., et al. (2018). Sex Differences in the Adult Human Brain: Evidence from 5,216 UK Biobank Participants. *bioRxiv*, January 22, 2018, 123729.

Roshchupkin, G. V., Gutman, B. A., Vernooij, M. W., Jahanshad, N., Martin, N. G., Hofman, A., McMahon, K. L. et al. (2016). Heritability of the Shape of Subcortical Brain Structures in the General Population. *Nature Communications*, 7, 13738.

Ruigrok, A. N., Salimi-Khorshidi, G., Lai, M. C., Baron-Cohen, S., Lombardo, M. V., Tait, R. J., and Suckling, J. (2014). A Meta-Analysis of Sex Differences in Human Brain Structure. *Neuroscience and Biobehavioral Review*, 39(100), 34-50.

Rutherford, A. (2016). *A Brief History of Everyone Who Ever Lived: The Stories in Our Genes.* London: Weidenfeld and Nicolson, 2016.

S

Sacks, O. (1986). The Man Who Mistook His Wife for a Hat. London: Picador., 조석현 옮김(2022), 《아내를 모자로 착각한 남자》, 알마.

Samaha, J., and Postle, B. R. (2015). The Speed of Alpha-Band Oscillations Predicts the Temporal Resolution of Visual Perception. *Current Biology*, 25(22), 2985-2990.

Santarnecchi, E., Rossi, S., and Rossi, A. (2015). The Smarter, the Stronger: Intelligence Level Correlates with Brain Resilience to Systematic Insults. *Cortex*, 64, 293-309.

Schizophrenia Working Group of the Psychiatric Genomics Consortium. (2014). Biological Insights from 108 Schizophrenia-Associated Genetic Loci. *Nature*, 511(7510), 421-427.

Schwarzkopf, D. S., Song, C., and Rees, G. (2011). The Surface Area of Human V1 Predicts the Subjective Experience of Object Size. *Nature Neuroscience*, 14(1), 28-30.

Sanchez, A., Choubey, S., and Kondev, J. (2013). Regulation of Noise in Gene Expression. *Annual Review of Biophysics*, 42, 469-491.

Sanes, D., Reh, T., and Harris, W. (2011). *Development of the Nervous System*. 3rd ed. London: Academic Press.

Saucier, G., and Srivastava, S. (2015). What Makes a Good Structural Model of Personality? Evaluating the Big Five and Alternatives. in *APA Handbook of Social and Personality Psychology, vol. 4, Personality Processes and Individual Differences*, edited by Mikulincer, M., and Shaver, P. R., 283-305. Washington, DC: American Psychological Association.

Scarr, S., and McCartney, K. (1983). How People Make Their Own Environments: A Theory of Genotype-Environment Effects. *Child Development*, 54(2), 424-435.

Schrödinger, E. (1944). *What Is Life? The Physical Aspect of the Living Cell*. Cambridge, UK: Cambridge University Press., 서인석·황상익 옮김(2001), 《생명이란 무엇인가》, 한울.

Smith, D. J., Escott-Price, V., Davies, G., Bailey, M. E., Colodro-Conde, L., Ward, J., Vedernikov, A., et al. (2016). Genome-wide Analysis of Over 106,000 Individuals Identifies 9 Neuroticism-Associated Loci. *Molecular Psychiatry*, 21(6), 749-757.

Sniekers, S., Stringer, S., Watanabe, K., Jansen, P. R., Coleman, J. R. I., Krapohl, E., Taskesen, E., et al. (2017). Genome-wide Association Meta-Analysis of 78,308 Individuals Identifies New

Loci and Genes Influencing Human Intelligence. *Nature Genetics*, 49(7), 1107-1112.

Sperry, R. W. (1991). In Defense of Mentalism and Emergent Interaction. *Journal of Mind and Behavior*, 12(2), 221-246.

Suárez, R., Gobius, I. and Richards, L. J. (2014). Evolution and Development of Interhemispheric Connections in the Vertebrate Forebrain. *Frontiers in Human Neuroscience*, 8, 497.

Susilo, T., and Duchaine, B. (2013). Advances in Developmental Prosopagnosia Research. *Current Opinion in Neurobiology*, 23(3), 423-429.

T

Teicher, M. H., and Samson, J. A. (2016). Annual Research Review: Enduring Neurobiological Effects of Childhood Abuse and Neglect. *Journal of Child Psychology and Psychiatry*, 57(3), 241-266.

Teissier, A., Soiza-Reilly, M., and Gaspar, P. (2017). Refining the Role of 5-HT in Postnatal Development of Brain Circuits. *Frontiers in Cellular Neuroscience*, 11, 139.

Terracciano, A., Abdel-Khalek, A. M., Adám, N., Adamovová, L., Ahn, C. K., Ahn, H. N., Alansari, B. M., et al. (2005). National Character Does Not Reflect Mean Personality Trait Levels in

49 Cultures. *Science*, 310(5745), 96-100.

Thompson, P. M., Ge, T., Glahn, D. C., Jahanshad, N. and Nichols, T. E. (2013). Genetics of the Connectome. *Neuroimage*, 80, 475-488.

Torres, F., Barbosa, M., and Maciel, P. (2016). Recurrent Copy Number Variations as Risk Factors for Neurodevelopmental Disorders: Critical Overview and Analysis of Clinical Implications. *Journal of Medical Genetics*, 53(2), 73-90.

Trampush, J. W., Yang, M. L. Z., Yu, J., Knowles, E., Davies, G., Liewald, D. C., Starr, J. M., et al. (2017). GWAS Meta-Analysis Reveals Novel Loci and Genetic Correlates for General Cognitive Function: A Report from the COGENT Consortium. *Molecular Psychiatry*, 22(3), 336-345.

Trut, L. (1999). Early Canid Domestication: The Farm-Fox Experiment. *American Scientist*, 87, 160-169.

Turkheimer, E. (2000). Three Laws of Behavior Genetics and What They Mean. *Current Directions in Psychological Science*, 9(5), 160-164.

Tse, P. U. (2013). *The Neural Basis of Free Will: Criterial Causation*. Cambridge, MA: MIT Press.

U

Unz, R. (2012). Race, IQ, and Wealth: What the Facts Tell Us about a Taboo Subject. *American Conservative*, July 18, 2012. http://www.theamericanconservative.com/articles/race-iq-and-wealth/.

V

Verweij, K. J., Yang, J., Lahti, J., Veijola, J., Hintsanen, M., Pulkki-Råback, L., Heinonen, K., et al. (2012). Maintenance of Genetic Variation in Human Personality: Testing Evolutionary Models by Estimating Heritability Due to Common Causal Variants and Investigating the Effect of Distant Inbreeding. *Evolution*, 66(10), 3238-3251.

Visscher, P. M., Hill, W. G., and Wray, N. R. (2008). Heritability in the Genomics Era: Concepts and Misconceptions. *Nature Review Genetics*, 9(4), 255-266.

Vissers, L. E., Gilissen, C., and Veltman, J. A. (2016). Genetic Studies in Intellectual Disability and Related Disorders. *Nature Review Genetics*, 17(1), 9-18.

Vogt, G. (2015). Stochastic Developmental Variation, an Epigenetic Source of Phenotypic Diversity with Far-Reaching Biological Consequences. *Journal of Biosciences*, 40(1), 159-204.

Von Uexkull, J. (1957). A Stroll through the Worlds of Animals and Men. in *Instinctive Behavior*, translated and edited by Schiller, C., 5-80. New York: International Universities Press.

W

Waddington, C. H. (1957). *The Strategy of the Genes*. Bristol, UK: Routledge.

Wade, N. (2015). *A Troublesome Inheritance: Genes, Race and Human History*. New York: Penguin Books.

Wagner, A. (2007). *Robustness and Evolvability in Living Systems*. Princeton, NJ: Princeton University Press.

Wahlsten, D. (2013). A Contemporary View of Genes and Behaviour: Complex Systems and Interactions. *Advances in Child Development and Behavior*, 44, 285-306.

Wahlsten, D., Bishop, K. M. and Ozaki, H. S. (2005). Recombinant Inbreeding in Mice Reveals Thresholds in Embryonic Corpus Callosum Development. *Genes, Brain and Behavior*, 5(2), 170-188.

Ward, J. (2008). *The Frog Who Croaked Blue: Synesthesia and the Mixing of the Senses*. Hove, UK: Routledge., 김성훈 옮김(2015), 《

소리가 보이는 사람들》, 흐름출판.

Watson, J. (2003). *DNA: The Secret of Life*. London: William Heinemann., 이한음 옮김(2017). 《DNA 유전자 혁명 이야기》, 까치.

Wen, W., Thalamuthu, A., Mather, K. A., Zhu, W., Jiang, J., de Micheaux, P. L., Wright, M. J. et al. (2016). Distinct Genetic Influences on Cortical and Subcortical Brain Structures. *Scientific Report*, 6(5), 32760.

X

Xu-Sheng Zhang, and Hill, W. G. (2002). Joint Effects of Pleiotropic Selection and Stabilizing Selection on the Maintenance of Quantitative Genetic Variation at Mutation-Selection Balance. *Genetics*, 162(1), 459-471.

Y

Yarkoni, T. (2015). Neurobiological Substrates of Personality: A Critical Overview. in *APA Handbook of Social and Personality Psychology, vol. 4, Personality Processes and Individual Differences*, edited by Mikulincer, M., and Shaver, P. R., 61-83. Washington, DC: American Psychological Association.

Yeo, R. A., Ryman, S. G., Pommy, J., Thoma, R. J., and Jung, R. E. (2016). General Cognitive Ability and Fluctuating Asymmetry of Brain Surface Area. *Intelligence*, 56, 93-98.

Z

Zhan, L., Jahanshad, N., Faskowitz, J., Zhu, D., Prasad, G., Martin, N. G., de Zubicaray, G. I., McMahon, K. L., Wright, M. J., and Thompson, P. M. (2015). Heritability of Brain Network Topology in 853 Twins and Siblings. *Proceedings IEEE International Symposium on Biomedical Imaging*, 2015, 449-453.